シリーズ **現代の天文学** [第2版] 第**16**巻

宇宙の観測 II
——電波天文学

中井直正・坪井昌人・福井康雄 [編]

日本評論社

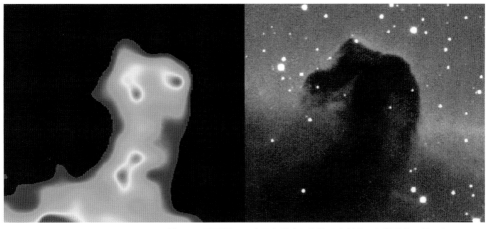

口絵1　馬頭星雲の電波写真（左）と光学写真（右）．光学写真の黒いところが馬の頭の形をした暗黒星雲．左の電波写真は一酸化炭素CO（J=1-0）の観測による分子ガスの分布を表す（国立天文台野辺山宇宙電波観測所提供）．ガスの密度に応じて色を付けてある（赤いところが密度の高いところ）．暗黒星雲のところに濃いガスがあるのがわかる（p.19参照）

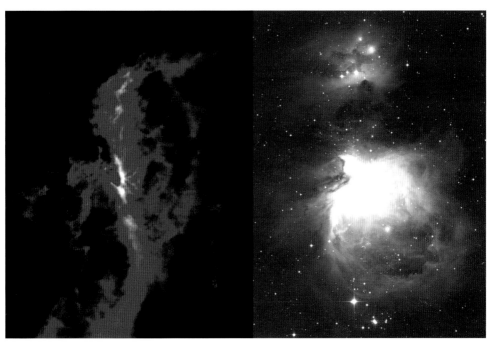

口絵2　オリオン座中心付近の電波写真（左）と光学写真（右，東京大学木曽観測所提供）．電波写真は一酸化炭素分子の同位体^{13}CO（J=1-0）の観測による分子ガスの分布を示す（F. Nakamura *et al.* 2019 *PASJ* 71, S3）．赤から白のところが分子ガスの密度の高いところ．右の同じ領域の光学写真で明るく広がっている高温ガスがオリオンの大星雲（p.19参照）

口絵3 （左）楕円銀河M84の電波写真（1.4 GHz連続波，米国国立
電波天文台VLAによる）と（右）光学写真（米国国立光学天文台）．光学
写真では星の集団が写っているが，電波写真では星は見えず，中心か
ら噴出しているジェット（シンクロトロン放射）が観測される（p.19参照）

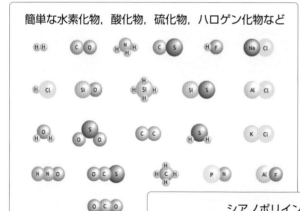

簡単な水素化物，酸化物，硫化物，ハロゲン化物など

口絵4 宇宙で見つかっているいろ
いろな分子の例．記号は元素を表す
（2.2節参照，高野秀路氏提供）

シアノポリイン，アセチレン関連分子

口絵5 野辺山45 m電波望遠鏡（p.131参照，国立天文台野辺山宇宙電波観測所提供）

口絵6 野辺山45 m電波望遠鏡で得られた¹²CO, ¹³CO, C¹⁸Oの天の川電波画像（銀経10-50度）．
上から2段目は同じ領域のSpitzer衛星による赤外線画像（国立天文台／NASA／JPL-Caltech）

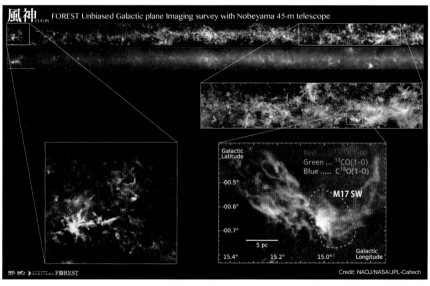

口絵7　大学などが持つ電波望遠鏡.
(a) ASTE（国立天文台提供）
(b) 大阪府立大学1.85 m電波望遠鏡
(c) 筑波大学南極30 cm可搬型サブミリ望遠鏡
(d) 名古屋大学のサブミリ波望遠鏡「なんてん2」

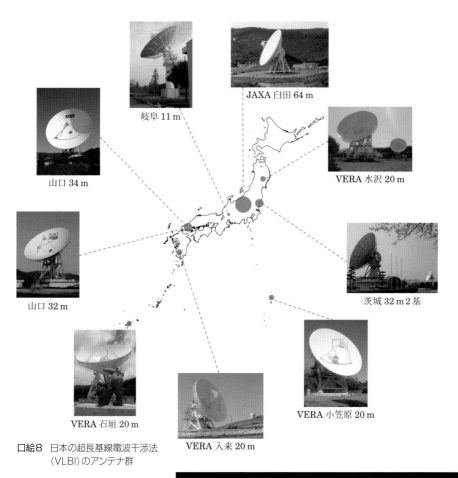

岐阜 11 m

JAXA 臼田 64 m

山口 34 m

VERA 水沢 20 m

山口 32 m

茨城 32 m 2 基

VERA 石垣 20 m

口絵8　日本の超長基線電波干渉法
　　　（VLBI）のアンテナ群

VERA 入来 20 m

VERA 小笠原 20 m

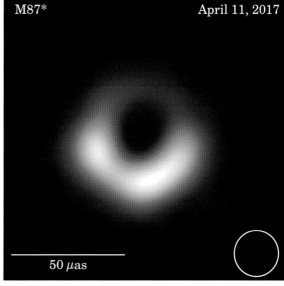

M87*　April 11, 2017

50 μas

口絵9
EHT (Event Horizon Telescope)
が捉えた銀河M87の中心にある巨
大質量ブラックホールの電波写真.
右下の丸は角分解能を示す（p.20参
照, EHT Collaboration提供）

口絵10 南米チリ北部のアンデス山脈にあるアタカマ大型ミリ波サブミリ波アレイ（ALMA）
（ALMA (ESO/NAOJ/NRAO), A.Marinkovic/X-Cam）

口絵11 ALMAの観測による原始惑星系円盤のダスト連続波放射.
（左）HL Tau（ALMA Partnership *et al.* 2015, *ApJ*, 808, L3),
（右）TW Hya（Tsukagoshi *et al.* 2019, *ApJ*, 878, 8)（p.47参照）

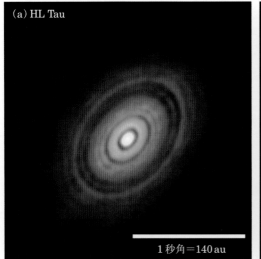

（a）HL Tau

1 秒角＝140 au

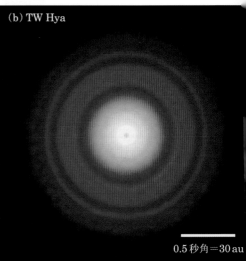

（b）TW Hya

0.5 秒角＝30 au

シリーズ第2版刊行によせて

　本シリーズの第1巻が刊行されて10年が経過しましたが，この間も天文学のめざましい発展は続きました．2015年9月14日に，アメリカの重力波望遠鏡 LIGO によってブラックホール同士の合体から発せられた重力波が検出されました．これによって人類は，電磁波とニュートリノなどの粒子に加えて，宇宙を観測する第三の手段を獲得しました．太陽系外惑星の探査も進み，今や太陽以外の恒星の周りを回る3500個を越す惑星が知られています．生物の住む惑星はもとより究極の夢である高等文明の探査さえ人類の視野に入ろうとしています．観測された最遠方の銀河の距離は134億光年へと伸びました．宇宙の年齢は138億年ですから，この銀河はビッグバンからわずか4億年後の宇宙にあるのです．また，身近な太陽系の探査でも，冥王星の表面に見られる複数の若い地形や土星の衛星エンケラドス表面からの水の噴き出しなど，驚きの発見が相次いでいます．

　さまざまな最先端の観測装置の建設も盛んでした．チリのアタカマ高原にある日本（東アジア），アメリカ，ヨーロッパの三極が運用する電波干渉計アルマ（ALMA）と，銀河系の星全体の1%にあたる10億個の星の位置を精密に測るヨーロッパの Gaia 衛星が観測を始めています．今後に向けても，我が国の重力波望遠鏡 KAGRA，口径30mの望遠鏡 TMT，長波長帯の電波干渉計 SKA，ハッブル宇宙望遠鏡の後継機 JWST などの建設が始まっています．

　このような天文学の発展を反映させるべく，日本天文学会の事業として，本シリーズの第2版化を行うことになりました．第1巻から始めて適切な巻から順次全17巻を2版化して行く予定です．「新版シリーズ現代の天文学」が多くの方々に宇宙への夢を育む座右の教科書として使っていただければ幸いです．

2017年1月

日本天文学会第2版化WG　岡村定矩・茂山俊和

シリーズ刊行によせて

　近年めざましい勢いで発展している天文学は，多くの人々の関心を集めています．これは，観測技術の進歩によって，人類の見ることができる宇宙が大きく広がったためです．宇宙の果てに向かう努力は，ついに129億光年彼方の銀河にまでたどり着きました．この銀河は，ビッグバンからわずか8億年後の姿を見せています．2006年8月に，冥王星を惑星とは異なる天体に分類する「惑星の定義」が国際天文学連合で採択されたのも，太陽系の外縁部の様子が次第に明らかになったことによるものです．

　このような時期に，日本天文学会の創立100周年記念出版事業として，天文学のすべての分野を網羅する教科書「シリーズ現代の天文学」を刊行できることは大きな喜びです．

　このシリーズでは，第一線の研究者が，天文学の基礎を解説するとともに，みずからの体験を含めた最新の研究成果を語ります．できれば意欲のある高校生にも読んでいただきたいと考え，平易な文章で記述することを心がけました．特にシリーズの導入となる第1巻は，天文学を，宇宙－地球－人間という観点から俯瞰して，世界の成り立ちとその中での人類の位置づけを明らかにすることを目指しています．本編である第2－第17巻では，宇宙から太陽まで多岐にわたる天文学の研究対象，研究に必要な基礎知識，天体現象のシミュレーションの基礎と応用，およびさまざまな波長での観測技術が解説されています．

　このシリーズは，「天文学の教科書を出してほしい」という趣旨で，篤志家から日本天文学会に寄せられたご寄付によって可能となりました．このご厚意に深く感謝申し上げるとともに，多くの方々がこのシリーズにより，生き生きとした天文学の「現在」にふれ，宇宙への夢を育んでいただくことを願っています．

2006年11月

編集委員長　岡村定矩

はじめに

　天文学は有史以来，可視光で観測するものであった．望遠鏡が発明され，写真乾板が発明されて肉眼では見えないものが見えるようになっても光以外で宇宙を観測するとは誰も夢想だにしなかった．

　それが第二次世界大戦の少し前に，通信技術者であったカール・ジャンスキーが宇宙から電波が来ていることを偶然に発見して天文学に一大革命が起こった．人類は光以外の電磁波で宇宙を見ることになったのである．それによって，可視光の観測ではわからなかったまったく新しい宇宙の姿が現れてきた．実際，それによって電波銀河の発見，ビッグバン宇宙の証拠，パルサーの発見など多くの発見がなされ，たとえば観測天文学の分野でのノーベル賞受賞 7 テーマのうち最初の 5 テーマは電波天文から生まれている．しかもそのうち 4 テーマは本来の目的外のまったくの偶然から生まれている．宇宙は人が考えるよりも豊かなのである．ジャンスキーの宇宙電波の発見も含めて，それらの発見の過程は現代にも十分通用する教訓である．

　戦後の急激な電波天文学の発展はそれによる成功だけではなく，X 線天文学や赤外線天文学など他波長による天文学を（意識的または無意識的に）誘発し，現在の全波長天文学のもととなった．それによって，人類は豊かな宇宙観を手に入れるとともに新たな挑戦も引き起こすこととなった．

　本書は大学で物理学を習った学部学生程度を念頭に，電波天文学の一般的事項を学習したい初学者や電波望遠鏡で観測を行う機会が想定される人を対象に電波天文学を紹介したものである．

　第 1 章は，ジャンスキーが宇宙電波を発見して以来の電波天文学の歴史を概観するとともに電波観測が可視光等の他波長観測に対して持つ特徴を述べた．第 2 章では，宇宙で電波が放射される機構とその伝播過程の物理的基礎事項を学ぶ．また，観測時に必要となる天体の位置や速度の定義も記述されている．第 3 章で電波望遠鏡全体の構造と機能の概要を述べたあと，第 4 章でアンテナ，第 5 章で受信機の各論に入った．第 6 章と第 7 章は，それぞれ単一鏡観測と干渉計観測

について記述し，それぞれの特徴と相補的関係にあることを示した．

　本書は，当初の考えよりも部分的に難しくなった箇所がある．日本語で書かれた電波天文学の教科書が少ないこともあり，将来電波天文の専門家となったり，望遠鏡の開発にたずさわったりしたときにも有用な教科書となるようにという意欲がわいてきたことやページ数の制限により途中の説明や式の導出が省略されたところもあるからである．初学者は基本的なところを理解し，発展的な内容はその後の必要性に応じて学習するとよい．

　本書の全体構成を考えるにあたって稲谷順司氏に助言をいただいた．相馬充氏には天体の座標変換の定数を提供していただいた．また多くの人や研究機関から写真や資料を提供していただいた．本書の発行にご協力いただいたすべての方々に深く感謝する．

　本書が電波天文の理解や電波観測の役に立ち，さらには将来電波天文学を志す若い研究者にとって末永く有用となる教科書となれば幸いである．

2009 年 6 月

中 井 直 正

［第 2 版にあたって］

　第 1 版の発行以来，10 年が経過した．その間，国内外の電波天文学の発展は著しく，特にアタカマ大型ミリ波サブミリ波アレイ（ALMA）が観測を開始し，その高い感度と角分解能で惑星系形成領域や高赤方偏移天体など多くの分野で著しい成果を上げている．また，超長基線電波干渉法（VLBI）により，長年の課題であった活動銀河中心核にある巨大質量ブラックホールの影の撮像にも成功した．その一方，運用を停止した電波望遠鏡や中止になった計画もある．そのような状況の変化を踏まえて 1 章を改訂し，2 章にいくつかの観測例を追加した．また，最近の観測は高周波数化するとともに高赤方偏移天体からの遠赤外輝線の観測も盛んに行われるようになった．そのため，2 章でいくつかの項目を追加するとともに観測に有用な星間分子や原子の周波数を巻末の付表に追加した．また巻

末の付表には新たに水素とヘリウムの再結合線の周波数も加えた.

　技術開発の面でもこの 10 年で研究が大きく進展した. 特に, 受信機や検出器の開発においてヘテロダイン受信技術の進展は著しく, またサブミリ波直接検出器でも量子型検出器の開発が進んできた. 一方, 長らく電波のスペクトル線観測に大きな貢献をしてきた音響光学型分光計 (AOS) はデジタル型分光計に取って代わられ, 姿を消すこととなった. このような状況を踏まえて 5 章を改訂した.

　初版には式の間違いなど少なからぬ誤りがあった. また読者から分かりにくいと指摘された箇所もある. そのため全章に渡って式を点検し, 記述を見直すとともに説明用の図を追加したところもある. しかし, 各執筆者は現役の研究者で多忙な上に時間も限られていたので, 正直なところ改訂内容は十分とは言い難い. まだ誤りがあったり, 分かりづらいところがあればご指摘をいただきたい.

　本書の初版は幸いにも多くの大学や研究機関で学生や若手研究者の勉強会などで使用していただいた. 第 2 版も引き続き多くの方に使用され, 天文学の発展に寄与できれば幸いである.

　2020 年 4 月

中 井 直 正

第I章

電波天文学の誕生と発展

　天文学は大昔より可視光で観測するものであった．それが第2次世界大戦の少し前に無線通信の技術者であったカール・ジャンスキーによって偶然，宇宙からの電波が発見され，様相が一変することとなった．電波天文学は大戦後に大きく発展し，現代の全波長天文学の先駆けとなって天文学に一大革命を起こした．

1.1　宇宙電波の発見

　カール・ジャンスキー（Karl G. Jansky, 図 1.1）は 1905 年 10 月 22 日にアメリカのオクラホマ州ノーマンで生まれた．ウィスコンシン大学を卒業後，1928年にベル電話研究所に就職した．

　会社に入ったジャンスキーは短波通信が空間をどのように伝播するかやその妨害となる雑音の研究を命ぜられた．彼はニュージャージー州ホルムデルで図 1.2のようなアンテナを作って 1931 年から実験を開始した．そのアンテナは長さ30 m，高さ 4 m であり，波長 14.6 m（周波数 20.5 MHz）で受信できるように作られていた．アンテナは円形のレールの上で 20 分に 1 回の割合で回転でき，到来する電波の方向がある程度わかるようになっていた．

　ジャンスキーが雑音を観測していると，飛行機のエンジンや雷からの雑音のほかに弱いけれども長く続く正体不明のものがあることに気づいた．しかし，その

図 **1.1** カール・ジャンスキー (1905–1950).

図 **1.2** 初めて宇宙電波を発見したアンテナ「メリーゴーラン
ド」(NRAO/AUI/NSF).

原因がわからないので頭を悩ませていた．この雑音電波の到来方向は時間ととも
に少しずつ変わっていき，24 時間後に再び同じような方向に戻ってきた．しか
もアンテナを昼に南の方向に向けたときにもっとも強くなったので（図 1.3），
ジャンスキーは雑音源が太陽に関係しているのではないかと判断して 1932 年に
論文に発表した．

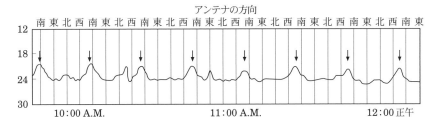

図 **1.3** ジャンスキーが 1932 年 2 月 24 日に記録した宇宙から
来る電波（K.G. Jansky 1932, *Proc. IRE.*, 20, 1920）.

しかし，さらに観測を続けるとこの雑音の強さがもっとも強くなる時間が 1 日
に 4 分ずつ（1 か月に 2 時間）早くなることに気がついた．これは，星座が出て
くる時間と同じ，すなわち太陽系よりもはるか遠くにある恒星の動きと同じであ
る．そこで，1933 年 10 月の論文では，この雑音は太陽系の外からやってくるも
のだと結論し，その方向は天空上で赤経 18 時 ± 30 分，赤緯 −10 度 ± 30 度 で
あるとした．これはいて座の方向であり，我々の天の川銀河（銀河系）の中心方
向であった．1935 年 10 月に発表した論文では，この雑音は天の川の特定の場所
からやってくること，したがって星または星間物質から放射されているのだろう
けれども太陽からは電波が受からないので星ではないだろう，と述べている．ま
さに銀河電波の発見である．

ジャンスキーが発見した宇宙から来る電波は，1933 年 5 月 1 日にニューヨー
クのラジオ局で放送され，5 月 4 日には記者発表されて翌日の新聞に掲載され
た．しかし，当時の天文学者にはあまり注目されなかった．またジャンスキー自
身がこの宇宙電波をさらに研究しようとして，もっと指向性の良い口径 30 m の
パラボラ・アンテナの建設を研究所に提案したが受け入れられず，逆に他の部署
に移されてしまった．一説によると上司がこの世紀の大発見をねたんだという噂
もある．

ジャンスキーは，1950 年 2 月 14 日に 44 歳の若さで亡くなった．もう少し長
生きするか，もう少し早く理解してくれる人がいればノーベル賞は間違いなかっ
たであろう．しかし，この宇宙電波の発見はノーベル賞以上の業績であり，その
ため，のちに世界の天文学界はジャンスキーの功績をたたえて，宇宙から来る電
波の強さの単位をジャンスキー [Jy] と命名した．

図 **1.4** グロート・リーバー（1911–2002）.

　ジャンスキーの宇宙電波の発見は，「あっと驚く大発見は予期しない偶然から
生まれる」という手本のようなものであった．使用した周波数と実験の時期が彼
に味方した．ジャンスキーが受けた銀河電波は現在ではシンクロトロン放射と呼
ばれるもので周波数が低いほど強く，観測に使用した 20.5 MHz は適していた．
　一方，これより低い周波数だったら電離層によって宇宙からの電波は地上に届
かなかっただろう．また実験をした時期は 11 年周期の太陽活動の極小期に近い
ときで太陽からの電波が弱いときだった．そのため太陽電波にまどわされずに銀
河電波の特定を行うことができた．しかし運だけではない．ジャンスキーはその
幸運をつかむだけのものを持っていた．電波の到来方向をある程度特定できる指
向性を持ったアンテナを作っていたのである．そして何よりも，正体のわからな
いものを放置せずに徹底的に調べたという技術者・研究者としての姿勢に運命の
女神はほほえんだのである．
　ジャンスキーの発見を聞いていたく感激した青年がいた．グロート・リーバー
（Grote Reber）である（図 1.4）．イリノイ州のウィートンに生まれたリーバー
は無線に興味があり，アマチュア無線をしていた．
　シカゴのイリノイ工科大学の学生であったリーバーは自作の受信機でジャンス
キーの発見した宇宙からの電波を受信しようとしたがうまくいかず，ジャンス
キーに手紙で聞いたりしたようである．大学を卒業したリーバーは，ラジオ製作

図 **1.5** リーバーの電波望遠鏡（NRAO/AUI/NSF）.

会社に勤務しながら 1937 年に自宅の裏庭に口径 9.5 m のパラボラ型のアンテナを作った（図 1.5）．これは高さ方向（仰角方向）にだけ動き，横方向（方位角方向）は固定されて地球の回転だけを使う子午儀方式であったが，世界最初の電波望遠鏡であり，リーバーは当時唯一の電波天文学者であった．

　彼は最初，ジャンスキーが受けた電波は，プランクの放射式に従う熱的な放射ではないかという説にもとづいて高い周波数の方が強く受かるだろうと考え，波長 9.1 cm（周波数 3300 MHz）で観測を始めたが受からなかった．そこで受信機を作り直して順次低い周波数に変えて行き波長 1.87 m（160 MHz）で観測したとき，ジャンスキーが受けた宇宙からの電波を検出することができた．1939 年の春のことである．

　リーバーはこの結果を電波工学の会報のほかにアメリカ天文学会の雑誌にも投稿し，1940 年 6 月に天文の学会誌に初めて電波天文学の論文が掲載された．

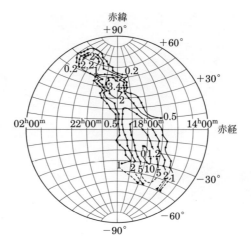

図 1.6　リーバーが観測した天の川の電波地図（G. Reber 1944,
ApJ, 100, 279）．

リーバーはさらに研究を続け，昼は会社でラジオを設計し，帰ってきては夕食後
に寝て夜中に起きて朝まで観測を続けた．そして装置にも改良を加え，1942 年
から 1943 年にかけて天空を掃天探査して，翌 1944 年に図 1.6 のような電波強
度の分布図を天文雑誌に発表した．これは電波が天の川に沿って分布している
こととその中心部だけでなく，はくちょう座（電波銀河）やカシオペア座（超新星
残骸）からも強い電波が出ていることなどを明瞭に示しており，現在の目で見て
も一級品の電波地図である．

　リーバーは戦後もハワイのハレアカラ山，オーストラリアのタスマニア島，の
ちにカナダのオタワで独自の観測を続け，2002 年にタスマニア島において 91 歳
で亡くなった．電波天文学の偉大な創始者である．

1.2　太陽電波の発見

　太陽からの電波の発見も意図しない偶然の出来事であった．第 2 次世界大戦
中に，イギリス本土を爆撃にくるドイツ空軍の飛行機を早期に探知して対処する
ために，イギリス陸軍作戦研究グループのジョン・ヘイ（J.S. Hey）たちはレー
ダーの開発と運用を行っていた．しかしドイツもそれを無力にするべく妨害電波

を出していた.

1942 年 2 月のある日にイギリス全土の索敵レーダーが激しい妨害電波に襲われた. ドイツの爆撃機の襲来の前触れかと警戒されたが爆撃機は来なかった. ヘイはこの妨害電波を調べているうちにいつもの妨害電波と違ってその強度が急激に変化すること（波長 4–6 m），またその方向が誤差の範囲で太陽に向いていることに気がついた. そこでグリニッジ王立天文台に電話をかけて聞いたところ，太陽活動の極小期に近いにもかかわらず例外的に大きな太陽黒点群が太陽の正面を横切っているとのことだった.

ヘイはこの妨害電波がドーバー海峡の向こう側からではなく，太陽からやってきたものと結論づけた. ヘイはこの結果を 1942 年と 1945 年にレポートにしたが戦争中の軍事機密として限られた範囲にのみ配布された. そして論文として公式に発表されたのは戦後の 1946 年であった.

あと二人，独立に太陽からの電波を発見した人がいた. ひとりはベル電話研究所にいてジャンスキーの発見を見ていたサウスワース（G.C. Southworth）である. したがって，こちらの方は最初から太陽電波の検出を目的としたようで，太陽からの熱放射の電波を受けようとして波長が短い 3.2 cm で観測し，1942 年の終わり頃に検出している. しかし，やはり戦争中だったので発表は戦後の 1945 年であった.

一方，ジャンスキーのあとを継いで宇宙電波の研究をしていたリーバーも 1943 年に太陽からの電波を検出した. 自由人であったリーバーは戦争機密に無縁だった. そこで，その結果を 1944 年のアメリカ天文学会の雑誌の中で，天の川の電波地図を発表した同じ論文の中で一緒に記述している. したがって太陽電波発見の論文としてはこれが最初となった. しかし論文中ではいたってそっけない記述であり，宇宙電波の起源を考える材料として扱っている. リーバーの頭の中は宇宙電波のことでいっぱいだったのだろう.

日本人による太陽電波の発見？

イギリスとアメリカの太陽電波発見に先立つこと 4 年前に日本が最初に太陽電波を発見していた可能性があった. 国際電気通信株式会社の仲上 稔と宮 憲一が 1938 年に 14.63 MHz でインドネシアからの通信電波と突発性電離層擾乱である

デリンジャー現象に伴う雑音電波の研究をしていたときである.

　8 月 1 日にデリンジャー現象が起き，通信電波が途絶えると同時に入力雑音が急激に増加し，それが仰角 70 度以上から来ていることがわかった. 若かった宮は太陽からの雑音電波に違いないと主張したが，先輩の仲上が太陽フレアーで異常を生じた電離層の E 層から来たものと考え，宮の考えを退けた. そのため 1939 年に発表された論文には太陽の可能性は記述されていない.

　この話は 1980 年代に田中春夫が電波天文の歴史を書いたものに記述されているが，1949 年のヘイの論文にもこの仲上と宮の論文が引用されている. 日本人がもう少しのところで大発見を逃した例が他にも時々聞かれるが，幸運をつかんだ者と逃がした者との差はなんであろうか.

1.3 戦後の大発展

　電波天文学は第 2 次大戦中のレーダー技術の進展を受けて，戦後に大きく花を開いた. まずイギリス，オーストラリアそしてオランダなどが先陣をきった.

　宇宙からくる電波の正体を明らかにするためには，まずその電波が宇宙のどこから，そしてどのような天体から出ているのかを明らかにするのがよい. ところが望遠鏡が天空上の細かいものを見分けられる能力である角分解能は 4 章で述べるように，

$$望遠鏡の角分解能 \approx 観測波長 \div 望遠鏡の口径 \tag{1.1}$$

で与えられるが，電波では可視光に比べて波長がはるかに長いためにジャンスキーやリーバーのアンテナではこの能力が低かった. 角分解能を上げるためには大きな望遠鏡を作る必要がある. あるいは一つの大きなアンテナの代わりにそれを分割して小さなアンテアを広い範囲に配置し電波干渉計にして角分解能を向上させる方法もある（7 章）. かくして戦後まもなく大望遠鏡や電波干渉計の建設が始まり，宇宙からくる電波の正体を突き止めようという研究がなされた.

　1946 年にイギリスのライル（M. Ryle）たちはアンテナ 2 台からなる電波干渉計を作り，1948 年にはオーストラリアのボルトン（J.G. Bolton）たちも海岸の崖の上にアンテナをたてて天体から来る電波と海面で反射した電波のあいだで

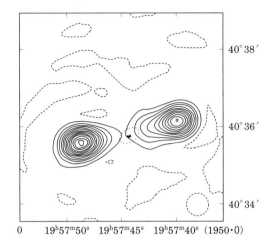

図 **1.7**　電波銀河であるはくちょう座 A．等強度線が電波の
ジェット，真中の点線の楕円が可視光で見える楕円銀河（Ryle
et al. 1965, *Nature*, 205, 1259）．

干渉させる干渉計を作り，角分解能を向上させた．それによりいくつかの電波源
が可視光で見える天体に同定された．その中でケンタウルス座 A と名づけられ
た電波源などが可視光で特異な構造を持った楕円銀河に特定されることがわかっ
た．さらに角分解能が上がると近接した二つの電波源からなる対構造（二つ目玉
構造）をしたものもたくさん見つかり，対構造のあいだには楕円銀河が存在する
ことがわかった（図 1.7）．可視光ではただの楕円銀河に見えるが，電波では強
く受かるいわゆる電波銀河の発見である．

　ライルたちはさらにレールの上にアンテナをのせて動かしアンテナ間隔を変え
て干渉させ，地球の自転も使ってあとで合成する開口合成法も考案した．それに
よって，天空上の詳しい 2 次元的な電波写真を得て天体の詳細な構造を明らかに
した．これらによりライルは 1974 年にノーベル物理学賞が授与された．この開
口合成法はのちに多くの電波干渉計に採用され，高角分解能の電波写真を得るの
に活躍している．

　1950 年代にはさらに電波干渉計や受信機の技術が向上し大望遠鏡も建設され，
さらにはアメリカを含む他の国々にも広がって電波天文学は発展を遂げた．それ
によって 1960 年代に多くの大発見が生まれることになった．

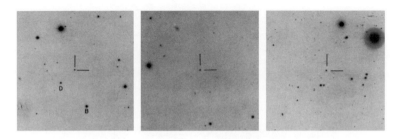

図 **1.8**　発見されたクェーサー（縦棒と横棒の位置で示す点）．
左から 3C 48, 3C 196, 3C 286（Matthews & Sandage 1963,
ApJ, 138, 30）．

　電波源は可視光によっていろいろな天体に同定されていったが，その中で可視
光ではかすかな星のような点源にしか見えない（図1.8）が，スペクトルが星と
はまったく異なる不思議な天体が見つかった．その光のスペクトルを追求して
いった結果，1963 年頃にマーティン・シュミット（M. Schmidt）たちによって，
これまで考えられなかったほど大きな赤方偏移をした非常に遠方の天体であるこ
とがわかった．極めて遠いために恒星のような点状にしか見えないがその放出エ
ネルギーは膨大である，いわゆるクェーサー（準恒星状天体，QSO）である．
　ベル電話研究所には，エコー宇宙通信衛星からの信号を受信する超低雑音の
ホーンリフレクタアンテナを用いて空の雑音を調べていた研究者アルノ・ペン
ジャス（A.A. Penzias）とロバート・ウィルソン（R.W. Wilson）がいた（図
1.9）．彼らは 1964 年に，あらゆる雑音を除いてもなお天空上のいたるところか
らくる絶対温度約 3 K に相当する電波が存在することを見出した．これは，宇宙
がビッグバンを起こし大膨張した結果のなごりであって，宇宙がこのような大爆
発で起きたことを示す初めての直接的な証拠であった．この発見もまた本来の目
的外の結果から出てきたものであるが，その業績を称えて 1978 年にノーベル物
理学賞が授与された．
　この宇宙背景放射は宇宙が初期の膨張とともに密度と温度が低下し，物質と放
射が分離した宇宙の晴れ上がりのときの情報を保存しているので，宇宙の構造を
解明するために極めて重要である．しかしその電波は非常に弱いので精密な測定
をするためには大気放射の影響のない大気圏外で観測するのがよい．1989 年に
アメリカが COBE（宇宙背景放射探査衛星）を打ち上げ，30–600 GHz で宇宙背

図 **1.9** ペンジャス（左）とウィルソン（右）（ベル電話研究所）.

景放射のスペクトルを精密に測定し，温度が 2.725±0.002 K の完全な黒体放射であることを示した．これは宇宙がかつて熱平衡状態にあったことの証拠である．またその放射のわずかな空間的温度ゆらぎ（むら）も初めて検出した．これらの業績により，アメリカのマザー（J.C. Mather）とスムート（G.M. Smoot）は 2006 年にノーベル物理学賞を受賞した．

　さらに 2001 年にはアメリカの WMAP 衛星が打ち上げられ，22–90 GHz で温度ゆらぎを精密に測定した．2009 年には欧州の Planck 衛星が打ち上げられ，30–857 GHz において高感度，高角分解能で宇宙背景放射を観測した．これらの結果からハッブル定数や宇宙年齢などの多くの宇宙論パラメータが精度良く求められた．

─ 日本人による宇宙背景放射の温度の測定 ─

　ペンジャスとウィルソンの発見に先立つ 14 年前の 1951 年に宇宙背景放射の強度を測定した日本人がいた．名古屋大学の（旧）空電研究所の田中春夫である．研究していた太陽電波の強度を正確に決めるために空の温度を波長 8 cm で測定し，5 K 以下であることを示した．当時の技術ではそれ以下の温度の測定が困難であったことと宇宙論的な意義があることを知らなかったことから，上限値に留まっている（大師堂経明 1989, *ILLUME*, 1, 1, 22）．

図 **1.10**　パルサーを発見したヒューイッシュ（左）とベル（右）.

　1960 年代の発見の時代に，さらなる偶然の大発見がイギリスで起きていた．ケンブリッジ大学のヒューイッシュ（A. Hewish）たち（図 1.10）は太陽から放出されるプラズマ（太陽風）が空間を伝播するときのゆらぎ（シンチレーション）を調べるためにダイポールアンテナを地面にたくさん並べたアンテナを作った．時間変動をするゆらぎを調べるための装置なので電波強度の時間分解能は短くなるように作られていた．

　1967 年秋にヒューイッシュの大学院生であったジョセリン・ベル（J. Bell）は観測データの中に 1 秒ちょっとの時間間隔で周期的に出てくる信号があるのに気づき，ヒューイッシュに相談に行った．これがパルサーの発見の始まりである．それ以前に，理論的な可能性がいわれたことはあったが忘れ去られていた中性子星が実際に宇宙に存在することを示したものであった．これによりヒューイッシュは 1974 年にライルと一緒にノーベル物理学賞を受賞した．このとき，ベルが共同受賞しなかったことが議論を巻き起こした．

　この発見のあと世界中でさらなるパルサーの探査とその性質の研究が進んだが，アメリカのマサチューセッツ大学のジョセフ・テイラー（J.H. Taylor）とその大学院生のラッセル・ハルス（R.A. Hulse）はプエリトリコのアレシボにある地上に固定した口径 305 m の電波望遠鏡（図 3.5）でパルサー探しをしてい

た．このとき検出したたくさんのパルサーの中に，パルス周期が不規則に変動するように見える検出限界ぎりぎりのパルサーがあった．1974 年のことである．

　最初その原因がわからなかったが，非常な努力の末に伴星と連星を成しているパルサーであることがわかった．二つの星は非常に接近してお互いの重心のまわりを高速で回転しており，しかもその公転周期は少しずつ減少していた．これは，高速で公転している連星が重力波を放出してエネルギーを失うために軌道半径が小さくなり公転が速くなるのであろう，と推測したテイラーは，大学のあるアムハーストからケンブリッジのハーバード大学の本屋まで車を飛ばし，相対性理論の本を買ってきてあわてて一般相対論の勉強を始めた．テイラーはまさか自分が重力波の研究をすることになるとは思ってもいなかったのである．

　観測された連星パルサーの公転周期の変化は，相対論で予言される重力波の放出の効果によるものとよく一致していた．これにより初めて重力波の（間接的）証拠が得られたのである．大発見は予想外のところから出てくるという典型例である（セレンディピティと呼ばれる）．テイラーとハルスは，1993 年にノーベル物理学賞を授与された．なお，2015 年には重力波望遠鏡により初めて重力波が直接検出された．

　第 2 次大戦中の 1940 年に，リーバーがアメリカ天文学会の雑誌に掲載した宇宙電波の論文はドイツ軍の占領下にあったオランダのライデン大学にも届いていた．その論文をみたオールト（J.H. Oort）は宇宙電波が天文学の何か具体的な研究に役立たないかと考えていた．そこで学生だったファン・デ・フルスト（H. van de Hulst）に検討を依頼した．フルストは 1944 年に中性水素原子が超微細構造線として波長 21 cm の電波を出すことを明らかにした．

　当時は星間空間に中性水素がどれだけあるのかわからなかったので観測的に検出可能かどうかは不明であったが，戦後，この水素探しがいくつかの国で競って行われた．先陣をきっていたのはそのオールトたちであったが，受信機室が火事にあって一番乗りには遅れてしまった．最初に検出したのはアメリカ・ハーバード大学のユーインたち（H.I. Ewen, E.M. Purcell）であったが，その 3 か月のうちにオールトたちのグループとオーストラリアのシドニー大学でも水素の21 cm スペクトル線の検出に成功し，3 グループの結果が仲良くネイチャー誌に掲載された（1951 年）．中性水素は星間ガスの主要成分であり，また波長が長い

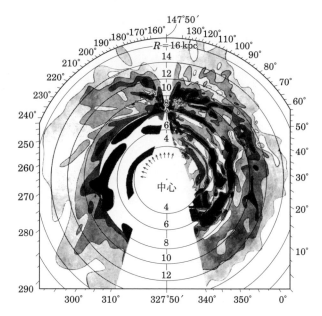

図 1.11　天の川銀河中の中性水素原子ガスの分布. 黒いところ
がガスの密度の高いところ. 渦巻状の腕が見える（Oort *et al.*
1958, *MNRAS*, 118, 379, の図において銀河系中心と太陽系の
距離を 8 kpc で再描画したもの）.

ので透過力が強く，天の川銀河全体の渦巻き構造を初めて明らかにすることにつ
ながった（図 1.11）.

　星間空間のガスには中性水素原子のほかに密度の高いところには分子ガスも
存在する. 1963 年には OH 分子が発見され，1968 年にはアンモニア NH_3 分
子が，続いて水 H_2O 分子が発見された. OH もそうであったが特に水分子は
強烈なメーザー現象（96 ページ参照）を起こしていて天文学者を驚かせた. そ
の水メーザー（気体なので水蒸気メーザーの方がより適切）を発見したのは実
験室でメーザーを発明してノーベル賞も受賞したチャールズ・タウンズ（C.H.
Townes）その人である. 23 GHz のアンモニアの検出は，ねらって成功したもの
だったが，22 GHz の水メーザーの発見はアンモニアと同じ受信機で観測できる
のでついでに観測したら受かってしまったのであった. 星間空間に水分子が存在
したとしてもわずかだから検出できないだろうと思われていたが，予想に反して

桁違いに強力なメーザーとして出ていたのである．駄目もとでとにかくやってみようとして成功した．自然は我々人間が思うよりも豊かなのである．

その後，新分子が続々と発見され，現在，星間分子雲の観測の主要分子となっている一酸化炭素 CO も 1970 年にペンジャス，ウイルソンらによって発見されている．

1.4 日本の電波天文学

日本でも戦後の電波天文学の立ち上がりは早かった．すでに 1947 年頃から東京天文台（当時）などで研究が始まり，1949 年には東京天文台と大阪大学で太陽電波を受信している．その後さらに大阪市立大学，名古屋大学空電研究所，電波研究所平磯電波観測所，東京天文台野辺山太陽電波観測所，名古屋大学理学部で太陽電波の定常観測が開始された．特に空電研究所の太陽電波観測は世界を凌駕するほどであった．1992 年には野辺山太陽電波観測所に電波ヘリオグラフが建設され，太陽の粒子加速が観測できる世界でも貴重な太陽電波干渉計だった（2020 年 3 月 31 日に運用終了）．

宇宙電波は，太陽電波に比べて一般に弱いものが多いことと戦後の疲弊から大型望遠鏡を作ることが容易ではないことから，日本での立ち上がりは遅れた．それでも 1960 年代に東京天文台で研究が始まり，望遠鏡の開発や電波研究所鹿島 30 m 鏡，26 m 鏡，国際電信電話株式会社の高萩 22 m 鏡などの既存通信アンテナを用いた観測的研究がなされた．そして 1971 年に東京天文台に 6 m ミリ波望遠鏡（図 1.12）が完成して星間分子の観測を開始し，1975 年頃から木更津高専の 1.5 m 望遠鏡が一酸化炭素 CO の観測を開始した．また名古屋大学理学部では 1981 年から 1.5 m ミリ波望遠鏡で，1983 年から 4 m ミリ波望遠鏡で分子ガスの広域観測を開始した．

一方，早稲田大学では独自技術による広視野干渉計の開発を進め，栃木県那須高原でトランジット天体の観測をしている．東北大学理学部でも木星電波の研究や銀河系中心の低周波観測がなされた．

日本でも宇宙電波の分野において大型望遠鏡を作りたいという機運は 1960 年代に始まった．多くの議論と森本雅樹（1932–2010）や海部宣男（1943–2019）らの非常な努力の結果，長野県野辺山に 45 m 電波望遠鏡と 10 m × 5 台（後

図 1.12　（旧）東京天文台三鷹構内に建設された 6 m ミリ波望
遠鏡（国立天文台野辺山宇宙電波観測所提供）.

に 6 台）からなるミリ波干渉計を作る計画の設置調査費が 1975 年に認められ,
1978 年から建設を開始して 1982 年に東京天文台野辺山宇宙電波観測所ととも
に完成した. 当時の日本の基礎科学分野で最大の建設費だったのが高エネルギー
素粒子加速器で約 70 億円だったのに対して, この宇宙電波望遠鏡の総予算は約
110 億円であった.

　野辺山宇宙電波観測所とその望遠鏡群により, 日本の地上観測天文学は太陽以
外で初めて世界の最前線に出ることとなった. これはハワイ・マウナケア山頂の
すばる 8 m 光学赤外線望遠鏡とチリ・アンデス山脈のアルマ（ALMA; アタカマ
大型ミリ波サブミリ波干渉計）の建設の先導ともなり, 日本の天文学において画
期的なことであった.

　VLBI（超長基線電波干渉法, 3.3.2 節）は可視光観測をはるかにしのぐミリ秒
角の空間分解能を達成できる電波干渉計であり, 1960 年代末頃からカナダおよ
びアメリカで観測が始まった. 日本でも 1970 年代から電波研究所鹿島で技術開
発が行われ, 測地観測に供されてきたが, 野辺山 45 m 電波望遠鏡ができてか
らは 45 m 鏡と国内外のアンテナとの間でミリ波 VLBI 実験が行われた. また
1986 年にはアメリカの提案で TDRS 衛星と地上の宇宙科学研究所臼田, ティド
ビンブラ, ゴールドストーンの各 64 m 鏡のあいだで世界最初のスペース VLBI
実験が成功した. さらに宇宙科学研究所と国立天文台の協力により 8 m アンテ

ナを搭載した「はるか衛星」が 1997 年に打ち上げられ，世界で初めてのスペース VLBI 専用システム VSOP が実現した．

　緯度観測所（現，国立天文台水沢 VLBI 観測所）は，VLBI によりメーザー星の位置を 10 マイクロ秒角台の精度で測定する VERA を計画し，国立天文台と統合したあとの 2002 年に完成し観測を開始した．VERA は目的天体と参照天体を同時に観測する 2 ビーム方式を有する世界的にもユニークな装置で，太陽と銀河系中心までの距離や銀河系回転曲線の決定など天の川銀河の構造解明に大きな寄与をしている．

　このように日本の電波天文学は戦後早い時期から始まり，大きく成長し，世界の天文学にも大きな貢献をしている．また上述の研究機関以外にも，茨城大学，筑波大学，東京大学，慶應義塾大学，岐阜大学，大阪府立大学，山口大学，鹿児島大学などの多くの大学が観測装置を持って研究を推進しており，いまや日本の電波天文学のすそ野は大きく広がっている．

　このような多くの観測装置によって天文学的にも多くの成果をあげてきた．野辺山宇宙電波観測所の 45 m 電波望遠鏡やミリ波干渉計では，多くの星間分子の発見，星形成領域の研究，原始星周囲の回転円盤の発見，銀河系中心の Ω ローブや偏波プルームの発見，メーザー星の観測による銀河系構造の研究，銀河面や銀河系中心の分子輝線観測，系外銀河の分子ガスの構造，高赤方偏移天体での分子ガスの検出，水メーザー観測による活動銀河核での巨大質量ブラックホールの発見など非常に多くの成果をあげてきた．

　また大学の中小口径望遠鏡ではその特性を活かして非常に広い範囲の掃天観測を行い，星形成領域の分子線観測や天の川銀河の掃天観測に大きな成果をあげてきた．VSOP ではねじれたジェットの発見や活動銀河核の周囲にある電離ガスのトーラスの発見などがある．具体的な個々の観測成果については本シリーズの他の巻を参照されたい．

　日本は 1983 年から大型ミリ波サブミリ波干渉計を計画し，建設候補地をチリ北部アタカマ砂漠のアンデス山脈高地として推進してきた．大気中の水蒸気が少なく，晴天率も高いとともに 10 km 以上の平坦な土地が確保できるためである．当該計画は進展とともに東アジア，北米，欧州，チリとの国際共同計画とし，12 m アンテナが 54 台と 7 m アンテナが 12 台からなるアタカマ大型ミリ波サブ

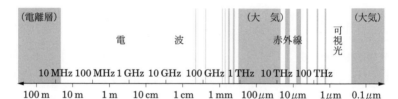

図 1.13　大気の窓（白い領域が宇宙からの電磁波が地上まで届く波長域）.

ミリ波アレイ「アルマ（ALMA）」として 2013 年に完成した. 非常に高い感度と空間分解能を活かし, 惑星形成円盤, 遠方のサブミリ波銀河, 非常に大きな赤方偏移にある銀河の酸素原子の観測などで大きな成果を上げている.

1.5　電波観測とその特徴

　ジャンスキーが宇宙電波を発見し, 戦後に電波天文学が大きく発展して数々の新しい発見が生まれてきたのを受けて, さらに X 線や赤外線でも天文学が開始された. こうして現在は電波から γ 線までの全波長域で観測がなされ, 可視光だけではわからない新しい宇宙の姿を解き明かしている.

　この全波長域のうち地上から観測可能なのは電波と可視光と赤外線の一部だけである（図 1.13）. 他の波長域では大気に吸収されて宇宙からの電磁波が地上まで届かないので, 気球, ロケット, 人工衛星などに望遠鏡を搭載して観測する必要がある.

　電波領域でも 10–20 MHz 以下の周波数は電離層を通らないのでその外から観測する必要がある. またサブミリ波（0.1–1 mm）やテラヘルツ波（$\sim 300\,\mu$m）などのような高い周波数では大気中の水蒸気や酸素などによって吸収されやすいので（図 1.14）, 標高が高く, 乾燥した砂漠地帯か南極高地のように気温が非常に低いところあるいは大気圏外に望遠鏡を設置して観測する必要がある（図 1.15）.

　電波による宇宙の観測は他の波長にはない以下のような特徴を有し, 天文学で重要な位置を占めている.

　（1）　可視光など他波長では見えないものが見える. 特に, シンクロトロン放

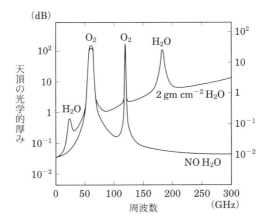

図 **1.14** 地球大気の光学的厚みの周波数依存性（Crane 1976, *Strucure of the Neutral Atmosphere*, p.136）.

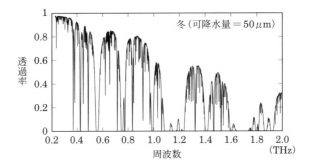

図 **1.15** 地球大気の透過率. 標高 $3810\,\mathrm{m}$ の南極ドームふじ基地で可降水量が $50\,\mu\mathrm{m}$ の場合の計算例（Ishii *et al.* 2010, *Polar Science*, 3, 213）.

射，中性水素原子，極低温（典型的に $10\,\mathrm{K}$）である分子ガスなどは電波の観測が必須である．たとえば，生まれたあとの星は高温なので可視光で研究されるが，その星は冷たい星間ガスから生まれるので星がどのように誕生するかを調べるためには電波による観測が必要なのである（口絵 1–4 参照）.

　(2) 波長が長い．したがってガスに混じって大量にある星間微粒子（固体微粒子，ダスト）による吸収を受けず，天の川銀河や系外銀河の奥まで見通すことができる．それによりたとえば天の川銀河全体の渦巻構造が初めてわかり（図

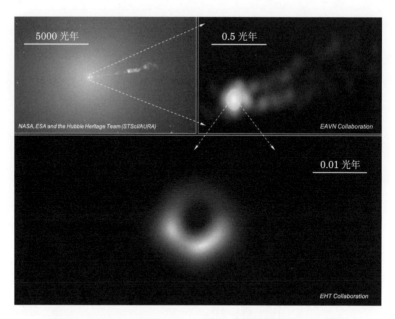

図 **1.16** 地球上の 6 地点にあるアンテナから構成された VLBI,
EHT（Event Horizon Telescope）が撮像した楕円銀河 M87
の中心にある巨大ブラックホールの像（口絵 9 参照）．観測周波
数は 230 GHz で，角分解能は約 25 マイクロ秒角．下図のドー
ナッツ状の構造の穴の部分がブラックホールの影で，ブラック
ホールが光さえ吸い込む天体を視覚的に表している．穴の周囲
の輪はブラックホールの周囲を光が円運動する場所（光子球）
に相当する（The Event Horizon Telescope Collaboration,
ApJL, 875, L1, 2019）．

1.11），またその中心部の構造も明らかになった．

　（3）　電気的に干渉技術が容易である．そのため大きく離したアンテナ間で
電波を干渉させることができ，極めて高い角分解能を実現できる．その典型が
VLBI（超長基線電波干渉法）であり，0.001 秒角を切る分解能で銀河中心核
（例：図 1.16）やメーザーが観測されている．これは可視光（0.1 秒角）の 100
倍，X 線（1 秒角）の 1000 倍の角分解能である．

第2章

電波天文学の基礎

2.1 放射輸送の基礎

　天文学は，宇宙から届く電磁波を検出し，その性質を詳しく調べることにより，その電磁波を放射したり吸収したりした天体や宇宙物質の性質を明らかにする学問である．したがって，電磁波が伝播する際の振る舞いを記述する枠組みに対する理解が，天文学には不可欠である．

　電磁波とは電場と磁場が作る波であり，周波数[*1]（ν）もしくは波長（λ）により特徴づけられる．ν と λ は，光速度 c を介して，

$$\nu\lambda = c \tag{2.1}$$

なる関係がある．一方で電磁波は，エネルギーと運動量の最小単位（E, p）がそれぞれ以下のような粒子（光子）の流れと見なすこともできる．

$$E = h\nu, \tag{2.2}$$

$$p = \frac{h}{\lambda} = \frac{E}{c}. \tag{2.3}$$

ただし，$h = 6.626 \times 10^{-34}\,\mathrm{J\,s}$ はプランク定数である．

　電磁波の振る舞いは，電場と磁場の時間空間依存性を表す基礎方程式（マクス

[*1] 物理学では振動数，電波工学では周波数という．

ウェル方程式）で一般的には記述される．しかし，系の典型的空間スケールが λ に比べて十分大きいときは，空間を直線的に伝わる光線に置き換えてその振る舞いを記述できる．たとえば木漏れ日は，木陰の中でまっすぐ差し込む光の束のように見えるが，これは木の葉の空間スケールが可視光の波長より十分大きいためである．電磁波の伝播を光線の振る舞いとして記述する枠組みを "放射輸送" と呼び，天文学や観測装置を理解するための基礎を与える．ここでは，その基本的枠組みを概観する．

2.1.1　基本的概念

まず最初に，放射輸送で電磁波を特徴づける諸量を導入する．

（1）エネルギーフラックス

エネルギーフラックスは，「単位時間あたりに単位面積を通過する電磁波がもつ全エネルギー」と定義される量である．つまり，時間 dt の間に面素 dA を通過する電磁波の全エネルギー量が $F\,dA\,dt$ であるとき，この F がエネルギーフラックスである．SI 単位系における F の単位は $[\mathrm{J\,s^{-1}\,m^{-2}}] = [\mathrm{W\,m^{-2}}]$ となる．"見かけの明るさ" が明るい天体とは，その天体からのエネルギーフラックスが観測地点で大きいものに相当する．

（2）エネルギーフラックス密度

電磁波が運ぶエネルギーの周波数依存性を表すのがエネルギーフラックス密度であり，次のように定義される．時間 dt あたり面素 dA を通過する電磁波のうち，周波数 $[\nu, \nu + d\nu]$ の範囲に含まれるエネルギーが $F_\nu\,d\nu\,dA\,dt$ となるとき，この F_ν を ν におけるエネルギーフラックス密度と呼ぶ．$d\nu$ が微小なら，エネルギー量は $d\nu$ に比例するとみなせる．SI 単位系における F_ν の単位は $[\mathrm{W\,m^{-2}\,Hz^{-1}}]$ であり，周波数依存性を考慮した見かけの明るさに相当する．実際の観測では，限られた周波数成分のみを検出する場合がほとんどであり，その定量化に F_ν が使用される．

（1）で定義した F との関係は，$F = \displaystyle\int_0^\infty F_\nu\,d\nu$ である．電波天文学における F_ν の単位としては $[\mathrm{Jy}]$ （ジャンスキー）*2 もよく使われ，$1\,\mathrm{Jy} = 10^{-26}\,\mathrm{W\,m^{-2}\,Hz^{-1}}$

---

*2 初めて宇宙電波を観測したジャンスキー（K. Jansky）に由来する．1 章を参照．

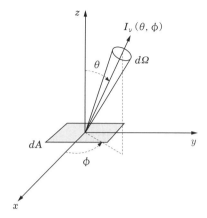

図 2.1 θ 方向の成分に対しては，dA の面積が実効的に $\cos\theta$ 倍に減る．

である．

(3) 強度（輝度）

時間 dt あたり面素 dA を通過する電磁波のうち，dA の垂線から立体角 $d\Omega$ の範囲へと進む光線が $[\nu, \nu + d\nu]$ で運ぶエネルギーは $I_\nu(\theta,\phi)\,d\Omega\,d\nu\,dA\,dt$ とかける．この $I_\nu(\theta,\phi)$ を ν における強度，あるいは輝度と呼ぶ．ただし (θ,ϕ) は，dA の垂線の向きを極座標で表したものである．$d\Omega$ が微小であれば，そこに含まれるエネルギー量は $d\Omega$ に比例するとみなせる．I_ν の定義から，その単位は $[\mathrm{W\,m^{-2}\,Hz^{-1}\,sr^{-1}}]$ である．

ここでは I_ν の (θ,ϕ) 依存性を明示したが，F や F_ν も同様の依存性を持つ．このことを考慮すると F_ν と I_ν の関係は，

$$F_\nu = \int I_\nu(\theta,\phi)\cos\theta\,d\Omega \tag{2.4}$$

となる．ただしここでは，F_ν を規定する面素 dA の垂線が $\theta = 0$ の向きとなるように座標を定義している．積分中の $\cos\theta$ は，dA が (θ,ϕ) 方向に射影される効果を表す（図 2.1）．

(4) 運動量フラックスとエネルギー密度

I_ν を用いて，電磁波が担う運動量やエネルギー密度の周波数成分を記述でき
る．面素 dA に対する単位周波数あたりの運動量フラックス p_ν は，

$$p_\nu = \frac{1}{c}\int I_\nu(\theta,\phi)\cos^2\theta\, d\Omega \tag{2.5}$$

となる．右辺冒頭の $1/c$ のファクターは，E と p の関係式（2.3）から必要であ
る．また，積分中で式（2.4）からさらに別の $\cos\theta$ をかけているのは，運動量の
うち dA の垂線成分だけを考慮していることによる．p_ν の単位は $[\mathrm{N\,m^{-2}\,Hz^{-1}}]$
であり，$p=\displaystyle\int_0^\infty p_\nu\,d\nu$ が全運動量フラックスである．

次に，電磁波がもつ単位体積あたりのエネルギー（エネルギー密度）を導く．
強度を定義した式を変形すると，

$$I_\nu(\theta,\phi)\,d\Omega\,d\nu\,dA\,dt = \left(\frac{I_\nu(\theta,\phi)}{c}\right)d\Omega\,d\nu\,dA(c\,dt)$$
$$\equiv u_\nu(\theta,\phi)\,d\Omega\,d\nu\,dA(c\,dt) \tag{2.6}$$

を得る．式（2.6）は，「体積要素 $dV = dA(c\,dt)$ に含まれるエネルギーのう
ち，(θ,ϕ) から $d\Omega$ の範囲に進む光線が担う部分」と改めて解釈できる．つまり
$u_\nu(\theta,\phi)$ は単位体積あたりの電磁波エネルギーと関係しており，具体的には，こ
れを全立体角で積分した

$$u_\nu = \int_{4\pi} u_\nu(\theta,\phi)\,d\Omega = \frac{1}{c}\int_{4\pi} I_\nu(\theta,\phi)\,d\Omega \tag{2.7}$$

が，ν における単位周波数あたりのエネルギー密度になる．u_ν を表す単位は
$[\mathrm{J\,m^{-3}\,Hz^{-1}}]$ であり，$u=\displaystyle\int_0^\infty u_\nu\,d\nu$ が全エネルギー密度となる．

(5) 閉空間を満たす一様で等方的な電磁波の放射圧とエネルギー密度

簡単な応用例として，電磁波を完全に反射する壁で作られた箱に一様で等方的
な放射が満ちているときの放射圧とエネルギー密度との関係を考える．つまり，
すべての場所で $I_\nu(\theta,\phi)\equiv I_\nu$ が定数となる状況である．

まず壁面に及ぶ放射圧のうち $[\nu,\nu+d\nu]$ の寄与 P_ν は，式（2.5）を参考に

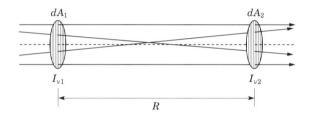

図 **2.2** 強度の一定性を証明するための思考実験.

$$P_\nu = \frac{2}{c} \int_{2\pi} I_\nu \cos^2\theta \, d\Omega = \frac{4\pi}{3c} I_\nu \tag{2.8}$$

となる．最初の等号の後にある 2 倍は壁面で弾性衝突した光子の運動量変化を表し，それを内側の半空間の範囲で積分している．一方，箱の中での電磁波エネルギー密度のうち同じ周波数範囲が担う部分は

$$u_\nu = \frac{1}{c} \int_{4\pi} I_\nu \, d\Omega = \frac{4\pi}{c} I_\nu. \tag{2.9}$$

式 (2.8) と (2.9) とを比較すると，$P_\nu = u_\nu/3$ であることがわかる．同様の式は全周波数範囲で積分した場合でも成り立ち，

$$P = \frac{u}{3}. \tag{2.10}$$

これは熱力学的に重要な関係で，比熱比 $\gamma = 4/3$ の場合に対応する．

2.1.2 真空中を伝わる際の電磁波の振る舞い

次に電磁波が真空中を伝わる場合，つまり途中で物質による放射や吸収がない場合の振る舞いを考える．

(1) I_ν の一定性

距離 R で正対した二つの面素 dA_1, dA_2 を考える（図 2.2）．dA_1, dA_2 両方を通る光線がもつエネルギーは，$I_{\nu 1} \, d\Omega_1 \, d\nu \, dA_1 \, dt = I_{\nu 2} \, d\Omega_2 \, d\nu \, dA_2 \, dt$ とかける．ただし，dA_1 から見こむ dA_2 の立体角を $d\Omega_1$，逆を $d\Omega_2$ とした．ところが立体角の定義から $d\Omega_1 = dA_2/R^2$, $d\Omega_2 = dA_1/R^2$ なので，$I_{\nu 1} = I_{\nu 2}$，つまり I_ν は変化しない．これは，光線の進む方向に沿った線素を ds として，以下のよ

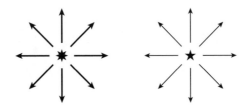

図 2.3 明るい点源（左）と暗い点源（右）から出る放射の模式図.

うにも表現できる.

$$\frac{dI_\nu}{ds} = 0. \tag{2.11}$$

（2）F_ν の振る舞い: 逆 2 乗則

半径 R の球である星を考え，その表面での周波数 ν のエネルギーフラックス密度が $F_\nu^{(0)}$ で一様とする．このとき，この星から距離 d の地点で観測したときのエネルギーフラックス密度 $F_\nu(d)$ を考える．星と観測者とのあいだで放射や吸収が起こらなければ，エネルギー保存則より $4\pi R^2 F_\nu^{(0)} = 4\pi d^2 F_\nu(d)$ が成り立つので，

$$F_\nu(d) = F_\nu^{(0)} \left(\frac{d}{R}\right)^{-2}. \tag{2.12}$$

つまり見かけの明るさ $F_\nu(d)$ は，距離の 2 乗に反比例する.

（3）I_ν と F_ν の関係: 直観的な説明

上で述べた事情をより直観的な説明で補足する．図 2.3 は明るさの異なる点源からの放射を模式的に表した．ここでは一定立体角ごとに光線を 1 本割り当て，そこに含まれるエネルギー量を線の太さで表した．ここで，個々の光線の強さ，つまり線の太さが I_ν に相当する．式（2.11）で示した I_ν の一定性が，この図では線の太さが変化しないことで表現されている．では F_ν の逆 2 乗則（2.12）はどうだろうか．F_ν は

（単位面積あたり貫く線の本数）×（個々の光線の強さ）

に相当している．つまり F_ν の逆 2 乗則は，単位面積を貫く光線の本数が距離 d の 2 乗に反比例して少なくなることに対応していると考えられる.

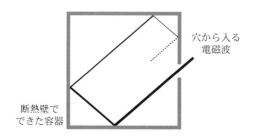

図 2.4 黒体として振る舞う小さな穴つきの断熱壁でできた容器.

2.1.3 黒体放射

次に，物質と放射の相互作用を考える上で理解が欠かせない黒体放射について説明する.

（1）黒体放射とは

黒体とは，入射する電磁波を 100% 吸収する物体である．このような物体は現実にはまず存在しないが，図 2.4 のように断熱壁でできた小さな穴つきの容器が例として挙げられる．穴から容器中に入った光子は，何回かは壁を反射するだろうが，やがて壁に吸収されるであろう．容器中に入った光子が再び穴から出ていくことがなければ，これは黒体と考えられる.

図 2.4 の容器が温度 T に保たれ，かつエネルギーの出入りがつり合った状態（熱平衡状態）を考える．上述のように穴から入った光子を吸収するだけなら，容器はエネルギーを受ける一方になってしまう．実際は，容器の壁自身が放出する光子が穴から漏れ出ることで，熱平衡状態が実現される．このように，黒体自身と電磁波とのあいだに完全な熱平衡が成り立つときに放射される電磁波のことを，黒体放射と呼ぶ．黒体放射の定式化へと最終的に導いたのは，プランク（M. Planck）の量子論（1900 年）である.

（2）プランクの放射式

では，黒体放射の周波数依存性を導く．いま，黒体壁からなる 1 辺 L の立方体中に電磁波が満ちた状態を考える．ただし L はつねに電磁波の波長より十分大きいとする．このとき，ある方向に進む電磁波を考え，それを波数ベクトル

$\boldsymbol{k} = (k_1, k_2, k_3)$ で表現する．ただし，$|\boldsymbol{k}| = 2\pi/\lambda$ で向きは波の進行方向である．その上で，(i) 電磁波は，$n_i\ (i = 1, 2, 3)$ を整数として

$$n_i \left(\frac{2\pi}{k_i} \right) = L \tag{2.13}$$

の固定端の波として存在し，(ii) $\nu = c/\lambda$ の成分がもちうるエネルギーは離散的である（$E = nh\nu$，式 (2.2) を参照）と考える．(i) のように考える背景や，(ii) で離散化を考えない古典的議論の問題点は後述する．

ひとまず (i) を認めると，波数ベクトルの微小空間 $dk_1 dk_2 dk_3 \equiv d^3k$ に含まれる波数ベクトルの状態数は $\Delta n_1 \Delta n_2 \Delta n_3 = \dfrac{L^3}{(2\pi)^3} d^3k$ となる．L^3 が容器の体積であり，また電磁波は横波で各波数ベクトルに対し独立な二つの偏波（偏光）状態がある[*3]ことを考慮すると，単位体積，単位波数空間あたりの状態数は，$2/(2\pi)^3$ となる．

一方，波数ベクトルの微小空間は $d^3k = k^2\, dk\, d\Omega = \dfrac{(2\pi)^3 \nu^2}{c^3} d\nu\, d\Omega$ とも表されるので，単位体積，単位周波数，単位立体角あたりの状態数密度は，

$$\rho_{\rm s}(\nu) = \frac{2}{(2\pi)^3} \times \frac{(2\pi)^3 \nu^2}{c^3} = \frac{2\nu^2}{c^3} \tag{2.14}$$

であることが分かる．

ここで (i) のように考えられる背景を説明する．不確定性原理によると，粒子の位置座標の変数を x_i，i 軸に沿った運動量を p_i としたとき，$\Delta x_i \Delta p_i = h$ ごとに一つの量子状態があると考えられる．いま考えている状況では，$\Delta x_i = L$ であることから，式 (2.3) も考慮し

$$L \cdot \Delta p_i = L \cdot \left(\frac{h}{2\pi} \right) \Delta k_i = h \tag{2.15}$$

ごとに一つの状態がなければならない．つまり，量子的に異なる状態と見なせるためには，立方体の辺の長さスケールで波数が有意に区別できる必要がある．これを満たすためには式 (2.15) から，n_i を整数として

$$k_i = n_i \left(\frac{2\pi}{L} \right) \tag{2.16}$$

[*3]「光子のとりうる独立なスピン状態が二つである」とも考えられる．

であれば良い. これは式 (2.13) の条件に他ならない.

次に (ii) を考慮しつつ, 周波数 ν の成分がもつエネルギーの期待値を導く. 統計力学によると, あるエネルギー状態 E_n になる確率は $e^{-\beta E_n}$ に比例する. ただし $\beta = (kT)^{-1}$ で, $k = 1.38 \times 10^{-23} \, \mathrm{J \, K^{-1}}$ はボルツマン定数である. すると, エネルギーの期待値 $\bar{E}(\nu)$ は,

$$\bar{E}(\nu) = \frac{\sum\limits_{n=0}^{\infty} E_n e^{-\beta E_n}}{\sum\limits_{n=0}^{\infty} e^{-\beta E_n}}. \tag{2.17}$$

ここで分母は初項が 1 で公比が $e^{-\beta h\nu}$ の無限等比級数の和だから,

$$\sum_{n=0}^{\infty} e^{-\beta E_n} = \sum_{n=0}^{\infty} e^{-\beta n h\nu} = \left(1 - e^{-\beta h\nu}\right)^{-1}. \tag{2.18}$$

またこの両辺を β で微分すれば式 (2.17) の分子も得られ, 結果的に

$$\bar{E}(\nu) = \frac{h\nu}{\exp\left(h\nu/kT\right) - 1}. \tag{2.19}$$

すると, 体積 dV, $[\nu, \nu + d\nu]$ に含まれる放射のうち, 方向 (θ, ϕ) の微小立体角 $d\Omega$ 内に進む電磁波がもつエネルギーは, $u_\nu(\theta, \phi) \, dV \, d\nu \, d\Omega = \rho_\mathrm{s}(\nu) \bar{E}(\nu) \, dV \, d\nu \, d\Omega$ と表されることから, 式 (2.14), (2.19) より

$$u_\nu(\theta, \phi) = \frac{2h\nu^3}{c^3} \left[\exp\left(\frac{h\nu}{kT}\right) - 1\right]^{-1}. \tag{2.20}$$

式 (2.6) の $u_\nu(\theta, \phi)$ と $I_\nu(\theta, \phi)$ の関係を参考に, 式 (2.20) を強度に換算し, 等方的放射として (θ, ϕ) 依存性を特に考慮せずに $B_\nu(T)$ と書くと,

$$B_\nu(T) = \frac{2h\nu^3}{c^2} \left[\exp\left(\frac{h\nu}{kT}\right) - 1\right]^{-1}. \tag{2.21}$$

この $B_\nu(T)$ を強度 (輝度) に関するプランクの放射式と呼ぶ.

同等の式は, 単位波長あたりでの強度でも表現できて,

$$B_\lambda(T) = \frac{2hc^2}{\lambda^5} \left[\exp\left(\frac{hc}{\lambda kT}\right) - 1\right]^{-1}. \tag{2.22}$$

ただし式 (2.21) から式 (2.22) への変換には, 式 (2.1) から導かれる $d\nu =$

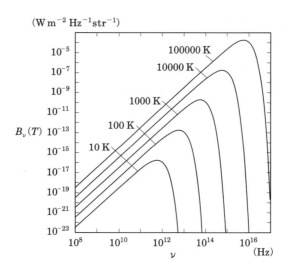

$$\text{(W m}^{-2}\text{ Hz}^{-1}\text{str}^{-1}\text{)}$$

図 **2.5**　さまざまな温度でのプランクの放射式.

$-c(d\lambda/\lambda^2)$ および $\displaystyle\int_0^\infty B_\nu(T)d\nu = \int_0^\infty B_\lambda(T)d\lambda$ の関係も用いた.

(3) 黒体放射の性質

　プランクの放射式 (2.21) を，さまざまな温度の場合について示したのが図 2.5 である．これを参照しながら，黒体放射の性質を議論する.

レイリー–ジーンズ近似とウィーン近似

　$h\nu/kT \ll 1$ のときは，$\exp(h\nu/kT) - 1 \approx h\nu/kT$ であり，

$$B_\nu(T) \approx \frac{2\nu^2}{c^2}kT = \frac{2kT}{\lambda^2} \tag{2.23}$$

と近似される．これを，レイリー–ジーンズの近似式と呼ぶ．電波天文学の対象では，しばしばこの近似式が有効な状況が実現される.

　式 (2.23) には h が出てこない．つまりこれは，古典論の枠組みで導出される形であり，具体的には各周波数の波がもつエネルギーが連続値をとり得るとした場合に得られる．この関数形はプランクの理論の登場以前に求められており，ν が小さい領域で実際の現象とよく一致していることが知られていた．しかし全周

波数で積分したときの放射エネルギーが無限大になってしまうという問題（紫外発散）があり，その解決には式（2.17）中で示したエネルギーの量子化という概念の導入が不可欠であった．

逆に $h\nu/kT \gg 1$ のとき，式（2.21）は

$$B_\nu(T) \approx \frac{2h\nu^3}{c^2} \exp\left(-\frac{h\nu}{kT}\right) \tag{2.24}$$

と近似される．これをウィーンの近似式と呼ぶ．

ウィーンの変位則

式（2.23）と式（2.24）の近似から，プランクの放射式は $h\nu \approx kT$ を満たすあたりで最大値をとることが予想される．実際には，

$$h\nu_{\max} = 2.82kT \tag{2.25}$$

を満たす周波数 $\nu_{\max}$ で式（2.21）は最大値をとる．つまり，温度に比例して $\nu_{\max}$ は高くなり，もっとも大きなエネルギーを担っている光子の典型的なエネルギーはだいたい kT である．これをウィーンの変位則という．これと同等な法則は式（2.22）を最大にする $\lambda_{\max}$ でも表現でき，以下で与えられる．

$$\lambda_{\max}\,[\mu\mathrm{m}] = \frac{2898}{T}. \tag{2.26}$$

温度に対する単調性

式（2.21）を T で偏微分すると分かるように，任意の ν で $B_\nu(T)$ は T に対して単調増加する．そのため，周波数を定めたとき，黒体放射だけでなくその他の任意の放射を特徴付ける I_ν に対応する温度が一意に決まる．この性質とレイリー–ジーンズの近似式（2.23）を使い，強度 I_ν を以下のように温度の次元で表現することが頻繁にある．

$$T_\mathrm{b} \equiv \frac{\lambda^2}{2k} I_\nu. \tag{2.27}$$

この T_b を輝度温度と呼ぶ．ただし，レイリー–ジーンズ近似がよく成り立たない場合は，以下で定義される等価輝度温度 $J(T)[\mathrm{K}]$ も広く用いられる．

$$J(T) \equiv \frac{h\nu}{k}\left[\exp\left(\frac{h\nu}{kT}\right)-1\right]^{-1}. \tag{2.28}$$

$J(T)$ を使ってプランクの放射式（2.21）を書くと，

$$B_\nu(T) = \frac{2\nu^2}{c^2} k J(T). \tag{2.29}$$

つまり，レイリー–ジーンズの近似式（2.23）の T を形式的に $J(T)$ で置き換えたものであり，式（2.27）の T_b の代わりに $J(T)$ を用いれば，あらゆる条件で輝度温度の概念が利用できる．

黒体面が半空間に出すエネルギーフラックス

黒体面が放出するエネルギーフラックス密度は，式（2.21）と式（2.4）を使うと，$\int_{2\pi} B_\nu(T) \cos\theta d\Omega = \pi B_\nu(T)$ である．これを全周波数で積分するとエネルギーフラックスとなり，次で与えられる．

$$\int_0^\infty \pi B_\nu(T) d\nu = \sigma T^4. \tag{2.30}$$

ここで σ はステファン–ボルツマン定数と呼ばれ，

$$\sigma = \frac{2\pi^5 k^4}{15 c^2 h^3} = 5.67 \times 10^{-8} \quad [\mathrm{W\,m^{-2}\,K^{-4}}] \tag{2.31}$$

である．式（2.30）のように，黒体放射のエネルギーフラックスは温度の 4 乗に比例する．これをステファン–ボルツマンの法則と呼ぶ．

球状の天体からの放射が黒体放射で近似される場合に，有効温度（T_eff）という概念がよく使われる．これは，天体の全エネルギー放出率を L，天体の半径を R として，$L = 4\pi R^2 \sigma T_\mathrm{eff}^4$ を満たすものとして定義される．

黒体放射自身のエネルギー密度と圧力

プランクの放射式は，単位体積あたりのエネルギー（エネルギー密度）で表される場合もある．これを $u_\nu(T)$ とすると，式（2.9）を用いて

$$u_\nu(T) = \frac{4\pi}{c} B_\nu(T) = \frac{8\pi h \nu^3}{c^3} \left[\exp\left(\frac{h\nu}{kT}\right) - 1\right]^{-1} \tag{2.32}$$

となる．また，これを ν で積分した全エネルギー密度 u は，

$$u = \int_0^\infty u_\nu d\nu = \frac{4\sigma}{c} T^4 \equiv a T^4, \tag{2.33}$$

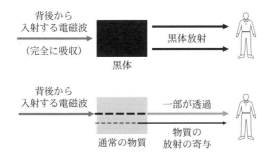

図 **2.6** 黒体を正面から観測する場合（上）と，完全に不透明で
はない通常の物質を観測する場合（下）に観測される電磁波．

$$a = \frac{4\sigma}{c} = \frac{8\pi^5 k^4}{15c^3 h^3} = 7.57 \times 10^{-16} \quad [\mathrm{J\,m^{-3}\,K^{-4}}] \tag{2.34}$$

である．さらに式（2.10）から，放射がもつ圧力 P は次のようになる．

$$P = \frac{1}{3}aT^4. \tag{2.35}$$

2.1.4 電磁波の放射・吸収・伝播の記述

2.1.2 節で述べたように，電磁波が真空中を伝播するときは強度が一定である．
では，電磁波が物質と相互作用しながら伝播する場合はどう記述されるだろう
か．これはまさに，天体からの電波が我々のもとに届くまでのあいだの振る舞い
を考える上で基礎となるものである．

（1）物質中を伝わる放射の概観

まず簡単な場合で定性的な理解を得る．図 2.6 のように，ある物体を真正面か
ら観測する場合を考える．もしこの物体が温度 T の黒体である場合，観測される
強度は $I_\nu = B_\nu(T)$ となる．このとき，仮に黒体の背後から来る電磁波があって
も，入射電磁波を 100% 吸収する黒体の性質のため，その情報は完全に消失する．
一方，図 2.6（下）のように黒体でない通常の物質がある場合はどうだろうか．
ただし簡単のため，物質の性質は一様とする．このときは，背景からの電磁波の
一部が透過したものの寄与と，物質自身が放射したものの寄与とが重なって観測
されるはずである．これは，通常の物質は放射に対して完全に不透明ではないこ

とによる.

　このように，電磁波が現実の物質と相互作用しながら伝播していく様子を定式化するのが放射輸送の式である．電磁波と物質との相互作用は次の三つの素過程に分けられる.

　放射: 物質の内部エネルギー状態がより低い状態へと変化し，その際に発生する余分なエネルギーを電磁波（光子）として放出する現象.

　吸収: 放射とは逆で，光子を吸収することにより物質内部のエネルギー状態がより高い状態へと変化する現象.

　散乱: 物質と光子とが相互作用し，光子の進行方向が変えられる現象.

　ただしその長い波長のため，電波天文の観測対象で散乱が重要な役割を果たす状況は比較的限られるので，以下，本書では放射と吸収だけを考慮する.

(2) 放射輸送の式

　以下では図 2.7 で示した状況を想定しながら，物質からの放射・吸収により伝播中の電磁波がどう影響を受けるかを考察することにより，放射輸送の式を導こう．まず，一定量の物質が周波数 ν の放射を出す能力を表す指標として放射率 ε_ν を導入する．放射量は，通過する物質の量に比例するはずであるから，物質中を ds 進んだときの I_ν の変化量を dI_ν として，

$$dI_\nu = \varepsilon_\nu\, ds \tag{2.36}$$

を満たすものとして ε_ν を定義する．ε_ν の単位は，I_ν の単位を長さの単位 [m] で割ったものになり，$[\mathrm{W\,m^{-3}\,Hz^{-1}\,sr^{-1}}]$ となる．つまり，単位時間・単位体積・単位周波数幅あたり，特定の方向周囲の単位立体角あたりに出すエネルギー量とも解釈できる.

　吸収についても，一定量の物質が周波数 ν の放射をどれだけ吸収するかを表す指標として吸収係数 κ_ν を導入する．電磁波が物質中で伝播する際に受ける吸収の割合は，通過する物質の量に比例すると期待される．そこで物質中を ds 進んだとき I_ν が変化する割合 dI_ν/I_ν を考え，

$$-\left(\frac{dI_\nu}{I_\nu}\right) = \kappa_\nu\, ds \tag{2.37}$$

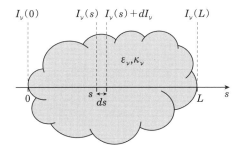

図 **2.7** 放射輸送の式を導出する際に考える状況設定. 座標軸 s は光線が進む向きに取る.

を満たすものとして $\kappa_\nu[\text{m}^{-1}]$ を定義する. あるいは, これを書き換えると,

$$dI_\nu = -\kappa_\nu I_\nu\, ds \tag{2.38}$$

となる. 吸収の絶対量 dI_ν は入射強度にも比例することに加え, κ_ν には周波数の関数という意味で添字の ν が付いているが I_ν, ε_ν とは異なり「単位周波数幅あたり」の量ではないことに注意する.

実際の物質は放射と吸収の両方の能力を持つ. つまり, 物質中を伝わる電磁波の振る舞いは, 式 (2.36), (2.38) をあわせて

$$\frac{dI_\nu}{ds} = \varepsilon_\nu - \kappa_\nu I_\nu. \tag{2.39}$$

これが放射輸送の基本式である.

(3) 簡単な場合の考察

源泉関数とキルヒホッフの法則

物質が電磁波から受け取る正味のエネルギー量が 0, つまり放射と吸収がつり合っている場合を考える. 式 (2.39) の左辺を 0 とおくと

$$I_\nu = \left(\frac{\varepsilon_\nu}{\kappa_\nu}\right) \equiv S_\nu \tag{2.40}$$

が要求される. この S_ν を源泉関数と呼び, 物質の性質 $(\varepsilon_\nu, \kappa_\nu)$ のみに依存する量である. 特に, 物質が温度 T の黒体放射と熱平衡状態にある場合 (図 2.8) を考える. このとき, 周囲の放射場は温度 T のプランクの放射式で表され, かつ物質の有無にかかわらず, 黒体放射としての性質が変わらない (黒体放射は温度

図 2.8 黒体放射のみが満ちている容器 (左) と中に熱平衡の物質がある場合 (右). どちらも, 穴から出る放射の性質は同じであるべきである.

T のみによって特徴づけられる) ことから,

$$S_\nu = B_\nu(T) \tag{2.41}$$

が必要である. つまり, 温度 T で熱平衡になっている物質の源泉関数 (2.40) は, プランクの放射式となる. これをキルヒホッフの法則と呼ぶ.

一様物質中を伝わる放射の振る舞い

次に, 一様な性質をもつ物質中を電磁波が伝わる際にどう振る舞うかを考える. ここで一様とは, $\varepsilon_\nu, \kappa_\nu$ が一定となる場合である. まず, $d\tau_\nu = \kappa_\nu\, ds$ という新たな変数 τ_ν を導入し, 放射輸送の式 (2.39) を書き直すと,

$$\frac{dI_\nu}{d\tau_\nu} = S_\nu - I_\nu \tag{2.42}$$

となる. τ_ν は無次元の量であるが, 周波数の関数という意味で添字の ν を付けた. $S_\nu = \varepsilon_\nu/\kappa_\nu$ が一定の場合, この解は,

$$I_\nu(L) = I_\nu(0)e^{-\tau_\nu} + S_\nu(T)(1 - e^{-\tau_\nu}) \tag{2.43}$$

である. ただし, $I_\nu(0)$ は図 2.7 で示した $s = 0$ での強度であり, 一方 τ_ν は

$$\tau_\nu(L) = \int_0^L \kappa_\nu\, ds \tag{2.44}$$

で定義される量で, $s = L$ の地点での "光学的厚み" と呼ばれる.

式 (2.43) 右辺の意味を考えよう. 第 1 項は, 物質に入射した電磁波 $I_\nu(0)$ が $e^{-\tau_\nu}$ で減衰する, 物質による吸収の効果を表す. 一方, 第 2 項は, 物質からの

放射を表し，$I_\nu \to S_\nu$ へと近づく形で，かつ τ_ν が大きいほど，その寄与が増える．つまり τ_ν は，電磁波に対する物質の不透明度の定量的指標を与えている．そこでしばしば，$\tau_\nu < 1$ のときは "光学的に薄い" と呼ばれ，$\tau_\nu \geqq 1$ のときは "光学的に厚い" と呼ばれる．

両者をわける $\tau_\nu = 1$ にはどんな意味があるのだろうか．式（2.43）の右辺にある $e^{-\tau_\nu}$ の減衰は，「入射した光子一つが，吸収されずに τ_ν の地点まで到達している割合が $e^{-\tau_\nu}$ である」とも解釈できる．すると，入射光子が吸収を受けて消滅するまでに進む τ_ν の期待値（平均自由行程）は，$[\tau_\nu, \tau_\nu + d\tau_\nu]$ 間での吸収による光子の減少割合が $e^{-\tau_\nu} d\tau_\nu$ となることに注意して，

$$\langle \tau_\nu \rangle = \int_0^\infty \tau_\nu e^{-\tau_\nu} \, d\tau_\nu = 1 \tag{2.45}$$

と計算できる．つまり，光学的に薄いか厚いかの区別は，入射した光子が吸収なしに進める距離に比べ，考えている系のスケールが大きいか小さいか，ということに対応しているのである．

再び式（2.43）に戻ろう．特に，考えている物質が温度 T で熱平衡状態にあるとき，式（2.41）のように $S_\nu = B_\nu(T)$ だから，

$$I_\nu(L) = I_\nu(0)e^{-\tau_\nu} + B_\nu(T)(1 - e^{-\tau_\nu}). \tag{2.46}$$

図 2.6 では黒体と通常の物質の違いをみたが，通常の物質でも τ_ν が大きい極限では黒体のように振る舞うことがわかる．レイリー–ジーンズの近似式（2.23）が成り立つ場合，式（2.46）は輝度温度の式（2.27）を用いて，

$$T_{\rm b} = T_{\rm b}(0)e^{-\tau_\nu} + T(1 - e^{-\tau_\nu}) \tag{2.47}$$

と書くこともできる．I_ν を $T_{\rm b}$ で表すと，電磁波と相互作用する物質の温度との対応が直観的に把握できる．式（2.47）で等価輝度温度（2.28）を代わりに用いれば，より一般的に成立する式が与えられる．

線スペクトル: 輝線と吸収線

後に見るように，ガス分子などは特定の周波数の電磁波のみを放射や吸収する．その結果，輝線や吸収線といった線スペクトルが観測される．ここでは輝線や吸収線がどのように出現するかを議論しよう．簡単な状況として，温度 $T_{\rm bg}$

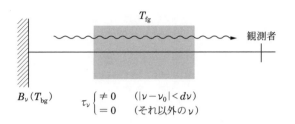

図 2.9 1 次元的な放射輸送に関する問題.

の黒体前面に, 温度 T_{fg} で熱平衡にあり, $[\nu_0 - d\nu, \nu_0 + d\nu]$ のみで電磁波を放射・吸収するガスがあるとする (図 2.9). このときガスの τ_ν は, 図 2.9 で示すように, $|\nu - \nu_0| < d\nu$ の範囲だけで 0 でない値を持つ. この場合, 観測される電磁波にはどのような ν 依存性が見られるであろうか. 以下ではレイリー–ジーンズの近似式が成り立つとする.

まず $|\nu - \nu_0| < d\nu$ での τ_ν が大きい極限を考える. 観測される輝度温度 T_{b} は, 式 (2.47) より

$$T_{\mathrm{b}} = \begin{cases} T_{\mathrm{fg}} & (|\nu - \nu_0| < d\nu) \\ T_{\mathrm{bg}} & (それ以外) \end{cases} \tag{2.48}$$

となる. つまり, 図 2.10 のように, (a) $T_{\mathrm{bg}} < T_{\mathrm{fg}}$ の場合は, $|\nu - \nu_0|$ でより大きい強度が観測されるのに対し, (b) $T_{\mathrm{bg}} > T_{\mathrm{fg}}$ の場合は, 逆にこの周波数範囲のみ小さな強度が観測される. (a) の場合を輝線, (b) の場合を吸収線と呼ぶ. 輝線と吸収線のいずれになるかは, 線スペクトルを発生させるガスの温度と背景光の輝度温度との高低によることが分かる.

τ_ν が小さくなれば, 輝線や吸収線は弱まる. 具体的には, 輝線 (吸収線) の強度差は, 式 (2.47) より

$$\Delta T_{\mathrm{b}} = |T_{\mathrm{bg}} - T_{\mathrm{fg}}| \left[1 - \exp(-\tau_\nu)\right] \tag{2.49}$$

となるので, τ_ν が小さくなれば ΔT_{b} も小さくなる.

2.1.5 線スペクトルの記述: 微視的な素過程から放射輸送の枠組みへ

放射輸送は電磁波の巨視的伝播を記述するが, その基礎を与えるのは, 電磁波と物質の相互作用 (放射, 吸収) を起こす微視的な素過程である. ここでは, 単

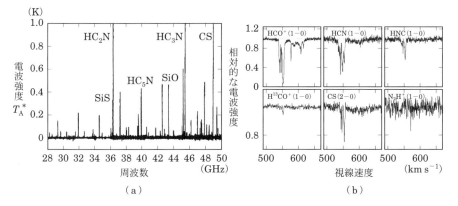

図 **2.10** 輝線と吸収線の観測例. (a) 晩期型星 IRC+10216 方向で野辺山 45 m 望遠鏡で取得された 28–50 GHz での線スペクトル (Kawaguchi *et al.* 1995, *PASJ*, 47, 853). (b) 活動銀河核ケンタウルス A を背景にした吸収線 (Wiklind *et al.* 1997, *A&A*, 324, 51).

純な線スペクトルモデルを採用し,原子・分子レベルの素過程が放射輸送の枠組みとどう対応しているかを見る.なお,実際の電波放射機構については,2.2 節を参照のこと.

ガスを構成する粒子(原子,分子など)が二つのエネルギー準位 1 と 2 を持ち,その間を遷移できるとする.それぞれの準位でのエネルギーの値は E_1, E_2 とし(ただし $E_2 > E_1$),また,2 準位間の遷移に伴い放射,吸収される電磁波強度の周波数依存性は,$\nu_0 = (E_2 - E_1)/h$ に鋭いピークをもつ曲線 $\varphi(\nu)$ で表されるとする.この $\varphi(\nu)$ はプロファイル関数と呼ばれ,$\int_0^\infty \varphi(\nu)\, d\nu = 1$ を満たし,単位は $[\mathrm{Hz}^{-1}]$ である.なぜ $\varphi(\nu)$ を導入するかは 2.2 節で触れる.ここで,二つの準位間の遷移によって放射,吸収される電磁波の強度 I_ν に対し,$\varphi(\nu)$ で重みをつけた平均強度 $\bar{J}$ を次のように定義する.

$$\bar{J} = \frac{1}{4\pi} \int_{4\pi} \left\{ \int_0^\infty I_\nu(\theta, \phi)\varphi(\nu)d\nu \right\} d\Omega. \tag{2.50}$$

この $\bar{J}$ を用いると,以下で示すように,考えている準位間における微視的素過程(放射・吸収)の起こりやすさを定量化することができる.

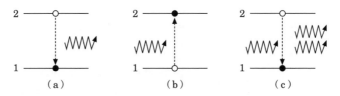

図 **2.11** 放射と物質の相互作用の三つの素過程．（a）自発放射（自然放射）．（b）吸収．（c）誘導放射．

（1）三つの微視的な素過程とアインシュタイン係数

エネルギー準位間の遷移には，三つの素過程が存在する（図 2.11）．各過程は確率的に起こり，アインシュタイン係数と呼ばれる量で記述される．以下，それぞれの素過程を説明する．

第 1 は自発放射（自然放射）と呼ばれる過程である．これは，エネルギー準位 2 の粒子がある確率で自発的に準位 1 に遷移し，ν_0 近辺の光子を一つ放出する現象である（周波数の分布は $\varphi(\nu)$ に従う．他の二つの素過程も同様）．その確率はアインシュタイン A 係数

$$A_{21} \tag{2.51}$$

で表される．A_{21} の次元は時間の逆数で，単位は $[\mathrm{s}^{-1}]$ である．

第 2 は吸収である．これは，エネルギー準位 1 の粒子が ν_0 近辺の光子を一つ吸収し，準位 2 へと遷移する現象である．その確率は入射する光子の数 $\bar{J}$ に比例する．このとき現れる比例係数をアインシュタイン B 係数と呼び，B_{12} と表す．つまり，吸収が起こる確率は，

$$B_{12}\bar{J} \tag{2.52}$$

となり，式（2.52）全体で $[\mathrm{s}^{-1}]$ の単位をもつ．

最後に第 3 の素過程として，誘導放射と呼ばれる現象がある．これは，エネルギー準位 2 の粒子に ν_0 近辺の光子が入射したとき，ある確率で準位 1 へと遷移すると同時に，入射した光子とまったく同じ周波数，位相をもつ光子を一つ放射するものである．その確率は，吸収と同様，入射する光子の数 $\bar{J}$ に比例する．ここで現れる比例係数もアインシュタイン B 係数と呼ばれ，B_{21} と表す．つまり，誘導放射が起こる確率は，

$$B_{21}\bar{J} \tag{2.53}$$

となり，やはり式（2.53）全体で $[\mathrm{s}^{-1}]$ の単位をもつ.

　素過程の確率を表すアインシュタイン係数は，考える原子や分子の波動関数によって決定される.　その具体的な表記は 2.2 節に譲るが，三つのアインシュタイン係数は独立ではなく，互いに関係していることを示しておく.

　上では一つの粒子に着目していたが，ここでは同様な粒子が多数ある状況を考える.　いま，準位 1,2 にある粒子の単位体積あたりの数（数密度）を n_1, n_2 とし，準位 1 から 2 へうつる頻度が 2 から 1 へうつる頻度と等しい場合を考えると，

$$n_2 A_{21} + n_2 B_{21}\bar{J} = n_1 B_{12}\bar{J} \tag{2.54}$$

が成り立つ.　これを変形すると，

$$\bar{J} = \frac{n_2 A_{21}}{(n_1 B_{12} - n_2 B_{21})} = \frac{A_{21}/B_{21}}{(n_1/n_2)(B_{12}/B_{21}) - 1} \tag{2.55}$$

となる.　もし温度 T の黒体放射と熱平衡にある場合，$\bar{J} = B_\nu(T)$ であり，一方で粒子の数密度分布は，エネルギー準位 1,2 の統計的重率を g_1, g_2 として，ボルツマン分布

$$\frac{n_2}{n_1} = \frac{g_2}{g_1}\exp\left(-\frac{h\nu}{kT}\right) \tag{2.56}$$

に従う.　以上と式（2.21）とから，次の二つの関係が見出される.

$$g_1 B_{12} = g_2 B_{21} \tag{2.57}$$

$$A_{21} = \frac{2h\nu^3}{c^2} B_{21} \tag{2.58}$$

この関係の導出には物質が黒体放射と熱平衡にある状況を利用したが，得られた関係自体は，上述のとおり，物質自身の固有の性質である.

（2）放射率・吸収係数，源泉関数の記述

　同じ遷移について，今度は粒子の集団があった場合，どのような巨視的記述が可能になるかを考える.　すなわち，放射輸送の枠組みで導入した放射率や吸収係数，源泉関数 $(\varepsilon_\nu, \kappa_\nu, S_\nu)$ がどう表されるかを見る.

放射率

体積 dV のガスが，時間 dt の間にある方向の周囲 $d\Omega$ の範囲へと放出する周波数 ν の電磁波エネルギー $dE_\nu^{(\text{emi})}$ は，式 (2.51) の定義にしたがって，

$$dE_\nu^{(\text{emi})} = h\nu\varphi(\nu)n_2 A_{21}\, dV\, dt\frac{d\Omega}{4\pi} \tag{2.59}$$

となる．ただし，放射は等方的に起こると仮定した．これに伴う強度の変化量 dI_ν は，$dV = dA\,ds$ に注意すると，

$$dI_\nu = \varepsilon_\nu\, ds = \frac{h\nu}{4\pi}\varphi(\nu)n_2 A_{21}\, ds. \tag{2.60}$$

つまり，

$$\varepsilon_\nu = \frac{h\nu}{4\pi}n_2 A_{21}\varphi(\nu) \tag{2.61}$$

と表される．

吸収と誘導放射（吸収係数）

これらの過程の頻度はどちらも入射する強度に比例するので，吸収係数（κ_ν）に組み込むことができる．誘導放射の寄与は "負の吸収" と見なせばよい．いま，体積 dV のガスが時間 dt のあいだに吸収する周波数 ν の電磁波エネルギーのうち，ある方向の周囲 $d\Omega$ の範囲からきたものについてのエネルギー変化量 $dE_\nu^{(\text{abs})}$ は，式 (2.52)，(2.53) の定義にしたがって，

$$dE_\nu^{(\text{abs})} = -h\nu(n_1 B_{12} - n_2 B_{21})\, dV dt \times I_\nu\varphi(\nu)\frac{d\Omega}{4\pi} \tag{2.62}$$

となる．これに伴う強度の変化量 dI_ν は，$dV = dA\,ds$ に注意すると，

$$dI_\nu = -\kappa_\nu I_\nu\, ds = -\frac{h\nu}{4\pi}(n_1 B_{12} - n_2 B_{21})I_\nu\varphi(\nu)\, ds. \tag{2.63}$$

つまり，

$$\kappa_\nu = \frac{h\nu}{4\pi}\varphi(\nu)(n_1 B_{12} - n_2 B_{21}) \tag{2.64}$$

となる．あるいは，アインシュタイン係数間の関係 (2.57) を用いると，

$$\kappa_\nu = \frac{h\nu}{4\pi}\varphi(\nu)n_1 B_{12}\left(1 - \frac{g_1 n_2}{g_2 n_1}\right) \tag{2.65}$$

とも書ける.

源泉関数

源泉関数は式 (2.61), (2.64) から以下のようになる.

$$S_\nu = \frac{n_2 A_{21}}{n_1 B_{12} - n_2 B_{21}} = \frac{2h\nu^3}{c^2} \left(\frac{g_2 n_1}{g_1 n_2} - 1 \right)^{-1}. \tag{2.66}$$

ただし, 最後の変形には式 (2.57), (2.58) の関係を用いた.

(3) 励起温度と局所熱力学平衡

放射が温度 T の黒体放射でよく特徴付けられる場合, この温度 $T \equiv T_r$ を放射温度と呼ぶことにする. 温度 T_r の放射と熱平衡にある気体のエネルギー準位間の粒子数分布は, ボルツマン分布 (2.56) に従う. これを式 (2.66) に入れると, ガスの源泉関数 S_ν は温度 T_r のプランクの放射式 (2.21) と同じ形になる (キルヒホッフの法則の一例). 一方, 考えている準位間の粒子数分布は, 実際にはガス内の主要構成粒子 (分子雲の場合, H_2 や He) との衝突からも影響を受ける. 周囲の主要構成粒子の密度が十分高く, これらとの衝突によるエネルギーのやり取りが十分頻繁に起こる場合は, 準位間の粒子数は周囲の放射場の性質には依らず, 主要構成粒子の運動温度 T_k で決まるボルツマン分布で与えられる.

実際の準位間の粒子数分布では, T_r, T_k のいずれのボルツマン分布にも一致しない場合がある. しかし逆に, 考えている二つの準位間で

$$\frac{n_2}{n_1} = \frac{g_2}{g_1} \exp \left(-\frac{h\nu}{k T_{ex}} \right) \tag{2.67}$$

を満たす T_{ex} を定義することができる. これを "励起温度" と呼ぶ. 式 (2.66) に式 (2.67) を入れるとすぐわかるように, 励起温度 T_{ex} の際の源泉関数は $B_\nu(T_{ex})$ となる.

励起温度 T_{ex} が, 放射場を特徴づける放射温度 T_r に支配されるのか, ガスの運動温度 T_k によって支配されるのかは, 自発放射の頻度とガス粒子間の衝突頻度との大小関係で決まる (詳しくは 2.2 節で議論). 十分ガス密度が高い極限では, 物質内ではエネルギー等分配が成立した熱平衡状態が実現する (ただし, 周囲の放射場とも平衡になるとは限らない). この場合, すべてのエネルギー準位間の分布は一つの温度で表され, $T_{ex} = T_k$ となる. このような理想的な状態を局所熱力学平衡と呼ぶ.

2.2　電波の放射機構

　2.1 節では，宇宙を観測する際に用いる電磁波の基本的な取り扱い方について，黒体放射と放射輸送を中心に学んだ．黒体は仮想的な物体であり，実際に電波天文学で観測される宇宙からの放射は宇宙空間あるいは天体内の電子，原子，分子のさまざまな相互作用（＝素過程）により放射される．天体の温度や密度といった物理状態が異なると電磁波を放射する素過程も異なり，観測される電磁波の性質も異なってくる．電磁波発生の素過程を正しく理解することは，放射を出している天体の物理状態を理解する上で非常に重要である．そこで，本節では宇宙におけるさまざまな電波の発生機構とその各々の放射の特徴について述べる．なお本節では cgs ガウス単位系を用いる．

2.2.1　連続スペクトルと線スペクトル

　電波の周波数に対するエネルギー分布をその電波のスペクトルと呼ぶ．電波のスペクトルは大きく分けて連続スペクトルと線スペクトルがある．

　前節で述べた仮想的・理想的な物質である「黒体」からの放射スペクトルの形は熱平衡状態にある黒体の温度から一意的に決まっていた．黒体放射のように周波数に対して連続的にエネルギー分布が変化するものを連続スペクトルとよぶ．星からの熱放射スペクトルは，まず黒体放射でよく近似できる．表面温度の低い星は赤く見え，表面温度が高い星は青く見えることは，ウィーンの変位則と対応している．

　しかし，宇宙空間のさまざまな天体から放射される電波は必ずしも黒体でよく近似できるものばかりではない．天体から放射される電波のスペクトルはその天体の温度や密度などの物理状態を反映しており，天体によっては黒体放射と大きく異なる連続スペクトルを示す（図 2.12）．

　一方，1814 年フラウンホーファーは自作のプリズムを用いて太陽光を分光し，連続スペクトルの中に多数の暗線があることを見出した．このようなある特定の周波数に鋭い吸収あるいは放射をもつようなスペクトルを線スペクトルと呼ぶ．フラウンホーファーの暗線は波長帯としては可視光にあたり，原子内の電子のエネルギー変化による吸収線であった．線スペクトルとしては可視光のほかにも，原子内の電子によるより短波長の特性 X 線や紫外線，分子の振動エネルギーの

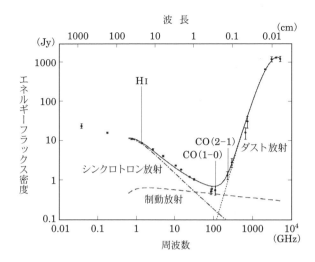

図 **2.12**　銀河 M82 のスペクトル．連続波のスペクトル（J.J. Condon 1992, *ARAA* 30, 575；観測データを点と実線で示し，シンクロトロン放射，制動放射，ダスト放射に分離したものを点線で示す）に水素原子 H I と一酸化炭素 CO の線スペクトルの周波数を付加．

変化による赤外線，分子の回転エネルギー変化や原子の超微細構造準位の変化による電波の線スペクトルなどがある．線スペクトルもまた連続スペクトルと同じようにそれを放射している天体の組成や物理状態によって変化し，天体の性質や状態を知る重要な手がかりを与えてくれる．

2.2.2　連続スペクトル

（1）熱的電波と非熱的電波

　宇宙ではさまざまな天体から電波が放射されている．絶対温度で数ケルビンのもっとも宇宙で温度が低い天体である暗黒星雲からも，また絶対温度で数百万度から数千万度にもおよぶ超新星残骸の高温のプラズマからも電波が放射される．先に述べたように，放射される電波のスペクトルとその電波源である天体の諸性質は密接に関係している．

　連続スペクトルでもっともなじみが深いのは黒体放射である．太陽からの放射は可視光からミリ波までの波長帯では 5780 K 程度の黒体放射でよく近似できる

が，より短波長の極端紫外線や X 線，センチ波より長い電波領域では黒体から
ずれ，太陽面の活動度によって放射強度も大きく変化する．

　ここでは，電波を用いた星間物質の観測で重要となる三つの代表的な連続スペ
クトルの放射機構について述べる．ひとつは固体微粒子（星間塵，星間ダスト）
からの熱放射で，その基本的な概念はすでに 2.1.4 節で述べたものと同じであ
る．星形成領域中の高密度分子雲コアや原始惑星系円盤などの構造を調べる際に
よく観測される．残りの二つはガスからの連続スペクトルの放射である．ひとつ
は熱的な制動放射（thermal bremsstrahlung）と呼ばれるもので，高温（1 万 K
程度）のプラズマ雲から放射され，大質量星が放つ紫外線により電離したプラズ
マ雲の H II 領域（電離水素領域）などで観測される．

　もうひとつは熱的電波とはまったく異なるスペクトルをもつ非熱的電波とよば
れるもので，その代表的なものが光速度に近い高エネルギー電子が磁場と相互作
用して放射するシンクロトロン放射である．シンクロトロン放射は超新星残骸や
電波銀河，クェーサーなどで観測される．

(2) 固体微粒子（ダスト）の熱放射

　電波領域での固体微粒子（ダスト）からの放射の場合，光学的に薄い（$\tau_\nu \ll$
1）場合がほとんどである．したがって，いまダストが単一温度 T で熱平衡状態
にある場合，観測される電波強度 I_ν は式（2.46）より

$$I_\nu = B_\nu(T)(1 - e^{-\tau_\nu}) \approx \tau_\nu B_\nu(T) \tag{2.68}$$

と表される．ダストに対しては慣習的に，ガスを含む星間物質単位質量あたりの
吸収係数で吸収を定量化することが多い．本小節では前小節までの単位長さあ
たりの吸収係数 κ_ν [cm^{-1}] と区別するため，単位質量あたりの吸収係数を $\kappa_{\rho\nu}$
[cm^2 g^{-1}] と表すことにする．星間物質の密度を ρ [g cm^{-3}] とすると，$\kappa_\nu =$
$\rho\kappa_{\rho\nu}$ となる．これを用いると，光学的厚みは以下のように表現される．

$$\tau_\nu = \int \rho\kappa_{\rho\nu} \, ds = \kappa_{\rho\nu} \int \rho \, ds. \tag{2.69}$$

この式の右辺の積分の部分は星間物質の柱密度（質量柱密度）に対応しており，
光学的厚みが柱密度に比例するという分かりやすい式になっている．これを使っ
て式（2.68）を書き直せば，

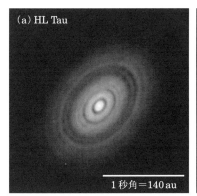
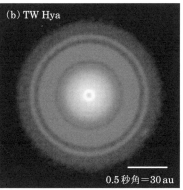

図 **2.13** ALMA が捉えた原始惑星系円盤のダスト連続波放射（口絵 11 も参照）．(a) HL Tau の波長 1 mm でのダスト連続波放射（ALMA Partnership *et al.* 2015, *ApJ*, 808, L3）．(b) TW Hya の波長 1.3 mm のダスト連続波放射（Tsukagoshi *et al.* 2019, *ApJ*, 878, 8）．どちらにも，柱密度分布の高低に対応する同心円状の明暗が見られる．

$$I_\nu = \kappa_{\rho\nu} B_\nu(T) \int \rho \, ds \qquad (2.70)$$

となり，放射強度が柱密度に比例するという光学的に薄い放射の特徴が現れている．

この点と関係する観測例として，大型ミリ波サブミリ波干渉計 ALMA が捉えた原始惑星系円盤からのダスト放射を取り上げる．2011 年に科学観測を開始した ALMA は，原始惑星系円盤内のダスト放射分布を 5 ミリ秒角を切る空間分解能で明らかにし，多くの円盤中に同心円状の明暗（リング・ギャップ）構造を発見した（図 2.13）．これと見かけが似たリング構造は赤外線における高解像度画像でも捉えられていたが，赤外線の放射は円盤表面に漂うダストの散乱光であってその明暗が必ずしも円盤ダスト量の変化に対応しているとは言えない．これに対し電波での熱放射の明暗は，ダスト柱密度の変化と直接対応している点が重要である．これらのリング・ギャップ構造は，原始惑星系円盤中で形成途上の惑星の公転運動によって作られたものではないかと考えられている．

実際の観測では，強度 I_ν ではなく，ある微小立体角に含まれるフラックス密

度（F_ν）が測定される場合も多い．この場合 F_ν は，式（2.70）を問題となる立体角範囲 Ω で積分した以下の式

$$F_\nu = \int I_\nu \cos\theta \, d\Omega$$
$$\approx \int I_\nu \, d\Omega = \kappa_{\rho\nu} B_\nu(T) \left\{ \int \left(\int \rho \, ds \right) \frac{dA}{D^2} \right\} \quad (2.71)$$

となる．ここで，D は天体までの距離，$\int dA$ はその天体の（実スケールでの）断面積で積分していることを表す．$\iint \rho \, ds \, dA = \int \rho \, dV$ は放射に関係している星間物質の全質量であり，これを $M_{\rm d}$ と表すと，式（2.71）は，

$$F_\nu = \frac{\kappa_{\rho\nu} B_\nu(T) M_{\rm d}}{D^2} \quad (2.72)$$

となる．つまり，ダストの距離と温度が推定できれば，その放射のフラックス密度から $\kappa_{\rho\nu}$ を介してその全質量を計算することができる．

このように，ダストからの放射の観測から簡単にダストの質量を見積もることができて非常に良さそうに見える．しかし後で述べるように，分子等の吸収係数や放射係数が量子力学的に正確に決められるのに対し，ダストの $\kappa_{\rho\nu}$ を正確に決めることは非常に難しい．その理由としては以下のような事情があげられる．

（1）　球などごく簡単な形状で単一サイズをもち，かつ，組成も単純なダストに対しては $\kappa_{\rho\nu}$ の解析的計算が可能である．しかし実際のダストの形状や大きさの分布，化学組成はこのような単純なものではない．

（2）　実際のダストはお互い異なる組成を持つ複数の小粒子から構成されている可能性もあるが，そのようなダストに対し吸収係数を正確に求める数値計算を行うのは大変である．

（3）　電波領域での $\kappa_{\rho\nu}$ は大変小さく，ダストの疑似物質を作って実験的に決めるのも困難である．

（4）　そもそもダストがどのような形状・大きさの分布・化学組成を持っているのかなど，よく分からない点が多い．

このような状況を改善するため，理論・観測・実験的な研究が現在も活発に続けられている．今のところ電波領域の吸収係数としては以下の値を用いることが

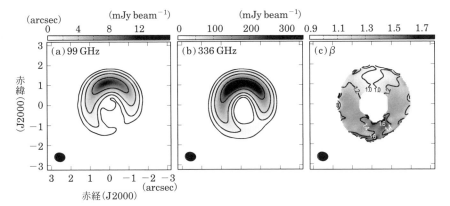

図 **2.14** ALMA による前主系列星 HD142527 に付随する原始惑星系円盤のダスト連続波放射. (a) は 98.5 GHz, (b) は 336 GHz における放射分布で, (c) は (a) と (b) および光学的に厚い ^{13}CO $J = 3$–2 輝線の輝度温度から見積もられた円盤温度分布を用いて求めた β 分布である. 各パネルの左下にある楕円は合成ビームサイズ (HPBW) を表し, どれも $0.53'' \times 0.44''$ で揃えてある. (a) と (b) のコントアは rms レベル (1σ) に対し $(5, 15, 45, 135)\sigma$ を示し, (a) は $1\sigma = 48\,\mu\mathrm{Jy\,beam}^{-1}$, (b) は $1\sigma = 130\,\mu\mathrm{Jy\,beam}^{-1}$ である (Soon *et al.* 2019, *PASJ*, 71, 124).

多い.

$$\kappa_{\rho\nu} = 0.1 \times \left(\frac{250\,\mu\mathrm{m}}{\lambda} \right)^{\beta} \quad [\mathrm{cm}^2\mathrm{g}^{-1}] \tag{2.73}$$

ここで β は周波数依存性を表す指数で, 0–2 の値をとる. 理論的には, 波長に比べ十分にダストの大きさが小さいときは $\beta \approx 1.7$ になり, 大きさが波長と同程度でかつ不規則な形状をしているときは $\beta = 1$ 程度になると考えられている. 最近の観測結果は実際そのような枠組みでうまく解釈されるものが多い.

　ALMA による原始惑星系円盤の高解像度画像は, 円盤内の β 分布まで解像し始めている. その具体例が, 前主系列星 HD 142527 に付随する原始惑星系円盤である (図 2.14). ダスト連続波の積分強度図からわかるように, この円盤は著しい非軸対称構造を示すが, 複数周波数の観測結果にガス輝線観測から得られた温度分布を適用して求めた β 分布でも非対称な分布が明らかになった. すなわち, ダスト放射が弱い南側では星間ダストに近い $\beta \sim 1.7$ をとるのに対し, ダスト放射が強い北側では, $\beta \sim 1.0$ と, 有意にその値が小さい. これは, 北側でよ

り大きなサイズを持つダスト粒子が選択的に濃集した結果であると解釈できる
が，これはダスト粒子が受けるガス抵抗のサイズ依存性を考えることで自然に説
明される．このようなダスト濃集領域は，岩石微惑星の効率的な形成サイトに対
応しているのかもしれない．

(3) プラズマからの熱的制動放射

一般的に電子が加速度運動を行うと電磁波が放出される．星間空間における主
成分は水素であり，H II 領域（電離水素領域）では水素が陽子と電子に電離し飛
びかっているプラズマ状態にある．負の電荷を持った電子が正の電荷を持った陽
子の近くを通り過ぎるとクーロン力により電子が加速され（陽子の方が 1800 倍
ほど重いため，陽子はほとんど動かないと考えてよい），電磁波を放出する．こ
のようにして放出される電磁波を制動放射（bremsstrahlung）または自由–自由
遷移（free–free transition）と呼ぶ．

制動放射は電磁気学で知られている双極子放射である．微小立体角 $d\Omega$ 内に放
射される双極子放射の強度分布 dI の一般的な表式は電気双極子モーメント $\boldsymbol{d} \equiv \sum_i q_i \boldsymbol{r}_i$（$\boldsymbol{r}_i$ は i 番目の電荷の位置ベクトル，q_i は電荷の大きさ）を用いて，

$$\frac{dI}{d\Omega} = \frac{\ddot{\boldsymbol{d}}^2}{4\pi c^3} \sin^2 \theta \tag{2.74}$$

で表される．ここで，変数の上の点（˙）1 個は時間に関する 1 階微分を表し，電
気双極子モーメントの時間の 2 階微分 $\ddot{\boldsymbol{d}} \equiv \sum_i q_i \ddot{\boldsymbol{r}}_i$ は電荷の加速度に対応する量
である．また，c は光速度，θ は $\ddot{\boldsymbol{d}}$ と放射の測定点の位置ベクトルとがなす角度
である．

もっとも簡単な例として，図 2.15 のように z 軸方向の電線で電荷が振動して
いる状況を考えてみる．この場合，電荷の運動は直線内（z 軸方向）に限られて
いるので $\ddot{\boldsymbol{d}}$ はつねに z 軸方向を向き，放射される電波強度の分布は図 2.15（b）
のように z 軸に垂直な平面の方向で最大になる（詳細は 4.1.3 節参照）．

制動放射の場合は，図 2.16 のような陽子による電子のクーロン散乱であるた
め，双極子モーメント $\boldsymbol{d}$ の方向と大きさは時々刻々と変化し，$\ddot{\boldsymbol{d}}$ の方向は一定で
はない．式（2.74）を全方向に積分すると全放射強度 I が

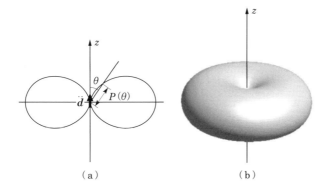

図 **2.15** 双極子放射の方向依存性.

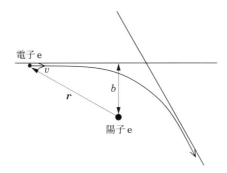

図 **2.16** 陽子と電子の自由–自由遷移. b は衝突径数.

$$I = \frac{2}{3c^3}\ddot{\boldsymbol{d}}^2 \tag{2.75}$$

と得られる.

次に放射される全エネルギーの周波数スペクトルを求めてみよう. 一般に時間変化する関数 $x(t)$ は周波数 ν のフーリエ成分 $\hat{x}_\nu$ を用いて,

$$\hat{x}_\nu = \int_{-\infty}^{\infty} x(t)\exp(-i2\pi\nu t)\, dt \tag{2.76}$$

と表され, その逆変換は

$$x(t) = \int_{-\infty}^{\infty} \hat{x}_\nu \exp(i2\pi\nu t)\, d\nu \tag{2.77}$$

で与えられる．時間変化する双極子モーメント $\boldsymbol{d}(t)$ のフーリエ成分を $\hat{\boldsymbol{d}}_\nu$ と表すと，

$$\boldsymbol{d}(t) = \int_{-\infty}^{\infty} \hat{\boldsymbol{d}}_\nu \exp(i2\pi\nu t)\, d\nu \tag{2.78}$$

また，その 2 次微分 $\ddot{\boldsymbol{d}}(t)$ は

$$\ddot{\boldsymbol{d}}(t) = \frac{d^2}{dt^2} \int_{-\infty}^{\infty} \hat{\boldsymbol{d}}_\nu \exp(i2\pi\nu t)\, d\nu$$
$$= \int_{-\infty}^{\infty} -4\pi^2\nu^2 \hat{\boldsymbol{d}}_\nu \exp(i2\pi\nu t)\, d\nu \tag{2.79}$$

と表される．これを用いると，放射される全エネルギー，すなわち (2.75) の I の全時間についての積分は

$$\int_{-\infty}^{\infty} I(t)\, dt = \frac{2}{3c^3} \int_{-\infty}^{\infty} \ddot{d}^2\, dt = \frac{2}{3c^3} \int_{-\infty}^{\infty} \int_{-\infty}^{\infty} (-4\pi^2\nu^2) \hat{\boldsymbol{d}}_\nu \exp(i2\pi\nu t) d\nu$$
$$\times \int_{-\infty}^{\infty} (-4\pi^2\nu'^2) \hat{\boldsymbol{d}}_{\nu'} \exp(i2\pi\nu' t)\, d\nu'\, dt$$
$$= \frac{32\pi^4}{3c^3} \int_{-\infty}^{\infty} \int_{-\infty}^{\infty} \int_{-\infty}^{\infty} \nu^2\nu'^2 \hat{\boldsymbol{d}}_\nu \hat{\boldsymbol{d}}_{\nu'} \exp\Big[i2\pi(\nu+\nu')t\Big] d\nu\, d\nu'\, dt$$
$$= \frac{32\pi^4}{3c^3} \int_{-\infty}^{\infty} \int_{-\infty}^{\infty} \nu^2\nu'^2 \hat{\boldsymbol{d}}_\nu \hat{\boldsymbol{d}}_{\nu'} \delta(\nu+\nu')\, d\nu\, d\nu'$$
$$= \frac{32\pi^4}{3c^3} \int_{-\infty}^{\infty} \nu^4 \hat{\boldsymbol{d}}_\nu \hat{\boldsymbol{d}}_{-\nu}\, d\nu \tag{2.80}$$

ここで $\boldsymbol{d}(t)$ は実関数なので，$\hat{\boldsymbol{d}}_{-\nu} = \hat{\boldsymbol{d}}_\nu^*$ （$*$ は複素共役）となり，

$$\int_{-\infty}^{\infty} I(t)\, dt = \int_{-\infty}^{\infty} \frac{32\pi^4}{3c^3} \nu^4 \left|\hat{d}_\nu\right|^2\, d\nu$$
$$= \int_{0}^{\infty} \frac{64\pi^4}{3c^3} \nu^4 \left|\hat{d}_\nu\right|^2\, d\nu \tag{2.81}$$

と表され，全放射エネルギーの周波数スペクトル I_ν は

$$I_\nu = \frac{64\pi^4\nu^4}{3c^3} \left|\hat{d}_\nu\right|^2 \tag{2.82}$$

のように双極子モーメントのフーリエ成分で表されることがわかる．

　いま，図 2.16 のように陽子からみた電子の位置ベクトルを $\boldsymbol{r}$ と書くと，陽子と電子は時間的に変化する双極子モーメント（$\boldsymbol{d} = -e\boldsymbol{r}$）をもった電気双極子の系とみなすことができる（$e$ は電気素量）[*4]．制動放射過程は電子のクーロン散乱にほかならないので，$\boldsymbol{d}(t)$ の時間変化は衝突径数 b（impact parameter）と入射速度 v が決まれば一意的に決まる（図 2.16）．そこで，$\hat{\boldsymbol{d}}_\nu$ を b と v の関数として書き下し，それにプラズマ中の陽イオン（ここでは陽子のみを考える）の数密度 N_p と 1 個の陽子に対する入射電子の数密度 N_e に v を乗じて，b と v について積分すればプラズマの単位体積，単位周波数あたりの放射率 ε_ν（volume emissivity）[*5]が得られる．

　上記の放射率を求めるにあたり，電子は十分速く動いており，散乱角が微小でほぼ電子の軌道の直線からのずれは無視できると考える．散乱角が大きな場合は電磁波の放射が電子の運動（軌道）に与える影響も考慮して計算しなければならなくなり非常に複雑になるが，天体からの制動放射は散乱角は非常に小さく小散乱角での取り扱いで十分である．ここで電気双極子モーメントの時間の 2 回微分が $\ddot{\boldsymbol{d}} = -e\dot{\boldsymbol{v}}$ で与えられることと，$\ddot{\boldsymbol{d}}$ のフーリエ変換が式（2.79）より $\ddot{\boldsymbol{d}} = -4\pi^2\nu^2\hat{\boldsymbol{d}}_\nu$ で与えられることから $\ddot{\boldsymbol{d}}$ は

$$\ddot{\boldsymbol{d}} = \frac{e}{4\pi^2\nu^2} \int_{-\infty}^{\infty} e\dot{\boldsymbol{v}} \exp\left(-i2\pi\nu\right) dt \tag{2.83}$$

とあらわされる．右辺の時間積分において，実際に電子と陽子が強く相互作用をするのは両者が近接したときと考えられるので，$\tau = \dfrac{b}{v}$ であらわされる衝突時間 τ を用いて低周波と高周波の 2 つの漸近極限が得られる，低周波極限では衝突時間中は $\exp\left(-i2\pi\nu\right) \sim 1$ と近似することができ，高周波極限では衝突時間内で何度も振動しているため積分はゼロに近づく．したがって

$$\hat{\boldsymbol{d}}_\nu = \begin{cases} \dfrac{e}{4\pi^2\nu^2} \boldsymbol{\Delta v} & 2\pi\nu\tau \ll 1 \\[2mm] 0 & 2\pi\nu\tau \gg 1 \end{cases} \tag{2.84}$$

[*4] 本節では cgs ガウス単位系を使っているので，$e = 4.803 \times 10^{-10}$ [esu] である．これは SI 単位系の 1.602×10^{-19} [C] の値に光速度 $c = 2.998 \times 10^{10}$ [cm s^{-1}] の値を掛けて 10 で割った値に等しい．

[*5] ここでの volume emissivity は，2.1.4 節の式（2.36）で定義した ε_ν を全立体角で積分したものに相当し，等方的放射の場合は式（2.36）で定義されたものの 4π 倍である．

とあらわされる．小角散乱では軌道方向の速度はほとんど変わらず，速度の変化は軌道と垂直方向に起きると考えられるため，軌道方向の運動方程式

$$m\frac{dv_\perp}{dt} = \frac{e^2}{R^2}\frac{b}{R} \tag{2.85}$$

（ただし $R = \sqrt{b^2 + v^2t^2}$，m は電子の質量）を積分することで

$$\boldsymbol{\Delta v} = \frac{e^2b}{m}\int_{-\infty}^{\infty}\frac{dt}{(b^2 + v^2t^2)^{3/2}} = \frac{e^2}{mvb}\int_{-\pi/2}^{\pi/2}\cos\theta d\theta = \frac{2e^2}{mvb} \tag{2.86}$$

が得られ（2 項目で $\frac{vt}{b} = \tan\theta$ と置換），式（2.84）は

$$\hat{\boldsymbol{d}}_\nu = \begin{cases} \dfrac{e^3}{2\pi^2\nu^2mbv} & 2\pi\nu\tau \ll 1 \\ 0 & 2\pi\nu\tau \gg 1 \end{cases} \tag{2.87}$$

とあらわされる．これを式（2.82）に代入すると

$$I_\nu = \begin{cases} \dfrac{16e^6}{3c^2m^3b^2v^2} & 2\pi\nu\tau \ll 1 \\ 0 & 2\pi\nu\tau \gg 1 \end{cases} \tag{2.88}$$

が得られる．

電子と陽子の密度がそれぞれ N_e, N_p，電子の速度が一律 v の場合，衝突径数 b と $b + db$ の円環の面積は $2\pi b\,db$ なので，式（2.88）の低周波極限を衝突径数 b について積分し全放射エネルギーのスペクトル放射率 $\varepsilon_{\nu,v}$ は，

$$\varepsilon_{\nu,v} = \frac{32\pi e^6}{3c^3m^2v}N_eN_p\int\frac{db}{b} \tag{2.89}$$

となる．ここで，衝突径数 b の積分範囲が 0 から無限大までだと式（2.89）の積分は発散してしまうが，下限（$b_{\min}$）については不確定性関係（x を位置，p を運動量とすると $\Delta x\Delta p \gtrsim \hbar$，ただし $\hbar = h/2\pi$）から量子論的な制限が付けられる．

$\Delta x \sim b$，$\Delta p \sim mv$ と置くと，b が $\hbar/mv$ の程度より小さくできないため，これが b の下限（$b_{\min}$）となる．また，b の上限（$b_{\max}$）としては，プラズマ中で陽子が点電荷として影響を与える長さであるデバイ長程度が適当である．このた

め，b についての積分から $\ln\left(b_{\max}/b_{\min}\right)$ の形の項がでてくる．これがガウント（Gaunt）因子 (g_{ff}) と呼ばれる温度と周波数に依存する項で，ガウント因子を用いて式（2.89）は，

$$\varepsilon_{\nu,v} = \frac{32\pi^2 e^6}{3\sqrt{3}c^3 m^2 v} N_e N_p g_{\mathrm{ff}} \tag{2.90}$$

のように表される．ここで

$$g_{\mathrm{ff}} = \frac{\sqrt{3}}{\pi}\ln\left(\frac{b_{\max}}{b_{\min}}\right) \tag{2.91}$$

である．

次に $\varepsilon_{\nu,v}$ を速度 v について積分すれば，体積放射率 ε_ν が得られる．速度 v で積分する際にプラズマが熱平衡状態にある場合は，v に熱運動のマクスウェル分布を用いればよい．これが「熱」制動放射と呼ばれるゆえんである．ただし放射を出すためには入射する電子の運動エネルギー $\frac{1}{2}mv^2$ は少なくとも光子のエネルギー $h\nu$ よりも大きくなければいけない．そのため積分範囲は下限値 $v_{\min} = \sqrt{2h\nu/m}$ から無限大までとなる．温度 T のマクスウェル分布を用いると

$$\varepsilon_\nu = \frac{\displaystyle\int_{v_{\min}}^{\infty} \varepsilon_{\nu,v} 4\pi v^2 \exp\left(-\frac{mv^2}{2kT}\right) dv}{\displaystyle\int_0^{\infty} 4\pi v^2 \exp\left(-\frac{mv^2}{2kT}\right) dv} \tag{2.92}$$

$$= \frac{32\pi^2 e^6}{3\sqrt{3}c^3 m^2} N_e N_p \bar{g}_{\mathrm{ff}} \frac{\displaystyle\int_{v_{\min}}^{\infty} v \exp\left(-\frac{mv^2}{2kT}\right) dv}{\displaystyle\int_{v_{\min}}^{\infty} v^2 \exp\left(-\frac{mv^2}{2kT}\right) dv} \tag{2.93}$$

$$= \frac{32\pi^2 e^6}{3\sqrt{3}c^3 m^2} N_e N_p \bar{g}_{\mathrm{ff}} \frac{\dfrac{kT}{m}\exp\left(-\dfrac{h\nu}{kT}\right)}{\dfrac{\sqrt{\pi}}{4}\left(\dfrac{m}{2kT}\right)^{-\frac{3}{2}}} \tag{2.94}$$

$$= \frac{2^{11/2}\pi^{3/2} e^6}{3^{3/2} m^{3/2} c^3 k^{1/2}} N_e N_p \bar{g}_{\mathrm{ff}} T^{-1/2} \exp\left(\frac{-h\nu}{kT}\right) \tag{2.95}$$

$$= 6.8\times 10^{-38} N_e N_p \bar{g}_{\mathrm{ff}} T^{-1/2}\exp(-h\nu/kT) \tag{2.96}$$

表 2.1　ガウント因子の対数係数 Λ. ω $(= 2\pi\nu)$ は角振動数，ω_p はプラズマ角振動数，Z はイオンの電荷で陽子の場合は $Z = 1$. e' は自然対数の底 $e' = 2.718$，定数 γ は $\gamma = 1.781$ （K. R. Lang, *Astrophysical Formulae*, Springer–Verlag, 1980, p.46）.

	$T < 3.6 \times 10^5 Z^2$ （K）	$T > 3.6 \times 10^5 Z^2$ （K）
$\omega \gg \omega_\mathrm{p}$	$\Lambda = \left(\dfrac{2}{\gamma}\right)^{5/2} \left(\dfrac{kT}{m}\right)^{1/2} \left(\dfrac{kT}{2\pi Z e^2 \nu}\right)$ $\approx 5.0 \times 10^7 (T^{3/2}/Z\nu)$	$\Lambda = \dfrac{4kT}{\gamma h\nu}$ $\approx 4.7 \times 10^{10} (T/\nu)$
$\omega \leqq \omega_\mathrm{p}$	$\Lambda = \left(\dfrac{2}{\gamma}\right)^{2} \dfrac{1}{e'^{1/2}} \left(\dfrac{kT}{m}\right)^{1/2} \dfrac{kT}{Z e^2 \omega_\mathrm{p}}$ $\approx 3.1 \times 10^3 \left(T^{3/2}/Z N_\mathrm{e}^{1/2}\right)$	$\Lambda = \left(\dfrac{8}{e'\gamma}\right)^{1/2} \left(\dfrac{kT}{m}\right)^{1/2}$ $\times \dfrac{(mkT)^{1/2}}{\hbar\omega_\mathrm{p}}$ $\approx 3.0 \times 10^6 \left(T/N_\mathrm{e}^{1/2}\right)$

$$[\mathrm{erg\ s^{-1}\ cm^{-3}\ Hz^{-1}\ rad^{-2}}]$$

が得られる．ここで，k はボルツマン定数である．

$\overline{g}_\mathrm{ff}$ は速度について平均されたガウント因子で，

$$\overline{g}_\mathrm{ff} = \frac{\sqrt{3}}{\pi} \ln \Lambda \approx 0.551 \ln \Lambda \tag{2.97}$$

という形でしばしば表現される．Λ の代表的な表式を表 2.1 にまとめる[*6]．ガウント因子は光学領域 $(h\nu/kT \sim 1)$ ではほぼ 1 に近い値をとるが，電波領域 $(h\nu/kT \ll 1)$ では表 2.1 の $\omega \gg \omega_\mathrm{p}$，$T < 3.6 \times 10^5 Z^2$ （K）の場合に相当し，

$$\begin{aligned} \overline{g}_\mathrm{ff} &= \frac{\sqrt{3}}{\pi} \left[\ln \frac{(2kT)^{3/2}}{\pi e^2 \nu m^{1/2} \gamma^{5/2}} \right] \\ &= 0.551 \left[17.7 + \ln \left(\frac{T^{3/2}}{\nu} \right) \right], \end{aligned} \tag{2.98}$$

ただし $\gamma = 1.781$ と表される．

一方，吸収係数は，

[*6] 詳細は巻末の，K.R. Lang, *Astrophysical Formulae*, などを参照されたい.

$$\kappa_\nu = 1.77 \times 10^{-2} N_e N_p T^{-3/2} \nu^{-2} \overline{g}_{\text{ff}} \quad [\text{cm}^{-1}] \tag{2.99}$$

で与えられる.

ここでエミッション・メジャー（EM）

$$EM \equiv \int_0^L N_e N_p \, dl \tag{2.100}$$

という量を導入すると, 宇宙空間の H II 領域では $N_p \approx N_e$ とおくことができるため, H II 領域の奥行きを L としたとき, $EM \approx N_e{}^2 L$ と近似的におくことができる. エミッション・メジャーは電子密度の 2 乗とプラズマ雲の大きさに比例する. つまり, エミッション・メジャーが大きいということは, 密度が高いあるいは巨大なプラズマ雲であることを意味する. 式（2.44）で定義したように光学的厚み τ_ν は吸収係数 κ_ν を視線方向に積分したものであるから, N_e が一様のプラズマ雲の場合は τ_ν をエミッション・メジャーを用いて表すことができる. ガウント因子 $\overline{g}_{\text{ff}}$ が電波領域で近似的に $T^{0.15} \nu^{-0.1}$ にしたがって変化することを用いて

$$\tau_\nu \approx 8.235 \times 10^{-2} \left(\frac{T}{\text{K}} \right)^{-1.35} \left(\frac{\nu}{\text{GHz}} \right)^{-2.1} \left(\frac{EM}{\text{cm}^{-6}\text{pc}} \right). \tag{2.101}$$

の表式が得られている.

温度が一定の場合は周波数が高くなるにつれて光学的厚みが減少し, 周波数が一定の場合は温度が高いほど光学的厚みが減少する. H II 領域を観測したときに得られる電波強度は, $(h\nu/kT \ll 1)$ のレイリー–ジーンズ近似が成り立つ場合の式（2.23）と（2.46）から

$$I_\nu = \frac{2k\nu^2}{c^2} T \left[1 - \exp(-\tau_\nu) \right] \tag{2.102}$$

と表され, 光学的に薄い場合 $(\tau_\nu \ll 1)$

$$I_\nu \approx \frac{2k\nu^2}{c^2} \tau_\nu T \propto T^{-0.35} \nu^{-0.1} EM \tag{2.103}$$

となり, プラズマ雲の温度 T とエミッション・メジャー EM が与えられると, 電波強度は ν の -0.1 乗に比例し, ほとんど周波数によらず一定となる. 反対に光学的に厚い場合 $(\tau_\nu \gg 1)$ は

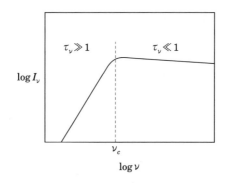

図 **2.17**　プラズマからの熱制動放射のスペクトル.

$$I_\nu \approx \frac{2k\nu^2}{c^2}T \qquad (2.104)$$

となり，周波数が上がるにつれて電波強度は周波数の 2 乗に比例して増加する．しかし，光学的厚みは周波数 ν の -2.1 乗に比例することを思い出すと，ある周波数で光学的に厚かったプラズマ雲も，周波数が上がるにつれて光学的に薄くなり電波強度の増加が頭打ちされる．この様子を図 2.17 に示す．

　光学的厚み τ_ν がおよそ 1 になるあたりで電波強度は頭打ちになるので，プラズマの温度 T がわかっていれば，スペクトルの折れ曲がり点の周波数 ν_c から式 (2.101) で $\tau_\nu \approx 1$ とおいてエミッション・メジャー EM の大きさを求めることができる．さらに H II 領域の大きさが既知であれば，エミッション・メジャー EM から H II 領域の電子密度 N_e を求めることができる．

（4）非熱的電波——シンクロトロン放射

　電波天文の観測においてもうひとつの重要な連続スペクトルがシンクロトロン放射と呼ばれるものである．電磁波の放出機構もスペクトル分布も前述の熱的制動放射とはまったく異なり，星間空間における非熱的な電波の基本成分である．

　シンクロトロン放射は，光速に近い速度を持った高エネルギー電子（相対論的電子）が星間空間の磁場と相互作用して放射される電磁波である．磁場中を運動する電子は磁場 B と電子の速度ベクトル v に垂直な方向にローレンツ力 $\left(-\dfrac{e}{c}v \times B\right)$ を受けて加速度運動を行い，磁場と垂直方向（$E = v \times B$）に電

磁波を放射する．電子の速度 v が光速度 c に比べて十分小さい場合はサイクロトロン周波数を基本周波数に持ち，その n 倍 $(n = 1, 2, 3, \cdots)$ の高調波から成る線スペクトルの系列であるサイクロトロン放射が出されるが，電子の速度が大きくなるにつれて線スペクトルの系列が互いに接近する．電子の速度が光速度に近くなると接近した線スペクトルが重なり合って連続的なスペクトルが形成される．これがシンクロトロン放射である．

　天文学においては，超新星残骸や電波銀河，クェーサーなどで光速度に近い相対論的電子から放出されるシンクロトロン放射が重要となる．

　まず 1 個の電子から出るシンクロトロン放射を調べ，その特徴を見てみよう．磁場中を運動する電子は磁場からローレンツ力 $\left(-\dfrac{e}{c} \boldsymbol{v} \times \boldsymbol{B} \right)$ を受け，電子は磁場に垂直な面内では円運動をし，磁場と平行な方向には等速度運動をするため，電子の軌跡はらせんを描くことになる（図 2.18）．らせんのピッチ角度を θ と置くと，電子のらせん回転の周波数 ν_g（サイクロトロン周波数）と回転半径 r_g は

$$\nu_\mathrm{g} = \frac{eB}{2\pi mc} \tag{2.105}$$

$$r_\mathrm{g} = \frac{v \sin \theta}{2\pi \nu_\mathrm{g}} \tag{2.106}$$

で与えられる．B は磁場の大きさ，v は電子の速さを表し，$v \sin \theta$ は電子の速度

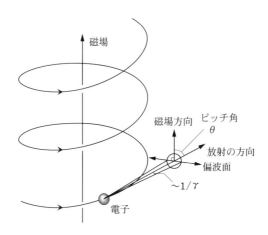

図 **2.18**　磁場中をらせん運動する電子とシンクロトロン放射．

の磁場に垂直な面内の速度成分に対応する．ここで，電子の速度が速くなり相対論的すなわち v が光速度 c にほぼ等しくなると，電子の有効質量は $m\gamma$（γ はローレンツ因子，$\gamma \equiv (1 - v^2/c^2)^{-1/2}$ ）となるため，相対論的な場合のサイクロトロン周波数 ν_s は

$$\nu_\mathrm{s} = \frac{eB}{2\pi\gamma mc} = \frac{\nu_\mathrm{g}}{\gamma} \tag{2.107}$$

で表される．また相対論的電子から放射される電磁波は，相対論的効果により電子の進行方向の頂角 $1/\gamma$ の円錐内に鋭く収束したビームをもつ[*7]．収束したビームのために観測者が観測するのは，電磁波の周期的なパルス列となる．パルス列の周期は電子のらせん回転の周期と同じで

$$\tau = \frac{1}{\nu_\mathrm{s}} = \frac{2\pi\gamma mc}{eB} \tag{2.108}$$

である．パルスの時間幅 Δt は，単純に考えると収束したビームの角度幅 $2/\gamma$ を電子の角速度（$2\pi\nu_\mathrm{s}$）で割れば求まるように思えるが，以下に述べることを考慮しなければならない．図 2.19 に示すように，視線上にビームの一方の端が来た時点 a からもう一方の端に来る時点 b までの間に電子は回転しており，b から出た放射は観測者までの距離が

$$r_\mathrm{s}\Delta\phi \approx v\frac{2/\gamma}{2\pi\nu_\mathrm{s}} = \frac{v}{\pi\gamma\nu_\mathrm{s}} \tag{2.109}$$

だけ短くなるために早く到達する．そのため実際にパルスを見ている時間幅 Δt

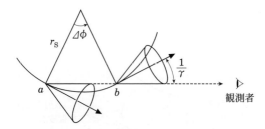

図 **2.19**　回転する相対論的電子からの放射．

[*7] 詳細は巻末の，Rybicki and Lightman, *Radiation Processes in Astrophysics,* などを参照されたい．

は短くなり，a から観測者までの距離を L とすると

$$\Delta t = \frac{2/\gamma}{2\pi\nu_\mathrm{s}} - \left(\frac{L}{c} - \frac{L - \dfrac{v}{\pi\gamma\nu_\mathrm{s}}}{c}\right) = \frac{1}{\pi\nu_\mathrm{s}\gamma}\left(1 - \frac{v}{c}\right) \approx \frac{1}{2\pi\nu_\mathrm{s}\gamma^3} \qquad (2.110)$$

で与えられる．ここで $\gamma \gg 1$ なので $1 - \dfrac{v}{c} \approx \dfrac{1}{2\gamma^2}$ とした．式（2.107）を用いると

$$\Delta t \approx \frac{mc}{eB\gamma^2} \qquad (2.111)$$

と表される．実際のパルスの時間波形は図 2.20 のようになる．周波数スペクトルはこのパルス波形をフーリエ変換することにより求められる．フーリエ変換の一般的な性質より幅 Δt のパルス波は，$1/\Delta t$ 程度の周波数幅で減衰する関数に変換され，式（2.111）の Δt の逆数の $3/(4\pi)$ 倍の値がシンクロトロン放射の臨界周波数 ν_c としてしばしば用いられる．

$$\nu_\mathrm{c} \equiv \frac{3}{4\pi}\frac{e\gamma^2 B}{mc} \qquad (2.112)$$

フーリエ変換の結果だけを書くと，シンクロトロン放射強度の周波数スペクトル $P(\nu)$ は

$$P(\nu) = \frac{\sqrt{3}e^3 B}{mc^2}\left(\frac{\nu}{\nu_\mathrm{c}}\right)\int_{\nu/\nu_\mathrm{c}}^{\infty} K_{5/3}(\xi)\,d\xi \qquad (2.113)$$

となる（図 2.21）．ここで $K_{5/3}(\xi)$ は変形ベッセル関数である．周波数のピー

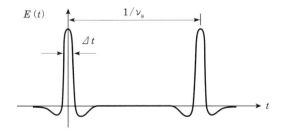

図 2.20　回転する超相対論的電子からの放射のパルス波形．

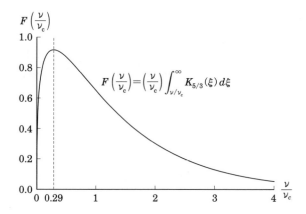

図 **2.21**　1 個の電子によるシンクロトロン放射のスペクトル分布.

クの位置は $0.29\nu_c$ で与えられる.

　実際の天体からのシンクロトロン放射は，高エネルギー電子の集団から放射される．そのため，実際の観測データと比較するには電子の集団のエネルギー分布も考慮してスペクトルを求める必要がある．高エネルギー天体における相対論的電子のエネルギー分布は，しばしばエネルギー E のべき乗

$$N(E)dE = CE^{-p}dE \tag{2.114}$$

で表される．ここで，$N(E)$ はエネルギーが $E - \dfrac{1}{2}dE$ と $E + \dfrac{1}{2}dE$ とのあいだにある電子の数であり，p はべき指数，C は定数である．このとき，この相対論的電子の集団から放射されるシンクロトロン放射のフラックス密度 S の周波数分布は，

$$\alpha \equiv -\frac{p-1}{2} \tag{2.115}$$

のべき指数をもつべき乗の分布をもっている $(S \propto \nu^{\alpha})$．銀河では $\alpha \sim -(0.5 - 1)$ 程度がよく観測される（図 2.12）．

　シンクロトロン放射は磁場に垂直方向に放射されるため偏波する．しかしプラズマ中を伝播するあいだに偏波面が回転する．これに関しては後の 2.3.6 節で述べる．

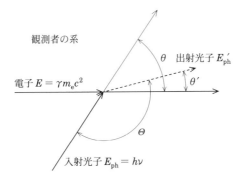

図 **2.22** 観測者の系で見た光子と電子の位置関係.

（5）逆コンプトン散乱

逆コンプトン散乱は相対論的エネルギー $E = \gamma m_{\mathrm{e}} c^2$（$m_{\mathrm{e}}$ と γ は電子の静止質量およびローレンツ因子）を持つ電子が光子に衝突する現象である．観測者の系で見た散乱前の光子のエネルギーは $E_{\mathrm{ph}} = h\nu$ であるが，光子は電子からエネルギーをもらい，より高い周波数の光子（$E'_{\mathrm{ph}} = h\nu'$）となる．散乱後の光子エネルギーは，

$$E'_{\mathrm{ph}} = E_{\mathrm{ph}} \frac{1 - \beta \cos\theta}{1 - \beta \cos\theta' + (1 - \cos\Theta)(E_{\mathrm{ph}}/E)} \tag{2.116}$$

となる．ただし $\beta = v_{\mathrm{e}}/c$，θ は電子の入射角から見た光子の入射角，θ' は光子の出射角，そして Θ は散乱前の光子と散乱後の光子のなす角度である．観測者の系で見た位置関係を図 2.22 に示す．相対論的電子であれば $\theta' \sim \gamma^{-1}$，また $\theta \sim \pi/2$ が一番確率が大きい．よって $1 - \cos\Theta \sim 1$ である．すなわち式（2.116）は

$$E'_{\mathrm{ph}} \simeq E_{\mathrm{ph}} \frac{1}{1 - \beta + E_{\mathrm{ph}}/E)} \simeq E_{\mathrm{ph}} \frac{1}{1/2\gamma^2 + E_{\mathrm{ph}}}/E \tag{2.117}$$

となる．入射光子が $E_{\mathrm{ph}} \ll E$ であれば，$E'_{\mathrm{ph}} \sim \gamma^2 E_{\mathrm{ph}}$ である．散乱後の光子のエネルギーは γ^2 倍のオーダーで増加することがわかる．

また，逆コンプトン散乱の全断面積 σ_{C} は以下のクライン–仁科の式で表される．

$$\sigma_C = \frac{3}{4}\sigma_T\left[\frac{1+a}{a^3}\left\{\frac{2a(1+a)}{1+2a} - \ln(1+2a)\right\} + \frac{1}{2a}\ln(1+2a) - \frac{1+3a}{(1+2a)^2}\right]$$

$$(2.118)$$

ただし，$a = \dfrac{E_{ph}}{m_e c^2}$，そして σ_T はトムソン散乱断面積である．光子の低エネルギーの極限（$a \ll 1$）では逆コンプトン散乱の全断面積はトムソン散乱断面積 $\sigma_T \sim 6.65 \times 10^{-25}$ cm^2 に等しくなる．

　このような高エネルギーの電子は銀河団中の高温プラズマ中に豊富に存在する．また光子も宇宙背景放射として豊富に存在する．そのためこの高エネルギーの電子が宇宙背景放射光子を逆コンプトン散乱する．逆コンプトン散乱では光子数は保存するので，黒体放射の光子の分布はある周波数より高い側では光子の数が多くなり，低い側では少なくなる．すなわちスペクトルの最大値付近（$\sim$ 220 GHz）よりも低い周波数（レイリー–ジーンズ）側では宇宙背景放射の輝度温度が低く，そして高い周波数では高く観測されるはずである．この現象は実際に多くの銀河団で観測されており，スニヤエフ–ゼルドビッチ効果（SZ 効果）と呼ばれる（第 4 巻 6.4 節，9.3 節などを参照）．例として図 2.23 に銀河団 A773 の SZ 効果を示す．

2.2.3　線スペクトル

　線スペクトルは原子や分子の量子力学的に異なるエネルギー準位間の遷移（$m \to n$; m, n はエネルギー準位を表す量子数）によって発生する．線スペクトルの周波数 ν はアインシュタインの関係式

$$E_{mn} = h\nu \qquad (2.119)$$

からエネルギー準位差 E_{mn} の大きさによって決まる．h はプランク定数である．

　電波領域において重要な遷移には，分子の回転遷移，原子や分子の微細構造線，核スピンをもった原子の原子核と電子のスピン・スピン相互作用による超微細構造線，原子の再結合線などがある．これらの線スペクトルは強度だけでなく，線スペクトルの幅・形状やピーク周波数のずれなどから視線速度に関する情報が得られる点が，2.2.2 節で述べた連続スペクトルと大きく異なる特徴である．電波領域の線スペクトルの観測は，星間物質，特に低温のガスの物理状態や運動

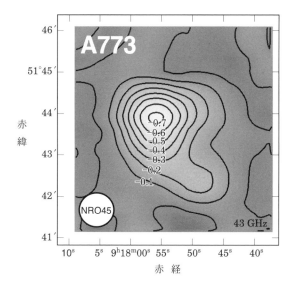

図 **2.23** 銀河団 A773 のスニヤエフ−ゼルドビッチ効果．等高
線は 43 GHz での電波の強度（輝度温度）を表す．銀河団の中
央で電波の強度が弱くなっていることがわかる．

を研究する上で非常に大きな貢献をしてきた．水素原子 H I の陽子と電子のスピ
ン・スピン相互作用で放射されるいわゆる 21 cm 線は，星間空間の主成分である
水素原子ガスの銀河系内の分布と運動を明らかにし，一酸化炭素分子 CO から
放射される回転遷移線は，星が形成される母体である分子雲の密度分布や内部運
動の様子を明らかにしてきた（詳細は第 6 巻を参照されたい）．また，遠方の銀
河については遠赤外線の波長域の原子や分子の輝線（巻末の付表）および水素分
子の四重極子放射などの線スペクトルが赤方偏移（2.4 節）により電波領域で観
測されている．

　本小節では，まず最初に線スペクトルの共通の性質である線幅について簡単に
説明した後，電波領域の種々の線スペクトルの発生機構の特徴とその線スペクト
ルから得られる星間物質の物理情報について順次述べる．

（1）線スペクトルの幅

　2.1.5 節で線スペクトルには必ず幅があり，その形状を表すものとしてプロ
ファイル関数 $\varphi(\nu)$ を導入した．ここでは線スペクトルの幅について簡単に述べ

る．線スペクトルの幅の起源は大きく二つに区分できる．ひとつは量子力学的な不確定性原理に起因するものであり，もうひとつは線スペクトルを放射する星間物質の運動に起因するものである．

量子力学的な線幅

不確定性原理より，エネルギーと時間の不確定性，ΔE と Δt，の間には

$$\Delta E \Delta t \geqq \hbar \tag{2.120}$$

の関係がある．ここで時間の不確定性は，線スペクトルの放射により分子のエネルギー準位が遷移する典型的な時間の長さで評価できる．

一方，2 準位間 $(m \to n)$ の遷移で線スペクトルが放射される場合，式 (2.119) よりエネルギーの不確定性 ΔE は周波数の不確定性 $\Delta \nu$ に対応することがわかる．この周波数の不確定性が線スペクトルの幅にほかならない．自発放射（自然放射）ではアインシュタインの A 係数を用いて $(\Delta t \sim 1/A_{mn})$ とおける．これが線幅の最小値

$$\Delta \nu \sim A_{mn} \tag{2.121}$$

を与え，自然幅（natural broadening）と呼ばれる．星間空間の観測で用いられる多くの分子の場合は $\Delta \nu \sim 10^{-8}\text{--}10^{-5}\,\mathrm{Hz}$ のオーダーと極めて小さい．したがって量子力学的な自然幅は星間空間では無視しうる．

一方，分子ガスの密度が高く衝突が頻繁に起きる場合，遷移の時間スケールは衝突によって決まってくる．後の 2.2.3 (4) 節で詳しく述べるように，星間空間の分子雲の場合，衝突確率はアインシュタインの A 係数のオーダーであるため，その寄与も自然幅と同程度であり，星間空間ではほとんど効かない．しかし，地球大気や惑星大気のように密度が高く衝突頻度が高いところでは衝突の効果が支配的になる．たとえば，高度 30 km 程度の地球大気（温度 250 K 程度で $\sim$ 10 hPa 程度）を考えると空気分子（O_2 や N_2）の密度は $3 \times 10^{17}\,\mathrm{cm}^{-3}$ となり衝突確率（$\sim$ 遷移確率）$n_{\mathrm{air}} \sigma \langle v \rangle$ は $10^7\,\mathrm{s}^{-1}$ 程度となる．つまり線スペクトルの幅は数 10 MHz 程度まで広がることになる．

このように分子ガスの密度（あるいは圧力）によって広がる線幅を圧力幅（pressure broadening）と呼ぶ．詳細な説明は量子力学の教科書にゆだねるが，

このような量子力学的な効果による線スペクトルのプロファイル関数は以下のようなローレンツ型の関数形をもつことがわかっている.

$$\varphi(\nu) = \frac{1}{\pi} \frac{\Delta\nu/2}{(\nu - \nu_0)^2 + (\Delta\nu/2)^2} \tag{2.122}$$

ここで，$\Delta\nu$ は線スペクトルの強度が最大値の半分の高さになる幅で半値幅あるいは半値全幅（full width at half maximum; FWHM）と呼ばれる.

運動による線幅

線スペクトルを放射する分子が視線方向に運動している場合，ドップラー効果により観測される周波数にずれが生じる．ガス雲内の分子がランダムに運動していれば視線方向の速度成分にはばらつきが生じ，そのばらつきが線スペクトルの幅として観測される．これが運動により生じる線幅でしばしばドップラー幅（Doppler width）とも呼ばれる．ガス密度の小さい星間空間においては，上に述べた量子力学的な効果よりも，このドップラー幅の方がはるかに大きくなる.

たとえば，熱力学的平衡にあるガスを考える．ガスの視線方向の速度の分布はガウス型のマクスウェル分布に従う.

$$dN(v_x) = N\sqrt{\frac{m}{2\pi kT}} \exp\left(\frac{-mv_x^2}{2kT}\right) dv_x \tag{2.123}$$

$dN(v_x)$ は速さが v_x から $v_x + dv_x$ の間のガス分子の数，m はガスの分子1個あたりの質量，N は 8.3 cm を表す．線スペクトルの放射が光学的に薄い場合には，ある速度の電波強度はその速度の粒子数にほぼ比例し，線スペクトルの形状も同じくガウス型の関数になる．視線速度 dv のドップラー効果による周波数のずれの大きさは $d\nu = \dfrac{\nu}{c}dv$（2.4節）となるため，プロファイル関数は

$$\varphi(\nu) = \frac{1}{\sqrt{\pi}\delta\nu} \exp\left\{-\left(\frac{\nu - \nu_0}{\delta\nu}\right)^2\right\}$$
$$\delta\nu = \sqrt{\frac{2kT\nu_0^2}{mc^2}} \tag{2.124}$$

となる．半値幅 $\Delta\nu$ は $2\sqrt{\ln 2}(\delta\nu)$ で与えられる．また線スペクトルのピーク $\nu = \nu_0$ におけるプロファイル関数の値 $\varphi(\nu_0)$ は半値幅 $\Delta\nu$ を用いて

$$\varphi(\nu_0) = \frac{2\sqrt{\ln 2}}{\sqrt{\pi}} \frac{1}{\Delta\nu} \approx 0.939 \frac{1}{\Delta\nu} \approx \frac{1}{\Delta\nu} \tag{2.125}$$

と書くことができる.

(2) 分子の回転遷移

分子のエネルギー状態 (E) は，おもに分子内の電子状態 (E_e)，分子の振動 (E_v) および分子の回転 (E_r) の三つで決まる.

$$E = E_e + E_v + E_r \tag{2.126}$$

エネルギー準位差の大きさから，電子状態間の遷移は可視光・紫外線領域，分子の振動状態間の遷移は赤外線領域，分子の回転状態間の遷移は主として電波領域で線スペクトルが放射される（式 2.119）. ただし，水素分子の四重極回転遷移（後述）など赤外線に純回転遷移を持つものもある. ここでは，まず分子の回転遷移に伴なう線スペクトルについて述べる.

分子の回転は分子の重心を通る三つの直交する軸の周りの慣性モーメントによって記述され，その構造から大きく対称コマ分子と非対称コマ分子に分類される. 対称コマ分子は三つの慣性モーメントのうちの二つが等しい分子であり，分子を構成する原子が直線状に並んだ直線分子は等しくない残りの一つの軸の周りの慣性モーメントがゼロの対称コマ分子である. 一酸化炭素 CO のような 2 原子分子はもっとも簡単な直線分子である. 非対称コマ分子は三つの慣性モーメントがすべて異なる分子であり，H_2O や H_2CO などがある. 以下では，もっとも簡単な 2 原子分子からはじめ，対称コマ分子と非対称コマ分子のエネルギー準位について述べる.

2 原子分子・直線分子

まず簡単のために分子が直線状の剛体の回転子と考える. 分子の回転エネルギー $E_{\rm rot}$ は慣性モーメント I と角運動量 L を用いて古典的に

$$E_{\rm rot} = \frac{L^2}{2I} \tag{2.127}$$

と表される. 量子力学では，回転のエネルギーは量子化され，エネルギー固有値は角運動量量子数（回転量子数）J を用いて

$$E_J = \frac{\hbar^2 J(J+1)}{2I} = \frac{h^2 J(J+1)}{8\pi^2 I} = hBJ(J+1) \tag{2.128}$$

で与えられ，$J = 0, 1, 2, 3, \cdots$ により離散的な値を取る．ここで B は

$$B = \frac{h}{8\pi^2 I} \tag{2.129}$$

で定義される回転定数であり，周波数の単位 [Hz] をもつ．

　上記の離散的なエネルギー準位で異なるエネルギー状態に遷移することにより，光子が放出（上の準位から下の準位への遷移）または吸収（下の準位から上の準位への遷移）される．状態の遷移は周囲の電磁場との相互作用が摂動となって生じる．2 原子分子では分子の電気双極子と周囲の電場との摂動が重要となる（双極子放射）．分子が電気双極子モーメントを持つためには分子の電子分布に偏りがなければならない（正の電荷をもつ陽子の重心と負の電荷をもつ電子雲の重心が異なると正負の電荷の分離が生じて電気双極子が形成される）．水素分子 H_2 や窒素分子 N_2 のような同種原子の 2 原子分子は対称性がよいために電子の偏りがなく電気双極子モーメントはゼロで双極子放射は出さない（ただし，電気四重極子モーメントにより弱い放射は出す）．CO のような異核 2 原子分子の場合は，電子の分布に偏りが生じ，電気双極子モーメントを持つ．電子の偏りは電気陰性度によっておおむね目安がつけられる．多くの場合，電子は電気陰性度の大きい核側に移行し，二つの原子の電気陰性度の差が大きいほど電子の偏りの大きさも大きい．

　通常の電気双極子放射の場合は，$\Delta J = \pm 1$ 以外の遷移は遷移確率がゼロとなり，$\Delta J = \pm 1$ の遷移のみが許される．ここで放射・吸収されるスペクトルの周波数は次のようになる．

$$\nu_{J+1 \to J} = \frac{E_{J+1} - E_J}{h} = 2B(J+1) \tag{2.130}$$

　これまでは 2 原子分子を剛体と仮定してきたが，実際には回転が速くなる（つまり J が大きくなる）と，遠心力の効果で 2 原子間の間隔が広がり，慣性モーメントが大きくなる．この効果を含めた回転エネルギー準位の表式は，遠心力定数 D を用いて

$$E_J = hBJ(J+1) - hDJ^2(J+1)^2 \tag{2.131}$$

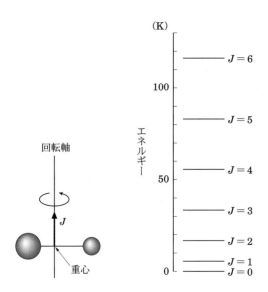

図 2.24 2 原子分子の回転スペクトル.

と表される. D は B に比べて 5 桁ほど小さいために J が小さい遷移ではほとんど無視できる. ただし, 赤外線域の振動–回転遷移ではこの遠心力項が J に対して極大値を持つことからバンドヘッド (band head) と呼ばれる鋭いピークが形成される.

　以上で述べたことは 2 原子分子に限らず多原子の直線分子についてもあてはまる. 表 2.2 に星間空間でよく観測される直線分子の電気双極子能率と回転定数を示す.

対称コマ分子

　次に三つの慣性主軸のまわりの慣性モーメントの二つが等しく, 残りの一つの主慣性モーメントがゼロでない分子, すなわち対称コマ分子について述べる. 分子の重心を通る回転軸のうち, もっとも小さな慣性モーメントをもつ軸を A 軸とし, もっとも大きな慣性モーメントを持つ軸を C 軸とする. 慣性主軸 A 軸, B 軸, C 軸のまわりの慣性モーメントをそれぞれ I_A, I_B, I_C と書くと回転の全エネルギーは

表 **2.2** 直線分子の電気双極子能率と回転定数. Debye (デバイ) は電気双極子モーメントの単位 (1 Debye = 10^{-18} esu cm)

	$^{12}C^{16}O$	$^{13}C^{16}O$	CS	HCN	HCO$^+$
μ(Debye)	0.110	0.110	1.958	2.985	3.9
B(MHz)	57635.97	55101.01	24495.58	44315.98	44594
D(kHz)	183.51	167.69	40.24	87.24	

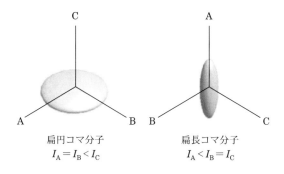

扁円コマ分子
$I_A = I_B < I_C$

扁長コマ分子
$I_A < I_B = I_C$

図 **2.25** 扁円対称コマ分子と扁長対称コマ分子.

$$E = \frac{L_A^2}{2I_A} + \frac{L_B^2}{2I_B} + \frac{L_C^2}{2I_C} \tag{2.132}$$

で与えられる. ただし $I_A \leqq I_B \leqq I_C$ である.

対称コマ分子は 2 種類あり, 小さい方の慣性モーメントが等しい ($I_A = I_B < I_C$) 場合は扁円 (oblate) 対称コマ分子, 大きい方の慣性モーメントが等しい ($I_A < I_B = I_C$) 場合は扁長 (prolate) 対称コマ分子と呼ばれる.

扁円対称コマ分子 ($I_A = I_B$) の回転のエネルギーは,

$$E = \frac{L_A^2 + L_B^2}{2I_B} + \frac{L_C^2}{2I_C} \tag{2.133}$$

$$= \frac{L^2}{2I_B} + \left(\frac{1}{2I_C} - \frac{1}{2I_B}\right) L_C^2 \tag{2.134}$$

となる. ただし L_A, L_B, L_C は角運動量の各慣性主軸方向の成分, L^2 (= $L_A^2 + L_B^2 + L_C^2$) は全角運動量の大きさを表す. 2 原子分子のときと同じようにそれぞれの慣性主軸に対する回転定数を A, B, C と置くと

$$E = hBJ(J+1) + h(C-B)K^2 \tag{2.135}$$

と表される．K は回転量子数 J の分子の幾何学的な対称軸（扁円対称コマ分子の場合は C 軸）への射影を表す量子数で，$-J$ から J の間の整数値を取る（図 2.26）．

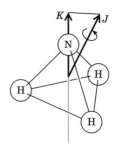

図 **2.26**　アンモニア分子の量子数 J と K.

同様にして扁長対称コマ分子の回転エネルギーは

$$E = hBJ(J+1) + h(A-B)K^2 \tag{2.136}$$

で与えられる．また，対称コマにおける放射遷移の選択則は

$$\Delta J = 0,\ \pm 1, \quad \Delta K = 0 \tag{2.137}$$

である．3 原子分子以上の対称コマ分子の代表的なものとして CH_3CN（扁長），NH_3（扁円）などがある．

アンモニアの反転遷移

対称コマ分子の中でもアンモニア NH_3 のような三角錐型の対称コマ分子では，反転遷移とよばれる特徴的な遷移がある．図 2.27 のように 3 個の H 原子で張られる平面（H 平面）を通り抜けて N 原子が行ったり来たりする振動遷移である（N 原子の方が重いので，実際には H 原子で作られる平面の方が動く）．

アンモニアの N 原子と H 平面の距離を横軸 x にとってポテンシャルを図示すると，図 2.28（b）のように H 平面からある程度離れたところにポテンシャルの極小点があり，H 平面上（原点）で極大となるようなポテンシャルをもつ．一方，原点で極小となる図 2.28（a）のような放物線形のポテンシャルでは，調和

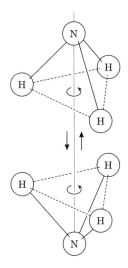

図 2.27 アンモニア分子の反転遷移の模式図.

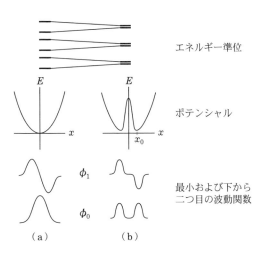

図 2.28 (a) 調和振動子型ポテンシャルと (b) アンモニア型ポテンシャルのエネルギー準位 (上段), ポテンシャル (中段), 波動関数 (下段) の違いの模式図.

振動子型の波動関数となりエネルギー準位は等間隔に並ぶ．調和振動子の波動関数 $\phi_n(x)$ （n は調和振動子のエネルギー準位を表す量子数）は n が偶数のときは偶関数，n が奇数のときは奇関数となる偶奇性を持っており，x 軸を反転させた場合 $(x \to x')$，$\phi'_n = (-1)^n \phi_n$ と変換される．

アンモニアも極小値付近 $x \approx x_0$ の部分だけに注目すると，最小のエネルギー $n = 0$ および一つ上の $n = 1$ の固有関数は，図 2.28（b）にあるように $x = x_0$ を原点とした調和振動子型に近い形に見える．しかし，反対側にも同じポテンシャルがあり，間にポテンシャルの「丘」があるが，量子力学的なトンネル効果で N 原子は反対側に移動できる．そのため，N 原子の波動関数は反対側のポテンシャルまで含んだ一つの波動関数で記述され，かつ丘の部分でなめらかに接続していなければならない．さらに，原点に対する対称性から，固有関数の偶奇性も調和振動子のそれと同じように保たれる必要がある．また N 原子はポテンシャルの極小部分に存在確率の最大値があるはずなので，中央に丘がある場合の固有関数は図 2.28（b）に示したようなものとなり，その結果，調和振動子のエネルギー準位に比べ n が偶数のときはエネルギー準位が上がり，n が奇数のときはエネルギー準位が下がる．

また，調和振動子のときは等間隔であった準位が，狭いエネルギー差の準位と広いエネルギー差の準位に分かれる．図 2.29 にそのエネルギー準位を図示するが，$\Delta J = 0, \Delta K = 0$ の反転遷移のエネルギー差は小さく，周波数で 24 GHz 程度の値に相当する．また J および K が異なっても反転遷移のエネルギー差は大きくは変わらず 24 GHz 付近の値を取る（巻末の付表）．そのため，同時観測できる複数の輝線間の強度比から回転温度（励起温度）や柱密度などの物理量を正確に求めることができる．アンモニアの線スペクトルの例を図 2.37 に示す．

非対称コマ分子

非対称コマは三つの慣性主軸についての慣性モーメントがすべて異なる．回転の全エネルギーは式（2.132）で表されるが，非対称コマの場合はエネルギー状態を表すために回転量子数 J の他に二つの量子数が必要となる．対称コマで用いた K はもはや良い量子数ではないが，扁長対称コマ分子（$I_A < I_B = I_C$）のときの A 軸への射影（K_{-1} または K_a と書く）と，扁円対称コマ分子（$I_A = I_B < I_C$）のときの C 軸への射影（K_1 または K_c と書く）の二つの量子数を用い

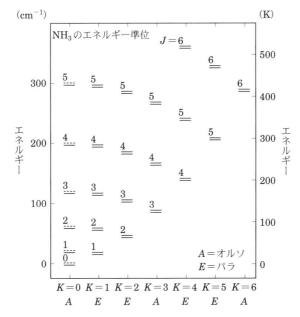

図 **2.29** アンモニアのエネルギー準位. オルソは 3 つの水素の核スピンが平行な（同じ方向を向く）もの（$K = 3n$），パラは水素の反平行な核スピンが含まれているもの（$K \neq 3n$）（n は 0 以上の整数）（Ho & Townes 1983, *Ann. Rev. Astron, Astrophys.*, 21, 239）.

て $(2J + 1)$ 個の状態を表すのが便利である.

K_{-1} および K_1 はどちらも対称コマのときと同じように $-J$ から J の間の整数値をとり，状態を $J_{K_{-1}K_1}$ と書く．また $\tau = K_{-1} - K_1$ とおき，J_τ で状態を表すこともある．τ は $-J$ から J までの $(2J + 1)$ 個の整数値をとり $\tau = -J$ が最低のエネルギー状態，$\tau = J$ が最高のエネルギー状態に対応する．ここでレイ（Ray）の非対称因子 κ

$$\kappa = \frac{2B - A - C}{A - C} \tag{2.138}$$

を導入するとエネルギー状態は,

$$E = \frac{1}{2}h(A + C)J(J + 1) + \frac{1}{2}h(A - C)E_\tau(\kappa) \tag{2.139}$$

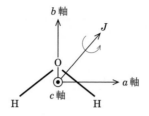

図 **2.30** 非対称コマ分子の一つである水分子の例. 回転軸の原点は分子の重心. 水分子の酸素と水素の原子核は紙面と同じ平面内にあり, 3 つの慣性主軸のうちの a 軸と b 軸で張られる平面に一致する. c 軸は紙面に垂直で上向き. 回転量子数 J の a 軸, b 軸, c 軸への射影が量子数 Ka, Kb, Kc である.

と表される (A, B, C は各慣性主軸に対する回転定数). κ は -1 以上 1 以下の実数値で, $\kappa = -1$ は扁長対称コマ分子つまり $B = C$ の場合に, $\kappa = +1$ は扁円対称コマ分子つまり $A = B$ の場合に対応する (先の K の添え字の 1 と -1 はこの κ の値に等しい). $E_\tau(\kappa)$ は τ $(= K_{-1} - K_1)$ および κ の関数であり

$$E_\tau(\kappa) = -E_{-\tau}(-\kappa) \tag{2.140}$$

の性質がある. あるいは $E_\tau(\kappa)$ は K_{+1} および K_c を用いて $E_{K_{-1}K_1}(\kappa)$ と表すこともある. この場合, 上の性質は

$$E_{mn}(\kappa) = -E_{nm}(-\kappa) \tag{2.141}$$

(n, m は K_{+1} と K_{-1} の量子数) と表される. 電波の天文観測で重要な非対称コマ分子としては H_2O (図 2.30) や H_2CO などがある.

電気四重極子放射

水素分子 H_2 のような同じ原子からなる等核分子の場合は, 分子全体で見れば正の電荷の重心と負の電荷 (電子雲) の重心は一致するので電気双極子モーメントを持たない. しかし, それぞれの原子で見れば図 2.31 のように単独の原子であった場合に比べて電子雲の重心は他方の原子の方に移動し, 正の電荷と負の電荷が分極して 2 つの逆方向を向く双極子が存在することになる. このように 2 つの逆向きの双極子がわずかに離れて存在しているものは電気四重極子と呼ばれる. 電気双極子モーメントはベクトル量で, それがどの方向にどれだけ離れてい

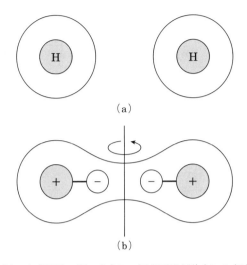

図 **2.31** 水素原子 2 個のように，同じ原子が独立に 2 個存在していた場合（図 a）に対して，原子 2 個が結合して分子になった場合（図 b）は各原子の正と負の電荷の重心が分離して電気四重極子モーメントが発生する．

るかで電気四重極子が記述されるため，電気四重極子モーメント D は（ベクトル量）×（ベクトル量）の 2 階のテンソル量として記述され，より一般的には

$$D_{ij} = \sum_k q_k \left(3 x_{k,i} x_{k,j} - r_k^2 \delta_{ij} \right) \tag{2.142}$$

とあらわされる．ここで q_k は k 番目の電荷の大きさ，$x_{k,i}$ は k 番目の電荷の座標（$i = 0, 1, 2$ は x, y, z 座標に対応），$r = \sqrt{x^2 + y^2 + z^2}$，$\delta_{ij}$ はクロネッカーのデルタで

$$\delta_{ij} = \begin{cases} 0 & (i \neq j) \\ 1 & (i = j) \end{cases} \tag{2.143}$$

である．全放射強度 I は電気四重極子モーメントの時間の 3 階微分を用いて

$$I = \frac{1}{180c^3} \sum_{i,j} \left| \dddot{D}_{ij} \right|^2 \tag{2.144}$$

とあらわされる（詳細はランダウ゠リフシッツ著『場の古典論』などを参照）．

表 **2.3** 水素分子の回転遷移

回転遷移 (J)	略号	波長 [μm]	E_u/k [K]	A 係数 [s⁻¹]	統計的重率
$2-0$	S(0)	28.219	510	2.95×10^{-11}	5
$3-1$	S(1)	17.035	1015	4.76×10^{-10}	21
$4-2$	S(2)	12.279	1681	2.75×10^{-9}	9
$5-3$	S(3)	9.655	2503	9.80×10^{-9}	33

すなわち，分子が回転すると帯電粒子の加加速度（加速度の時間微分）によって電磁波が放射される．これが電気四重極子放射である．強度は電気双極子放射に比べて $\sim 10^{-3}$ 程度と弱い．しかし，水素分子の場合は CO 分子などに比べて 10^4–10^5 ほど存在量が多いので比較的強い放射を出す．電気四重極子放射のように，電気双極子モーメントがゼロの場合に，より高次の遷移モーメントの変化によって放出される電磁波は禁制線と呼ばれる．水素分子 H_2 の回転準位間の遷移による放射を表 2.3 に示す．近傍銀河などでは 2 次元マッピング観測もされている．

(3) 分子の回転遷移線スペクトルの強度

2.1.5 節で線スペクトルの取り扱いの基本的な枠組みについて説明した．ここでは，もっとも簡単な直線分子の回転遷移について，この枠組みをもとに線スペクトルの強度を求めてみる．式 (2.56)，(2.57)，(2.58)，(2.64) より回転量子数 $J+1$ から J への遷移における線スペクトルのピーク ($\nu = \nu_0$) での吸収係数 κ_{ν_0} は

$$
\begin{aligned}
\kappa_{\nu_0} &= \frac{h\nu_0}{4\pi} n_{J+1} B_{J+1,J} \left(\frac{g_{J+1} n_J}{g_J n_{J+1}} - 1 \right) \varphi(\nu_0) \\
&= \frac{c^2}{8\pi\nu_0^2} n_{J+1} A_{J+1,J} \left(\frac{g_{J+1} n_J}{g_J n_{J+1}} - 1 \right) \varphi(\nu_0) \\
&= \frac{c^2}{8\pi\nu_0^2} n_J A_{J+1,J} \frac{g_{J+1}}{g_J} \left\{ 1 - \exp\left(\frac{-h\nu_0}{kT_{\mathrm{ex}}} \right) \right\} \varphi(\nu_0) \quad (2.145)
\end{aligned}
$$

と表される．ここで $\varphi(\nu)$ は 2.1.5 節で導入した線スペクトルのプロファイル関数である．

回転遷移の場合，アインシュタインの A 係数 $A_{J+1,J}$ は分子の電気双極子モー

メント μ を用いて

$$A_{J+1,J} = \frac{64\pi^4\nu^3}{3hc^3}|\mu_{J+1,J}|^2 = \frac{64\pi^4\nu^3}{3hc^3}\frac{J+1}{2J+3}\mu^2 \tag{2.146}$$

$$|\mu_{J+1,J}|^2 = \frac{J+1}{2J+3}\mu^2 \tag{2.147}$$

と表される．ここで重要なことは，アインシュタインの A 係数は電気双極子モーメント μ の 2 乗に比例し，周波数 ν の 3 乗に比例することである．この A 係数を式 (2.145) に代入すると，吸収係数は

$$\kappa_{\nu_0} = \frac{8\pi^3\nu_0}{3hc}\frac{J+1}{2J+1}\mu^2 n_J \left\{1 - \exp\left(\frac{-h\nu_0}{kT_{\text{ex}}}\right)\right\}\varphi(\nu_0) \tag{2.148}$$

と表される．n_J は J 番目の準位に滞在している分子の数密度である．次に分子の全粒子数密度 n と吸収係数 κ_{ν_0} との関係を考えてみよう．簡単のためにガス雲では局所熱力学平衡が成り立っているとし，運動温度 T_{k} と励起温度 T_{ex} が等しいとして $T_{\text{k}} = T_{\text{ex}} = T$ と置く．このような局所熱力学平衡のもとでは，ボルツマン分布より n_J は全粒子数密度 n を用いて

$$\frac{n_J}{n} = \frac{g_J}{Q}\exp\left(-\frac{E_J}{kT}\right) \tag{2.149}$$

と表される．ここで，E_J は J 番目の準位のエネルギー，Q は状態和で

$$Q = \sum_J g_J \exp\left(\frac{-E_J}{kT}\right) = \sum_J (2J+1)\exp\left\{\frac{-hBJ(J+1)}{kT}\right\} \tag{2.150}$$

である（分配関数と呼ぶ）．ここで式 (2.128) $E_J = hBJ(J+1)$ を用いた．hB/kT が 1 より十分小さい場合（たとえば一酸化炭素 CO の場合は $B = 57.635\,\text{GHz}$ で $T > 10\,\text{K}$ ならば十分これを満足する），和を積分に置き換えて

$$Q = \int_0^\infty (2J+1)\exp\left\{\frac{-hBJ(J+1)}{kT}\right\}dJ = \frac{kT}{hB} \tag{2.151}$$

となるので（たとえば $J(J+1) = u$ と置き換えて積分），吸収係数は

$$\kappa_{\nu_0} = \frac{8\pi^3 B\nu_0}{3kTc}(J+1)\mu^2 n \exp\left\{\frac{-hBJ(J+1)}{kT}\right\}\left\{1 - \exp\left(\frac{-h\nu_0}{kT}\right)\right\}\varphi(\nu_0) \tag{2.152}$$

となる．これを視線方向に積分すると光学的厚み τ が得られる．分子ガスの温度 T が一様で場所によらない場合は積分の外に出て，さらに $\int n\,dx$ を柱（数）密度 N で置き換えると，

$$\tau_{\nu_0} = N\frac{4\pi^3{\nu_0}^2\mu^2}{3kTc}\exp\left(\frac{-h\nu_0 J}{2kT}\right)\left\{1-\exp\left(\frac{-h\nu_0}{kT}\right)\right\}\varphi(\nu_0) \qquad (2.153)$$

が得られる．ここで式（2.130）より

$$h\nu_0 = E_{J+1} - E_J = 2hB(J+1) \qquad (2.154)$$

の関係を用いた．また，線スペクトルがガウス型の速度広がりをもつ場合は，式（2.125）$\varphi(\nu)\approx\dfrac{1}{\Delta\nu}$ とドップラーシフトの式 $\Delta\nu=\dfrac{\nu}{c}\Delta v$（$\Delta v$ は線スペクトルの半値速度幅）より

$$\tau_{\nu_0} \approx N\frac{4\pi^3\nu_0\mu^2}{3kT\Delta v}\exp\left(\frac{-h\nu_0 J}{2kT}\right)\left\{1-\exp\left(\frac{-h\nu_0}{kT}\right)\right\} \qquad (2.155)$$

と表される．

観測される線スペクトルの強度（輝度温度）ΔT_{ν_0} は，2.1.4 節の式（2.49）および式（2.28）で定義した等価輝度温度 $J(T)$ を用いて

$$\Delta T_{\nu_0} = \{J(T)-J(T_{\rm bg})\}\{1-\exp(-\tau_{\nu_0})\} \qquad (2.156)$$

と表される．ここで $T_{\rm bg}$ は，星間空間の分子ガスを観測する場合，電波領域では宇宙背景放射の 2.7 K である．分子ガスの励起温度 T がわかれば観測量 ΔT_{ν_0} より光学的厚み τ_{ν_0} が式（2.156）から

$$\tau_{\nu_0} = -\ln\left\{1-\frac{\Delta T_{\nu_0}}{J(T)-J(T_{\rm bg})}\right\} \qquad (2.157)$$

により求めることができる．τ_{ν_0} が求まれば式（2.155）より分子ガスの柱密度 N は

$$N = \tau_{\nu_0}\frac{3kT\Delta v}{4\pi^3\nu_0\mu^2}\exp\left(\frac{h\nu_0 J}{2kT}\right)\frac{1}{1-\exp\left(-\dfrac{h\nu_0}{kT}\right)} \qquad (2.158)$$

のように求まる．分子ガスの観測でよく用いられる一酸化炭素の線スペクトルの場合，${}^{12}{\rm C}^{16}{\rm O}$ は光学的に厚く式（2.156）で $\tau_{\nu_0}\to\infty$ とおいて励起温度 T を

求めるのに用い，柱密度 N の導出には光学的に薄い一酸化炭素の同位体分子 $^{13}C^{16}O$ や $^{12}C^{18}O$ の線スペクトルが用いられることが多い．$^{13}C^{16}O$ の $J =$ 1–0 遷移の場合，表 2.2 および巻末の付表 1 の諸定数を用いて柱密度 N_{13CO} は

$$N_{13CO} = 2.50 \times 10^{14} \frac{\tau_{13CO} T \Delta v}{1 - \exp\left(-\dfrac{5.29}{T}\right)} \quad [\mathrm{cm}^{-2}] \tag{2.159}$$

と表される（ただし，半値速度幅の単位は $[\mathrm{km\,s}^{-1}]$ としている）．

（4）衝突による励起と線スペクトルの放射

（3）では局所熱力学平衡を仮定した．熱力学的な平衡状態では，分子のエネルギー準位への分配は他の粒子（星間空間の分子雲では主として水素分子 H_2）との衝突によって行われる．分子雲の密度が大きい場合には，この衝突が頻繁に起きて実際の分子の分配関数はボルツマン分布に近づく．この場合は，2 準位間の励起温度 T_{ex} は，分子の運動温度 T_{k} に近づく．

一方，分子雲の密度が小さく衝突の頻度が非常に小さい場合は，二つの準位間の分布関数は二つの準位間の自発放射と誘導放射，誘導吸収のバランスによって決まる．誘導放射と誘導吸収の確率は，2.1.5 節で述べられたように周囲の放射場の強度に比例するため，準位間の分配は放射場の強度によって決まる．衝突が無視でき，周囲の放射場と平衡状態にある場合，2 準位間の励起温度 T_{ex} は放射場の強度をプランクの放射式で表したときの温度（放射温度 T_{r}）になる（2.1.5（3）節参照）．一般に星間空間中の分子雲は熱力学的平衡と放射平衡の中間の状態にあり，励起温度 T_{ex} は

$$T_{\mathrm{r}} \leqq T_{\mathrm{ex}} \leqq T_{\mathrm{k}} \tag{2.160}$$

である．

衝突を考慮した二つの準位間（上の準位を u，下の準位を l とおく）の平衡は，以下のような式になる．

$$n_u A_{ul} + n_u B_{ul} \bar{J} + n_u C_{ul} = n_l B_{lu} \bar{J} + n_l C_{lu} \tag{2.161}$$

ここで C_{lu}, C_{ul} はそれぞれ衝突による準位 l から u および u から l への励起，逆励起の遷移確率で，$\bar{J}$ は式（2.50）で定義した周囲の放射場の平均強度である（回転量子数 J と混同しないように注意）．衝突項が無視できる場合は，2.1.5 節

で述べた放射平衡の式 (2.54) に他ならない．また逆に衝突が支配的で放射項が無視できる熱力学的な平衡状態では，

$$n_u C_{ul} = n_l C_{lu} \tag{2.162}$$

となり，熱力学平衡状態では運動温度 T_k のボルツマン分布

$$\frac{n_u}{n_l} = \frac{g_u}{g_l} \exp\left(-\frac{h\nu}{kT_k}\right) \tag{2.163}$$

が実現されているため，C_{lu}, C_{ul} の間には，

$$C_{lu} = C_{ul} \frac{g_u}{g_l} \exp\left(-\frac{h\nu}{kT_k}\right) \tag{2.164}$$

の関係がある．この関係と式 (2.57)，(2.58) のアインシュタイン係数の関係を用いると，準位 l と u の分配比 n_u/n_l は

$$\frac{n_u}{n_l} = \frac{B_{lu}\bar{J} + C_{lu}}{A_{ul} + B_{ul}\bar{J} + C_{ul}} \tag{2.165}$$

$$= \frac{\dfrac{g_u}{g_l}\left\{\dfrac{c^2}{2h\nu^3}\bar{J}A_{ul} + C_{ul}\exp\left(-h\nu/kT_k\right)\right\}}{A_{ul}\left(1 + \dfrac{c^2}{2h\nu^3}\bar{J}\right) + C_{ul}} \tag{2.166}$$

と表される．ここで，$\bar{J}$ を放射温度 T_r のプランクの放射式 (2.21) で置き換え，さらに励起温度 T_{ex} を用いて $\dfrac{n_u}{n_l} = \dfrac{g_u}{g_l} \exp\left(-\dfrac{h\nu}{kT_{ex}}\right)$ の関係を用いると (2.166) より

$$\exp\left(-\frac{h\nu}{kT_{ex}}\right) = \frac{\left\{\dfrac{A_{ul}}{\exp\left(h\nu/kT_r\right) - 1} + C_{ul}\exp\left(-h\nu/kT_k\right)\right\}}{A_{ul}\dfrac{\exp\left(h\nu/kT_r\right)}{\exp\left(h\nu/kT_r\right) - 1} + C_{ul}} \tag{2.167}$$

が得られる．上の関係式より，放射による遷移確率（すなわちアインシュタイン係数）が衝突による遷移確率よりも十分大きい場合（$A_{ul} \gg C_{ul}$）は，上の式より $T_{ex} \sim T_r$ となり放射平衡に近づき，逆の場合は（$A_{ul} \ll C_{ul}$）は $T_{ex} \sim T_k$ となって熱力学的平衡に近づくことが確かめられる．

一方，周囲の放射場強度が無視できるほど小さい場合は，式 (2.166) で ($\bar{J} = 0$) とおいて

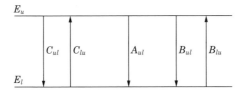

図 **2.32**　2 準位間の平衡.

$$\frac{n_u}{n_l} = \left(\frac{n_u}{n_l}\right)_{\mathrm{Bol}} \frac{1}{\dfrac{A_{ul}}{C_{ul}} + 1} \tag{2.168}$$

が得られる．ここで $\left(\dfrac{n_u}{n_l}\right)_{\mathrm{Bol}}$ は式（2.163）で表される熱平衡状態のボルツマ
ン分布を表す．ガス雲から十分な強度で放射が出てくるためには衝突により上
の準位に十分多くの分子が励起されている必要がある．ガス雲の密度が小さく
$A_{ul} \gg C_{ul}$ のときは衝突で励起される頻度よりも自発放射で下に落ちる頻度が
高く，$\dfrac{n_u}{n_l} \ll \left(\dfrac{n_u}{n_l}\right)_{\mathrm{Bol}}$ と上の状態に滞在している分子数が著しく小さくなるが，
$A_{ul} \approx C_{ul}$ であれば上の準位に十分（つまり熱平衡状態と同程度まで）励起さ
れることがわかる．衝突の確率 C_{ul} は主たる衝突の相手である水素分子の密度
n_{H_2} と速度の平均値 $\langle v \rangle$，放射を出す分子と水素分子との間の衝突断面積 σ でほ
ぼ決まり，$C_{ul} \approx n_{\mathrm{H}_2}\sigma\langle v \rangle$ とおける．つまり水素分子の密度が $n_{\mathrm{H}_2} = \dfrac{A_{ul}}{\sigma\langle v \rangle}$ で
あれば，上の準位に十分励起されることがわかる．この密度はしばしば臨界密度
（critical density）と呼ばれる．臨界密度は，その表式にアインシュタイン係数
が入っていることからもわかるように，一つのガス雲（n_{H_2} と $\langle v \rangle$ がある値を
もっているガス雲）においても，放射を出す分子の種類やエネルギー準位によっ
て異なる．

　たとえば，星間空間の分子雲の観測でよく用いられる一酸化炭素分子 CO の
$J = 1$–0 遷移の場合は，A_{10} は $7.203 \times 10^{-8}\,\mathrm{s}^{-1}$ である．また分子雲の温度を
20 K 程度とすると $\langle v \rangle \sim 0.5\,\mathrm{km\,s^{-1}}$ となり，衝突の断面積を $\sigma \sim 10^{-15}\,\mathrm{cm}^2$ と
すると，$n_{\mathrm{H}_2} \sim 10^3\,\mathrm{cm}^{-3}$ が得られる．また，同じ CO でも式（2.146）でみた
ようにアインシュタインの A 係数が $(J+1)/(2J+3)$ と周波数 ν の 3 乗に比例

することから，$J = 4$–3 の遷移の場合の A_{43} は $6.4 \times 10^{-6}\,\mathrm{s}^{-1}$ となり，臨界密度は 2 桁大きくなる．

一方，一硫化炭素（CS）の $J = 2$–1 やフォルミルイオン（HCO$^+$）の $J = 1$–0 などはそれぞれ A 係数が，$1.6792 \times 10^{-5}\,\mathrm{s}^{-1}$ と $4.2512 \times 10^{-5}\,\mathrm{s}^{-1}$ になり，CO の $J = 1$–0 よりも 3 桁ほど臨界密度が大きくなる．これは，表 2.2 からもわかるように CO の電気双極子モーメントが他の分子に比べ 1 桁近く小さいことに起因している．A 係数は電気双極子モーメントの 2 乗に比例するため，臨界密度では 2 桁以上の違いとなるのである．

一酸化炭素分子 CO は臨界密度が低いという特徴により，実際の観測では比較的密度が低い分子雲の性質を調べるのに用いられ，他の CS や HCO$^+$ などの臨界密度が高い分子は分子雲中の高密度のガス塊の性質を調べるのに用いられる（第 6 巻参照）．

(5) 微細構造と中性炭素原子（C I）の微細構造線

これまでは分子自体の回転，つまり分子の（軌道）角運動量のみを見てきた．多くの場合はこれで十分であり，その理由は多くの分子では分子に含まれる電子の角運動量の総和はゼロであるためである．しかし，分子の中には電子の角運動量の総和がゼロでないものもあり，この場合，分子の軌道角運動量と分子内の電子の角運動量の相互作用により分子の回転エネルギー準位が変化（分裂）する．このようなエネルギー準位の分裂を微細構造という．ここで電子の角運動量は，電子の軌道角運動量と電子のスピン角運動量（以下単にスピン）の和である．スピンは分子や原子を構成している電子や陽子，中性子がもつ大きさ 1/2 の角運動量である．

電子の軌道角運動量の総和は L，電子のスピン角運動量の総和は S，分子（電子を除く）の軌道角運動量は N，電子の角運動量も含めた分子の全角運動量は J と表され，$J = N + L + S$ の関係がある．多くの分子の場合は $L = 0$，$S = 0$ で $J = N$ となるが，$L \neq 0$ あるいは $S \neq 0$ の場合には $J \neq N$ となる．

電波天文学で重要となる微細構造としては OH の Λ（ラムダ）型 2 重項がある．OH は 1 個の不対電子をもつラジカル分子でこの不対電子の軌道角運動量 L はゼロでなく，電子は図 2.33 のような分布をもつ．図 2.33 のように L と N が平行な場合と平行でない場合でエネルギー準位が異なり，微細構造が現れる．

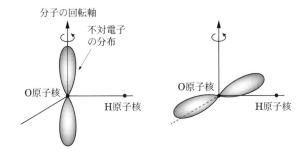

図 **2.33** OH 分子の Λ 型 2 重項. 不対電子の電子分布と分子の回転方向が平行なときとそうでないときとでエネルギー準位が異なる.

これを Λ 型 2 重項という.

さらに不対電子があるため OH の電子スピンの総和 S は $1/2$ であり, これが陽子の核スピン I と相互作用しさらに細かくエネルギー準位が分裂する (超微細構造といい (6) で述べる). OH の基底状態は Λ 型 2 重項で分裂し, さらにその各々が超微細構造でさらに二つに分裂する計四つのエネルギー準位に分かれる (図 2.34). 六つの異なる遷移のうち四つが 1.6–1.7 GHz の周波数帯に対応し, OH の 18 cm 線と呼ばれる. 星間空間の物理状態によってはメーザー放射 (後述) を起こすことも知られている.

上では分子の微細構造について述べたが, 原子の電子状態においても電子の軌

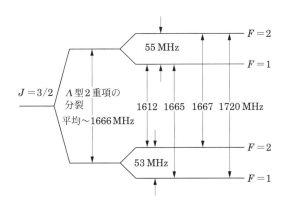

図 **2.34** OH 分子の基底状態 $(J = 3/2)$ のエネルギー準位.

道角運動量 L とスピン角運動量 S の相互作用による微細構造が現れる．中性炭素原子 CI の基底状態における微細構造遷移はサブミリ波帯の線スペクトルで，光解離領域など HI 雲と分子雲との間の中間的な物理状態の星間物質の観測に用いられる．以下ではこの CI の微細構造について述べる．

　電子のスピン・軌道相互作用のエネルギー準位は，S と L の内積に比例し，$AS \cdot L$ の形となる．A は S, L によるが，J にはよらない比例定数である．S と L の内積は量子数 J, L, S を用いて

$$S \cdot L = \frac{1}{2}\left[J(J+1) - L(L+1) - S(S+1)\right] \qquad (2.169)$$

と表される．S と L は変化せず，J が隣り合う準位で変化する場合，エネルギーの間隔は

$$\Delta E_{J,J-1} = AJ \qquad (2.170)$$

となり，J に比例する（ランデの間隔規則）．ただしこの比例関係は，すべての電子の軌道角運動量の総和とスピンの総和との相互作用だけを考えており，各々の電子ごとの軌道角運動量とスピンの相互作用は考えていない．実際の軌道角運動量とスピンの相互作用はもっと複雑なため，上記の比例関係からはずれが生じるが第 1 近似としてはよい目安を与える．

　炭素原子は基底状態で K 殻に 2 個，L 殻に 4 個の電子をもち，L 殻の 4 個の電子は 2s 軌道に 2 個，2p 軌道に 2 個ずつ入っている．パウリの排他原理から 2 個の 2s 軌道の電子は同じ向きのスピンを取れないため，2s 軌道の電子のスピン角運動量の和は 0 である．そのため，電子の全角運動量は 2p 軌道の 2 個の電子で決まる．

　2p 軌道の 1 個の電子の軌道角運動量は $l=1$ である．全角運動量 L は一般的に $L = l_1 + l_2, l_1 + l_2 - 1, \cdots, |l_1 - l_2|$ の値を取るため，CI の基底状態における電子の全軌道角運動量は $L = 0, 1, 2$ の三つの値を取ることができ，それぞれ S, P, D 項と呼ばれる．S 項に対応する $L=0$ の場合は $S \cdot L = 0$ なので微細構造は現れない．D 項に対応する $L=2$ の場合は，2 個の 2p 電子の軌道角運動量の方位量子数 m_l が同じであるため，パウリの排他原理により同じスピン状態をとることができず，スピンの和はゼロ $S=0$ となり，この場合も $S \cdot L = 0$ となって微細構造は見られない．

しかし $L = 1$ の場合は，2 個の 2p 電子の方位量子数が異なるため，スピンは平行の状態 $S = 1$ を取ることができ，全スピンの方位量子数 M_s は $M_s = 1, 0, -1$ の 3 つを取り得る．これに応じて $L = 1, S = 1$ の場合の P 項は $J = 0, 1, 2$ の 3 つのエネルギー準位すなわち微細構造に分かれる．

炭素原子 C I の基底状態の場合，P 項の $J = 2$–1 遷移の周波数は 809.3435 GHz，$J = 1$–0 遷移の周波数は 492.1607 GHz であり，おおむねランデの間隔規則がよい近似として成り立っている．

（6）磁気超微細構造線と水素原子の 21 cm 線

分子や原子を構成する原子核が核スピンを持つ場合には，核スピンによりエネルギー準位が分裂する．これは超微細構造（hyperfine structure）と呼ばれ，磁気超微細構造と四重極超微細構造がある．スピンをもった原子核や電子は磁気モーメントを持っている．磁気超微細構造は，核スピンによる原子核の磁気モーメントと電子の磁気モーメントとの相互作用によりエネルギー準位が変化するものであるが，多くの分子の場合，電子は対をなしているためスピンが打ち消しあい，このタイプの超微細構造線は現れない．ただし，不対電子のある OH, NO, NO_2 などの分子はスピン磁気モーメントを持つため，磁気超微細構造のエネルギー準位が現れる．（5）で述べた波長 18 cm の OH の線スペクトル（図 2.34）において，Λ 型 2 重項で分裂した順位がさらに分裂しているのはこの磁気超微細構造線である．

また H I 雲の観測に用いられる水素原子の 21 cm 線も磁気微細構造線である（第 6 巻 2.1 節，2.2 節参照）．水素原子は陽子 1 個（スピン $s_p = 1/2$）と電子 1 個（スピン $s_e = 1/2$）からなり，それぞれが磁気モーメントを持つため磁気双極子同士の相互作用による超微細構造が現れる．陽子のスピンと電子のスピンの向きが平行なときはエネルギーが高く，反平行のときはエネルギーが低い．平行な状態から反平行な状態に遷移したときに線スペクトルが放射される（図 2.35）．

陽子あるいはより一般的に原子核のスピン角運動量（以下，核スピン運動量）は I で表す．（5）で定義したように電子の軌道角運動量を L，電子のスピン角運動量を S と表すと，電子の全角運動量は $(J = S + L)$ である．これに核スピン角運動量を加えた全角運動量は F を用いて $(F = I + J)$ と表される．核スピンと電子スピンの相互作用のエネルギーは，これらの角運動量の量子数 F, I, J

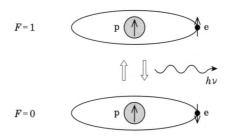

図 **2.35**　水素原子の磁気超微細構造線．陽子のスピンと電子の
スピンが平行の状態から反平行の状態に遷移したときに線スペ
クトルが放射される．

を用いて

$$E = a\left\{\frac{F(F+1) - I(I+1) - J(J+1)}{J(J+1)(2L+1)}\right\} \tag{2.171}$$

で与えられる．a は $a = g(I)\dfrac{m}{m_\mathrm{p}}\dfrac{chR_\infty\alpha^2}{n^3}$ で与えられる係数で，$\alpha = \dfrac{2\pi e^2}{hc}$ は

微細構造定数，$R_\infty = \dfrac{2\pi^2 m e^4}{ch^3}$ はリュードベリ定数，n は電子の主量子数，m

と e は電子の質量と電荷，m_p は陽子の質量である．$g(I)$ は原子核（いまの場合
は陽子）の g 因子と呼ばれる原子核の磁気モーメントと核磁子 μ_N および角運動
量の間を結びつける比例定数[8]で，陽子の場合 $g(I) \sim 5.586$ である．

　基底状態 $n = 1$, $L = 0$ において，$S = 1/2, I = 1/2$ とおけば，$J = 1/2$ とな
り，$F = 1$（スピン平行）と $F = 0$（スピン反平行）の二つのエネルギー準位差は

$$\Delta E = \frac{8a}{3} \tag{2.172}$$

が得られる．$\Delta E = h\nu$ とおくと，周波数 ν は 1.420405751786 GHz，波長は
21.106114 cm になり，中性水素の 21 cm 線と呼ばれる．アインシュタインの
A_{10} 係数は 2.86888×10^{-15} s^{-1} である．H I 雲の典型的な密度 $n_\mathrm{H} \sim 10$ cm^{-3}，
温度 100 K（$\langle v \rangle \sim 1.1$ km s^{-1}）を仮定し，水素原子の衝突断面積 σ を 1.4 $\times$

---

[8] 陽子の磁気モーメント $\boldsymbol{\mu}_\mathrm{p}$ は，$\boldsymbol{\mu}_\mathrm{p} = \dfrac{g(I)\mu_N}{\hbar}\boldsymbol{I}$ と表される．ただし $\mu_N = \dfrac{e\hbar}{2m_\mathrm{p}c}$ は核磁子
でボーア磁子 μ_B の $\left(\dfrac{m}{m_\mathrm{p}} \sim \dfrac{1}{1836}\right)$ 倍の大きさをもつ．

$10^{-16}\,\mathrm{cm}^2$ とすると，分子の回転遷移の際に見積もったのと同様にして水素原子同士が衝突する確率は，$C \approx n\sigma \langle v \rangle \sim 2 \times 10^{-10}\,\mathrm{s}^{-1}$ となる．これは A_{10} 係数よりも 5 桁程度大きく，衝突で十分 $F = 1$ の状態に励起されることがわかる．

吸収係数 κ_ν は式（2.145）

$$\kappa_\nu = \frac{c^2}{8\pi\nu^2} n_0 A_{10} \frac{g_1}{g_0} \left\{ 1 - \exp\left(-\frac{h\nu}{kT_{\mathrm{ex}}} \right) \right\} \varphi(\nu) \qquad (2.173)$$

を用いて簡単に求められる．ここで $\varphi(\nu)$ はプロファイル関数である．$F = 1$ の状態では $F = +1, 0, -1$ の状態が縮退しているため，縮退度は $g_1 = 3$ である．$F = 0$ の状態は $g_0 = 1$．また二つの準位しかないので単位体積あたりの全水素原子数は

$$n_{\mathrm{H}} = n_0 + n_1 = n_0 \left\{ 1 + \frac{g_1}{g_0} \exp\left(-\frac{h\nu}{kT_{\mathrm{ex}}} \right) \right\} \qquad (2.174)$$

である．HI 雲の励起温度 T_{ex} は特にスピン温度 T_{s} と呼ばれることがある．HI は主として衝突で励起されているので，T_{s} はおおよそ運動温度 T_{k} に等しい．$h\nu/kT_{\mathrm{ex}} \ll 1$ であることを考慮すると，

$$\kappa_\nu = \frac{c^2}{8\pi\nu^2} n_{\mathrm{H}} A_{10} \frac{3}{4} \frac{h\nu}{kT_{\mathrm{ex}}} \varphi(\nu) \approx 2.6 \times 10^{-15} \frac{n_{\mathrm{H}}}{T_{\mathrm{ex}}} \varphi(\nu) \quad [\mathrm{cm}^{-1}] \qquad (2.175)$$

これから

$$n_{\mathrm{H}} \varphi(\nu) = \frac{T_{\mathrm{ex}} \kappa_\nu}{2.6 \times 10^{-15}} \qquad (2.176)$$

が得られる．これを HI 雲の視線方向（奥行き方向）（$x = 0 \to L$）と線スペクトルの周波数方向（$\nu = \nu_1 \to \nu_2$）に積分すれば視線方向の柱密度 N_{H} が得られる．

$$N_{\mathrm{H}} = \frac{1}{2.6 \times 10^{-15}} \int_{\nu_1}^{\nu_2} \int_0^L T_{\mathrm{ex}} \kappa_\nu \, dx \, d\nu. \qquad (2.177)$$

ここで，励起温度 T_{ex} が HI 雲内でほぼ一定とすると，光学的厚み τ_ν を用いて

$$N_{\mathrm{H}} = \frac{1}{2.6 \times 10^{-15}} \int_{\nu_1}^{\nu_2} T_{\mathrm{ex}} \tau_\nu \, d\nu \qquad (2.178)$$

と表される．$\tau_\nu \ll 1$ の場合，観測される輝度温度 ΔT_{b} は式（2.49）より

$$\Delta T_{\mathrm{b}} = (T_{\mathrm{ex}} - T_{\mathrm{bg}}) \tau_\nu \approx T_{\mathrm{ex}} \tau_\nu \qquad (2.179)$$

となる．ただし H I 雲のスピン温度は通常 100 K 以上なので（第 6 巻 2.4 節参照），上式の T_{bg} の項は無視して差し支えない．また周波数幅 $d\nu$ と速度幅 dv の間にはドップラーシフトの関係 $d\nu = \dfrac{\nu}{c} dv$ があるので（2.4 節），H I 雲の柱密度 N_H は観測される輝度温度 ΔT_b を用いて

$$N_H = 1.8224 \times 10^{18} \int_{v_1}^{v_2} \Delta T_b \, dv \quad [\mathrm{cm}^{-2}] \tag{2.180}$$

と表される（ただし速度幅 dv の単位は $\mathrm{km\,s^{-1}}$）．$\tau_\nu > 1$ の場合，H I 雲の実際の柱密度 N_H は式（2.180）で計算される値より大きいはずである．

（7）四重極超微細構造線

上述の中性水素の 21 cm 線のように原子では，核スピンと電子スピンの磁気双極子相互作用に伴う超微細構造が見られるが，多くの分子の場合，電子は電子対を構成し電子の磁気モーメントの総和はゼロとなっていることが多い．そのため，分子では磁気双極子相互作用に代わって電気四重極相互作用に伴う超微細構造が重要になる場合がある．窒素原子 ^{14}N は核スピン $I = 1$ で比較的大きな四重極モーメントを持つため，電波天文観測でよく用いられる HCN, HC$_3$N, NH$_3$ などの線スペクトルでは四重極超微細構造が観測される．核スピンの角運動量を I と置くと，核を含めた全角運動量 F は分子の回転の角運動量 J に核スピン角運動量を加えた $F = J + I$ となり，HCN のような線形分子の場合のエネルギー準位は

$$E_Q = \frac{-eqQ}{2I(2I-1)(2J-1)(2J+3)} \left\{ \frac{3}{4} C(C+1) - I(I+1)J(J+1) \right\} \tag{2.181}$$

で与えられる．ただし，$C = F(F+1) - I(I+1) - J(J+1)$ であり，eqQ は四重極結合定数と呼ばれる．超微細構造の選択則は $\Delta F = \pm 1, 0$, $\Delta J = \pm 1, 0$, $\Delta I = 0$ である．アンモニア分子 NH$_3$ の $(J, K) = (1, 1)$ の場合の四重極超微細構造によるエネルギー準位を図 2.36 に，その線スペクトルの例を図 2.37 に示す．

（8）水素様原子の再結合線

大質量星の形成領域では，星からの紫外線により水素原子が電離した電離水素領域（H II 領域）が形成される（中性原子には I, 1 回電離の原子には II, 2 回電

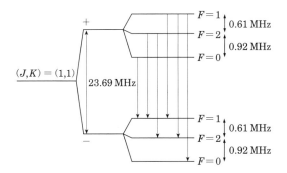

図 **2.36** アンモニア分子 NH_3 の $(J, K)=(1,1)$ のエネルギー準位. 反転遷移によって 2 つの準位に分裂し（真中の＋と－の準位），それぞれがさらに四重極モーメントによって 3 準位に分裂する（右）. 選択則により矢印の 6 つの遷移が可能であり，$\Delta F = 0$ の遷移による main の輝線と $\Delta F = \pm 1$ の遷移による satellite の 4 本の輝線が生じる（図 2.37）.

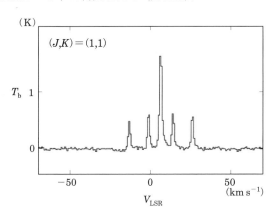

図 **2.37** アンモニア分子 NH_3 の $(J, K)=(1,1)$ の四重極超微細構造線（図 2.36）によるスペクトルの例（オリオン分子雲）. 中央の main の輝線の両側に 2 本ずつの satellite 輝線が見られる. main の輝線と satellite 輝線の強度比から光学的厚みが推定できる. satellite 輝線は (J, K) が大きくなるほど弱くなる.

離の原子には III，$\cdots$，を付ける）. 水素原子のまわりの電子は，図 2.38 に示したようなエネルギー準位

$$E_n = -Rch\frac{1}{n^2} = -\frac{13.6}{n^2} \quad [\text{eV}] \tag{2.182}$$

をとる．ここで c は光速度，h はプランク定数，n は主量子数である．R は

$$R = R_\infty \left(1 - \frac{m_\mathrm{e}}{M}\right), \tag{2.183}$$

$$R_\infty = \frac{2\pi^2 m_\mathrm{e} e^4}{c\,h^3} \tag{2.184}$$

であり，R_∞ はリュードベリ定数と呼ばれ，陽子の質量を無限大とした場合の極限値であり，その値は巻末の付表に与えられている．m_e は電子の質量，M は原子の質量であり，式 (2.183) の係数 $\left(1 - \dfrac{m_\mathrm{e}}{M}\right)$ は m_e を換算質量に置き換えることに対応している．

　主量子数 n が n_2 から n_1 に変化したとき，

$$\nu_{21} = Rc\left(\frac{1}{n_1{}^2} - \frac{1}{n_2{}^2}\right) \tag{2.185}$$

の周波数の線スペクトルが放射される．n が小さいときはエネルギー差が大きく，n が 1 のときは紫外線，2 のときは紫外可視光，3 のときは近赤外線に相当し，それぞれライマン系列，バルマー系列，パッシェン系列と呼ばれる．図 2.38 からもわかるように，n が大きくなるにつれてエネルギー差は小さくなる．n が ~ 30 以上の高い準位に落ちてくる場合には周波数が電波領域になる．このような高い準位には衝突で汲み上げられるよりも，一度電離した水素原子が電子を捕獲（＝再結合）し，高位の準位から順に下の準位に落ちてくることの方が多い．このようにエネルギー準位を落ちて来るときに放射される線スペクトルが再結合線である．電波領域の再結合線は水素原子が電離した H II 領域で観測され，また，水素原子以外にもヘリウム原子 He や炭素原子 C などでも観測されている．

　水素以外の原子においては等価的電荷数 Z を用いて式 (2.185) はより一般的に

$$\nu_{21} = RcZ^2\left(\frac{1}{n_1{}^2} - \frac{1}{n_2{}^2}\right) \tag{2.186}$$

とあらわされる．一回電離の再結合線の場合，主量子数 n が十分大きい準位（すなわち原子核から遠く離れた準位）では，陽子と電子はほぼ中心に密集し，等価

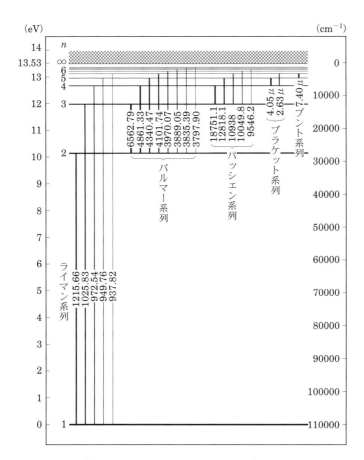

図 **2.38**　水素原子のエネルギー準位．図中の数字はそれぞれの
遷移に対する線スペクトルの波長（単位はÅ）．左側の縦軸はエ
ネルギーを主量子数 $n = 1$ を基準にエレクトロンボルト（eV）
単位で表したもの．右側の縦軸は波数 k により（cm^{-1}）単位で
表したもの．エネルギー E と波数 k との間の関係は $E = hck$
（h はプランク定数，c は光速度）．

的電荷数は $Z = 1$ と見なすことができる（水素様原子）．よって水素様原子の再
結合線の周波数は，R の表式（2.183）に従い原子の質量の違いによって異なる
値をとる．$n_1 = n$，$n_2 = n + \Delta n$ のとき，放射される周波数は

$$\nu_n = Rc\left(\frac{1}{n^2} - \frac{1}{(n+\Delta n)^2}\right) \tag{2.187}$$

であり，Rc の値は水素で 3.288051×10^{15} Hz，ヘリウムで 3.289391×10^{15} Hz，炭素で 3.289692×10^{15} Hz である．

再結合線は H50β というように表現される．最初の H は原子の種類を表し，ヘリウムや炭素の場合は，H が He や C に置き換わる．次の 50 という数字は，落ちてきた先のエネルギー準位の主量子数 n_1 を表し，最後の β は主量子数の変化量を表す．$\Delta n = 1, 2, 3, \cdots$ に対応して $\alpha, \beta, \gamma, \cdots$ と表現される．すなわち，H50β というのは水素原子（H）の主量子数が 52 から 50 への遷移を表している．

水素原子の主量子数が 1 だけ変化する遷移（$\Delta n = 1$ つまり α 遷移）の場合について吸収係数 κ_ν を求めてみよう．分子の回転遷移スペクトルの強度を求めたときと同じように，式（2.145）より

$$\begin{aligned}\kappa_\nu &= \frac{h\nu}{4\pi} N_{n+1} B_{n+1,n}\left(\frac{g_{n+1}N_n}{g_n N_{n+1}} - 1\right)\varphi(\nu)\\ &= \frac{c^2}{8\pi\nu^2} N_n A_{n+1,n}\frac{g_{n+1}}{g_n}\left(1 - \frac{g_n N_{n+1}}{g_{n+1}N_n}\right)\varphi(\nu)\end{aligned} \tag{2.188}$$

（主量子数 n との混乱をさけるため，ここでは数密度に大文字の N を用いる）．

局所熱力学平衡が成り立っている場合には，電波領域では $h\nu/kT_{\rm e} \ll 1$ である（ただし $T_{\rm e}$ は電子の運動温度）ことを用いると，

$$1 - \frac{g_n N_{n+1}}{g_{n+1}N_n} = 1 - \exp\left(-\frac{h\nu}{kT_{\rm e}}\right) \sim \frac{h\nu}{kT_{\rm e}} \tag{2.189}$$

であるので，

$$\kappa_\nu = \frac{c^2 h}{8\pi\nu kT_{\rm e}\Delta\nu}\frac{g_{n+1}}{g_n} N_n A_{n+1,n}. \tag{2.190}$$

ここで分子の回転遷移のときと同じように線スペクトルのプロファイル関数を $\varphi(\nu) \sim \dfrac{1}{\Delta\nu}$ と置いた．

N_n は電離平衡に対するサハ（Saha）の式より

$$N_n = \frac{N_{\rm e} N_{\rm p} h^3}{(2\pi mkT_{\rm e})^{3/2}}\frac{g_n}{2}\exp\left(-\frac{\chi_n}{kT_{\rm e}}\right) \tag{2.191}$$

$$\approx 4.1 \times 10^{-16} n^2 \left(\frac{N_e}{\mathrm{cm}^{-3}}\right)^2 \left(\frac{T_e}{\mathrm{K}}\right)^{-3/2} \quad [\mathrm{cm}^{-3}] \qquad (2.192)$$

ここで，N_e および N_p はそれぞれ電子および陽子の数密度，m は電子の質量，T_e は電子の運動温度，χ_n は主量子数 n の準位からの電離エネルギーで $\chi_n = -\dfrac{hcR}{n^2}$，$g_n$ は主量子数 n の準位の統計的重率で $g_n = 2n^2$ である．なお，上式の近似で $\exp\left(-\dfrac{\chi_n}{kT_e}\right) \approx 1$，$N_p \approx N_e$ とおいた．

アインシュタインの A 係数の精度の高い計算結果は多くの文献で与えられている．ここでは量子論の対応原理から $A_{n+1,n}$ 係数を求めてみる．対応原理から主量子数 n が大きい場合には古典的描像に移行し，水素原子を陽子のまわりを電子がまわる系，つまり陽子と電子からなる電気双極子モーメントが周期的に変化する系と考えることができる．主量子数が n の状態の古典的な原子半径は n^2 に比例するので，平均的な電気双極子モーメントを

$$\mu_{n+1,n} = \frac{ea_0 n^2}{2} \approx 1.3 n^2 \quad [\mathrm{Debye}] \qquad (2.193)$$

と置くと，式 (2.146) から $A_{n+1,n}$ 係数が求まる．ここで a_0 は水素原子のボーア半径で $a_0 = \dfrac{h^2}{4\pi^2 m e^2}$ である．また n が大きければ，α 遷移の再結合線の周波数 $\nu_{n+1,n}$ は式 (2.187) より

$$\nu_{n+1,n} = \frac{2\pi^2 m e^4}{h^3}\left\{\frac{1}{n^2} - \frac{1}{(n+1)^2}\right\} \approx \frac{4\pi^2 m e^4}{h^3}\frac{1}{n^3} \qquad (2.194)$$

と表され，また $g_{n+1}/g_n \approx 1$ とおけるので，

$$A_{n+1,n} \approx \frac{64\pi^4 \nu_{n+1,n}^3}{3hc^3}|\mu_{n+1,n}|^2 \approx 5.6 \times 10^9 \frac{1}{n^5} \quad [\mathrm{s}^{-1}] \qquad (2.195)$$

が得られる．式 (2.192) でもとめた N_{n+1} と上記の $A_{n+1,n}$ を式 (2.190) に代入すると

$$\kappa_\nu = 6.0 \times 10^{-22} \left(\frac{N_e}{\mathrm{cm}^{-3}}\right)^2 \left(\frac{T_e}{\mathrm{K}}\right)^{-5/2} \left(\frac{\Delta\nu}{\mathrm{GHz}}\right)^{-1} \qquad (2.196)$$

と与えられ，光学的厚み $\tau_\nu \equiv \displaystyle\int \kappa_\nu\, dx$ は

$$\tau_\nu = 1.9 \times 10^{-3} \left(\frac{T_e}{K}\right)^{-5/2} \times \left(\frac{EM}{\text{cm}^{-6}\text{pc}}\right) \left(\frac{\Delta\nu}{\text{GHz}}\right)^{-1} \tag{2.197}$$

と表される.ここで,$EM \equiv \int N_e^2 \, dx$ は式 (2.100) であたえられたエミッション・メジャーである.

熱運動によるドップラー幅 $\Delta\nu$ は $\sqrt{\dfrac{(8\ln 2)kT_e}{m_H}}\dfrac{\nu}{c} \sim 7.1 \times 10^{-7}\nu\sqrt{T_e}$ 程度なので,数百 MHz 以上の再結合線では τ_ν は 1 より十分小さくなり光学的に薄く,電波強度 I_{line} はほぼ $T_e\tau_{\text{line}}$ と考えて良い.また先に見た熱的な連続波も 1 GHz 以上ではほぼ光学的に薄くなるため,連続波の強度 I_{cont} も $T_e\tau_{\text{cont}}$ と表される.

そこで,再結合線と連続波成分の強度比 $I_{\text{line}}/I_{\text{cont}}$ は式 (2.101) と (2.197) より

$$\frac{I_{\text{line}}}{I_{\text{cont}}} \approx \frac{\tau_{\text{line}}}{\tau_{\text{cont}}} \approx \frac{1.9 \times 10^{-3} T_e^{-5/2} \Delta\nu^{-1}}{8.2 \times 10^{-2} T_e^{-1.35} \nu^{-2.1}} \tag{2.198}$$

であり,ここで熱運動によるドップラー幅 $\Delta\nu \sim 7.1 \times 10^{-7}\nu\sqrt{T}$ を用いると

$$\frac{I_{\text{line}}}{I_{\text{cont}}} \approx \frac{\tau_{\text{line}}}{\tau_{\text{cont}}} \approx 3.3 \times 10^4 \left(\frac{T_e}{K}\right)^{-1.65} \left(\frac{\nu}{\text{GHz}}\right)^{1.1} \tag{2.199}$$

と表される.この関係式を用いて H II 領域の温度を観測的に求めることができるが,実際の温度は局所熱平衡が成り立っていないために真の温度より半分ほどの値になることがわかっている.

(9) メーザー

地球の大気のようにガス密度の高いところでは粒子同士の衝突が支配的であり(熱平衡状態),二つの準位間の粒子数 (n_1, n_2) の比は式 (2.56) のボルツマン分布で与えられる.

$$\frac{n_2/g_2}{n_1/g_1} = \exp\left(-\frac{h\nu}{kT}\right) \tag{2.200}$$

は必ず 1 より小さくなり,統計的重みあたりの粒子数 n_i/g_i $(i = 1, 2)$ は下のエネルギー準位の方が多くなる(図 2.39 (a)).ところが粒子数密度の低い希薄な宇宙空間では粒子同士の衝突よりも自発放射(A 係数)や誘導放射や吸収(B 係

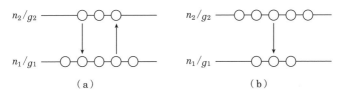

図 **2.39** 二つのエネルギー準位の粒子の数.（a）は熱平衡状態,（b）はメーザーの場合（反転分布）.

数）の方が卓越する場合があり，したがって必ずしも $n_2/g_2 < n_1/g_1$ とはならず，上のエネルギー準位の方により多く分布する場合がある（図 2.39（b））. このような状態は反転分布と呼ばれ，式（2.200）を適用すると励起温度 T_{ex} が負になることから負温度分布とも呼ばれる.

　反転分布では上の準位の滞在密度 n_2 が大きくなり $n_2/g_2 > n_1/g_1$ が成り立つので，式（2.65）の $\left(1 - \dfrac{g_1 n_2}{g_2 n_1}\right)$ が負となり，吸収係数 κ_ν も負となる. このとき式（2.63）の電波強度 I_ν の変化量 dI_ν は正となり，入射した放射強度が増幅されることを意味する. これがメーザー（microwave amplification by stimulated emission of radiation; maser）と呼ばれる現象であり，原理的には光のレーザー（laser）と同じである.

　二つの準位間で上の準位の方により多くの粒子が存在する状態は非常に不安定であり，外からこの 2 準位間のエネルギー差に相当する周波数 ν_{21} の電波が入射してくると上の準位にある粒子がすぐに下の準位に落ちて ν_{21} の電波を誘導放射する. それがまたとなりの分子に入射して同様な放射をおこす. これが連続的に起きて非常に強い放射を出す.

　メーザー放射は以下のような特徴をもつ.

　（1）　強度が局所熱平衡状態に比べて大きく，

　（2）　電波源の広がりが極めて小さく点状である（そのためメーザー源は位置天文学などではしばしばメーザースポットと呼ばれる），

　（3）　直線または円偏光しており，

　（4）　線幅は熱運動による幅よりも小さい場合が多い，

　（5）　電波の位相がそろっている

などである. 宇宙空間で強いメーザー現象を起こす分子としては OH, H_2O,

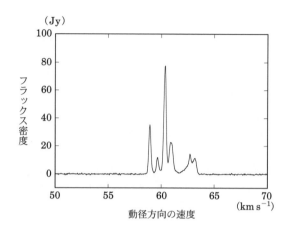

図 **2.40** 大質量星形成領域 G33.641-0.228 が放射する 6.7 GHz メタノールメーザーのスペクトル（山口 32 m アンテナ）．各速度成分の線幅が 1 km s^{-1} 以下と非常に狭いメーザースペクトルの特徴が見える．

SiO，メタノール（CH$_3$OH）（例：図 2.40）などがあるが，HCN や NH$_3$ なども弱いメーザー現象を起こすことがある（付表）．H$_2$O メーザーは，大質量星形成領域中（H II 領域近傍）で多く検出されており，若い星からのジェットなどで励起されたショック領域で起きていると考えられている．OH メーザーも H II 領域近傍でよく検出され，遠赤外線の吸収を介して反転分布が作られていると考えられている．

　星形成領域以外では，晩期型星の星周で SiO メーザーや H$_2$O メーザー，OH メーザーなどが観測されている．SiO メーザーは，星のごく近傍で赤外域の振動励起状態を介して反転分布が作られると考えられており，メーザー強度の時間変動も大きい．一方，H$_2$O メーザーは SiO メーザーよりも外側で水素分子との衝突で励起されると考えられている．さらにその外側に OH メーザーが分布している．また，活動銀河中心核では非常に強い（数 100 $L_\odot$（$L_\odot$ は太陽光度．巻末の付表 3 参照））H$_2$O メーザー（メガメーザー）が検出されることがある（例：図 2.41）．

　このようにメーザーはその有無により晩期型星の組成の違いや星周囲の物理状態の違いを区分する指標に使用される．またメーザーの輝度温度は 10$^{7-10}$ K に

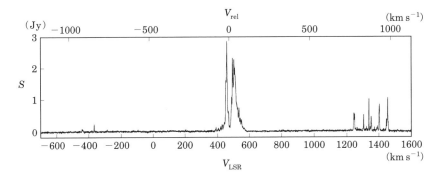

図 2.41　渦巻銀河 NGC 4258 の活動銀河中心核から放射され
ている水蒸気（H_2O）メーザー（Nakai *et al.* 1993, *Nature*,
361, 45）．銀河中心速度 $V_{LSR} = 476\,\mathrm{km\,s^{-1}}$ 付近のシステム速
度成分の他に約 $\pm1000\,\mathrm{km\,s^{-1}}$ 離れたところに高速度成分が見
られる．

も達するので VLBI 観測（3.3.2 節）が可能であり，1 ミリ秒角を切る超高角分
解能でメーザースポットの位置を知ることができる．メーザースポットの位置変
化（= 固有運動）はガスの運動を知るための指標としても用いられ，星形成領域
の若い星や晩期星からの質量放出に伴うガスの運動を詳細に調べることに使われ
る．また，活動銀河中心核で観測される H_2O メーザーでは，メーザー源の位置
と視線速度（周波数のドップラーシフトから得られる）から中心核に存在すると
考えられている巨大ブラックホールの質量や銀河までの距離が推定できる．
　また晩期型星のメーザーは，天体の性質を調べるためだけでなく，電波望遠鏡
の指向精度を測定するための点状の電波源としても利用されている．

2.3　偏波

　実際の天体からの電波は，電磁波からのさまざまな位相・強度をもつ波の重ね
合わせである．天体からの電波が完全に偏波していたとしても，星間空間を伝搬
する間にさまざまな相互作用を受け，望遠鏡に到達する頃には複雑に偏波が重な
りあっている．この偏波の観測を通して，天体や星間空間のさまざまな情報を得
ることができる．ここでは偏波の基本的性質について概観する．

2.3.1 楕円偏波とストークスパラメータ

いま，z 軸方向に伝搬する単一の周波数をもつ平面波を考える．$\boldsymbol{x}$ と $\boldsymbol{y}$ を x と y 方向の単位ベクトルとするとき，この平面波の電場は一般に，

$$\boldsymbol{E} = \mathrm{Re}[(E_1 e^{i\delta x}\boldsymbol{x} + E_2 e^{i\delta y}\boldsymbol{y})e^{i(\omega t - kz)}] \tag{2.201}$$

と表せる．このとき $\boldsymbol{E}$ の x と y 成分は

$$E_x = E_1 \cos(\omega t - kz + \delta_x), \quad E_y = E_2 \cos(\omega t - kz + \delta_y) \tag{2.202}$$

である．ただし，ω は角周波数，k は波数，δ_x と δ_y は x と y 成分の位相因子である．このときの電場の軌跡は図 2.42（a）のように，

$$\frac{E_x^2}{E_1^2} - 2\frac{E_x E_y}{E_1 E_2}\cos\delta + \frac{E_y^2}{E_2^2} = \sin^2\delta \tag{2.203}$$

という楕円のかたちをとる．ここで $\delta = \delta_y - \delta_x$ とおいた．図 2.42（b）が示すように電場 $\boldsymbol{E}$ の軌跡をたどると，その偏波面は位相差 δ によって回転する方向が異なることがわかる．たとえば $E_1 = E_2$ かつ $\delta = 90°$ のときは，電波の進行方向に向かって電場は左まわりに回転しているので，これを左円偏波（LCP）という．また，$\delta = -90°$ のときは右円偏波（RCP）という．これが現在，国際天文学連合（IAU）等で採用している LCP，RCP の定義である．

いま，楕円偏波に対して図 2.42（a）のように楕円の長軸を X 軸，短軸を Y 軸とおき，これらへの電場 $\boldsymbol{E}$ の射影成分を求めると，

$$E_X = E_x \cos\chi + E_y \sin\chi, \quad E_Y = -E_x \sin\chi + E_y \cos\chi \tag{2.204}$$

である．ここで χ は x 軸と X 軸がなす角度である．この楕円の長半径，短半径をそれぞれ $E_0 \cos\theta$，$E_0 \sin\theta$ と書くと，以下の関係式が得られる．

$$E_0^2 = E_1^2 + E_2^2 \tag{2.205}$$

$$\tan 2\chi = \tan 2\alpha \cos\delta \tag{2.206}$$

$$\sin 2\theta = \sin 2\alpha \sin\delta \tag{2.207}$$

ここで $\tan\alpha = E_2/E_1$ $(0 \leqq \alpha \leqq 90°)$ である．式（2.205）は計算により導けるが，xy，XY どちらの座標系から見ても電波（二つの偏波成分による和）の持つエネルギーが等しいことから容易に類推できる．実際の観測では電力（電波強

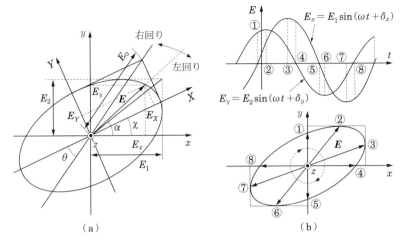

図 **2.42**　(a) 楕円偏波における定義．(b) 電場ベクトルが回転するようす．ある z 軸上の点で，E_x と E_y が図のように時間変動していた場合（$0° \leqq \delta_y - \delta_x \leqq 180°$），電場ベクトルは進行方向に対して左にまわりながら楕円の軌跡をえがく．

度）を測定するので，すべて電波の強度で表すと便利である．これがストークスパラメータであり，以下のような I, V, Q, U で記述することができる．

$$I = (E_1^2 + E_2^2)/Z_0 = S \tag{2.208}$$

$$V = 2E_1E_2 \sin\delta/Z_0 = I\sin 2\theta \tag{2.209}$$

$$Q = (E_1^2 - E_2^2)/Z_0 = I\cos 2\theta \cos 2\chi \tag{2.210}$$

$$U = 2E_1E_2 \cos\delta/Z_0 = I\cos 2\theta \sin 2\chi \tag{2.211}$$

I はポインティングベクトルの大きさ S に等しい．Z_0 は真空のインピーダンス（$376.7\,\Omega$）である．直線偏波や円偏波も楕円偏波の一形態であるが，こうした偏波した電波では，

$$I^2 = Q^2 + U^2 + V^2 \tag{2.212}$$

$$\chi = \frac{1}{2}\tan^{-1}\left(\frac{U}{Q}\right) \tag{2.213}$$

の関係が成り立っており，独立変数は三つのままである．直線偏波では $\theta = 0$ であり，$V = 0$ となる．円偏波では $\theta = \pm\pi/2$ であり，$Q = 0$ かつ $U = 0$ となる．

2.3.2 完全偏波の測定

　完全に偏波している電波を考える．これを直線偏波に感度があるアンテナで観測した場合の出力は $S(\phi) = S(\chi)\cos^2(\phi - \chi)$ である．ここで ϕ は，アンテナが感度をもつ偏波面と x 軸がなす角である．このアンテナで電波の水平（x 軸方向）成分を受信した場合（$\phi = 0$），その出力は

$$S(0) = (E_1 e^{i\delta_x})(E_1 e^{i\delta_x})^*/Z_0 = E_1^2/Z_0 \qquad (2.214)$$

と表せる．同様に垂直（y 軸方向）成分のみを検波した場合（$\phi = \pi/2$），出力は

$$S(90) = (E_2 e^{i\delta_y})(E_2 e^{i\delta_y})^*/Z_0 = E_2^2/Z_0 \qquad (2.215)$$

となる．さらに，アンテナを 45 度回転させると出力は

$$S(45) = \left(\frac{E_1}{\sqrt{2}}e^{i\delta_x} + \frac{E_2}{\sqrt{2}}e^{i\delta_y}\right)\left(\frac{E_1}{\sqrt{2}}e^{i\delta_x} + \frac{E_2}{\sqrt{2}}e^{i\delta_y}\right)^* \Big/ Z_0 \qquad (2.216)$$

$$= \frac{E_1^2 + E_2^2}{2Z_0} + \frac{E_1 E_2 \cos\delta}{Z_0} \qquad (2.217)$$

となる．この状態で，アンテナと光源との間に E_y 成分のみ位相が 4 分の 1 波長だけ遅れる位相子を置くと，出力は

$$S_{\mathrm{LCP}} = \left(\frac{E_1}{\sqrt{2}}e^{i\delta_x} + \frac{E_2}{\sqrt{2}}e^{i(\delta_y - \frac{\pi}{2})}\right)\left(\frac{E_1}{\sqrt{2}}e^{i\delta_x} + \frac{E_2}{\sqrt{2}}e^{i(\delta_y - \frac{\pi}{2})}\right)^* \Big/ Z_0 \quad (2.218)$$

$$= \frac{E_1^2 + E_2^2}{2Z_0} + \frac{E_1 E_2 \sin\delta}{Z_0} \qquad (2.219)$$

となる．$E_1 = E_2$ かつ $\delta = -90°$ の右円偏波のとき S_{LCP} はゼロである．135° に対しても同様の操作を施して $S(135)$ と S_{RCP} を得ることができ，ストークスパラメータはこれらの観測量で

$$I = S(0) + S(90) = S(45) + S(135) \qquad (2.220)$$

$$V = S_{\mathrm{RCP}} - S_{\mathrm{LCP}} \qquad (2.221)$$

$$Q = \sqrt{I^2 - V^2}\cos 2\chi = S(0) - S(90) \qquad (2.222)$$

$$U = \sqrt{I^2 - V^2}\sin 2\chi = S(45) - S(135) \qquad (2.223)$$

と表される．I は入射電波の強度である．Q は直線偏波のうち，垂直（y 軸）成分に対する水平（x 軸）成分の優位性を示す．U は 45 度傾けた軸方向の直線偏

波が，これと垂直な直線偏波に対してどれだけ優位かを表す．また V は左円偏波成分に対する右円偏波成分の優位性を示す．

　実際の偏波の観測では，上述のように偏波面を操作しながら，電波を検出素子へと集光する必要がある．これには，誘電体や金属膜などを用いた透過型偏光子や反射型偏光子，導波管を用いた直交偏波分離器などさまざまな偏分波器が利用される．

2.3.3　部分偏波の測定

　自然界の電波は大なり小なり無偏波成分を含み，その電場は

$$E_x = E_{xp} + E_{xu}, \qquad E_y = E_{yp} + E_{yu} \tag{2.224}$$

と表せる．ただし，E_{xp}, E_{yp} は完全偏波成分，E_{xu}, E_{yu} は振幅と位相がランダムに変化している無偏波成分である．実際の観測で得るのは長時間平均による $\langle E^2 \rangle = \frac{1}{T}\int_0^T E^2 dt \ \ (T \gg 1/\omega)$ なので，S_p, S_u を偏波成分と無偏波成分の電波強度とすると，

$$S_p = \frac{\langle E_{xp}^2 \rangle + \langle E_{yp}^2 \rangle}{Z_0}, \qquad S_u = \frac{\langle E_{xu}^2 \rangle + \langle E_{yu}^2 \rangle}{Z_0} \tag{2.225}$$

となる．このとき部分偏波している電波のストークスパラメータは

$$I = S_p + S_u \tag{2.226}$$
$$V = S_{\mathrm{RCP}} - S_{\mathrm{LCP}} \tag{2.227}$$
$$Q = \sqrt{I^2 - V^2}\cos 2\chi \tag{2.228}$$
$$U = \sqrt{I^2 - V^2}\sin 2\chi \tag{2.229}$$

と表される．この部分偏波の直線偏波率 p，全偏波の程度 m_t，円偏波率 m_c はそれぞれ

$$p = \frac{S_p}{S_p + S_u} = \frac{\sqrt{Q^2 + U^2}}{I},$$
$$m_t = \frac{\sqrt{Q^2 + U^2 + V^2}}{I},$$
$$m_c = \frac{V}{I} \tag{2.230}$$

となる．部分偏波では $I^2 \geqq Q^2 + U^2 + V^2$ であり，まったく偏波していない場合は $Q = U = V = 0$ の関係にある．

2.3.4　直線偏波の測定

直線偏波受信アンテナの場合，2 乗検波器の出力は $S(\phi)$ の式で半角の公式を用いて

$$S(\phi) = \frac{1}{2}S_{u,c} + \frac{1}{2}S_p\Big\{1 + \cos 2(\chi - \phi)\Big\} \tag{2.231}$$

となる．ただし，$S_{u,c}$ は無偏波成分と円偏波成分の電波強度，S_p は直線偏波成分の電波強度，ϕ はアンテナの受信可能な偏波面の角度，χ は式 (2.213) に準ずる直線偏波の偏波角である．このとき直線偏波率は以下のように求められる．

$$p = \frac{S_{\max} - S_{\min}}{S_{\max} + S_{\min}} = \frac{S_p}{S_p + S_{u,c}} \tag{2.232}$$

χ は $0° \leqq \chi \leqq 180°$ の範囲において $\tan 2\chi$ が 2 度同じ値をとりえるため，式 (2.229) より QU 座標面を用いて，次のような場合分けが必要となる．

第 1 象限のとき χ は $0° \leqq \chi \leqq 45°$ に対応し，$\chi = (1/2)\arctan(U/Q)$ である．第 2 象限と第 3 象限のときはそれぞれ $45° \leqq \chi \leqq 90°$ と $90° \leqq \chi \leqq 135°$ に対応し，$\chi = (1/2)\arctan(U/Q) + 90°$ である．第 4 象限のとき，χ は $135° \leqq \chi \leqq 180°$ に対応し，$\chi = (1/2)\arctan(U/Q) + 180°$ である．

2.3.5　磁場が存在するプラズマ領域における電波の伝搬

星間空間や星の周辺にはガスが電離したプラズマ領域が形成されている．このプラズマ領域において，図 2.43 (a) のように z 方向の静磁場 $\boldsymbol{B} = (0, 0, B_z)$ が存在するとし，この中を電場 $\boldsymbol{E}$ をもつ電波が伝搬する場合を考える．いま，プラズマ内には電子とイオンが存在するが，質量の軽い電子の運動だけを考える．このときの質量 m_e で電荷 e の電子の運動方程式を以下のように考える（荷電粒子自身による自己場は無視し，電子の速度は光の速度よりも十分小さいものとする）．

簡単のため電波の進行方向を xz 面内にとる．このとき電場は，

$$\boldsymbol{E} = \boldsymbol{E}_0 \exp\{i(\omega t - \boldsymbol{k} \cdot \boldsymbol{r})\}, \qquad \boldsymbol{k} = (k\sin\theta, 0, k\cos\theta) \tag{2.233}$$

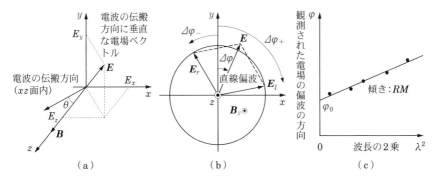

図 **2.43** （a）磁場が z 軸上にあり，電波が磁場と角度 θ を
もって xz 面内を伝搬する概念図．（b）磁場中を伝搬する電波
の電場 $\boldsymbol{E}$（直線偏波）の回転（$\Delta\varphi$）のようす．電波の進行方向
と磁場の方向は z 軸と平行である．$\boldsymbol{E}_r$ と $\boldsymbol{E}_l$ は直線偏波の右
回りと左回りの円偏波成分．（c）異なる波長で観測された偏波
面の方向（黒丸）と，その傾き（直線）から求まるファラデー回
転量および放射源での電波の偏波面の方向（φ_0）．

とおける．ここで $\boldsymbol{k}$ は波数ベクトル，$\boldsymbol{r}$ は位置ベクトルである．この電磁場の環
境下において運動する電子は，

$$\frac{d(m_e\boldsymbol{v})}{dt} = -e(\boldsymbol{E} + \boldsymbol{v} \times \boldsymbol{B}) \tag{2.234}$$

のようにローレンツ力をうける．電子の運動が電場と同じく $|\boldsymbol{v}| \propto e^{i\omega t}$ で変化す
ることを考慮すると，この方程式は各速度成分に対して，

$$
\begin{aligned}
v_x &= \frac{e}{m_e}\frac{i\omega E_x - \omega_g E_y}{\omega^2 - \omega_g^2}, \\
v_y &= \frac{e}{m_e}\frac{\omega_g E_x + i\omega E_y}{\omega^2 - \omega_g^2}, \\
v_z &= i\frac{eE_z}{m_e\omega}
\end{aligned}
\tag{2.235}
$$

のように解ける．ここで ω_g はサイクロトロン角周波数（eB_z/m_e）である．

　ここでアンペール‒マクスウェルの関係式 $\nabla \times \boldsymbol{H} = \boldsymbol{J} + \dfrac{\partial \boldsymbol{D}}{\partial t}$ を考える．$\boldsymbol{J}$ と
$\boldsymbol{D}$，$\boldsymbol{H}$ はそれぞれ電流密度と電束密度，磁界の強さである．真空中では $\boldsymbol{D} = \varepsilon_0\boldsymbol{E}$ と $\boldsymbol{B} = \mu_0\boldsymbol{H}$ が成り立っているので，単位体積あたりの電子数 N を用いる

と，これは

$$\nabla \times \boldsymbol{H} = \boldsymbol{J} + i\omega \boldsymbol{D} = -Ne\boldsymbol{v} + i\omega\varepsilon_0 \boldsymbol{E} \tag{2.236}$$

と表せる．ここでテンソル誘電率 $\bar{\varepsilon}$ を用いると，式 (2.236) は

$$\nabla \times \boldsymbol{H} = i\omega\bar{\varepsilon}\boldsymbol{E}, \qquad \bar{\varepsilon} = \begin{pmatrix} \varepsilon_{11} & -i\varepsilon_{12} & \varepsilon_{13} \\ i\varepsilon_{21} & \varepsilon_{22} & \varepsilon_{23} \\ \varepsilon_{31} & \varepsilon_{32} & \varepsilon_{33} \end{pmatrix} \tag{2.237}$$

と表現できる．ここで式 (2.236) と式 (2.237) の x, y, z 成分を比較すれば，

$$\bar{\varepsilon} = \begin{pmatrix} \left(1 + \dfrac{\omega_0^2}{\omega_g^2 - \omega^2}\right)\varepsilon_0 & -\dfrac{i\omega_0^2\omega_g\varepsilon_0}{\omega(\omega_g^2 - \omega^2)} & 0 \\ \dfrac{i\omega_0^2\omega_g\varepsilon_0}{\omega(\omega_g^2 - \omega^2)} & \left(1 + \dfrac{\omega_0^2}{\omega_g^2 - \omega^2}\right)\varepsilon_0 & 0 \\ 0 & 0 & \left(1 - \dfrac{\omega_0^2}{\omega^2}\right)\varepsilon_0 \end{pmatrix} \tag{2.238}$$

を導くことができる．ここで ω_0 は臨界周波数 ($\sqrt{Ne^2/\varepsilon_0 m_e}$)，$\varepsilon_0$ は真空の誘電率である．

真空中を伝搬する電磁場のファラデー–マクスウェルの関係式 $\nabla \times \boldsymbol{E} + \mu_0 \dfrac{\partial \boldsymbol{H}}{\partial t} = 0$ を式 (2.237) に代入すると，$\nabla \times \nabla \times \boldsymbol{E} = \omega^2 \mu_0 \bar{\varepsilon} \boldsymbol{E}$ の関係が得られる．これはベクトル公式を用いて，

$$(\boldsymbol{k} \cdot \boldsymbol{k})\boldsymbol{E} - (\boldsymbol{k} \cdot \boldsymbol{E})\boldsymbol{k} - \omega^2 \mu_0 \bar{\varepsilon} \boldsymbol{E} = 0 \tag{2.239}$$

と変形できる．これは電場ベクトル $\boldsymbol{E}$ の 3 成分に対する斉次線形方程式 $k^2 E_i - k_i k_j E_j - \omega^2 \mu_0 \varepsilon_{i,j} E_j = 0$ となっている．これが解をもつためには，各係数からなる行列式（分散方程式）がゼロ，すなわち

$$|k^2 \delta_{i,j} - k_i k_j - \omega^2 \mu_0 \varepsilon_{i,j}| = 0. \tag{2.240}$$

でなければならない．通常我々が観測で利用する周波数域は $\omega \gg \omega_g$ であり，また $\varepsilon_{11} = \varepsilon_{22} \approx \varepsilon_{33}$ と近似できるため，式 (2.240) は

$$k^2 = \omega^2 \mu_0 \varepsilon_{11} \left[1 - \frac{\varepsilon_{12}^2}{2\varepsilon_{11}^2} \left\{ \sin^2\theta \pm \sqrt{\sin^4\theta + (2\varepsilon_{11}\cos\theta/\varepsilon_{12})^2} \right\} \right] \tag{2.241}$$

と求まる．電磁波の進行方向が磁場の方向（z 軸）に近いとき（$\theta \approx 0$），この電

磁波は準縦伝搬であるといい，式 (2.241) は，

$$k_\pm = \omega\sqrt{\mu_0(\varepsilon_{11} \mp \varepsilon_{12}\cos\theta)} \tag{2.242}$$

と簡単化される．k_- のときを正常モード，k_+ のときを異常モードとよぶ．$\boldsymbol{E}_0 = E_x\boldsymbol{x} + E_y\boldsymbol{y} + E_z\boldsymbol{z}$ を考慮しながら，式 (2.242) の k_+ と k_- とをそれぞれ式 (2.233) に代入して式 (2.239) を解くと，k_- に対しては $E_y = -iE_x = E_x e^{-i\pi/2}$，$k_+$ に対しては $E_y = iE_x = E_x e^{i\pi/2}$ が得られる．これは，k_- の場合，$\boldsymbol{E}$ の y 成分は x 成分と振幅が同じで，かつ位相が 90° 遅れていることを意味している．すなわち，正常モードは右円偏波に対応していることがわかる．同様の手続きから，異常モードは左円偏波になっていることがわかる．$\theta \approx \pi/2$ の場合，電磁波は準横伝搬と呼ばれる．

2.3.6　ファラデー回転

　直線偏波は図 2.43 (b) のように右回りと左回りの円偏波成分の重ね合わせからなっている．この二つの円偏波成分は波数が k_- と k_+ のように異なるため，直線偏波は磁場のあるプラズマ領域の荷電粒子と相互作用しながら伝搬していくうちに，二つの円偏波成分の回転角が少しずつずれて位相差を生じ，電波の偏波面が回転してしまう．これをファラデー回転（Faraday rotation）という．

　ここで簡単のため，図 2.43 (b) のように磁場 $\boldsymbol{B}$ が z 軸方向に存在し，直線偏波が視線（z 軸）方向とほぼ平行な準縦伝搬（$\theta \approx 0$）を考える．式 (2.242) より直線偏波の円偏波成分の波数をそれぞれ k_+，k_- とおくと，電波が dz だけ進む間に両円偏波成分の位相は，それぞれ $\Delta\varphi_- = k_- dz$，$\Delta\varphi_+ = k_+ dz$ だけ変化する．したがって電波が行路長 L のプラズマ領域を伝搬してきたとすると，回転量すなわち位相のずれの全量 φ は

$$\varphi = \int_0^L \frac{(k_- - k_+)}{2}dz \tag{2.243}$$

となる．電波観測で通常扱う周波数帯は，$\omega \gg \omega_g$，$\omega \gg \omega_0$ とみなせるので，このとき式 (2.243) は式 (2.242) を代入すると

$$\varphi = \frac{e^3\lambda^2}{8\pi^2c^3m_e^2\varepsilon_0}\int_0^L n_e(z)B_{/\!/}(z)dz = RM\lambda^2 \tag{2.244}$$

と求まる．ここで $B_{/\!/}$ は視線方向の磁場強度，n_e は星間プラズマに含まれる電子密度である．RM は一般に回転量度（rotation measure）と呼ばれ，波長 λ をメートル [m] の単位で表した場合，

$$\frac{RM}{\text{rad m}^{-2}} = 0.81 \int_0^{\frac{L}{\text{pc}}} \left(\frac{n_e}{\text{cm}^{-3}}\right) \left(\frac{B_{/\!/}}{\mu\text{G}}\right) d\left(\frac{z}{\text{pc}}\right) \qquad (2.245)$$

で与えられる．RM は磁場が観測者に向かう方向を正，遠ざかる方向を負とする．電子は質量をもっているので，伝搬する電波の波長が短く周波数が高いほど，プラズマ中の電子はその電波の電場の時間変化に追随しにくくなり，φ は小さくなる．一方，電波の波長が長く周波数が低いと，電子は電波の電場に追随して相互作用できるようになり，φ は大きくなる．

電波源から放射されたもともとの偏波角を φ_0 とおくと，地上望遠鏡で観測された偏波角は $\varphi = \varphi_0 + RM\lambda^2$ である．したがって，いくつかの異なる波長で偏波角 φ を観測し，図 2.43（c）のように $\lambda = 0$ まで外挿すれば φ_0 を導出することができる．シンクロトロン放射の場合は直線偏波の方向 φ_0 は磁場に垂直であるから，φ_0 から天体での磁場の方向が求まる．

$B_{/\!/}$ を求めるためには，回転量 RM だけでなく視線方向の n_e の値をあらかじめ知っておく必要がある．これにはパルサーがよく利用される．パルサーは超新星爆発の後に残った中性子星であり，その回転に伴って数ミリ〜数秒の短い周期的なパルス状の直線偏波を放射している．この電波は，偏波面の回転との類似で，星間プラズマ中を伝搬すると伝搬速度が真空中より遅くなり，周波数 ν が低いほどその遅延は大きくなる．この二つの異なる周波数 ν_1 と ν_2 とのあいだのパルスの到着時間差 Δt は，

$$\Delta t = \frac{e^2}{8\pi^2 \varepsilon_0 c m_e} \left(\frac{1}{\nu_2^2} - \frac{1}{\nu_1^2}\right) \int_0^L n_e \, dz \qquad (2.246)$$

で与えられる．ここで e と m_e は電子の電荷と質量，c は光の速度，ν はパルスの周波数である．このうち，$DM \equiv \int_0^L n_e \, dz$ を分散量（dispersion measure）という．パルサーまでの距離 L は別の方法で独立に求めることができる．そのため，Δt を測定して DM を求め，RM を DM で割れば，パルサーまでの平均的な磁場 $B_{/\!/}$ を求めることができる．

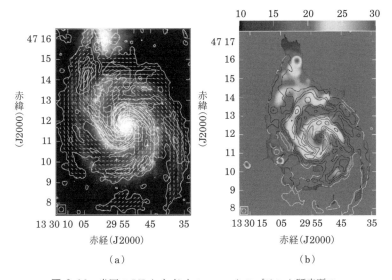

図 **2.44** 米国の VLA とドイツ・マックスプランク研究所のエ
フェルスベルグ望遠鏡を用いた近傍銀河 M51 の観測（Fletcher
et al. 2011, *MNRAS*, 412, 2396）．（a）波長 6 cm の偏波の
観測．光学イメージに，偏波の強度（等高線）と，偏波と直交
する磁場の方向が重ねられている．（b）磁場の強度（グレース
ケール；単位は μG）と CO と H I を合わせた中性ガスの密度
（等強度線）の様子．

　近傍銀河では，超大型干渉計（VLA）を用いた高解像度観測により，複数の
センチメートル波帯でシンクロトロン放射由来の偏波についてファラデー回転に
よる偏波角と RM が計測されている．これにより，図 2.44 が示すように渦状腕
の方向に沿って磁場が伸びている様子が鮮明に描きだされている．

　我々の銀河の中心には，ブラックホールを付随するいて座 A と呼ばれる電
波源や超新星残骸などが存在する．日本では 1980 年代，国立天文台野辺山の
45 m 電波望遠鏡をもちいてこの領域の I, U, V が観測され，偏波の空間分布が
詳しく調べられた（図 2.46（a）（113 ページ））．

2.3.7　スペクトル線における偏波

　星間分子や原子そのものが出すスペクトル線の偏波の観測も近年活発化してい
る．星間雲中に磁場が存在するとき，原子や分子のスペクトルは，ゼーマン効

果により複数の成分に分裂し，同時に偏波を生じることがある．この偏波は星間ガスのスペクトルから磁場強度を直接知ることのできる唯一の手法である．ゼーマン効果による偏波が天体において初めて観測されたのは，1908 年の太陽の黒点観測であった．ここではゼーマン効果と偏波の関係について見てみる．

簡単のため核スピンを持たない原子を考える．電子が軌道角運動量 $\boldsymbol{L}$ とスピン角運動量 $\boldsymbol{S}$ をもつとき，全角運動量 $\boldsymbol{J}$ はこれらのベクトルの和 $\boldsymbol{J} = \boldsymbol{L} + \boldsymbol{S}$ となる．このとき，原子の磁気モーメントは $\boldsymbol{M} = -\mu_{\mathrm{B}}(\boldsymbol{L} + 2\boldsymbol{S})$ で表される．この原子が磁場 $\boldsymbol{B}$ の中におかれると，$\boldsymbol{J}$ は磁場 $\boldsymbol{B}$ のまわりを歳差運動し，原子のエネルギーは

$$\Delta E = \boldsymbol{M}_{/\!/} \cdot \boldsymbol{B} = \mu_{\mathrm{B}} g_J M_J B \tag{2.247}$$

だけ変化する．ここに $\boldsymbol{M}_{/\!/}$ は $\boldsymbol{M}$ の $\boldsymbol{J}$ への射影成分である．μ_{B} はボーア磁子 $(\mu_{\mathrm{B}} = e\hbar/2m_{\mathrm{e}})$，$m_{\mathrm{e}}$ は電子の質量である．M_J は $\boldsymbol{J}$ の取りうる磁場方向の成分であり，$M_J = -J, -J+1, \cdots, +J$ のように量子化された値をとる．g_J はランデ因子 $g_J = 1 + \{J(J+1) + S(S+1) - L(L+1)\}/\{2J(J+1)\}$ で与えられる．結局，J で指定される電子系のエネルギーは $(2J+1)$ の準位に分裂し，$\Delta \nu_{\mathrm{Z}} = \Delta E/\hbar$ だけ周波数が異なるスペクトルを放射・吸収する．一般に，$S = 0$ のように分裂が単純なゼーマン効果は，正常ゼーマン効果と呼ばれる．その例を図 2.45（a）に示した．一方，$\boldsymbol{J}$ が電子のスピン角運動量と軌道角運動量の相互作用を含み，エネルギー準位が複雑に分裂する場合は，異常ゼーマン効果と呼ばれる．

M_J の変化は選択則から $\Delta M_J = 0, \pm 1$ の場合に限られ，$\Delta M_J = 0$ は π 成分，$\Delta M_J = \pm 1$ は $\sigma^{\pm}$ 成分と呼ばれる．電子が原子核に束縛されて加速度運動するとき，電磁波は加速方向と垂直な方向に強く放射される．いま，外部磁場が $+z$ 軸方向にかかっているとする．このとき，電子は原子核により束縛されて歳差運動し，$+z$ 軸方向を見ると σ^+ は右円偏波，σ^- は左円偏波として観測される．σ 成分は xy 面から見ると，磁場に垂直な直線偏波となる．一方，π 成分は，電子が磁場の影響を受けずに z 軸方向に振動している成分に対応し，xy 面から見ると，磁場に平行な直線偏波として観測される．

分子の運動によるスペクトル線のドップラー幅を $\Delta \nu_{\mathrm{D}}$ としたとき，$\Delta \nu_{\mathrm{Z}}/\Delta \nu_{\mathrm{D}} \gg 1$ であれば，ゼーマン分裂による偏波を直接観測で捉えることができる．これま

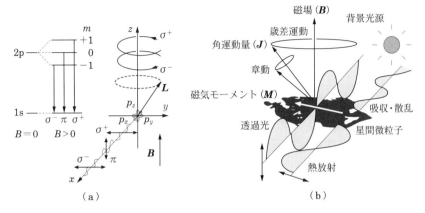

図 2.45 （a）正常ゼーマン効果によって生じるエネルギー準位の分裂と，これに伴って放射される偏波のようす．（b）固体微粒子における磁場の力学的作用と偏光のようす．

でに，分子雲において HI, OH, CN, H_2O などの分子でゼーマン分裂による偏波が観測されている．たとえば晩期型星の周辺の星間ガスや星形成活動などによって何らかの衝撃波を受けて高温・高密度となった領域からは，OH や H_2O，CH_3OH のメーザー（97–98 ページ）において偏波が観測されている．一般に，スペクトルの線幅は観測周波数に比例して広がっていく．したがって，$\Delta\nu_Z/\Delta\nu_D$ の関係を考えると，同じ分子でも，励起状態が低くスペクトル線の周波数が低いものほど，ゼーマン分裂の偏波を検出するには有利となる．近年の望遠鏡の空間解像度や検出器の感度，分光計の周波数分解能の向上に伴い，C_2S や SiO, SO, CH, C_4H などの分子種についても，エネルギー準位の比較的低い遷移の低周波帯スペクトル線においてゼーマン分裂の偏波観測が進むことで，分子雲コアや星・惑星形成領域の磁場強度についてより詳細な理解が得られるものと期待される．

　一方，ゴールドライヒ（P. Goldreich）–キラフィス（N.D. Kylafis）のモデルでは，$\Delta\nu_Z < \Delta\nu_D$ の場合でも，

（1）　放射遷移確率と衝突確率が同程度，

（2）　光学的厚みが適当（$\tau \sim 1$）で非等方，

（3）　視線方向のガスの速度成分が複雑でない場合，

星間ガスからのスペクトル線は数パーセントの直線偏波を含み得ることが解析的

に示された（1981 年）．もしゼーマン分裂時の $\mu B/h\,[\mathrm{s}^{-1}]$ 値が衝突頻度や自然・誘導放射の遷移確率よりも大きい場合，磁場に垂直または平行な偏波の発生が示唆される．ここで μ は分子の磁気モーメント，B は磁場，h はプランク定数である．

　また，チャンドラセカール–フェルミの方法（第 6 巻参照）をもちいると，磁場の乱れとガスの乱流運動の統計的な関係式，$B_\perp = Q\sqrt{4\pi\rho}\,(\delta V/\delta\phi)\,[\mu\mathrm{G}]$ から視線方向に垂直な磁場 $B_\perp$ を求めることができる．ここで Q は定数（~ 0.5），ρ と δV は星間分子雲の密度と速度分散，$\delta\phi$ は偏光角の分散である．

2.3.8　偏波と固体微粒子による偏光の関係

　デイビス（L. Davis, Jr.）とグリーンシュタイン（J.L. Greenstein）は 1951 年，固体微粒子（固体の微小な塵，ダスト）が星間磁場によって整列し，これが偏光を誘発するというモデルを提唱した．

　ダストは，熱運動している星間空間中の原子や分子との衝突や，ダストの表面で形成された水素分子の噴出，星からの非等方な放射によるスピンアップ（回転速度の増加）など，さまざまな理由により，並進運動だけでなく高速スピンをしていると考えられる．ダストは通常電荷を帯びているため，このように高速スピンをしていると，そこに磁気モーメント $\boldsymbol{M}$ が発生する．このときダストは周辺の星間磁場 $\boldsymbol{B}$ と相互作用し，$\boldsymbol{M} \times \boldsymbol{B}$ のトルクが生じる．デイビス–グリーンシュタインのモデルでは，ダストの回転角運動量 $\boldsymbol{J}$ が磁場 $\boldsymbol{B}$ にそろう機構として，常磁性のダストにおける常磁性緩和にともなうトルクの減速が考えられた．これは，$\boldsymbol{J}$ が $\boldsymbol{B}$ のまわりを章動・歳差運動する際，ダスト内に誘導電流が流れてエネルギー散逸が生じ，章動・歳差運動のエネルギーが最小となる（ダストの短軸と磁場の方向がそろう）ようにダストの整列が起こるというものである．ただし，これだけでは整列に 10^6 年程度の長い時間を要するため，超常磁性のダストのモデルなど，より高効率に整列を促すさまざまな機構が研究されている．整列するまでの間，高速スピンによって磁気モーメントを維持できているかどうかが重要となる．

　いずれにしても，ダストがこのように磁場に対して整列すると，長軸方向に選択的に星の光が吸収または散乱され，長軸に垂直な偏波が透過して観測者に届く

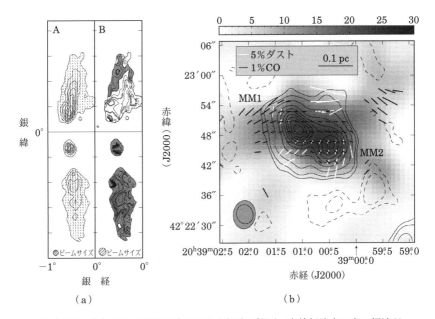

図 2.46 （a）我々の銀河中心における偏波の観測．直線偏波率の高い領域が
上下に伸びている．これは銀河中心において，非常に強い磁力線が銀河面に
垂直に伸びていることを示唆している．A の等高線は，10 GHz 近傍の電波
の偏波成分の平均強度を示す．直線は直交磁場の大きさと方向を表す．B の
等高線は回転量度（RM）分布を示す．灰色の箇所は RM が負の領域を表
す（Tsuboi *et al.* 1986, *AJ*, 92（4），818）．（b）ミリ波干渉計で観測され
た DR 21 OH の CO（J = 2–1）輝線とダストの放射強度分布（Lai *et al.*
2003, *ApJ*, 598, 392）．濃淡は CO 輝線の積分強度，等高線は電波の連続波
強度を示す．白線はダストによる偏光，黒線は CO の偏波の分布である．

ことになる（図 2.45（b））．ミリ波・サブミリ波などの波長の長い電波は，ダス
トの整列に関係なく，これを素通りできる．一方，非球形のダストそのものが熱
放射により遠赤外線・サブミリ波を放射している場合，ダストの長軸方向に偏
光・偏波しやすい．

　近年，大・中口径の望遠鏡や高感度電波干渉計，VLBI（超長基線干渉計）な
どによって偏波観測が活発に展開されている．ここで例として，はくちょう座
の大質量星形成領域 DR 21 OH を図 2.46（b）に示した．この領域の中心では，
CO（J = 2–1）輝線の偏波面とダストの偏光面は直交し，北側では両者が平行

になっている．これは CO 輝線の偏波面は，中心部で磁場と平行，北側では磁場と直交していることを示唆している．DR 21 OH における 10^2–10^6 cm^{-3} の密度範囲では，CO（$J = 2$–1）輝線の偏波はゴールドライヒ–キラフィスのモデルと矛盾はしていないようである．ただし最近，この領域では CO（$J = 1$–0）輝線の偏波面が CO（$J = 2$–1）の偏波面と直交しているという報告もある．これらは，星形成領域の内部構造の非等方性などが深く関わっていると考えられるが，その詳細はまだよくわかっていない．同じ天体を観測していても，ダストの偏光は高密度な領域の磁場を捉えている．一方で，分子輝線の偏波は分子雲コアの比較的広がった低密度領域の磁場を捉えているものと推察される．

　さらに現在，ALMA の高解像度・高感度を活かした星・惑星系形成領域の多波長の偏波観測も急展開を見せている．星形成領域の磁場は，磁気回転不安定性や磁気ディスク風など，円盤への降着過程を解明する上で必須の物理量となるため，ALMA でも偏波の観測は重要な役割を果たす．大質量星についてはダストの偏波やチャンドラセカール–フェルミの手法をもちいた磁場の研究が進んでおり，磁場や乱流の散逸が分子雲コアやフィラメントの安定性，大質量星の形成過程等に与える影響について観測的な知見が深まるものと期待される．一方，小質量星の原始惑星系円盤の観測からは，偏波について，円盤内において理論的に予測されるトロイダル磁場に対して直交に整列するダストの寄与だけでなく，ダストの熱放射が別のダストに散乱される際の放射場の円盤内での非等方性によって誘起される偏波（図 2.47）や，放射場によるダストの整列の影響などの議論が広く展開されている．また，多波長の偏光観測からダストサイズに制限を与える手法も提案されている．こうした偏光の見え方は，原始惑星系円盤の傾きや，円盤の構造・光学的厚み，円盤の厚み，ダストやダストサイズの分布の影響を複雑に受ける．今後，偏波の系統的な多波長観測，高精度な円盤の時間依存の 3 次元モデル，ダストの性質などの総合的な研究により，原始惑星系円盤の進化・形成過程，円盤内でどのようにダストの捕獲や分布の偏りが生じて（微）惑星や小天体の形成に到るのか，円盤を漂うアグリゲイト状（サブミクロンサイズの粒子が空隙なども含みながら凝集した状態）のダストの成長過程や構造，アルベド，組成などの性質について理解が進むものと期待される．

　偏波は近年の標準宇宙モデルの観測的検証においても鍵を握る．ここでは，

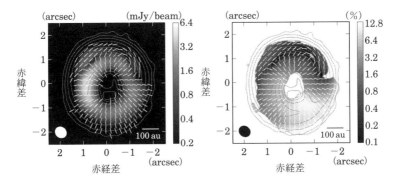

図 **2.47** ALMA による原始惑星系円盤 HD142527 のミリ波偏光の観測（Kataoka *et al.* 2016, *ApJL*, 83, L12）．左は偏波の強度分布と偏光ベクトルのマップ．複雑な偏光の様相を呈し，トロイダル磁場に対して直交に整列するダストの効果だけでは説明が難しく，ダスト粒子が散乱した放射場の円盤内での非等方性の効果が提案されている．右は偏波度のマップ（グレースケール）．北と南で偏波度が違い，ダストサイズの分布の違いを捉えている可能性が指摘されている．

簡単に，欧州宇宙機関により 2009 年に打ち上げられたプランク衛星の偏波観測について触れる．有効口径 1.5 m のプランク衛星は，20 K まで冷却される低雑音 InP-HEMT 増幅検出器による 30, 44, 70 GHz の低周波検出器（LFI）と 100, 143, 217, 353, 545, 857 GHz の最先端のボロメータを実装した高周波検出器（HFI）が搭載され，ミリ波からサブミリ波にかけて宇宙マイクロ波背景放射（CMB）の全天サーベイを高感度・高分解能で行った．HFI に搭載された，直線偏波に感度をもつボロメータ（PSB）検出器は，中性子をドープしたゲルマニウムの高感度抵抗温度計（サーミスタ）が集積されて約 100 mK に冷却される（図 2.48（d）（e）（f））．$T_\mathrm{cmb} \simeq 2.7$ K に対する偏波（ストークスパラメータ P, Q, U）の感度は 100 GHz 帯でおよそ 4×10^{-6}，300 GHz 帯でおよそ 3×10^{-5} である．HFI ではストークスパラメータが求まるように偏波面が 0 度と 90 度の PSB 検出器と，さらに 45 度傾けた PSB 検出器が搭載されている．2018 年には前景放射の偏光成分を緻密に取り除き，現在の宇宙の構造形成を誘起したと考えられている宇宙の密度ゆらぎを CMB の E モードとして鮮明に描き出した（図 2.48（c））．また，こうした過程で，2015 年には 30 GHz 帯のシンクロトロンや

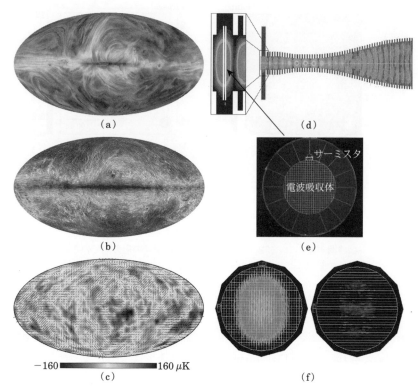

図 **2.48** プランク衛星により観測・解析された（a）シンクロトロン放射に起因する 30 GHz 帯の偏波から求めた天の川銀河の磁力線と（b）353 GHz 帯のダスト放射の偏波から求めた天の川銀河の磁力線．いずれの偏波も磁場とは直交しているものとする（Planck Collaboration 2016, *A&A*, 594, A1）．（c）CMB の温度分布（グレースケール）と偏光の向き（https://www.cosmos.esa.int/web/planck/publications）．（d）入射電波は，コルゲートホーンでローパスフィルタやインピーダンス整合された後，バックショート（終端）手前で電界の振幅が大きくなる節ができる（矢印）．ここに PSB を 2 枚直交させて実装する．これによりアライメントの誤差を最小限に抑えて，直交する偏波成分を独立に検波できる．（e）は 145 GHz 帯の縦方向に偏波の感度を持つ PSB．検出器の中央部には窒化ケイ素 Si_3N_4 によるメッシュがはられ，縦方向のメッシュに 12 nm/2 nm 程度の金/チタンを堆積してメタル化しておくことで，片偏波のみがオーミックな散逸により吸収・検波される．（f）（左）はボロメータのメッシュ部が，入射した縦方向の偏波を吸収し感度をもつ様子．交差偏波へのリーク損失は数%程度に抑えられている（右）（Jones *et al.* 2003, *SPIE*, 4855, 227）．

353 GHz 帯のダスト放射の偏波の解析から，天の川銀河における鮮明な磁力線の様子も報告された（図 2.48 (a)，(b)）．ビッグバン以前に生成された原始重力波は，CMB に渦状の B モードと呼ばれる偏光を刻んでいると考えられており，この偏光を捉えることで，インフレーションのエネルギースケールを実験的に検証できると期待されている．プランク衛星では B モードは検出されておらず，今後の日本の科学衛星 LiteBIRD による高精度 CMB 偏光観測に期待がかかる．

2.4 天体の座標と速度

天体の観測を行うときに使用する天体の位置の座標系と速度の定義系および基準系について述べる．

2.4.1 座標系

天体の位置を表す座標系の種類と詳細な説明は第 13 巻や巻末の参考文献に記述されているので参考にされたい．そのうち，よく使われるのは赤道座標系と銀河座標系である．

赤道座標系は図 2.49 のように赤経（right ascention; RA, α）と赤緯（declination; Decl, δ）で表す．赤経は地球の赤道を天空に延長して定義される天の赤道と天空上での太陽の通り道である黄道の交点である春分点を原点にとり，天の赤道に沿って RA $= 0^{\mathrm{h}}$–24^{h} と時間で表す．赤緯は天の赤道からはかって，地球の自転軸を天に伸ばした天の北極と南極に向かい，Decl $= -90°$–$+90°$ である．赤道座標系は地球の自転軸と赤道面に基づくために，地球の歳差・章動によって自転軸が変化することにより春分点および座標系が時間変化する．現在はユリウス年の 2000 年 1 月 1 日 12 時（世界時）を元期とした座標系を用い，赤経，赤緯に J2000.0 または簡単に J2000 とつけて，

$$\text{RA (J2000.0)}, \qquad \text{Decl (J2000.0)}$$

と書く．図 2.46 (b) は具体的な例である．2000 年以前の論文ではベッセル年の 1950 年の年初を元期としていたので RA（B1950.0）や Decl（B1950.0）と書かれている．同じ天体であっても両者の間には角度で数分の違いがあるので観

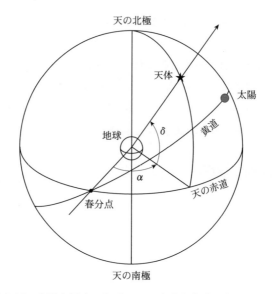

図 **2.49** 赤道座標 (α, δ) 系．天の赤道と黄道が交わった点が春分点である．

測のときには注意が必要である．両者の変換[*9]は日本では青木信仰，相馬充，他（1983 年）の方法（巻末の文献）が用いられているが，方法（変換式）によっては 0″.1 程度の違いがある．また，光学観測に基づく座標系と電波観測に基づく座標系には 0″.1 の桁の不一致が存在する可能性がある．

　固有運動を持つ星の位置を光学観測で決めた座標系ではなく，クェーサーなどの遠方にある銀河系外電波源を超長基線電波干渉法（VLBI）で観測して決めた天球座標系として国際天文準拠系（International Celestial Reference System; ICRS）がある．ICRS 座標系は太陽系重心を原点とするが J2000.0 において赤道座標系とその誤差において一致するように決められているので赤道座標とほとんど同じである．しかし，わずか（10 ミリ秒角台）に異なるので変換したい場合は以下の式を使う（相馬充）．

$$\text{RA (J2000.0)} = \text{RA (ICRS)} + \Delta\alpha,$$

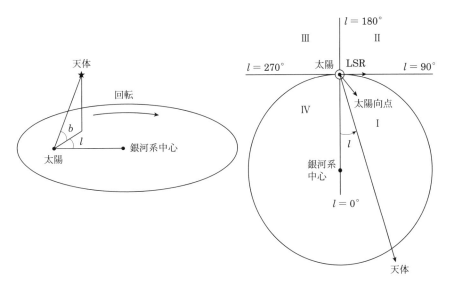

図 **2.50** 銀河座標 (l, b) 系の定義. 左図は銀経 (l) と銀緯 (b) を示し，右図は銀河系円盤を上から見た図で銀経 (l) 等を示す.

$$\Delta\alpha = \{\xi_0 \sin(\alpha) - \eta_0 \cos(\alpha)\} \tan(\delta) - d\alpha_0. \qquad (2.248)$$

Decl（J2000.0）= Decl（ICRS）+ $\Delta\delta$,

$$\Delta\delta = \xi_0 \cos(\alpha) + \eta_0 \sin(\alpha). \qquad (2.249)$$

ここで，$\alpha =$ RA（ICRS）と $\delta =$ Decl（ICRS）は ICRS 座標系における赤経と赤緯であり，

$$\xi_0 = -0''\!.016617, \quad \eta_0 = -0''\!.0068192, \quad d\alpha_0 = -0''\!.0146 \qquad (2.250)$$

である.

　銀河座標系は天の川銀河（銀河系）における天体の位置を示す場合に使われ，図 2.50 に示すように銀経 (l) と銀緯 (b) で表される．銀経は銀河系の中心方向の位置を原点にして天の川に沿って $l = 0°$–360° または $l = -180°$–+180° にとり，銀緯はそれに垂直に $b = -90°$–+90° である．銀経が $l = 0°$–90°，90°–180°，180°–270°，270°–360° の領域をそれぞれ第 I–IV 象限と呼ぶ．銀河座標を決めたときの歴史的な理由から銀河系の中心 [Sgr A*; RA（J2000.0）

$= 17^{\rm h}45^{\rm m}40\overset{\rm s}{.}04$, Decl（J2000.0）$= -29°00'28\overset{''}{.}1$] は $(l, b) = (0°, 0°)$ にはなく，$(l, b) = (-0°3'20\overset{''}{.}84, -0°2'46\overset{''}{.}0)$ である.

赤道座標系 (α, δ) から銀河座標系 (l, b) への変換 [*9] は以下の式で行うことができる.

$$\cos(b)\cos(l - l_{\rm N}) = \cos(\delta)\cos(\alpha - \alpha_{\rm N}),$$
$$\cos(b)\sin(l - l_{\rm N}) = \sin(\delta)\sin(I) + \cos(\delta)\sin(\alpha - \alpha_{\rm N})\cos(I), \quad (2.251)$$
$$\sin(b) = \sin(\delta)\cos(I) - \cos(\delta)\sin(\alpha - \alpha_{\rm N})\sin(I).$$

また，銀河座標系 (l, b) から赤道座標系 (α, δ) への変換は，

$$\cos(\delta)\cos(\alpha - \alpha_{\rm N}) = \cos(b)\cos(l - l_{\rm N}),$$
$$\cos(\delta)\sin(\alpha - \alpha_{\rm N}) = -\sin(b)\sin(I) + \cos(b)\sin(l - l_{\rm N})\cos(I), \quad (2.252)$$
$$\sin(\delta) = \sin(b)\cos(I) + \cos(b)\sin(l - l_{\rm N})\sin(I)$$

で与えられる. ここで，J2000.0 年分点において，

$$\begin{aligned}&\text{銀河面の昇交点}\quad &\alpha_{\rm N} &= 18^{\rm h}51^{\rm m}26\overset{\rm s}{.}2754 = 282\overset{°}{.}859481,\\&\text{銀河面の傾斜角}\quad &I &= 62°52'18\overset{''}{.}295,\\&\text{昇交点の銀経}\quad &l_{\rm N} &= 32°55'54\overset{''}{.}905.\end{aligned} \quad (2.253)$$

である[*10].

2.4.2　速度の定義系と基準系

速度の定義系

天体が出すスペクトル線を観測したときに，天体が放射したときの静止波長 λ_0，静止周波数 ν_0 と観測される波長 λ，周波数 ν は通常異なる. これを偏移しているという. 偏移の大きさを表す量として，

$$z \equiv \frac{\lambda}{\lambda_0} - 1 = \frac{\lambda - \lambda_0}{\lambda_0} = \frac{\nu_0 - \nu}{\nu} \quad (2.254)$$

を定義して，赤方偏移（redshift）と呼ぶ. $z > 0$ すなわち $\lambda > \lambda_0$ のとき，可視光ではより赤い方に偏移するので（狭い意味での）赤方偏移と呼び，$z < 0$ のと

[*10] M. Miyamoto and M. Soma 1993, *AJ*, 105, 691.

きは青方偏移（blueshift）と呼ぶ．一般に両方合わせて広い意味で赤方偏移と総称することが多い．

宇宙において赤方偏移が起きる原因には以下の三つがある．

(1) 運動学的赤方偏移（ドップラー効果），

(2) 宇宙論的赤方偏移，

(3) 重力赤方偏移．

(1) 運動学的赤方偏移は，空間の中を天体が移動する場合に起きて，天体と観測者との間に相対的な運動があると特殊相対論的ドップラー効果により偏移が生じる．天体が観測者から見た視線方向に対し角度 θ の方向に速度 V で運動しているとすると，特殊相対論より，

$$1 + z = \frac{1 + (V/c)\cos\theta}{\sqrt{1 - (V/c)^2}} \qquad (2.255)$$

である．ただし，$c = \nu_0\lambda_0 = \nu\lambda$ は光の速さである．ここで $V/c = \beta$ と書くこともある．上式で $\theta = 0°$ のときは，天体が視線方向に遠ざかっている場合に相当し，

$$1 + z = \sqrt{\frac{1 + (V/c)}{1 - (V/c)}} \qquad (2.256)$$

となる（縦ドップラー効果）．一方，$\theta = 90°$ のときは，天体が視線に垂直な方向に動いていることに相当し，

$$1 + z = \frac{1}{\sqrt{1 - (V/c)^2}} \qquad (2.257)$$

という赤方偏移を生じる（横ドップラー効果）が，$V \ll c$ の場合は偏移の量は小さい．天体と観測者の間の距離が変わらなくても波長（周波数）の偏移が起きることに留意が必要．

$\theta = 0°$ のとき，式（2.254）と式（2.256）から，

$$\lambda = \lambda_0\sqrt{\frac{1 + (V/c)}{1 - (V/c)}}, \qquad (2.258)$$

$$\nu = \nu_0\sqrt{\frac{1 - (V/c)}{1 + (V/c)}} \qquad (2.259)$$

である. $V \ll c$ のとき，式 (2.258) と式 (2.259) を近似すると，

$$\lambda = \lambda_0 \{1 + (V/c)\}, \tag{2.260}$$

$$\nu = \nu_0 \{1 - (V/c)\} \tag{2.261}$$

となる．これらから，以下のような光学観測（波長）から定義された速度 V_{opt} と電波観測（周波数）から定義された速度 V_{rad} が得られ，慣用的に使われている．

$$V_{\mathrm{opt}} \equiv \frac{\lambda - \lambda_0}{\lambda_0} c = cz, \tag{2.262}$$

$$V_{\mathrm{rad}} \equiv \frac{\nu_0 - \nu}{\nu_0} c. \tag{2.263}$$

式 (2.263) を微分すると，

$$\frac{\Delta V_{\mathrm{rad}}}{c} = -\frac{\Delta \nu}{\nu_0} \tag{2.264}$$

となり，銀河のスペクトル線の速度幅 ΔV_{rad} に対応する周波数幅 $\Delta \nu$ を計算するなどの場合に用いられる．

式 (2.262) から $z > 1$ のときは $V_{\mathrm{opt}} > c$ となり，また式 (2.254)，(2.262)，(2.263) からわかるように V_{opt} と V_{rad} は一致しない．これは両式ともに近似式に基づくためである．本当の速度は式 (2.258) や式 (2.259) を使って求められる．論文には一般に $V_{\mathrm{opt}} = cz$ や V_{rad} の値が書かれており，V_{opt} から観測波長 λ を計算するには式 (2.260) を用い，V_{rad} から観測周波数 ν を計算するには式 (2.261) を用いるので注意が必要である．V_{opt} と V_{rad} の間の変換は以下の式で与えられる．

$$V_{\mathrm{opt}} = \frac{V_{\mathrm{rad}}}{1 - (V_{\mathrm{rad}}/c)}, \tag{2.265}$$

$$V_{\mathrm{rad}} = \frac{V_{\mathrm{opt}}}{1 + (V_{\mathrm{opt}}/c)}. \tag{2.266}$$

(2) 宇宙論的赤方偏移は，天体が空間の中に静止していても空間そのものが膨張しているために天体が観測者から遠ざかって見える現象である（ドップラー効果ではない）．一般相対論的な膨張宇宙では，宇宙のスケール因子 $a(t)$ は時間 t とともに大きくなる．波長 λ_0 の電磁波が放射された時間 τ における宇宙のスケール因子を $a(\tau)$ とし，波長 λ の電磁波として受け取った現在の宇宙のスケー

ル因子を $a(t)$ とすると,

$$1 + z = \frac{a(t)}{a(\tau)} \tag{2.267}$$

である（第2巻と第3巻を参照）．この場合，天体は空間中を移動するわけでは
ないので「速度」という概念は存在しないのであるが，観測的には運動学的赤方
偏移と区別ができず，式（2.262）や（2.263）の定義をそのまま用いて「速度」
という言葉を使っている．あるいは，空間中に静止している2点間の距離が宇宙
膨張によって大きくなるので，単位時間あたりの距離の増加分を速度とみなして
いる，といってもよい．しかし，いずれにしろ運動学的な速度とは異なり，式
（2.255）–（2.259）は適用できない．

（3）重力赤方偏移は，大きな質量の近傍にいる人の時計を，そこから遠く離れ
たところにいる人の時計ではかると進みが遅くなって見えるという一般相対論的
効果によるものである．この場合も「速度」という概念は存在しない．詳細な説
明と定式化は一般相対論の教科書を参照のこと．

速度の基準系

速度は，電磁波を放射している天体とそれを受ける観測者との相対的な運動で
決まるものである．したがって，どの場所にいる観測者から見た速度かによって
速度の値が異なる．観測上は通常は，太陽中心（ほとんど太陽系重心と同じ）
に対する速度 V_{hel}（heliocentric velocity）と局所静止基準（local standard of
rest; LSR）に対する速度 V_{LSR} が用いられる．

太陽のまわりの星々は，平均的な動きとして天の川銀河（銀河系）の中心のま
わりを円運動している（としている）．この平均的な動きをしているところを局
所静止基準（LSR）と呼ぶ（図2.50）．太陽はこのLSRに対してある方向に運動
している（太陽そのものが銀河系中心のまわりを円運動しているわけではない）．
この方向を太陽向点という．太陽向点 $(\alpha_\odot, \delta_\odot)$ とその方向の太陽の運動速度 $V_\odot$
は観測的に決定されるが，あまり正確には求まっておらず，その誤差は大きい．
そこで以下の値を決めて世界的に用いられている．太陽向点の座標としては，

$$\begin{cases} \alpha_\odot(\mathrm{B}1900.0) = 18^{\mathrm{h}} \\ \delta_\odot(\mathrm{B}1900.0) = +30^\circ, \end{cases}$$

表 2.4　各種天体の運動速度

運動の種類	速度の値（$\mathrm{km\,s^{-1}}$）
地球の自転速度	0.5
月・地球の重心に対する地球の運動速度	0.013
地球の公転速度	30
太陽系重心に対する太陽の運動速度	0.012
LSR に対する太陽の運動速度	20

$$\begin{cases} \alpha_\odot(\mathrm{B1950.0}) = 18^\mathrm{h}01^\mathrm{m}55\overset{\mathrm{s}}{.}061 \\ \delta_\odot(\mathrm{B1950.0}) = +30°00'04''\!.19, \end{cases} \tag{2.268}$$

$$\begin{cases} \alpha_\odot(\mathrm{J2000.0}) = 18^\mathrm{h}03^\mathrm{m}50\overset{\mathrm{s}}{.}280 \\ \delta_\odot(\mathrm{J2000.0}) = +30°00'16''\!.83 \end{cases}$$

が使われる．座標変換は相馬充による．太陽運動の速さは，

$$V_\odot = 20 \quad [\mathrm{km\,s^{-1}}] \tag{2.269}$$

という値が世界の電波天文台で使われている．書物によっては $V_\odot = 19.5\,\mathrm{km\,s^{-1}}$ という値が書かれているが，この値を使うと $0.5\,\mathrm{km\,s^{-1}}$ の差が生じてしまうので使ってはいけない．方向 (α, δ) にある天体の V_hel から V_LSR への変換は次式で与えられる．

$$V_\mathrm{LSR} = V_\mathrm{hel} + V_{\mathrm{r}\,\odot}, \tag{2.270}$$

$$V_{\mathrm{r}\,\odot} = V_\odot(\cos\alpha_\odot \cos\delta_\odot \cos\alpha \cos\delta + \sin\alpha_\odot \cos\delta_\odot \sin\alpha \cos\delta + \sin\delta_\odot \sin\delta). \tag{2.271}$$

参考として，各種天体の運動速度を上の表 2.4 に示す．

　銀河の後退速度 V_r とハッブル定数 H_0 から銀河の距離 $D = V_\mathrm{r}/H_0$ を求めるような場合には観測者の運動を補正して空間に静止した系から銀河を観測したときの後退速度を求めなければならない．太陽系は LSR に対して動いており，LSR は銀河系中心のまわりを回転している．さらに銀河系中心は絶対空間に対して動いている．したがって，これら全部を補正するのは容易ではない．もっとも簡便なのは COBE 衛星や WMAP 衛星で測定されている宇宙背景放射に対する太陽系の運動を用いることである．WMAP の観測によると太陽は宇宙背景放

射（絶対空間）に対して銀河座標系で

$$(l, b) = (263°.85 \pm 0°.10,\ 48°.25 \pm 0°.04) \qquad (2.272)$$

の方向に

$$v = 368 \pm 2 \quad [\mathrm{km\,s^{-1}}] \qquad (2.273)$$

の速さ[11]で動いている（Bennett, *et al.* 2003 *ApJSS* 148, 1）．太陽中心から見た銀河の速度（V_hel）に対してこの運動を補正すれば絶対空間から見た銀河の後退速度を求めることができる（ただし，銀河の固有運動を補正するものではない）．COBE の結果は Kogut *et al.*（1993 *ApJ* 419, 1）や Bennett *et al.*（1996 *ApJ* 464, L1）を参照のこと．

---

[11] https://www.physicsforums.com/insights/poor-mans-cmb-primer-part-2-bumps-blackbody/

第3章

電波望遠鏡概論

3.1 電波望遠鏡の全体構成

　電波望遠鏡は天体からの電波をとらえ，そこから天体に関する情報を抽出する装置である．ここでは電波望遠鏡がどのような観測装置であるかを説明した後に，天体に関する情報がどのように得られるかを説明する．

3.1.1 単一鏡型電波望遠鏡

　図 3.1 は単一鏡型電波望遠鏡のシステム概念図である．単一鏡型電波望遠鏡は大きく分けてアンテナ，受信機，検波器または分光計，そしてそれらを制御しデータを取り込む計算機によって構成される．

　単一鏡型電波望遠鏡は光学望遠鏡と類似した構造をもつ．反射鏡に相当するものはパラボラアンテナであり，CCD カメラに相当するものが受信機である．アンテナは電波望遠鏡の場合，効率よく電波を集める性能だけでなく天体を追尾したりラスタースキャン[*1]をして天体の画像を取得したりするために指向方向を自由に変えられることが必要である．

　アンテナで集められた電波はフィードと呼ばれる 1 次放射器を通して受信機に入力される．電波はそこで増幅や周波数変換などの操作がなされる．天体から

[*1] アンテナを天空上で連続的に動かす方式．図 6.2 を参照．

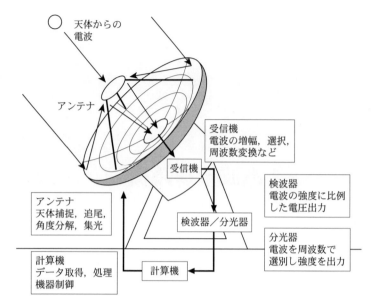

図 3.1 単一鏡型電波望遠鏡システムの概念図．単一鏡型電波望遠鏡は高精度アンテナ，低雑音受信機，検波器または分光計，そして機器制御しデータを取り込む計算機によって構成される．

の電波は微弱であるので受信機は極めて低雑音であることが要求される．検波器や分光計は入力された電波に含まれる情報を電圧信号として取り出す装置である．検波器は入力された電波全体の強さ（電力）に比例した電圧を出力し，分光計は周波数ごとの電波の強さを出力する．受信機は，望遠鏡の装置の前端に位置するのでフロントエンドと呼ばれる．一方，検波器や分光計は後端に位置するのでバックエンドと呼ばれる．

　電波望遠鏡は通常，地上に設置されるので，宇宙から来る天体からの電波は大気に吸収されながら，大気から放射される電波も加わりながら望遠鏡に届くことになる．さらに電波望遠鏡の内部でも吸収と放射を受けることになる．このため電波望遠鏡に設置された各種の装置で適切に較正（校正とも書く）することにより初めて宇宙から入射する天体からの電波の強さを正しく観測することができる．

3.1.2　アンテナ

　アンテナとは天体からの電波を集める装置であり，光学望遠鏡の対物レンズや反射鏡に相当するものである．可視光は大気の影響を大きく受けるので波面補償などの特殊技術を用いないと回折限界[*2]の角分解能を得ることは難しい．電波は可視光などに比べ波長が長く大気の影響が少ないのでアンテナはそのままで回折限界の角分解能を持っている．アンテナの角分解能は通常，アンテナのビームの HPBW（半値全幅）で表される．

$$\text{HPBW} = K \times \lambda/D \tag{3.1}$$

ここで K はアンテナの1次放射器の照射パターンによる係数であり 1.2 程度となる（詳しくは4章参照）．また D はアンテナ開口部の直径であり，λ は観測波長である．この式が示すように電波望遠鏡は観測波長が長いと良い角分解能が得難い．たとえば国立天文台野辺山宇宙電波観測所の 45 m 電波望遠鏡の角分解能は 100 GHz で 17 秒角，たとえるなら双眼鏡程度の見え方になる．また，実際の観測でこの角分解能がほぼ実現されるのは，ナイキストのサンプリング定理によると，少なくとも HPBW/2 よりも十分に小さなサンプリング間隔でデータを取得した場合に限られる．

3.1.3　受信機

　受信機には，天体からの高い周波数で微弱な信号を，容易に取り扱うことができる強度と周波数を持った信号に変換する働きがある．受信機は一般に周波数変換器と増幅器によって構成される．増幅器は基本的に入力電力 W_{in} を G 倍する装置であるが，その増幅過程で増幅器自らが雑音 W_{noise} を発生する．このため増幅器の出力は

$$W_{\text{out}} = GW_{\text{in}} + W_{\text{noise}} \tag{3.2}$$

となる．どのような増幅器と周波数変換器でも量子雑音 $T = \dfrac{h\nu}{k}$ 以上の雑音を発生する（h はプランク定数，k はボルツマン定数，ν は周波数）．受信機の発生する雑音は近年の半導体技術や超伝導技術の発展で量子限界の数倍程度まで

[*2] 式（3.1）で与えられる角分解能の限界．

低雑音化が進んでいる．2020 年時点では，100 GHz 以下の周波数帯では冷却
HEMT 増幅器が使用されているが，周波数が高いと低雑音増幅器を作るのが困
難になる．100 GHz 以上の周波数では超伝導素子 SIS ミクサが周波数変換器と
して使用されている．

　このように取り扱いにくい高い周波数から低い周波数の信号に周波数を変える
ことを周波数変換という．非線形特性をもつ素子（たとえば半導体ダイオードや
超伝導素子 SIS など）を用いた非線形回路に受信周波数と異なる周波数の別の信
号を合わせて入れると，それらの周波数の和または差の周波数をもつ信号を作る
ことができる．差周波数では高周波数から低周波数への変換ができる．たとえ
ば，高い受信周波数 ω_1 を低い周波数 ω_{IF}（中間周波数という）に変換したい場
合は，入力する信号の周波数を $\omega_2 = \omega_1 \pm \omega_{IF}$ となるように選べば低い周波数
へ変換ができる（詳しくは 5 章参照）．

3.1.4　検波器と分光計

　天体からの電波のスペクトルには大きく分けて連続波と線スペクトルがある．
電波望遠鏡の受信方法もこれに対応して大きく二つに分けることができる．ひと
つは連続波観測といわれるもので広い周波数幅の電波をそのまま 2 乗検波器で
検波する方式である．天体の出す連続波電波の強度を測定するために行われる．
一般に要求される感度は $10^{-30}\,\mathrm{W\,m^{-2}\,Hz^{-1}}$ 程度以下である．この連続波の放
射機構には高温の物体から発する黒体放射や高いエネルギーを持った宇宙線電子
が宇宙空間の磁力線に巻きついたときに発するシンクロトロン放射がある．緩や
かな周波数依存性があるので，それらを調べることにより若い恒星の周囲の電離
領域や活動銀河中心核などの天体の物理状態が調べられている．

　もうひとつは分光観測といわれるもので天体の出す線スペクトル（分子輝線ス
ペクトルなど）を受信するものである．電波望遠鏡に電波分光計（一種のスペク
トラムアナライザー）を接続して周波数方向に分解して行われる．一般に要求さ
れる感度は $10^{-29}\,\mathrm{W\,m^{-2}\,Hz^{-1}}$ 程度以下である．この場合も長時間積分によっ
て雑音レベルを下げて天体からの電波を受信する．線スペクトルはたとえば分子
の励起状態の変化で放射される．この線スペクトルの周波数を調べて分子種を特
定したり，その分子を含む星雲の運動を線スペクトルの周波数がドップラー効果

図 **3.2**　国立天文台野辺山宇宙電波観測所 45 m 電波望遠鏡（口絵 5 参照）．1982 年に建設されて以来，ミリ波帯単一鏡型電波望遠鏡としては世界最大級の電波望遠鏡である．放物面の鏡面は 600 枚の CFRP パネルで形成されている．ホモロガス構造を採用し，100 GHz 帯で 17″ の高角分解能と集光力を持っている．

で変化するのを通して明らかにすることができる．天体からの線スペクトルを周波数方向に分解して調べるために現在ではフーリエ変換と自己相関を組み合わせたデジタル分光計が使われている．デジタル分光計はフーリエ変換と自己相関の演算順序により XF 型と FX 型に大別される．また干渉計でも相関器としてもデジタル分光計が使われている．これらはいわばフーリエ変換と相関の演算専用に作られた超高速計算機である．

　これらの分光計が観測できる最大速度幅と最高速度分解能は各々数 $1000\,\mathrm{km\,s^{-1}}$ と数 $10\,\mathrm{m\,s^{-1}}$ 程度である．この広い速度幅と高い速度分解能によって，激しく爆発する銀河から低温の暗黒星雲までの広い範囲で分子ガスの物理状態とその動きを捉えることができる．

3.1.5　単一鏡型電波望遠鏡の実例: 野辺山 45 m 電波望遠鏡

　高精度アンテナの構造を野辺山 45 m 電波望遠鏡を例にして説明する（図 3.2 を参照）．この望遠鏡の主アンテナ鏡面の場合，放物面になるように精密に成形された 2 m 程度の大きさの炭素繊維樹脂（CFRP）鏡面パネルが鉄製の支持骨組

みの上に 600 枚並べて作られている．この鏡面パネルの反射面自体は CFRP の面の上に銀系塗料をうすく塗布することにより形成されている．支持骨組みの裏側も日よけのためにパネルでおおわれている．

　鏡面パネルと日よけパネルで囲まれた空間はファンによって空気がかくはんされ温度が均質化されている．熱の不均質によるパラボラアンテナの支持骨組みの変形を防ぐためこの構造が採用されている．アンテナに許容される理想的放物面からのずれはその観測波長の 20 分の 1 程度以下である．ミリ波になると $100\,\mu m$ 以下の誤差でパネルを配置することが必要である．野辺山 45 m 鏡の場合は静止衛星からの電波を 45 m 鏡と近くにおいた小さな参照アンテナとで同時に受信しその位相差を測定する電波ホログラフィー法を用いてパネルの配置を調整している．

　また大型パラボラアンテナの可動部は何百トンもあり自重によりゆがみが起こる．電波望遠鏡は天体を常時追尾したりアンテナをラスタースキャン（287 ページ）することによって天体の画像を取得するのでどの方向にもアンテナを自由に向けられる指向性能を持つのが普通である．そしてアンテナの地面からの仰角が変化するとアンテナに対する重力の効き方が変化してゆがみの具合が変わってしまう．このためある仰角で鏡面を正確に放物面になるように調整できたとしても他の姿勢では放物面からのずれが生じてしまうことになる．初期の大型アンテナではこの自重変形の問題のため波長の短いミリ波帯の観測ができなかった．野辺山 45 m 鏡ではパラボラアンテナが自重変形しても焦点は異なるが放物面を維持するように設計されている．これをホモロガス構造という．観測中にカセグレン副鏡の位置を調整することにより焦点の変化を補正して自重変形によるアンテナ効率の低下を防ぐことができる．

　また単一鏡型電波望遠鏡ではアンテナの指向精度も観測の価値を決定する要因のひとつであり，45 m 鏡には 100 GHz での角分解能の 10 分の 1 である 2 秒角程度が要求される．事前に位置が正確にわかった標準天体を使い，全天にわたり指向方向の補正が測定され，あらかじめ補正値が設定されているが，この精度を達成するには，さらに観測中に 1 時間程度ごとに観測する天体の近傍にある標準天体を観測して追加補正をする必要がある．

　単一鏡型電波望遠鏡にはこれまでは光学望遠鏡の CCD カメラに相当する 2 次

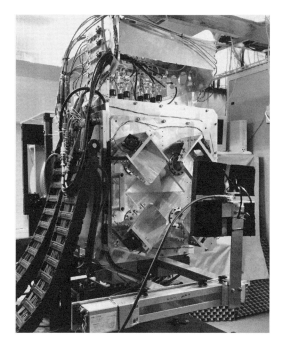

図 **3.3** 国立天文台野辺山宇宙電波観測所 45 m 電波望遠鏡の
FOREST マルチビーム受信機. 2 次元画像が得られる超伝導素
子 SIS 受信機である.

元検出器がなかったのでアンテナ正面方向からの電波のみしか受信できなかっ
た. 天体の空間 2 次元画像を取得しようとする場合, アンテナの向きを変え画像
の画素に相当する方向で順次観測しなければならなかった. このため広がった天
体の画像を取得するためには長時間の観測が必要であった. この状況を打破す
るため受信機を焦点面に多数配置するマルチビーム受信機が開発された. 野辺
山 45 m 望遠鏡では 1990 年代後半から 40, 100, 150 GHz 帯で 2 次元画像が得ら
れるマルチビーム受信機が備えられた. 現在の 100 GHz 帯のものは FOREST
と呼ばれる 4 ビームの広帯域 SIS 受信機である. マルチビーム受信機によって
45 m 鏡の天体の画像を作る能力は以前に比べ劇的に向上している. 世界の他の
観測所でもマルチビーム化が進んでいる.

3.1.6 単一鏡型電波望遠鏡の感度

天体から受信した光子の量を S と表したとき，同時に雑音 N も受信するので情報の質は S/N で表される．信号の光子数は観測時間 t に比例して増えるが，雑音の光子数はランダムな量であるので観測時間の平方根に比例して増えるはずである．したがって，この観測の S/N は観測時間の平方根に比例してしか改善されない．すなわち 10 分の 1 の暗さの天体を観測するためには 100 倍の観測時間が必要である．以上の関係を式で表すと以下のようになる．

$$\Delta T = K_{\rm s} \times T_{\rm sys}/\sqrt{Bt} \tag{3.3}$$

ただし，ΔT は観測データのゆらぎに期待される標準偏差 1σ である．$T_{\rm sys}$ はシステム雑音であり，B は受信周波数幅である．そして $K_{\rm s}$ は受信方式による係数である．この ΔT の少なくとも 5 倍以上の強度（$\geqq 5\Delta T$）で信号が受かったとき，検出されたと考えるのが普通である．

天体からの電波を受信するとき，システム雑音温度に寄与する主たる雑音は大気や地面などの地上からの電波と受信機を含めた望遠鏡自体が発生する電波である．大気による雑音は周波数によって状況は大きく異なっている（1 章を参照）．高い周波数になると大気による雑音の寄与が急激に大きくなる．天体からのミリ波以上の電波は大気中を伝播している間に水蒸気の影響を大きく受けてすぐに吸収されてしまう．このため，上空の水蒸気の少ない標高 1350 m の長野県野辺山高原が選ばれ，野辺山宇宙電波観測所が建設されたのである．そしてより高い周波数を観測する ALMA では標高 5000 m のアタカマ砂漠に建設されたのも同様の理由である．地上でもっとも水蒸気量が少ないのは南極大陸内陸部の高原地帯である．

3.1.7 干渉計型望遠鏡

電波望遠鏡の角分解能は単一鏡型では式（3.1）で与えられる．電波は波長 λ が長いのでするどい角分解能が得難い．そこで生まれたのが干渉計型望遠鏡の考えである．干渉計型の場合は図 3.4 のように複数のアンテナ（素子アンテナ）を離しておき，そこから得られた信号をケーブルで集め相関器で相互相関がとられる．干渉計では角分解能は素子アンテナと素子アンテナとの間の距離（基線長）

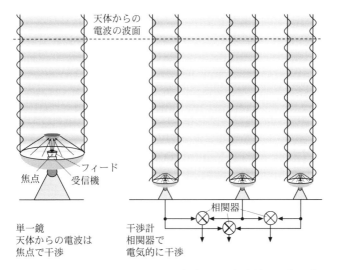

天体からの
電波の波面

焦点　　　フィード
受信機

単一鏡
天体からの電波は
焦点で干渉

干渉計
相関器で
電気的に干渉

相関器

図 **3.4**　単一鏡型電波望遠鏡と干渉計型電波望遠鏡の比較．単
一鏡型では天体からの電波は反射鏡によって実際に集められ，焦
点で干渉して像を作る．干渉計型では素子アンテナで受けられ
た天体からの電波は電気信号に変換されて相関器で相関される．
これは電気的に電波を干渉させていることに相当する．

で決まる．すなわち回折限界（観測波長/基線長）の角分解能を持っている．通
常はアンテナ配列の間隔を広げるほうが巨大なパラボラを建設するよりも容易で
あるので干渉計はするどい角分解能を得やすい．たとえば ALMA では 100 GHz
で 0.06 秒角になり，45 m 電波望遠鏡の角分解能よりも 2 桁以上良い．ただし，
干渉計は素子アンテナ単体の感度のある範囲 = 視野（単一鏡のビームの大きさ
に相当する）をさらに細かく分解して観測する装置であり，一観測で観測できる
視野が狭いという弱点もある．

3.1.8　単一鏡型電波望遠鏡と干渉計型望遠鏡の性能比較

電波望遠鏡が積分時間 t で検出できる電波の強度を最小検出フラックス密度
ΔS といい，単一鏡型電波望遠鏡では

$$\Delta S(\text{single}) = \frac{2K_\mathrm{s}}{\eta_\mathrm{A} A_\mathrm{p}} \frac{kT_\mathrm{sys}}{\sqrt{Bt}} = \frac{2\sqrt{2}}{\eta_\mathrm{A} A_\mathrm{p}} \frac{kT_\mathrm{sys}}{\sqrt{Bt}} \tag{3.4}$$

となる．ただし η_A はアンテナの開口能率，A_p はアンテナの開口面積，k はボルツマン定数，T_{sys} はシステム雑音である．また η_A は通常 0.7–0.8 程度になる（4 章を参照）．K_s は受信方式による係数であり，たとえば 6 章で解説する ON–ON 法を使えば $\sqrt{2}$ になる．

一方，2 素子干渉計では $K_s = \dfrac{1}{\sqrt{2}}$ であり，上の式と同様に最小検出フラックス密度は

$$\Delta S(\text{synth}) = \frac{\sqrt{2}}{\eta_A A_p'} \frac{kT_{sys}}{\sqrt{Bt}} \tag{3.5}$$

となる．2 素子干渉計の基線は 1 本であるが n 素子干渉計では基線が $n(n-1)/2$ 本あるので，積分時間がその分増えたことに相当する．またアンテナの開口面積の総和 A_p が前記の単一鏡型電波望遠鏡と等しいとすれば素子アンテナの開口面積は $A_p' = A_p/n$ となる．積分時間 t での最小検出フラックス密度は

$$\Delta S(\text{synth}) = \frac{\sqrt{2}}{\eta_A A_p'} \frac{kT_{sys}}{\sqrt{Bt}} \times \sqrt{\frac{2}{n(n-1)}} \simeq \frac{2}{\eta_A A_p} \frac{kT_{sys}}{\sqrt{Bt}} \tag{3.6}$$

となる．したがって同じ総開口面積の単一鏡と干渉計で点状電波源の検出を考えた場合，同じ周波数幅 B，同じシステム雑音温度 T_{sys} を仮定すると

$$\frac{\Delta S(\text{synth})}{\Delta S(\text{single})} \simeq \sqrt{\frac{1}{2}} \simeq 0.7 \tag{3.7}$$

となり，だいたい同じ検出感度になる．

次に同じ角分解能 θ_b で同じ天空の面積 $\pi \left(\dfrac{\theta_f}{2}\right)^2$ を撮像観測した場合の性能を比較する．単一鏡のビームが走査する領域の面積にビームがいくつ含まれるかを求めると，画素数は $N = \left(\dfrac{\theta_f}{\theta_b}\right)^2$ となる．また，全観測時間を T とすると画素 1 個あたりの積分時間は $t = \dfrac{T}{N}$ である．したがって，単一鏡の最小検出フラックス密度は

$$\Delta S(\text{single}) = \frac{2\sqrt{2}}{\eta_A A_p} \frac{kT_{sys}}{\sqrt{BT}} \frac{\theta_f}{\theta_b} \tag{3.8}$$

となる．干渉計では視野は素子アンテナの口径 d により $\theta_\mathrm{f} \simeq \lambda/d$ で与えられ，角分解能は基線長 D で決まり $\theta_\mathrm{b} \simeq \lambda/D$ である．したがって干渉計の構造が直径 D のひろがりを直径 d のアンテナ n 個で埋める形をとっている場合は

$$\frac{\theta_\mathrm{f}}{\theta_\mathrm{b}} \simeq \frac{D}{d} \simeq \sqrt{n}$$

となるので，干渉計の最小検出フラックス密度は

$$\Delta S(\mathrm{synth}) \simeq \frac{2}{\eta_\mathrm{A} A_\mathrm{p}} \frac{k T_\mathrm{sys}}{\sqrt{BT}} \tag{3.9}$$

となる．一方，前の式と式（3.8）から，単一鏡の最小検出フラックス密度は

$$\Delta S(\mathrm{single}) \simeq \frac{2\sqrt{2}}{\eta_\mathrm{A} A_\mathrm{p}} \frac{k T_\mathrm{sys}}{\sqrt{BT}} \sqrt{n} \tag{3.10}$$

と書ける．両者の感度の比は

$$\frac{\Delta S(\mathrm{synth})}{\Delta S(\mathrm{single})} \simeq \frac{1}{\sqrt{n}} \tag{3.11}$$

となる．したがって同じ総開口面積の望遠鏡で同じ角分解能，同じ領域を観測する場合は干渉計の感度が $\sqrt{n}$ 倍良くなり，感度が同じならば n 倍速く観測できる．ただし単一鏡の場合は比較的容易にマルチビーム受信機を使用できるので，干渉計の素子数分のビーム数を持たせればほぼ同じ速さで観測できる．単一鏡では画素ごとに観測するので均質なデータを得にくいが，干渉計では一度の観測でできるので視野内ではデータを均質化させやすい．一方，干渉計は広がった成分への感度が低下する性質がある．両者の観測性能は相補的であるといえる．

3.2 世界の単一鏡型電波望遠鏡

1章で述べたように低周波数から数 MHz までの宇宙からの電波は電離層で反射されてしまうが，数 10 MHz から 20 GHz までの電波はほとんど減衰されず地上に達する．この周波数帯には中性水素 21 cm 輝線や銀河のシンクロトロン放射が存在し，銀河の構造や高エネルギー現象などを研究するのに利用される．

数 GHz までの電波を観測する世界最大の望遠鏡は最近中国に建設された 500 m 球面電波望遠鏡（FAST）である．これは地面に固定された球面鏡であ

グリーンバンク 100 m（米国）

JCMT 15 m（英・カナダ・オランダ）

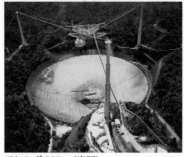
アレシボ 305 m（米国）

野辺山 45 m（日本）

図 **3.5**　世界の単一鏡型電波望遠鏡.

る．焦点にある受信機とフィードは周辺のタワーからケーブルで吊るされている
が，この位置を調整して天頂角 40 度までの天体を南中を挟んで 6 時間を追尾観
測できる．徐々に観測性能を高めている途上であるがすでに 100 個以上のパル
サーを発見している．同様なタイプの望遠鏡としてはプエルトリコにあるアレ
シボ 305 m 電波望遠鏡が有名である（図 3.5（左下））．この望遠鏡は 1960 年
代より観測を開始して，連星パルサーを発見して重力波の間接発見に貢献した
（1993 年度ノーベル物理学賞）．また同じ周波数帯には 1970 年以来世界最大の
可動型単一鏡であるドイツ，エッフェルスベルグの 100 m 電波望遠鏡があり，
400 MHz 帯から 40 GHz 程度までのあいだの周波数帯で活躍している．その後
米国グリーンバンクに 100GHz 程度まで使える GBT100 m 電波望遠鏡が建設さ
れた．これは高精度鏡面に加えオフセットパラボラ光学系[*3]が採用され主鏡面

[*3] 焦点または副鏡が主鏡の正面にない光学系であり，原理的には高性能が得られる．身近では衛
星放送用アンテナによく利用されている．

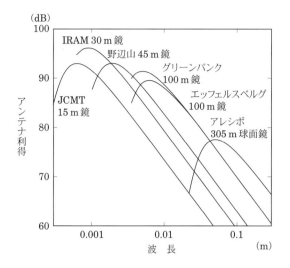

図 **3.6**　世界の単一鏡型電波望遠鏡のアンテナ利得の比較.

に副鏡の影を作らない．このため 20 GHz 以上ではエッフェルスベルグ 100 m
鏡よりも高性能である．また，オーストラリア，パークス 64 m 電波望遠鏡が南
半球という地の利を生かして活躍している．

　ミリ波帯には星間分子からの輝線や銀河中の固体微粒子の熱放射が存在する．
このため銀河中の星生成，惑星形成，銀河構造を研究するのに広く利用される．
古くは米国キットピークの米国国立電波天文台 12 m 電波望遠鏡が CO J = 1–0
輝線の発見などで活躍した．現在 115 GHz までの最大の望遠鏡は野辺山 45 m
電波望遠鏡であり，230 GHz まででではフランスのピコベレタの IRAM 30 m 電波
望遠鏡が最大である．これらは 80 年代に完成した高精度パラボラアンテナであ
り，それぞれ CO J = 1–0 輝線と 2–1 輝線が観測できる最大の望遠鏡として活
躍している．それ以上の周波数であるサブミリ帯で最大望遠鏡はハワイのマウナ
ケア山頂付近の標高 4000 m に 80 年代に建設された JCMT 15 m 電波望遠鏡で
ある．この望遠鏡はサブミリ波帯を開拓した．さらに標高の高いチリ北部のアタ
カマ砂漠の標高 4800 m で日本の国立天文台の ASTE 10 m 電波望遠鏡とヨー
ロッパの APEX 12 m 電波望遠鏡が活躍している．以上紹介した世界の単一鏡型
望遠鏡のアンテナ利得の比較を図 3.6 に示す．

野辺山ミリ波干渉計（日本）

VLA（米国）

ALMA（北東アジア・北米・欧）

SMA（米国・台湾）

図 **3.7** 世界の干渉計型電波望遠鏡.

3.3 世界の干渉計型電波望遠鏡

古くはパルサーを発見した英国ケンブリッジの1エーカー望遠鏡も初歩的な干渉計であったが（ヒューイッシュ，1974年ノーベル物理学賞（12ページ参照）），現在運用している干渉計のほとんどすべてがライルのアイデイアに基く開口合成型の干渉計である（同じく1974年ノーベル物理学賞）.

3.3.1 結合素子型干渉計

基線長が数十km程度以下であれば，基準周波数信号は共通の周波数標準からケーブルでアンテナ素子へと分配でき，観測した受信信号もケーブルで相関器へと送ることができる．図3.4（右）のようにケーブルで素子アンテナが結ばれた干渉計を，結合素子型干渉計と呼ぶ.

メートル波帯からセンチ波帯のおもな結合素子型干渉計を表3.1に，ミリ波帯からサブミリ波帯のものを表3.2に掲げる（141ページ）.

VLAは米国ニューメキシコの干上がった湖の後に70年代末に建設された直

表 **3.1** おもなセンチ波・メートル波干渉計.

名称	場所	素子数	最大基線長 (km)	観測波長 (cm)	分解能 (秒角)
VLA	アメリカ	27	36	0.7–400	0.05–24
e-MERLIN	イギリス	7	217	1.2–20	0.008–1.4
ATCA	オーストラリア	6	6	0.3–21	0.5–4
GMRT	インド	30	25	21–200	2–20
WSRT	オランダ	14	2.7	3.6–260	2.2–160

表 **3.2** おもなミリ波・サブミリ波干渉計.

名称	場所	素子数	最大基線長 (m)	観測波長 (mm)	分解能 (秒角)
NOEMA	フランス	10	408	1.2–3.5	0.5–1
SMA	アメリカ・ハワイ	8	509	0.3–1.7	0.4–0.8
ALMA	チリ	66	16000	0.3–3.5	0.01–0.1

径 25 m のパラボラアンテナ 27 台を直径 36 km に渡って配置したものであり 1–50 GHz で最大の干渉計型電波望遠鏡である（図 3.7 参照）. さらに低周波数の 74 MHz, 330 MHz でも観測がされていた. 低い周波数では素子アンテナは単一鏡型と同様に大きなパラボラアンテナが使用できる. インドの GMRT は直径 45 m のパラボラアンテナ 34 台を直径 40 km の範囲に配置したものであり 150–1400 MHz で最大の干渉計である. この二つの干渉計は電波銀河やクエーサーの観測などで周波数を分担して活躍している.

e–MERLIN は，英国ジョドレルバンク 76 m 電波望遠鏡を中心に既存のアンテナをマイクロ波や光ケーブルで結合した 100 km 以上のひろがりをもつ干渉計であり 1.2–25 GHz の周波数で観測できる.

100–200 GHz のミリ波帯では米国西海岸の二つの干渉計，ハットクリークの BIMA 干渉計とオーエンズバレーの OVRO 干渉計，日本の野辺山ミリ波干渉計（NMA），そしてフランスのプラトデビュールにある IRAM の PdBI（現 NOEMA）干渉計が 80 年代から長く活躍し星生成領域や銀河の観測成果を競い合った. これらは直径 6–15 m のパラボラアンテナを素子アンテナに持ち 1 km 程度の基線長をもつ高精度干渉計であった. BIMA 干渉計と OVRO 干渉計にあとひとつを加えて米国内の 2000 m の高地に移動して統合し，素子アンテナ数 23

台の CARMA 干渉計が作られた．銀河の CO マッピングなどで多くの成果を出したあと，2015 年に閉鎖された．波長が 1 mm を切ると水蒸気の影響は非常に大きくなり 1000–2000 m 程度の標高では観測できなくなる．300–700 GHz 帯の初めての干渉計は SMA であり，ハワイ島マウナケア山 4000 m 付近に直径 6 m の高精度アンテナ 8 台を配置したものである．星形成領域や銀河の観測において成果をあげている．

アタカマ大型ミリ波サブミリ波干渉計（ALMA）は北米，欧州そして日本などの北東アジアの共同の干渉計である．チリ北部アタカマ砂漠の標高 5000 m の高所に建設され，2011 年から移動できる直径 12 m アンテナ 16 台で観測が開始され，50 台にまで増やされて最大 16 km の範囲に配置されることとなった．さらに直径 7 m アンテナ 12 台と 12 m アンテナ 4 台（単一鏡アレイ）からなるアタカマコンパクトアレイ（ACA）を加えて 66 台の超大型の干渉計となった．2013 年に開所式が行われ，本格的な観測が始まった．35–950 GHz までのミリ波サブミリ波で 0″.01 の高分解能かつ高感度を実現する．惑星系が作られる現場や高赤方偏移の銀河の観測などに威力を発揮している．

どんな電波望遠鏡もアンテナ有効面積が 1 平方 km に達することがなかった．ただひとつの例外がタスマニア島に建設されたリーバー（4–6 ページ参照）の数 MHz の電波を観測する特殊な電波望遠鏡であったが，一般にはアレシボ望遠鏡でもその数十分の 1 でしかない．SKA は 20 GHz 以下のセンチ波帯以下で有効面積が 1 平方 km に達し高感度を実現すること，開口合成法により 1 秒角以下の高分解能を達成することなどを掲げ，2020 年以降の完成を目指す望遠鏡計画である．

3.3.2 超長基線干渉計（VLBI）

極めて高い角分解能が必要な観測には VLBI（Very Long Baseline Interferometry: 超長基線干渉法）という技術を使う．基線長が数百 km を超えると，共通の基準信号をケーブルで分配するのは困難であり，受信信号を相関器へケーブルで送信するのも難しい[*4]．これらの困難を打破するのが VLBI である．

VLBI では遠く離れた複数の電波望遠鏡を同時に使い観測する（図 3.8）．素

[*4] この問題は，近年の光ファイバー網の整備によって解決されつつある．

子アンテナごとに独立な周波数標準を用いて基準信号を生成する．受信した波面
の相対的な安定性を保つために，周波数標準には安定度の高い原子時計を用い
る．また，受信した信号は磁気テープなどの媒体に記録し，相関局に輸送してか
ら再生して相関処理を行う．オフラインで再生する際に同一波面が同期できるよ
うに，記録時に時刻符号が書き込まれる．このため，原子時計を高精度で時刻同
期させておく必要がある．

　VLBI では 0.1 ミリ秒角を切る分解能が実現されている．VLBA は北米大陸
を中心とした 4000 km×8000 km の広がりに直径 25 m のパラボラアンテナを 10
台配置し 86 GHz まで観測できる VLBI 専用の干渉計でありクエーサーなどの
観測に成果をあげている．角分解能は前述のように λ/D（λ は観測波長，D は

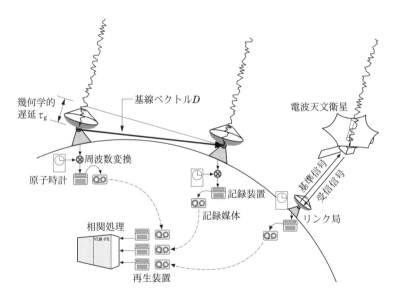

図 **3.8** VLBI（超長基線干渉計）の概念図．ケーブルで直接に
結合できないほど素子アンテナ間が離れているので，基準信号を
生成する原子時計は素子ごとに独立なものを使用する．また，
受信信号はハードディスクなどの媒体にいったん記録し，相関
局に集めてから再生して相関処理を行う．人工衛星を用いたス
ペース VLBI の場合，衛星局には基準信号をリンク局から電波
で送信する．衛星局で受信した信号もリンク局にダウンリンク
して記録する．

表 **3.3** 電波天文観測用 VLBI 網.

名称	場所	素子数	最大基線長 (km)	観測波長 (cm)	分解能 (ミリ秒角)
VLBA	米国	10	8611	0.3–90	0.32–22
EVN	欧州, アフリカ, 中国	16	10160	0.7–90	0.15–30
VERA	日本	4	2270	0.7–13	0.6–12
LBA	豪州, アフリカ	8	9853	1.3–21	0.5–4
KVN	韓国	3	478	0.2–1.3	1–6
EHT	グリーンランド, 米国, 欧州, メキシコ, チリ, 南極	11	12629	0.13	0.025

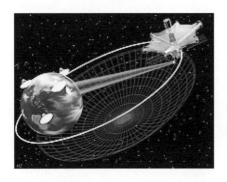 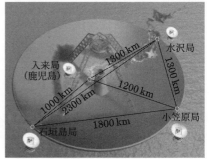

図 **3.9** VLBI アレイの例. (左) VSOP (VLBI Space Observatory Programme) の概念図. 1997 年に打ち上げられた電波天文衛星「はるか」と地上電波望遠鏡群とで干渉計を構成する. (右) VERA (VLBI Exploration of Radio Astrometry) の概念図. 岩手県水沢市, 鹿児島県入来町, 父島, 石垣島の 4 局で構成される.

基線長＝アンテナ間隔) に比例する.

VLBI といえども基線長はアンテナを地球の直径よりも離しては配置できないという制限があった. このため 22 GHz で 200 マイクロ秒角以上の角分解能を得ることは不可能であった. このただひとつの解決法はアンテナを人工衛星を用いて長円軌道に打ち上げて地球の直径以上の基線長を得ることである. このアイデアがスペース VLBI である.

表 3.3 に, おもな VLBI 網を挙げる. VLBI の技術の二つの極限が日本を中心に実行された. ひとつは国立天文台の VERA と呼ばれる位置天文学専用の干渉

計である．これは日本列島および周辺の島に 4 台の 20 m アンテナを配置して VLBI 観測する装置である．天体には地球が太陽の周りを公転することによって起こる位置の変化つまり年周視差があるが，これを測定することで天体までの距離がわかる．VERA には，一つのアンテナで隣接する 2 天体を同時に観測できる特殊な光学系が装備されている．位置が正確にわかっている一つの天体（遠方のクエーサーなど）を基準にもう片方の天体の位置を測定する．位置天文学観測の場合，大気や電離層の影響で天体の位置が揺らぐが隣接する 2 天体を同時に観測すると両者には同じ揺らぎが起きることになる．その差をとることによりこの揺らぎを排除しながら高精度の位置観測ができる．最高 10 マイクロ秒角の精度で観測を行って，長年の課題であった銀河系中心–太陽系間の距離や銀河回転曲線などの銀河系パラメータの決定等で成果を上げ，銀河系の 3 次元立体地図作りを推進している．

　もうひとつの極限はスペース VLBI 専用衛星である．1997 年に日本は世界最初のスペース VLBI 専用衛星「はるか」を打ち上げ，地上の VLBI 局とのスペース VLBI に成功した（VSOP; VLBI Space Observatory Programme）．基線長を地球直径より長くとれないという制約もこの「はるか」で打ち破られた．この衛星は最大基線長が 30000 km で活動銀河中心核 3C84 の電波ローブの膨張を捉えるなど画期的成果をあげた．ロシアでは 2011 年に Spektr-R 衛星を打ち上げ，基線長が 10 万 km を超えるスペース VLBI 網 RadioAstron を実現させた．

　一方で，Event Horizon Telescope（EHT）は，1.3 mm という短波長で 25 マイクロ秒角という角分解能を実現した VLBI 網である．水蒸気が少なく大気の安定したサイトに設置された干渉計 ALMA，SMA，NOEMA や LMT，APEX，JCMT，SPT，GLT などの大型単一鏡を VLBI 素子として用いている．EHT の観測により，史上初めてブラックホールシャドウが撮像された．

3.4　電波望遠鏡による観測

　ここでは電波望遠鏡による観測法を解説する．観測法は単一鏡型でも干渉計型でも多くのところで共通している．

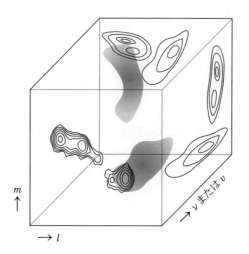

図 **3.10** 3 次元データキューブの概念図. 空間 2 次元 (l, m) と速度 v あるいは周波数 ν の関数として輝度分布がある. これを各周波数ごとに (l, m) 面で切断したものがチャネルマップであり，全周波数を積分して (l, m) 面へ投影したものが積分強度図である. また，(l, m) 面内の適当な方向と v 軸とでなす面へ投影したものが位置–速度図（P–V 図）である.

3.4.1　スペクトル線観測

　電波望遠鏡は天体の空間情報（輝度分布）だけでなくスペクトル線の分光観測を通して速度情報が得られる装置である. スペクトル線の静止周波数が既知の場合，観測された周波数とのずれがドップラー効果であるとすると視線速度 v が求められるので $I(l, m, v)$ という 3 次元（空間 2 次元＋速度 1 次元）データキューブ（図 3.10）が得られる.

2 次元マップ

　$I(l, m, v)$ のデータキューブを，v 方向に積分したものが積分強度図である. これからガスの総量を求めることができる. また各視線速度ごとに輝度分布を描いたものを，チャネルマップという（図 3.12）. $I(l, m, v)$ のデータキューブを，l, m 平面で切断したものである. 視線速度ごとの輝度分布を見ることで，おおまかにガスの運動を把握することができる. またキューブの同じ空間面中でもっとも輝度の高いもの（ピーク輝度温度図）を拾い出して表示させたりすることもで

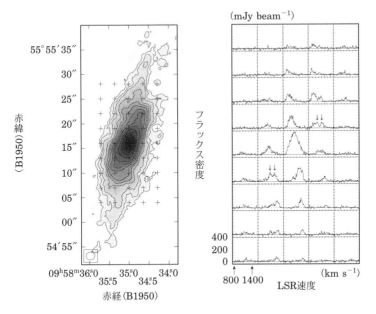

図 **3.11** 系外銀河 NGC 3079 の CO （$J = 1$–0） 輝線を野辺山ミリ波干渉計（NMA）で観測した結果．（左）積分強度図と（右）グリッド点におけるスペクトル（Koda *et al.* 2002, *ApJ*, 573, 105）．

きる．

位置–速度図

　ある空間方向の 1 軸と速度軸とで作る面にデータキューブを投影したものを位置–速度図（P–V 図）という．たとえば，銀河の長軸と速度軸とで位置–速度図を作ると回転曲線が得られ，回転速度，領域内の質量，回転から外れた運動などを知ることができる（図 3.13（149 ページ））．またデータキューブを空間面に垂直な興味ある面で切断することにより，さらに詳細なガスの運動を知ることもできる．

速度場・速度分散

　空間 2 次元の各ピクセルごとに平均的な速度を求めたものを速度場図という．

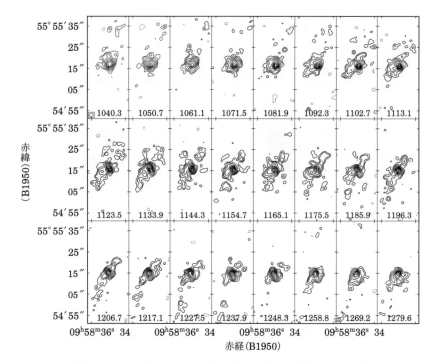

図 **3.12** チャネルマップの例. 図 3.11 と同じ出典より, 中心
速度付近のチャネルを抜粋.

$$\langle v \rangle (l, m) = \frac{\displaystyle\int_v v I(l, m, v) dv}{\displaystyle\int_v I(l, m, v) dv} \tag{3.12}$$

つまり, 速度の 1 次モーメントを求める演算に相当する. 速度場図では空間と速度の対応がつけやすく, ガスの運動を把握するのに都合が良い (図 3.14).

空間 2 次元の各ピクセルごとに速度分散を求める操作

$$\langle (\Delta v)^2 \rangle (l, m) = \frac{\displaystyle\int_v (v - \langle v \rangle)^2 I(l, m, v) dv}{\displaystyle\int_v I(l, m, v) dv} \tag{3.13}$$

は, 速度の 2 次モーメントである. 速度分散マップからは, 衝撃波や爆発現象や

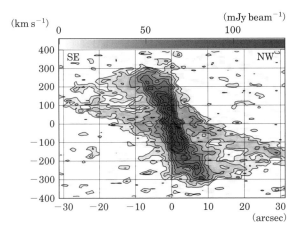

図 **3.13** 位置–速度図の例. 出典は図 3.11 と同様.

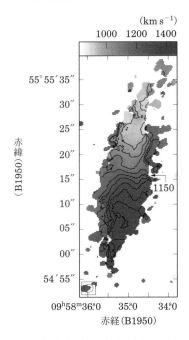

図 **3.14** 速度場図の例. 出典は図 3.11 と同様.

放出ガスの加速など,特異な現象が起こっている場所を特定するのに有用である.

3.4.2　多周波観測

　連続波観測において，異なる周波数の輝度分布図を重ね合わせ比較して解析を行うことがある．また，スペクトル線観測でも異なるスペクトル線種の輝度分布図を重ね合わせて比較して解析することがある．

輝度分布図の重ね合わせ

　異なる望遠鏡や同じ望遠鏡でも異なるときに観測された輝度分布図を重ね合わせるには，位置合わせが必要である．どの周波数でも同じ位置・同じ構造のコンパクトな連続波源を位置の参照電波源として観測していれば，その参照電波源に対する相対位置として分布図を描くことで重ね合わせが可能になる．

　適当な参照電波源が見つからないときは，対象天体自身の中で重ね合わせに使える特徴的な構造の位置（参照点）を拾い出すことが重要である．できれば複数の参照点を用意するのが望ましい．参照点の間隔がどの周波数でも同じになっているかどうか確認することで，参照点の位置が周波数依存性がないかどうかを確認ができるからである．多周波観測では周波数ごとにビームの大きさ（空間分解能）が異なるのが普通であるが，比較のためにはその大きさをそろえる必要がある．

スペクトル指数

　シンクロトロン放射や熱的制動放射のように，フラックス密度 S_ν が $S_\nu \propto \nu^\alpha$ と周波数 ν のべき乗で表されるとき，そのべき α をスペクトル指数という．スペクトル指数の空間分布を求めるには，最低 2 周波の分布図があればよい．

$$\alpha(l,m) = \frac{\log S_2(l,m) - \log S_1(l,m)}{\log \nu_2 - \log \nu_1} \tag{3.14}$$

という計算をすればスペクトル指数が求まる．3 周波以上あれば，最小二乗法でより精度の良いスペクトル指数が得られる．

第4章

アンテナ

4.1 基礎理論

　アンテナとは宇宙空間や大気中などの自由空間を伝搬する電磁波を同軸ケーブルや導波管など閉鎖空間の電磁波に変換する働き，またはその逆の働きをする装置である．天体からの電波は非常に弱いため電波望遠鏡のアンテナは広い面積で電波を集める工夫やアンテナ自体が発生する雑音を小さくする工夫などがされている場合が多い．ここでは電磁気学の復習から始め，アンテナの性能を記述する基本的パラメータを説明する．アンテナは送信用に使っても受信用に使ってもその性能は同じであるという「送受相反性」は証明なしに認める．このため送信で説明が簡単になる場合も多いが，できるだけ電波望遠鏡である受信アンテナとして説明することにする．またこの章は単位系として SI 単位系を使用する．

4.1.1 マクスウェルの方程式

　1864 年，英国のマクスウェルは変位電流 $\partial \boldsymbol{D}/\partial t$ という概念を導入することにより，それまでに得られていた電気，磁気に関する諸法則を以下の方程式に統一することに成功した．それがマクスウェルの方程式である．

$$\nabla \times \boldsymbol{H} = \boldsymbol{J} + \frac{\partial \boldsymbol{D}}{\partial t}, \tag{4.1}$$

$$\nabla \times \boldsymbol{E} = -\frac{\partial \boldsymbol{B}}{\partial t}, \tag{4.2}$$

$$\nabla \cdot \boldsymbol{D} = \rho, \tag{4.3}$$

$$\nabla \cdot \boldsymbol{B} = 0. \tag{4.4}$$

ここで $\boldsymbol{H}$ は磁場 [weber], $\boldsymbol{J}$ は伝導電流密度 $[\mathrm{A\,m^{-2}}]$, $\boldsymbol{B}$ は磁束密度 $[\mathrm{weber\,m^{-2} = tesla}]$, $\boldsymbol{E}$ は電場 $[\mathrm{V\,m^{-1}}]$, $\boldsymbol{D}$ は電束密度 $[\mathrm{C\,m^{-2}}]$ でありベクトル量である. また t は時間, ρ は電荷密度 $[\mathrm{C\,m^{-3}}]$ である. さらに $\boldsymbol{H},\ \boldsymbol{B},\ \boldsymbol{E},\ \boldsymbol{D},\ \boldsymbol{J}$ の間には, 以下のような電磁場が存在する媒質の性質を記述する関係がある.

$$\boldsymbol{D} = \varepsilon \boldsymbol{E}, \tag{4.5}$$

$$\boldsymbol{B} = \mu \boldsymbol{H}, \tag{4.6}$$

$$\boldsymbol{J} = \sigma \boldsymbol{E}. \tag{4.7}$$

ただし, ε は誘電率 $[\mathrm{F\,m^{-1}}]$, μ は透磁率 $[\mathrm{H\,m^{-1}}]$, σ は電気伝導度 $[\mathrm{S} = \Omega^{-1} = \mathrm{A\,V^{-1}}]$ である. また, これらの七つの方程式に以下の力 $F[\mathrm{N}]$ についての三つの方程式を加える.

$$\boldsymbol{F} = q\boldsymbol{E}, \tag{4.8}$$

$$\boldsymbol{F} = q\boldsymbol{v} \times \boldsymbol{B}, \tag{4.9}$$

$$\boldsymbol{F} = m\frac{d\boldsymbol{v}}{dt}. \tag{4.10}$$

ここで v と m は物体の速度と質量であり, q はその電荷である. 最後の方程式はニュートンの運動方程式である. 以上の方程式により, 古典的には自然が完全に記述できる.

4.1.2 電磁波の波動方程式

マクスウェル方程式により電磁波の存在が予言される. ここでは真空の場合を考えることにする. 電荷も電流もないので, $\nabla \cdot \boldsymbol{E} = 0$, $\boldsymbol{J} = 0$ である. 式 (4.1) と (4.2) より

$$\nabla \times \boldsymbol{H} = \frac{\partial \boldsymbol{D}}{\partial t} \tag{4.11}$$

$$\nabla \times \boldsymbol{E} = -\frac{\partial \boldsymbol{B}}{\partial t} \tag{4.12}$$

式 (4.11) を時間 t でさらに微分すると

$$\nabla \times \frac{\partial \boldsymbol{H}}{\partial t} = \frac{\partial^2 \boldsymbol{D}}{\partial t^2} \tag{4.13}$$

となる. この式に媒質の方程式 (4.5), (4.6) を適用すると

$$\frac{1}{\mu_0} \nabla \times \frac{\partial \boldsymbol{B}}{\partial t} = \varepsilon_0 \frac{\partial^2 \boldsymbol{E}}{\partial t^2} \tag{4.14}$$

となる. ただし ε_0 は真空の誘電率, μ_0 は真空の透磁率である. これに式 (4.12) を代入すると

$$-\frac{1}{\mu_0} \nabla \times \nabla \times \boldsymbol{E} = \varepsilon_0 \frac{\partial^2 \boldsymbol{E}}{\partial t^2}. \tag{4.15}$$

よって, ベクトル解析の公式 $\nabla \times \nabla \times \boldsymbol{E} = \nabla(\nabla \cdot \boldsymbol{E}) - \nabla^2 \boldsymbol{E}$ より

$$\nabla^2 \boldsymbol{E} = \varepsilon_0 \mu_0 \frac{\partial^2 \boldsymbol{E}}{\partial t^2}. \tag{4.16}$$

これは座標系の変数の 2 次微分と時間の 2 次微分が等しいという, いわゆる「波動方程式」の形をしている. まったく同様に $\boldsymbol{H}$ についても波動方程式を得ることができる. 波動方程式の性質から $\boldsymbol{E}, \boldsymbol{H}$ は波動 $\exp[-ik(x \pm ct)]$ の形をとって速度 $c = \dfrac{1}{\sqrt{\varepsilon_0 \mu_0}}$ で伝搬していくはずであることが分かる. この速度は真空中では光速度になる. ここでは $k = \dfrac{2\pi}{\lambda}$ は波数, λ はこの電磁波の波長である.

$\boldsymbol{E}, \boldsymbol{H}$ は三角関数的に変化するが計算が容易なようにオイラーの公式 $\exp(-i\omega t) = \cos \omega t - i \sin \omega t$ を使って複素数で記述する. この電磁場の進行方向を $+z$ 方向, それに垂直な平面上での座標軸を x, y 軸とする. この電磁波は x, y 軸に沿っては電場, 磁場とも一定 (x, y での微分は 0) である平面波になる. いまこの電磁波を次のように書く.

$$E_x = E_{x0} \exp[-i(kz - \omega t)], \quad H_x = H_{x0} \exp[-i(kz - \omega t)], \tag{4.17}$$

$$E_y = E_{y0} \exp[-i(kz - \omega t)], \quad H_y = H_{y0} \exp[-i(kz - \omega t)], \tag{4.18}$$

$$E_z = E_{z0} \exp[-i(kz - \omega t)], \quad H_z = H_{z0} \exp]-i(kz - \omega t)]. \quad (4.19)$$

これらを式 (4.11)，式 (4.12) に代入して整理すると，

$$H_x = -\sqrt{\frac{\varepsilon_0}{\mu_0}} E_y, \quad H_y = \sqrt{\frac{\varepsilon_0}{\mu_0}} E_x, \quad E_z = 0, \quad H_z = 0 \quad (4.20)$$

となる．x 軸方向の電場は y 軸方向の磁場と関係するが，y 軸方向の電場には関係しないことがわかる．すなわち電磁波には独立な 2 成分（2 偏波）が存在する．また式中の $\sqrt{\frac{\varepsilon_0}{\mu_0}}$ の逆数 $Z_0 = \sqrt{\frac{\mu_0}{\varepsilon_0}}$ は放射インピーダンスと呼ばれ，真空中では $Z_0 = 376.7\,\Omega$ である．

電磁波により進行方向に垂直な単位面積の平面を通過して運ばれるエネルギーはその方向を含めてポインティングベクトル $\boldsymbol{S}$ で表される．

$$\boldsymbol{S} = \boldsymbol{E} \times \boldsymbol{H}. \quad (4.21)$$

またその大きさは以下の式で表される．

$$S = Uc = \frac{1}{2}(\varepsilon_0 E^2 + \mu_0 H^2)\frac{1}{\sqrt{\varepsilon_0 \mu_0}} = EH = \sqrt{\frac{\varepsilon_0}{\mu_0}} E^2 = E^2/Z_0. \quad (4.22)$$

ここで U は電磁場のエネルギー密度であり，$U = \frac{1}{2}(\varepsilon_0 E^2 + \mu_0 H^2)$ である．電場と磁場のエネルギーは $\frac{1}{2}\varepsilon_0 E^2 = \frac{1}{2}\mu_0 H^2$ となり等しい．

4.1.3　双極子放射

電気双極子モーメントが時間変化すると電磁波が発生する．図 4.1 のように z 軸上の 2 点 $(0,0,a)$，$(0,0,-a)$ にそれぞれ $q\exp(-i\omega t)$，$-q\exp(-i\omega t)$ という時間変化する電荷があるとする．これらの電荷による点 P の遅延を考えた電位（スカラーポテンシャル）$\varPhi$ は

$$\varPhi = \frac{q}{4\pi\varepsilon_0}\left[\frac{\exp(-i\omega t + ikr)}{r} - \frac{\exp(-i\omega t + ikr')}{r'}\right] \quad (4.23)$$

である．ただし二つの電荷から P までの距離をそれぞれ r, r' とし，また $k = \omega/c$ とする．十分に遠方では OP 間の距離を R とすれば，$a \ll R$ より $r \simeq R - a\cos\theta$，$r' \simeq R + a\cos\theta$ であるから，

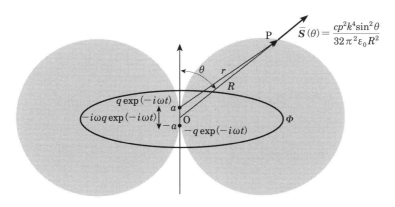

図 **4.1** 双極子放射. z 軸上 $2a$ 離れた二つの電荷がそれぞれ $q\exp(-i\omega t)$, $-q\exp(-i\omega t)$ という変化をする. 電荷間には電流 $-i\omega q\exp(-i\omega t)$ が流れるとすると, R 離れた点 P でのポインティングベクトルは $\overline{\boldsymbol{S}}(\theta) = \dfrac{cp^2k^4\sin^2\theta}{32\pi^2\varepsilon_0 R^2}$ となる. 角度 θ 依存性は灰色の断面のドーナッツ状になる.

$$\Phi \simeq \frac{2q\exp(-i\omega t + ikR)}{4\pi\varepsilon_0 R}\left(\frac{a}{R}\cos\theta - ika\cos\theta\right)$$

$$= \frac{p\cos\theta\exp(-i\omega t + ikR)}{4\pi\varepsilon_0}\left(\frac{1}{R^2} - \frac{ik}{R}\right) \tag{4.24}$$

と書ける. ただし p は電気双極子モーメントであり, $p = 2aq$ である. また電荷がこのように変化をするので両電荷間には電流 $I = \dfrac{d(q\exp(-i\omega t))}{dt} = -i\omega q\exp(-i\omega t)$ が電荷の間隔 $2a$ にわたり流れていることになる. 遠方での遅延を考えたベクトルポテンシャル $\boldsymbol{A}$ はこの電流を z 軸に沿って積分して

$$\boldsymbol{A} = \frac{\mu_0}{4\pi r}\exp(ikR)\int\frac{\boldsymbol{I}}{R}\,dz$$

となる. これを極座標 (r, θ, ϕ) で表示すると

$$A_r = -i\frac{\mu_0}{4\pi}p\,\omega\cos\theta\frac{\exp(-i\omega t + ikR)}{R}, \tag{4.25}$$

$$A_\theta = i\frac{\mu_0}{4\pi}p\,\omega\sin\theta\frac{\exp(-i\omega t + ikR)}{R}, \tag{4.26}$$

$$A_\phi = 0 \tag{4.27}$$

となる．したがって電場 $\boldsymbol{E}$ は公式 $\boldsymbol{E} = -\nabla\varPhi - \partial\boldsymbol{A}/\partial t$ より，

$$E_r = \frac{pk^3}{2\pi\varepsilon_0}\cos\theta\exp(-i\omega t + ikR)\Big[-\frac{i}{(kR)^2} + \frac{1}{(kR)^3}\Big], \tag{4.28}$$

$$E_\theta = \frac{pk^3}{4\pi\varepsilon_0}\sin\theta\exp(-i\omega t + ikR)\Big[-\frac{1}{kR} - \frac{i}{(kR)^2} + \frac{1}{(kR)^3}\Big], \tag{4.29}$$

$$E_\phi = 0 \tag{4.30}$$

となる．一方，磁場 $\boldsymbol{H}$ は公式 $\boldsymbol{H} = \nabla \times \boldsymbol{A}/\mu_0$ より，

$$H_r = 0, \tag{4.31}$$

$$H_\theta = 0, \tag{4.32}$$

$$H_\phi = \frac{p\omega k^2}{4\pi}\sin\theta\exp(-i\omega t + ikR)\Big[-\frac{1}{kR} - \frac{i}{(kR)^2}\Big]. \tag{4.33}$$

$kR \gg 1$ のときは $1/(kR)$ についての 1 次の項しか残らない．これが放射を表す電場と磁場になる．すなわち，

$$E_\theta = -\frac{pk^2}{4\pi\varepsilon_0}\sin\theta\exp(-i\omega t + ikR)\frac{1}{R}, \tag{4.34}$$

$$H_\phi = -\frac{cpk^2}{4\pi}\sin\theta\exp(-i\omega t + ikR)\frac{1}{R}. \tag{4.35}$$

以後のアンテナの議論ではこれだけを扱う．この場合ポインティングベクトルは法線方向を向いていて，その長時間平均は

$$\overline{\boldsymbol{S}}(\theta) = \frac{cp^2k^4\sin^2\theta}{32\pi^2\varepsilon_0 R^2} \tag{4.36}$$

で与えられる．送受相反則を認めれば，この双極子はこの式で与えられるように方向 θ に関して電波を受信する感度の変化をもつことになる．また，これを全方向で積分すると電気双極子から放射されるエネルギーがわかる．

$$W = \iint \overline{\boldsymbol{S}}(\theta)d\Omega = \int_0^\pi \frac{cp^2k^4\sin^2\theta}{32\pi^2\varepsilon_0 R^2}2\pi\sin\theta\,d\theta = \frac{p^2\omega^4\mu_0}{12\pi c} \tag{4.37}$$

となる．ただし，ここでは $\int_0^\pi \sin^3\theta\,d\theta = 4/3$ を用いた．

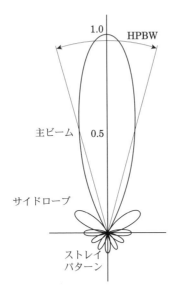

図 4.2 規格化された電力アンテナパターン $P_n(\theta, \phi)$ の形（$\phi = 0$ の平面上）主ビームは感度が最大になる方向を含む広がりであり，その周囲により感度の低いサイドローブを持つ．主ビームの感度が半分になるまでの角度の広がりを HPBW（半値全幅）[rad] と呼ぶ．パラボラアンテナの場合，$P_n(\theta, \phi)$ の近似式として軸対称ガウスビーム $P_n(\theta) = \exp[-4\ln 2(\theta/\mathrm{HPBW})^2]$ が使われることが多い．

4.2 アンテナの特性

4.2.1 アンテナ感度の角度依存性

通常，アンテナは電波の到来する方向によってその電力を感じる感度が異なる．アンテナには感度が極大になるところがいくつかの方向で存在するのが普通である．図 4.2 のようにその中で感度が最大になる方向を含む感度の広がりを主ビーム，または主ローブという．その周囲のより感度の低い広がりはサイドローブという．さらにアンテナは主ビームから大きく角度が離れた方向にも多少の感度がある．むしろこれを 0 にするのは大変難しい．これらはストレイパターンと呼ばれ，後述のスピルオーバに寄与する．

このアンテナの電力を感じる感度の角度依存性は電力アンテナパターン $P(\theta, \phi)$

で表される. なお (θ, ϕ) は球面座標である. $P(\theta, \phi)$ は等方的に到来する電波から
アンテナが受け取る単位面積あたりの電力すなわちポインティングベクトル
$S(\theta, \phi)\,[\mathrm{W\,m^{-2}}]$（またはフラックスと呼ぶ）に比例する量であるが, 電波の感
度の絶対値は角度依存性以外のいろいろな条件にもよるので, その直接測定は困
難である. そこで角度依存性を議論するときは電力パターンの最大値 $P_{\max}$ を 1
とする無次元量, すなわち「規格化された」電力アンテナパターン $P_n(\theta, \phi)$ を
使う. この量は以下の式で表される.

$$P_n(\theta, \phi) = \frac{P(\theta, \phi)}{P_{\max}} = \frac{S_n(\theta, \phi)}{S_{\max}}. \tag{4.38}$$

ここでは $S(\theta, \phi)$ は (θ, ϕ) 方向から入射する電磁波のポインティングベクトル,
そして $S_{\max}$ は $S(\theta, \phi)$ の最大値である. アンテナの主ビームの指向性の鋭さは
単一鏡観測の場合は角分解能に相当するが, その指標として主ビームの感度が半
分になるまでの角度の広がり θ_b の 2 倍である HPBW（半値全幅）[rad] を使う.

$$\mathrm{HPBW} = K\frac{\lambda}{D}. \tag{4.39}$$

ここでは, λ は観測波長, D はアンテナ開口の直径である. K は主ビームの形
による係数であり, もし主ビームの形がガウス関数に近ければ 1 程度の値になる
（式（4.97）および式（4.100）を参照）. ただし, 単一鏡による取得画像上でこ
の角分解能が実現されるのは, ナイキストのサンプリング定理による条件から少
なくとも HPBW/2 よりも十分に狭いサンプリング間隔でデータを取得した場
合に限られる.

　パラボラアンテナの場合, $P_n(\theta, \phi)$ の近似式として軸対称ガウス関数が使われ
ることが多い（図 4.15 を参照）. この近似式は軸対称で ϕ には依存しないので,

$$P_n(\theta) = \exp\left[-4\ln 2\left(\frac{\theta}{\mathrm{HPBW}}\right)^2\right] \tag{4.40}$$

となる.

4.2.2 アンテナの全ビーム立体角 Ω_{A} と主ビーム立体角 Ω_{M}

　以下にアンテナのビームの広がりを表現するいくつかの量を定義する. まず全
ビーム立体角 Ω_{A} [sr] はアンテナのすべてのビームが占める実効的立体角であ

り，4.2.1 節で定義されたアンテナパターン $P_n(\theta, \phi)$ を全方向で積分した

$$\Omega_{\mathrm{A}} = \iint_{4\pi} P_n(\theta, \phi) d\Omega = \int_0^{2\pi} \int_0^\pi P_n(\theta, \phi) \sin\theta \, d\theta \, d\phi \tag{4.41}$$

で表される量である．ただし，以下では $d\Omega$ は $\sin\theta \, d\theta \, d\phi$ を表しているとする．次に主ビーム立体角 Ω_{M} はアンテナの主ビームのみが占める実効的立体角であり，アンテナパターン $P_n(\theta, \phi)$ を主ビームの範囲で積分した

$$\Omega_{\mathrm{M}} = \iint_{\mathrm{mainbeam}} P_n(\theta, \phi) \, d\Omega \tag{4.42}$$

で表される量である．また軸対称ガウス関数で主ビームが近似できる場合は式 (4.40) より，主ビーム立体角 Ω_{M} は

$$\Omega_{\mathrm{M}} = \iint_{\mathrm{mainbeam}} \exp\left[-4\ln 2\left(\frac{\theta}{\mathrm{HPBW}}\right)^2\right] \sin\theta \, d\theta \, d\phi \tag{4.43}$$

で与えられる．通常は $\theta \ll 1$ なので $\sin\theta \simeq \theta$ となり，

$$\begin{aligned}\Omega_{\mathrm{M}} &\simeq 2\pi \int_0^\infty \exp\left[-4\ln 2\left(\frac{\theta}{\mathrm{HPBW}}\right)^2\right] \theta \, d\theta \\ &= \frac{\pi \mathrm{HPBW}^2}{4\ln 2} \times \int_0^\infty \exp(-x) dx = \frac{\pi \mathrm{HPBW}^2}{4\ln 2} = 1.133\,\mathrm{HPBW}^2 \end{aligned} \tag{4.44}$$

となる．

またこのアンテナの主ビーム立体角と全ビーム立体角の関係は

$$\Omega_{\mathrm{A}} = \Omega_{\mathrm{M}} + \Omega_{\mathrm{minorlobes}} \tag{4.45}$$

になる．ただし，$\Omega_{\mathrm{minorlobes}}$ はアンテナの主ビーム以外の感度，サイドローブとストレイパターン（マイナーローブと総称する）が占める実効的立体角である．主ビームがアンテナのすべてのビームに占める割合は主ビーム能率 η_{M} であり，以下のように表される．

$$\eta_{\mathrm{M}} \equiv \frac{\Omega_{\mathrm{M}}}{\Omega_{\mathrm{A}}}. \tag{4.46}$$

この比が 1 に近いほどアンテナは狙った方向に向いた主ビームによって受信する電波の割合が増え，電波望遠鏡として性能が高いといえる．また主ビームにならない立体角のすべてのビームに占める割合はストレイファクターと呼び

$$\eta_{\mathrm{m}} = \frac{\Omega_{\mathrm{minorlobes}}}{\Omega_{\mathrm{A}}} \tag{4.47}$$

と表される．これが大きいとアンテナは狙った方向以外の電波もとらえることになり望遠鏡としては性能が低下する．両者の和は $\eta_{\mathrm{M}} + \eta_{\mathrm{m}} = 1$ である．

4.2.3 アンテナの指向性と利得

アンテナの指向性 D はアンテナのビーム立体角が無指向性アンテナに比べてどれだけ絞り込まれたかを表す量であり

$$D \equiv \frac{4\pi}{\Omega_{\mathrm{A}}} \tag{4.48}$$

で定義される．Ω_{A} は全ビーム立体角であるので

$$
\begin{aligned}
D &= \frac{4\pi}{\displaystyle\iint_{4\pi} P_n(\theta,\phi)d\Omega} = \frac{4\pi}{\displaystyle\iint_{4\pi} P(\theta,\phi)/P_{\mathrm{max}}d\Omega} \\
&= \frac{P_{\mathrm{max}}}{\displaystyle\iint_{4\pi} P(\theta,\phi)d\Omega/4\pi} = \frac{P_{\mathrm{max}}}{P_{\mathrm{ave}}}
\end{aligned} \tag{4.49}
$$

ここで P_{ave} は電力アンテナパターンの全方向での平均値である．アンテナの指向性は電力アンテナパターンの平均値に比べて，すなわち無指向性アンテナに比べて主ビームの最大値がどれだけかを表す量にもなっている．アンテナの利得 G はこのアンテナの指向性にアンテナのオーム抵抗による損失とアンテナの不完全さ（鏡面誤差など）による損失などによる効率 α（$\leqq 1$）をかけた実力を表す量である．これも無指向性アンテナに比べての比であり次式で表すことができる．

$$G = \alpha D. \tag{4.50}$$

世界の望遠鏡のアンテナ利得は図 3.6 に掲載されている．短い波長で利得が低下するのは波長に比べて鏡面誤差が増加するからである．

4.2.4 アンテナの受信電力と有効アンテナ開口面積

アンテナにある方向から電波が到来する場合を考える．電波の到来方向に向いたアンテナの面積は $A\cos\theta\,[\mathrm{m}^2]$（図 4.3），またその電波により運ばれる単位時間あたりのエネルギーはポインティングベクトル $S\,[\mathrm{W\,m}^{-2}]$ で表すことができ

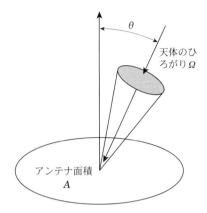

図 4.3 面積 A のアンテナに (θ, ϕ) の方向にある立体角 Ω の広がりからポインティングベクトル S を持った電波が降り注ぐことになる．そのアンテナに降り注ぐ電力は $A \cos \theta\, S$ となる．

るので，そのアンテナに入射する電力 $W\,[\mathrm{W}]$ は

$$W = A \cos \theta\, S \tag{4.51}$$

となる．電波望遠鏡では (θ, ϕ) の方向にある立体角 $\Omega\,[\mathrm{sr}]$ のひろがりをもった天体からの電波がアンテナに入射することになる．また，実際の天体は一様に光っているわけでなく，天体方向から到来する電波の単位面積，単位周波数，単位立体角あたりの電力，すなわち天体の輝度は輝度分布 $B_\nu(\theta, \phi)\,[\mathrm{W\,m^{-2}\,sr^{-1}\,Hz^{-1}}]$ を持つ．また下付き添字 ν は天体では通常，「単色」で考えることが多く，単位周波数あたりの量であることを表している．したがってその電波により運ばれる単位時間あたりのエネルギーは，天体の広がりについて積分するとアンテナに入射する周波数あたりの電力 $W_\nu\,[\mathrm{W\,Hz^{-1}}]$ になる．

$$W_\nu = A \iint_\Omega B_\nu(\theta, \phi) \cos \theta\, d\Omega. \tag{4.52}$$

そしてアンテナはこの電波を受信してその出力端に電力を出力させることになるが，この式はアンテナの感度が 1 で，角度 (θ, ϕ) に依存しない場合の式になっている．しかし，実際は 4.2.1 節のようにアンテナの感度は等方的ではなくて感度の角度分布であるアンテナパターン $P_n(\theta, \phi)$ を持っている．したがってアンテナが感じることのできる電波はこの二つの量の「畳み込み」になる．

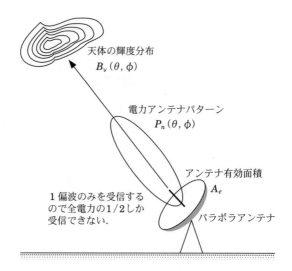

図 4.4 天体の輝度分布 $B_\nu(\theta, \phi)$ に有効アンテナ開口面積 A_e のアンテナが向いたときに受信される電力は $W_\nu(\theta_0, \phi_0) = \frac{1}{2}A_e \iint_{4\pi} P_n(\theta - \theta_0, \phi - \phi_0)B_\nu(\theta, \phi)\sin\theta\, d\theta\, d\phi$ である. アンテナは電波のもつ二つの偏波のうち一度には1偏波しか受信できないので $\frac{1}{2}$ がかかる.

またアンテナでは到来した電波が金属線中の電子を揺さぶり電気信号に変換されるので,電波のもつ二つの偏波のうち一度には1偏波しか受信できない. したがって,図 4.4 のように (θ_0, ϕ_0) の方向にアンテナが向いたときに受信される電波の電力は

$$W_\nu(\theta_0, \phi_0) = \frac{1}{2}A_e \iint_{4\pi} P_n(\theta - \theta_0, \phi - \phi_0)B_\nu(\theta, \phi)d\Omega$$

$$= \frac{1}{2}A_e \iint_{4\pi} P_n(\theta - \theta_0, \phi - \phi_0)B_\nu(\theta, \phi)\sin\theta\, d\theta\, d\phi \qquad (4.53)$$

である. ただし, A_e は天体に向いてアンテナとして働く部分の面積(天体に向けたことにより,$\cos\theta = 1$ になる),すなわち有効アンテナ開口面積 [m^2] である. これはアンテナの主ビームを電波の到来方向に向けたときに電波をさえぎる面積である物理的アンテナ開口面積 A_p [m^2] とは異なる. 実際のアンテナはアンテナの面精度や反射率などのためにこの A_p に到達する電波のすべてを受信でき

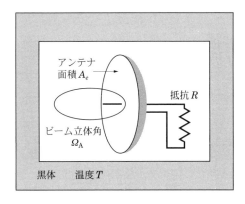

図 4.5　温度 T の黒体でできた空洞の中に全ビーム立体角 Ω_A のアンテナがある．アンテナの出力端には抵抗 R が接続されている．空洞内部はアンテナも含め熱力学平衡にあるのでアンテナと抵抗の出力電力はつり合っているはずである．

るわけでない．この二つの面積の比をアンテナ開口能率 η_A といい，

$$\eta_\mathrm{A} \equiv \frac{A_e}{A_p} \tag{4.54}$$

で与えられる．

4.2.5　ビーム立体角と有効アンテナ開口面積

　図 4.5 のように温度 T の黒体でできた空洞の中にアンテナがあると考える．アンテナには抵抗 R が接続されている．レイリー–ジーンズの近似を仮定すると空洞の内側表面の輝度は一定であり $I_\nu = 2kT/\lambda^2$ である（2 章参照）．したがって，全ビーム立体角 Ω_A，有効アンテナ開口面積 A_e のアンテナで受信できる電力は

$$W_{\nu,\mathrm{in}} = \frac{1}{2} I_\nu \Omega_\mathrm{A} A_e = \frac{kT \Omega_\mathrm{A} A_e}{\lambda^2} \tag{4.55}$$

である．$\dfrac{1}{2}$ は 1 偏波のみが受信できることを表す．またアンテナにつながった抵抗から出力される雑音の電力はナイキストの法則から，

$$W_{\nu,\mathrm{out}} = kT \tag{4.56}$$

である．この電力がアンテナから放射されている．もし，この空洞内部がアンテナも含め熱力学平衡にあれば，詳細つり合いが成立して $W_{\nu,\text{in}} = W_{\nu,\text{out}}$ になるはずである．したがって，

$$\frac{kT\Omega_{\text{A}}A_e}{\lambda^2} = kT$$

$$\Omega_{\text{A}}A_e = \lambda^2 \tag{4.57}$$

となる．この全ビーム立体角 Ω_{A} と有効アンテナ開口面積 A_e の関係には熱力学的なパラメータは含まれず，アンテナを記述するパラメータと波長だけの関係であるので一般に成立する．この関係と式（4.48）からアンテナの指向性 D は，有効アンテナ開口面積と波長によっても表される量であり，$D = 4\pi A_e/\lambda^2$ となることがわかる．

4.2.6 アンテナ温度

輝度分布 $B_\nu(\theta,\phi)$ をもつ天体の方向 (θ_0,ϕ_0) に電力アンテナパターン $P_n(\theta,\phi)$ のアンテナが向いたときに受信される電力 $W_\nu(\theta_0,\phi_0)$ は式（4.53）で表される．この雑音電力はナイキストの法則から，

$$W_\nu(\theta_0,\phi_0) = kT_{\text{A}}(\theta_0,\phi_0) \tag{4.58}$$

と表すことができる．この温度 T_{A} はアンテナ温度と呼ばれる．すなわちアンテナ温度とは，アンテナから出力されるのと同じ周波数あたりの電力を出力する抵抗の温度と等しい．また輝度分布 $B_\nu(\theta,\phi)$ を輝度温度の角度分布 $T_{\text{B}}(\theta,\phi)$ で表すと

$$B_\nu(\theta,\phi) = \frac{2kT_{\text{B}}(\theta,\phi)}{\lambda^2} \tag{4.59}$$

となる．これらを式（4.53）に代入すると

$$T_{\text{A}}(\theta_0,\phi_0) = \frac{A_e}{\lambda^2} \iint_{4\pi} P_n(\theta-\theta_0,\phi-\phi_0)T_{\text{B}}(\theta,\phi)d\Omega \tag{4.60}$$

となる．これに全ビーム立体角と有効アンテナ開口面積の関係を使って整理すると

$$T_{\mathrm{A}}(\theta_0, \phi_0) = \frac{\iint_{4\pi} P_n(\theta - \theta_0, \phi - \phi_0) T_{\mathrm{B}}(\theta, \phi) d\Omega}{\iint_{4\pi} P_n(\theta, \phi) d\Omega} \tag{4.61}$$

となり，アンテナ温度とは輝度温度分布のビームパターンの重み付き平均をしたものであることがわかる.

地上の電波望遠鏡は大気の層（天頂での大気の光学的厚さを τ，天頂からの角度を Z とする）を通して天体を観測し，望遠鏡も電波を損失しながら（望遠鏡の効率 η）受信機に伝える．このため実際に観測されるアンテナ温度 T_{A} と大気圏外で観測される（すなわち大気の吸収が補正された）アンテナ温度 T_{A}^* には

$$T_{\mathrm{A}}^* = \frac{T_{\mathrm{A}} \exp(\tau \sec Z)}{\eta} \tag{4.62}$$

という関係がある．ただし，この詳しい説明は 6 章にゆずる.

天体のひろがり Ω_{source} とビーム立体角 Ω_{A} の関係からアンテナ温度と輝度温度との関係は以下のようになる.

$\Omega_{\mathrm{source}} \ll \Omega_{\mathrm{A}}$ の場合

全ビーム立体角 Ω_{A} より天体のひろがり Ω_{source} が十分小さい場合は

$$T_{\mathrm{A}}^*(\theta_0, \phi_0) \simeq \frac{\overline{T_{\mathrm{B}}} \Omega_{\mathrm{source}}}{\Omega_{\mathrm{A}}} < \overline{T_{\mathrm{B}}} \tag{4.63}$$

となる．ただし $\overline{T_{\mathrm{B}}}$ は天体のひろがりでの輝度温度の平均値である．このように天体のひろがりと全ビーム立体角との比だけアンテナ温度が真の天体の輝度温度よりも小さく観測されることをビームダイリューションと呼ぶ（図 4.6 参照）.

$\Omega_{\mathrm{source}} = \Omega_{\mathrm{M}}$ の場合

天体の広がりが主ビームとほぼ同じときは

$$T_{\mathrm{A}}^*(\theta_0, \phi_0) \simeq \frac{\overline{T_{\mathrm{B}}} \Omega_{\mathrm{M}}}{\Omega_{\mathrm{A}}} = \eta_{\mathrm{M}} \overline{T_{\mathrm{B}}} \tag{4.64}$$

となる．ただし，η_{M} は主ビーム能率である．したがって，このようなひろがりの天体ではアンテナ温度を観測することにより天体の輝度温度を推定することが

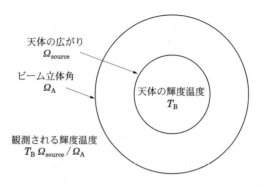

図 4.6 天体のひろがり Ω_{source} がアンテナの全ビーム立体角 Ω_{A} より小さい場合，アンテナ温度としては天体の輝度温度より低い $\dfrac{T_{\text{B}}\Omega_{\text{source}}}{\Omega_{\text{A}}}$ が観測される.

できる．しかし，この場合に求まる輝度温度がビーム内で平均化された輝度温度であることは注意すべきである.

$\Omega_{\text{A}} < \Omega_{\text{source}}$ の場合

大きくひろがった天体の場合は厳密には以下の定義式

$$T_{\text{A}}^*(\theta_0, \phi_0) = \frac{\displaystyle\iint_{4\pi} P_n(\theta - \theta_0, \phi - \phi_0)T_{\text{B}}(\theta, \phi)d\Omega}{\displaystyle\iint_{4\pi} P_n(\theta, \phi)d\Omega}$$

をそのまま使うしかないが，近似的には前方散乱能率と呼ばれる η_f を導入して

$$T_{\text{A}}(\theta_0, \phi_0) \simeq \eta_f \overline{T_{\text{B}}} \tag{4.65}$$

とする．η_f は良く設計されたアンテナの場合は 1 に近くなるが，輝度を推定でき，かつ大きく広がった天体がないので正確に測定することは大変難しい．月（直径 $32'$）はセンチ波帯での輝度温度はほぼ一様一定で $\overline{T_{\text{MOON}}} = 225$ [K] とわかっているので，これを使ってこの効率を測定する場合がある．一方，ミリ波帯では月齢によって大きく変化するので輝度温度を推定するモデルが必要である．以下の月の輝度温度の経験式を使う場合もある.

$$\overline{T_{\mathrm{MOON}}} = 225\left\{1 + \frac{0.77}{\sqrt{1 + 2\delta + 2\delta^2}}\cos\left(\phi - \arctan\frac{\delta}{1+\delta}\right)\right\}$$

ただし，δ は波長に比例し $\delta = 0.3 \times \lambda\,[\mathrm{mm}]$，$\phi\,[度]$ は月齢の位相である．月を観測したときのアンテナ温度 T_{moon} は，月の輝度分布 $T_{\mathrm{MOON}}(\theta, \phi)$ と以下のように関係する．

$$T_{\mathrm{moon}}(\theta_0, \phi_0) = \iint_{\mathrm{moon}} P_n(\theta - \theta_0, \phi - \phi_0)T_{\mathrm{MOON}}(\theta, \phi)d\Omega/\Omega_{\mathrm{A}}$$
$$\simeq \eta_{\mathrm{moon}}\overline{T_{\mathrm{MOON}}} \tag{4.66}$$

η_{moon} は直径が $0.5°$ 程度の広がりを持った天体に対する輝度温度とアンテナ温度の変換係数であるが，大型アンテナをミリ波で使用した場合は主ビームや多くのサイドローブがこの範囲に入るので，η_{moon} は前方散乱能率の良い近似値と考えられる．

4.3 光学系

アンテナの設計に使用される物理学は光学である．それには幾何光学，ガウスビーム光学，そしてマクスウェル方程式を解く物理光学などがある．それぞれ波長と対象となる部分の大きさの関係で有効範囲が異なる．

4.3.1 幾何光学

幾何光学は電磁波の伝搬を光線で表す光学である．この取り扱い方は電磁波の波長が光学系の大きさに比べ十分小さい場合に有効であるので，パラボラアンテナの主鏡副鏡などを設計するときに有効である．幾何光学では真空中など均質な媒質の中では電磁波は直進することを用いて，直線で電磁波の伝搬を近似する．不均質な媒質や媒質の境界面では屈折のため直進しないので曲線または折れ曲った直線で電磁波の伝搬を近似することになる．また電磁波の伝搬速度は真空中では $c = 1/\sqrt{\varepsilon_0\mu_0}$ であるが（ε_0 と μ_0 は真空の誘電率と透磁率である），屈折率 $n = \sqrt{\varepsilon/\varepsilon_0}$ である媒質では c/n になる．媒質の境界面での屈折には

$$n_1 \sin\theta_1 = n_2 \sin\theta_2 \tag{4.67}$$

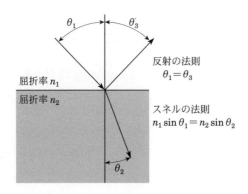

図 4.7 誘電体境界面における屈折率 n と入射角 θ_1，出射角 θ_2 の相互関係（スネルの法則）.

という関係が成り立ち，図 4.7 のようになる．ただし θ_1 は境界面への入射角であり，θ_2 は境界面からの出射角である．また n_1 は境界面まで電磁波が通過する媒質の屈折率，n_2 は境界面から電磁波が通過する媒質の屈折率である．この関係をスネルの法則と呼ぶ．また金属面や媒質の境界などでは反射を起こす．その場合は

$$\theta_1 = \theta_3 \tag{4.68}$$

が成り立つ．ただし θ_3 は境界面での反射角である．この関係を反射の法則と呼ぶ．もちろん電波領域でもこれら屈折と反射の関係式は成立する．もし $n_1 > n_2$ ならば形式的には $\theta_2 > 90°$ ということが起こりうる．このときは電磁波は境界面で完全に反射される（全反射）.

凸レンズを使用すると条件を満たせばレンズに対して反対側に物体の実像を作ることができる．その結像の条件は薄いレンズの場合，

$$\frac{1}{a} + \frac{1}{b} = \frac{1}{f} \tag{4.69}$$

で記述される．ただし a は物体からレンズまでの距離，b はレンズから実像までの距離，そして f はレンズの焦点距離である（図 4.8）．この公式を薄レンズ公式（またはガウスのレンズ公式）と呼ぶ．電波領域でもこの公式は有用であるが，実際にレンズを製作し光学系を組み立てる場合は精度が不足する．そこで複雑であるが正確な次の式を使用する.

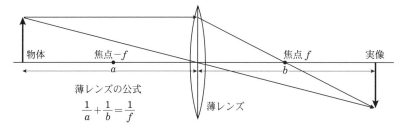

図 **4.8** 薄レンズ公式．レンズの厚さが薄い場合，a を物体から
レンズまでの距離，b をレンズから実像までの距離，そして f
をレンズの焦点距離とすると，これらの間には $\dfrac{1}{a} + \dfrac{1}{b} = \dfrac{1}{f}$ と
いう関係が成り立つ．これを薄レンズの公式という．

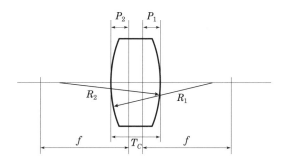

図 **4.9** 厚肉レンズにおける焦点と主平面の相互関係．

$$\frac{1}{f} = (n-1)\left\{\frac{1}{R_1} - \frac{1}{R_2} + (n-1)\frac{T_C}{nR_1R_2}\right\} \tag{4.70}$$

この式を厚レンズの公式（またはレンズ製作者の公式）と呼ぶ．ただし，T_C は
レンズの厚さ，R_1, R_2 はレンズ面の曲率半径である（図 4.9）．図中の P_1, P_2
は主平面と呼ばれ，レンズの端から測った焦点距離の原点の面になる．

$$P_1 = -f(n-1)\frac{T_C}{nR_2}, \tag{4.71}$$

$$P_2 = -f(n-1)\frac{T_C}{nR_1}. \tag{4.72}$$

この主平面を扱うことでレンズの厚さを考慮した光学系の設計ができる．

4.3.2　収差

　理想的な光学系と実際の光学系の差を収差という．収差は 19 世紀ドイツのザイデルによって研究され，以下の五つに分類されている（ザイデルの 5 収差）．図 4.10 に概念図を示す．収差の大きさは以下の（1）の影響が大きく，番号が大きくなるにつれて影響は小さくなる．

　（1）　**球面収差**　これはレンズ表面の形が球面でできているレンズ（球面レンズ）が外周部と光軸に近い中央部で異なる焦点距離を持っていることに起因する収差である．

　（2）　**コマ収差**　光学系の軸外の物点から出た光線束による軸外像点が 1 点に集まらず，レンズの中央部を通過する光線が光軸よりに焦点を結ぶのに対して，外周部を通過する光線は外側に広がる収差である．

　（3）　**非点収差**　光学系の軸外の物点から出た光線が軸外の像点 1 点に集まらない収差である．光軸，軸外の物点，軸外の像点による平面（サジタル平面）とそれに直交する平面（メリジオナル平面）で異なる焦点距離を持っていることに起因する．

　（4）　**像面湾曲**　焦点面が平面にならず凸レンズでは光線の進む方向に凸な曲面（ペッパール面）になる収差である．凹レンズの場合，曲率は逆になる．

　（5）　**歪曲**　糸巻き型，樽型に画像が歪み物体と画像の相似関係が崩れる収差である．

　主鏡に回転放物面鏡を用いた従来のパラボラアンテナでは視野の中心から離れたところではコマ収差と球面収差が大きくなって視野を広くとることが困難である．そのため，視野を広くしたい場合にはこれらの収差が小さい回転双曲面鏡を主鏡に用いたハイパボリックアンテナの設計がなされている．このような光学系はリッチー・クレチアン光学系と呼ばれ，光学望遠鏡に広く採用されている．しかし，波長の短い可視光や近赤外の場合は幾何光学による光学系の設計で済むが，波長の長い電波の場合は波動光学による計算が必要であり，計算に膨大な時間を要して容易ではない．そのため種々の工夫を凝らして計算時間を短縮し，視野直径 1° 以上という極めて広い光学系が実現されている．ただし，非点収差が残るため焦点面の前にレンズなどの補正系を入れたり，焦点面が湾曲するために

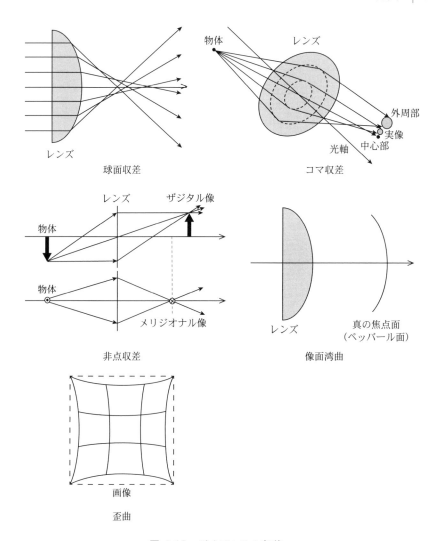

図 **4.10**　ザイデルの 5 収差.

視野を分割して各焦点面アレイ（それぞれの焦点面のフィードアンテナ）を傾けるなどの処置が必要である.

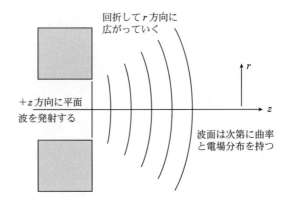

図 4.11　$+z$ 方向に進行する平面波（r 方向には一様）を発射
しても，回折によって r 方向に広がっていき，波面は次第に曲
率と電場分布をもつようになる.

4.3.3　波動（ガウスビーム）光学

ガウスビーム

　図 4.11 の窓から z 方向に進行する一様な平面波を発射したとする. この電磁
波の x 方向の成分（y 方向の成分も同様）は波動方程式

$$\nabla^2 E - \frac{1}{c^2}\frac{\partial^2}{\partial t^2}E = 0 \tag{4.73}$$

に従う. この解を $E = u(x,y,z)e^{i\omega t}$ と書くと，

$$\nabla^2 u + k^2 u = 0 \tag{4.74}$$

がみたすべき波動方程式になる. ただし k は波数である. この電磁波は回折して
広がっていき，波面は曲率と電場の分布を持つようになる. $u(x,y,z)$ は，ビー
ムの形状を表す $\Phi(x,y,z)$ と電波が伝播していくことに伴う変化 e^{-ikz} に分けら
れる. したがって $u(x,y,z) = \Phi(x,y,z)e^{-ikz}$ である. これを先の微分方程式に
代入すると

$$\nabla^2 \Phi - 2ik\frac{\partial}{\partial z}\Phi = 0 \tag{4.75}$$

となる. ただしここでは z 方向に進行するのに伴い回折して広がっていく変化
は小さいとした. この近似解の中にもっとも簡単な解としてガウス型の電場分

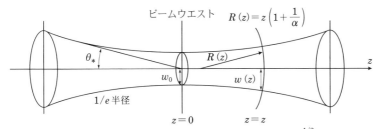

図 **4.12** ガウスビームの伝搬の様子.

布 $\Phi = E_0 \exp(-r^2/w^2)$ がある．これをガウスビームと呼ぶ．ただしここでは軸対称で $r = \sqrt{x^2 + y^2}$ とする．したがって全体ではビームは，$E(r,z) = E_0 \exp(-r^2/w^2) \exp[i(\omega t - kz)]$ という形で表される．

また w は電場が $1/e$ になるビームの半径である．これをビーム半径と定義する．ビーム半径は z に依存して変化するが，その極小値をビームウエスト w_0 という．図 4.12 のようにビームはビームウエストの前後に進むと広がり厳密な意味での平行光線は存在しない．ビーム半径はビームウエストが波長に比べ十分に大きいときに

$$w(z) = w_0 \sqrt{1 + \alpha} \tag{4.76}$$

となる．ただし $\alpha = (z/z_*)^2$，そして $z_* = \pi w_0^2/\lambda$ である．z の原点はビームウエストの位置である．このときの波面の曲率半径 R は

$$R(z) = z \left(1 + \frac{1}{\alpha}\right) \tag{4.77}$$

で表される．また，ビームウエストの位置から見たビーム半径の角度すなわち，ビームの広がり角は，

$$\theta_* = \lim_{z \to \infty} \frac{w}{z} = \lim_{z \to \infty} \frac{w_0 \sqrt{1 + (z/z_*)^2}}{z} = \frac{w_0}{z_*} \tag{4.78}$$

となる．

ガウスビームに含まれる電力

ビーム内の電力分布 $I(r)$ は r でのポインティングベクトルの分布，すなわち電場と磁場の分布の積，$E(r) \times H(r)$ に比例するから

$$I(r) = \frac{E_0^2}{Z_0} \exp\left(\frac{-2r^2}{w^2}\right) \tag{4.79}$$

になる．$I(r)$ は光軸 $r=0$ から離れると急速に減少する．Z_0 は放射インピーダンスである．実際の電波望遠鏡は有限径の光学系を使用するので伝送に損失が発生する．これを見積もるため有限ビーム内にどのくらいの電力が含まれているかを考える．

$$\begin{aligned} P(r,z) &= \frac{E_0^2}{Z_0} \int_0^r \exp\left(\frac{-2r^2}{w^2}\right) \cdot 2\pi r\, dr \\ &= \frac{E_0^2 \pi w^2}{2Z_0}\left\{1 - \exp\left(\frac{-2r^2}{w^2}\right)\right\} \end{aligned} \tag{4.80}$$

となる．したがって，たとえば光学系の鏡やレンズの半径がもしビーム半径の 1.5 倍であればその鏡面の端での電波の強度（エッジレベル: $\exp(-2r^2/w^2)$）は中央に比べ約 1/100 に小さくなっているが，全体としては 1.1%の電力を取りこぼしていることになる．この現象をスピルオーバと呼ぶ．複雑な光学系を設計する場合，最低でもこれ以上の口径を持った光学系を選択してマージンを取ることになる．1 次放射器として使用されるホーンの開口部の大きさもこれから計算される．コルゲートホーン*1 を選択した場合，通常はビーム半径の約 3.1 倍の直径になるようにしている．

4.3.4 遠方界条件

アンテナ開口面から R の距離にある点源から放射された球面波を受信すると考える（図 4.13）．平面波との差は開口面の端で最大値 δ となるが，この差が $\frac{1}{16}$ 波長以下，すなわち $\delta < \lambda/16$ となる距離で，アンテナの遠方界距離 R_{ff} を定義する．点源からの球面波は $R+\delta$ の距離だけ伝搬して開口面の端に到達するので

---

*1 p.201 参照.

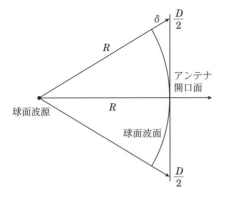

図 **4.13** 開口面アンテナの遠方界条件.

$$(R + \delta)^2 = R^2 + \left(\frac{D}{2}\right)^2,$$

という式が成立する．遠方界距離 $R = R_{\text{ff}}$ では $\delta = \lambda/16$ なので

$$R_{\text{ff}} = \frac{2D^2}{\lambda} - \frac{\lambda}{32}$$

となる．もし $D \gg \lambda$ ならば $\dfrac{\lambda}{32} \ll \dfrac{2D^2}{\lambda}$ となり，

$$R_{\text{ff}} = \frac{2D^2}{\lambda} \tag{4.81}$$

を得る．アンテナからこの距離よりも十分に（実際には少なくとも数倍）離れた点源からの放射はこのアンテナで受信するかぎり平面波と見なせ，アンテナパターン等の測定に使用することができる．

4.3.5 アンテナ開口上の電場とアンテナパターンの関係

簡単のため，1 次元の開口（$x = -D/2$ から $x = +D/2$）を持ったアンテナの遠方界条件を満たす距離 $R \gg R_{\text{ff}}$ でのアンテナパターンを考える．伝統に従ってここでは送信アンテナとして議論する．

1 次放射器は開口部に角周波数 ω の正弦波の電波を照射している．開口での電場の強さは $E(x)$ とする．この電波によって反射鏡面に電流が励起される．電

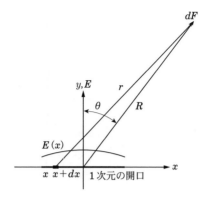

図 4.14 アンテナ開口上 x の電場 $E(x)$ と遠方での電場 $F(\theta)$ の関係.

流密度 J は位置と時間の関数であり，照射された電波に比例するはずである．よって

$$J \propto E(x) \exp(i\omega t). \tag{4.82}$$

この式の比例係数はエネルギー保存則から後で求めることができる．「広がった波源は点状の波源の集まりと見なせる」というホイヘンスの原理を利用し，アンテナの開口を小アンテナの集合体として扱う．すなわち開口全体で作られる遠方での電場は小アンテナで作られる電場のベクトル和であるとする．x から $x+dx$ までの小アンテナで距離 r に作られる電場の強さ dF は

$$dF \propto E(x)\frac{\exp(-i2\pi r/\lambda)}{r}dx \tag{4.83}$$

となる．λ は電波の波長である．距離 r は開口の大きさ D に比べ $r \gg D$ であるとする．図 4.14 のように開口の中央からの距離 R，開口の法線からの角度を θ とすると $r \approx R + x\sin\theta$ となる．また距離が開口に比べ非常に大きいので $1/r \approx 1/R$ となる．よって

$$dF \propto E(x)\frac{\exp(-i2\pi R/\lambda)\exp(-i2\pi x\sin\theta/\lambda)}{R}dx \tag{4.84}$$

となる．R と λ は定数であるので，

$$dF \propto E(x)\exp(-i2\pi x\sin\theta/\lambda)dx \tag{4.85}$$

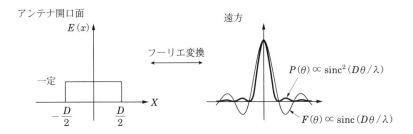

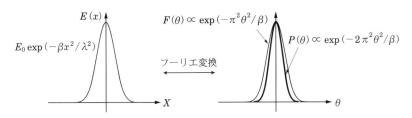

図 **4.15** アンテナ開口上の電場とアンテナパターンの関係.

となる．アンテナの開口全体で作られる電場は $\sin\theta$ との関数になる．したがって，アンテナによってできる電場は遠方において以下のようになる．

$$F(l) = \alpha \int_{-D/2\lambda}^{D/2\lambda} E(u)\exp(-i2\pi ul)du \tag{4.86}$$

ただし，$l = \sin\theta$，$u = x/\lambda$ とする．この式からこの遠方においての電場 $F(l)$ は開口上の電場 $E(u)$ のフーリエ変換であることがわかる．

アンテナ開口での電場が 1 次元で一定強度の場合

もっとも簡単な例として，図 4.15 のように長さ D の 1 次元のアンテナの開口で一定の電場を持つと仮定する．

$$E(u) = E = \text{一定}, \quad \left(\frac{-D}{2\lambda} < u < \frac{+D}{2\lambda} \right) \tag{4.87}$$

これを式 (4.86) に代入すると，

$$F(l) = \alpha E \int_{-D/2\lambda}^{D/2\lambda} \exp(-i2\pi ul)du \tag{4.88}$$

になる．これを積分する．アンテナの正面付近では $\theta \ll 1$ であり $\sin\theta \simeq \theta$ になるので，この積分は sinc 関数[*2]により以下のように書ける．

$$F(\theta) \simeq \alpha E \operatorname{sinc}(D\theta/\lambda) \tag{4.89}$$

したがって電力アンテナパターンは

$$P(\theta) \simeq \frac{\alpha^2 E^2}{Z_0} \operatorname{sinc}^2(D\theta/\lambda) \tag{4.90}$$

となる（図 4.15）．

アンテナ開口での電場が 1 次元ガウス型の場合

次にガウス型 $E = E_0 \exp(-\beta u^2)$ の電場の強さを持つ長さが無限大の 1 次元の開口を仮定する．これを式（4.86）に代入すると，

$$F(l) = \alpha E_0 \int_{-\infty}^{\infty} \exp(-\beta u^2)\exp(-i2\pi ul)du \tag{4.91}$$

になる．これを積分すると，アンテナ正面 $\theta \ll 1$ では $\sin\theta \simeq \theta$ になるので，

$$F(\theta) = \alpha E_0 \sqrt{\frac{\pi}{\beta}} \exp\left(-\frac{\pi^2\theta^2}{\beta}\right) \tag{4.92}$$

になる．開口での電場がガウス型のときは遠方におけるアンテナによってできる電場もガウス型になることがわかる．また電力アンテナパターンは

$$P(\theta) \simeq \frac{\alpha^2 E^2}{Z_0}\frac{\pi}{\beta} \exp\left(-\frac{2\pi^2\theta^2}{\beta}\right) \tag{4.93}$$

となる．これもガウス型である（図 4.15）．開口での電場の半値全幅 x_{FWHM} を使うと，$\beta = \dfrac{4\ln 2}{(x_{\mathrm{FWHM}}/\lambda)^2}$ となる．これから開口での電場 $E(x)$ は

$$E(x) = E_0 \exp(-\beta u^2) = E_0 \exp\left\{-4\ln 2\left(\frac{x}{x_{\mathrm{FWHM}}}\right)^2\right\} \tag{4.94}$$

となる．以上の議論は無限長の開口で計算しているが，アンテナが x_{FWHM} 程度に大きければ両端での電場は十分に小さくなっているので上記の式は成立する

[*2] sinc 関数: $\operatorname{sinc}(x) = \dfrac{\sin x}{x}$．

はずである．電力アンテナパターンの半値全幅は HPBW とも呼ばれるが，式
(4.93) より

$$\frac{1}{2} = \exp\left\{-\frac{\pi^2(\text{HPBW}/2)^2}{2\ln 2/(x_{\text{FWHM}}/\lambda)^2}\right\}$$

となり，HPBW と x_{FWHM} の関係は

$$\text{HPBW} = \frac{2\sqrt{2}\ln 2}{\pi(x_{\text{FWHM}}/\lambda)} \simeq \frac{0.62\lambda}{x_{\text{FWHM}}} \tag{4.95}$$

となる．開口での電力分布の半値全幅 d_{FWHM} は $d_{\text{FWHM}} = x_{\text{FWHM}}/\sqrt{2}$ であるので，これを使って HPBW を表すと，

$$\text{HPBW} \simeq \frac{0.44\lambda}{d_{\text{FWHM}}} \tag{4.96}$$

となる．実際使用されるアンテナでは開口は 2 次元，通常は円形（直径 D）であり 2 次元での計算が必要であるが，ここで結果のみ掲げると，

$$\text{HPBW} \simeq \frac{1.2\lambda}{D} \tag{4.97}$$

となり，式 (4.96) と同様な式になる．

4.3.6 パラボラアンテナの光学系

パラボラ（回転放物面）アンテナは大きな開口面積（等方アンテナの開口面積は $\lambda^2/4\pi$ にすぎない）と鋭いアンテナパターンを得ることができ電波天文学において極めて重要である．パラボラアンテナは 1 次放射器（フィード）と反射鏡により構成されている．1 次放射器には通常はコルゲートホーン[*3]等のホーンアンテナが使われる．これらは直接受信機に接続されている．理想的なパラボラアンテナでは遠方天体から到来した電波は平面波と見なせるので一つの焦点に電波を集めることができる．

図 4.16 のように焦点距離 f をもった反射面に垂直に電波が入射すると仮定する．アンテナの開口部に正対した平面を開口面と呼ぶ．いま軸上に注目し，開口

[*3] 円錐ホーン（= 円錐形をしたラッパ型アンテナ）の内側表面の動径方向に溝を掘り，電波の進行方向には表面電流を流れなくしたホーンアンテナである．電界の振動面（E 面）と磁界の振動面（H 面）で放射パターンの違いが小さい特徴がある．

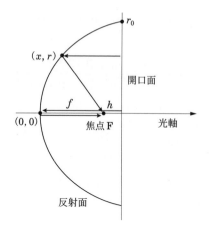

図 **4.16** パラボラアンテナの原理.

面に入射する波面が反射鏡の焦点から h 離れたところにあるとすると，この波面は $f+h$ だけ進み反射鏡で反射され，さらに f だけ進み焦点に達するので開口面から焦点までの光学的距離は $2f+h$ である．軸外の光線もフェルマーの原理から同じ光学的距離を進み，焦点に達するはずである．したがって

$$2f + h = \sqrt{r^2 + (f-x)^2} + (f-x) + h \qquad (4.98)$$

である．ただし x は反射鏡中央からの軸方向の変位，r は反射鏡中央からの動径方向の変位である．そして開口面での波面では位相は同じである．そこから同じ光学的距離を進んでいるので，焦点ではすべて位相はそろっている．式 (4.98) から

$$r^2 = 4fx \qquad (4.99)$$

を得て，反射鏡の形状が回転放物面をしていることがわかる．

　反射鏡の直径は $D = 2r_0$ である．f/D を口径比という．ほとんどの電波望遠鏡は $f/D \approx 0.3$–0.5 程度の口径比をもっている．これは普通の光学望遠鏡に比べ大変小さな値である．それは 1 次放射器またはカセグレン副鏡を支える構造をなるべく小さく丈夫に作りたいという考えからきている．しかし f/D を小さくすると有効な焦点面が小さくなってしまう．このため既存のアンテナはマルチビーム受信機を置き難い構造になっている．今後建設される単一鏡望遠鏡用アン

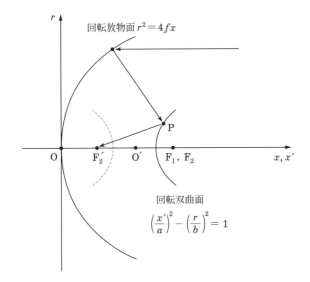

図 **4.17** カセグレン光学系.

テナでは焦点面を広くする検討が必要である.

4.3.7 カセグレン型パラボラアンテナ

パラボラアンテナで実用上もっとも利用されているものは回転放物面の主反射鏡に回転双曲面の副反射鏡を組み合わせたカセグレン光学系である.

幾何光学的に説明する. 図 4.17 のように回転放物面 $r^2 = 4fx$ に平面波がその開口面に垂直な方向から入射したと仮定する. 前述のように開口面では入射波の位相はそろっている. またここから回転放物面の焦点である点 $\mathrm{F}_1(x,y) = (f,0)$ までの光線の走る距離 R はすべて等しく

$$R = 2f + h$$

である. 副反射鏡として回転双曲面を考える. その形状を

$$\frac{x'^2}{a^2} - \frac{r^2}{b^2} = 1$$

とする. x' の原点 O' は x 軸上にあるが, 必ずしも x の原点 O とは一致していない. この双曲面の焦点は点 $\mathrm{F}_2(x',r) = (\sqrt{a^2+b^2}, 0)$, また共役な双曲面の焦

点は点 $F_2'(x', r) = (-\sqrt{a^2 + b^2}, 0)$ となる．いま，副反射鏡を Δ だけ移動して F_1 と F_2 が一致するように置く．すなわち $\Delta = f - \sqrt{a^2 + b^2}$ とすると，その副反射鏡の形状は

$$\frac{(x - \Delta)^2}{a^2} - \frac{r^2}{b^2} = 1$$

で表される．双曲線の定理から $|PF_2 - PF_2'| = 2a$ である．したがって，開口面から P 点までの光線の距離は $2f + h - PF_2$ であるので，開口面から P 点を経由して F_2' に至る光線の距離 R' は

$$R' = 2f + h - PF_2 + PF_2' = 2f + h + 2a$$

となる．すなわち開口面を垂直に通過する光線では距離は同一であり，点 $F_2'(x, r) = (-\sqrt{a^2 + b^2} + \Delta, 0)$ で位相がそろい，光学系の合成焦点になっていることがわかる．

　このように収束された電波はガウスビーム光学，またはより高い近似の物理光学の対象である．この収束ビームの波面の曲率に合わせた，そしてビーム半径より十分に大きいホーンアンテナなど 1 次放射器を用意すると，開口面に入射した電波の多くをとらえることができる．ただし，サイドローブを小さくするためには主鏡面の端での寄与を小さくすること（エッジテーパー）が必要である．幸いにもホーンアンテナはガウス型に近いアンテナパターンを持っている．

　このようなパラボラアンテナでは以下の近似式によって主ビームの広がり（HPBW）とサイドローブレベルが記述される．主ビームの HPBW [rad] は，

$$\text{HPBW} \simeq (1.027 + 0.01224ET + 0.000127ET^2)\frac{\lambda}{D} \qquad (4.100)$$

で与えられる．ただし D は主鏡の直径，λ は観測波長，ET [dB] は主鏡のエッジテーパーである．この主ビームの HPBW は式（4.97）を 2 次元のパラボラアンテナに合わせて精密化したものに相当する．最大サイドローブレベル $L_{\max}$ [dB]（主ビームは 0 dB として）は

$$L_{\max} \simeq -17.36 - 0.6507ET - 0.01603ET^2 \qquad (4.101)$$

である．また，これらの場合，副反射鏡によるブロッキング（影）はないと仮定している．ブロッキングがあれば最大サイドローブレベルは増加する．

4.3.8 アンテナの開口能率とスピルオーバ能率とテーパー能率の関係

前述のようにアンテナの開口能率は $\eta_{\mathrm{A}} = \dfrac{A_e}{A_p}$ であるが，入射した平面波に対するアンテナ開口の結合定数と見なすことができる．したがって，

$$\eta_{\mathrm{A}} = \frac{\left|\displaystyle\int \varepsilon_{ap}\varepsilon_\phi^{t*}dA\right|^2}{\displaystyle\int \varepsilon_{ap}\varepsilon_{ap}^*dA \int \varepsilon_\phi^t\varepsilon_\phi^{t*}dA}. \tag{4.102}$$

ただし，ε_{ap} と ε_ϕ は開口部での平面波の電場の強度分布と位相分布であり，

$$\varepsilon_{ap}(r) = \exp\left\{-(r/w)^2\right\},$$
$$\varepsilon_\phi(r) = 1 \qquad (0 \leqslant r \leqslant D/2)$$
$$= 0 \qquad (D/2 < r)$$

である．ただし，w は分布の $1/e$ 半径であり，D は開口部の直径である．したがって，これらを式（4.102）に代入すると，アンテナ開口能率は

$$\eta_{\mathrm{A}} = \frac{\left[\displaystyle\int_0^{D/2} \exp\left\{-(r/w)^2\right\}2\pi rdr\right]^2}{\displaystyle\int_0^\infty \exp\left\{-2(r/w)^2\right\}2\pi rdr \int_0^{D/2} 2\pi rdr}$$
$$= \frac{2}{(D/2w)^2}\left[1 - \exp\left\{-(D/2w)^2\right\}\right]^2 \tag{4.103}$$

となる．ここで $\alpha = (D/2w)^2$ として照射（イルミネーション）パラメータと呼ぶと，

$$\eta_{\mathrm{A}} = \frac{2}{\alpha}\left\{1 - \exp(-\alpha)\right\}^2 \tag{4.104}$$

となる．さらにこの右辺を変形すると 2 項の積の形に書ける．

$$\eta_{\mathrm{A}} = \frac{2}{\alpha}\frac{\left\{1 - \exp(-\alpha)\right\}^2}{1 - \exp(-2\alpha)} \times \left\{1 - \exp(-2\alpha)\right\}. \tag{4.105}$$

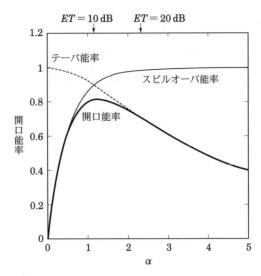

図 4.18 エッジテーパーまたは照射パラメータ（横軸）とアンテナ開口能率（縦軸）の関係．エッジテーパーが小さくなると開口内での電場は一様に近づきテーパー能率は 1 に近づくが，スピルオーバは増えてしまい開口能率は低下する．エッジテーパーが大きくなるとスピルオーバは小さくなるが，開口の中心部しか電場は分布しないので開口能率は低下する．

右辺の前半はエッジテーパー $ET = \exp(-2\alpha)$ に依存する有効開口面積の割合である．これをテーパー能率 η_t と呼ぶ．後半はガウスビームの項で示したようにエッジテーパーのスピルオーバを考慮したときに開口部で取得できるエネルギーの割合である．これをスピルオーバ能率 η_s と呼ぶ．したがって，

$$\eta_{\mathrm{A}} = \eta_t \eta_s. \tag{4.106}$$

エッジテーパーまたは照射パラメータに対するアンテナ開口能率の変化は図 4.18 のようになる．ガウスビームの場合 $ET = 10\,\mathrm{dB}$ 付近で 0.8 程度の極大になる．ただし，以上では鏡面ゆがみは考慮していない．

4.3.9 パラボラアンテナの鏡面ゆがみと開口能率の関係

遠方天体から到来した電波は平面波と見なされるので開口面での位相はすべてそろっている．もしアンテナの反射面にゆがみ，すなわち放物面からのずれがあ

ると反射後の波面には光学的距離の違いによって位相誤差ができる. 焦点では位相の違いのある波が重ね合わせられ一部は打ち消しあうので, 位相誤差がない場合に比べアンテナが受信できる電力は低下する. もしこのアンテナのゆがみがアンテナの開口部にわたり1次式で近似できる場合は, 入射した平面波に対して傾いたパラボラアンテナとみなせるため, 位相誤差によって受信電力が低下するというよりも主ビームの方向がずれることになる. また2次式で近似できるゆがみがあり, それが軸対称性が良い場合はパラボラの焦点距離が変わったと見なせるので, 受信機または副鏡の位置による焦点調節でゆがみを解消できる. このためパラボラの凸凹はこれらの成分を差し引いたものと解釈する.

いま, パラボラアンテナの主鏡面を N 個に分割して考える. 天体から電磁波がこの分割された鏡面で反射されたと考える. 鏡面の反射率は一定であるが, その鏡面は理想放物面からずれて置かれているので位相誤差に寄与するとする. この各位相誤差を δ_n とし確率変数とする. ここでは平均 0, 分散 σ^2 の正規分布に従うと仮定する. したがって焦点での期待される合成電力の時間平均は

$$
\begin{aligned}
\frac{\bar{P}}{P_0} &= \overline{\left\{\frac{1}{N}\sum_{n=1}^{N}\exp(i\delta_n)\right\}\left\{\frac{1}{N}\sum_{m=1}^{N}\exp(i\delta_m)\right\}^{*}} \\
&= \frac{1}{N^2}\sum_{n=1}^{N}\sum_{m=1}^{N}\overline{\exp\{i(\delta_n-\delta_m)\}} \\
&= \frac{1}{N^2}\Big[N + \sum_{n\neq m}\overline{\exp\{i(\delta_n-\delta_m)\}}\Big] \\
&= \frac{1}{N^2}\{N + (N^2-N)\overline{\exp(i\Delta)}\}.
\end{aligned}
\tag{4.107}
$$

ここでは $\Delta = \delta_n - \delta_m$ の分布は平均 0, 分散 $2\sigma^2$ の正規分布に従うはずであるので, その確率密度は

$$
p(\Delta) = \frac{1}{\sqrt{4\pi\sigma^2}}\exp\left(-\frac{\Delta^2}{4\sigma^2}\right)
\tag{4.108}
$$

となる. よってその期待値 $\overline{\exp(i\Delta)}$ は

$$
\overline{\exp(i\Delta)} = \int p(\Delta)\exp(i\Delta)d\Delta = \exp(-\sigma^2)
\tag{4.109}
$$

となる. これと式 (4.107) から $N \gg 1$ のときの合成電力の時間平均は

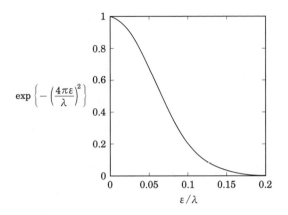

図 **4.19** 鏡面誤差（横軸）とそれによるアンテナ開口能率の劣化（縦軸）の関係.

$$\frac{\bar{P}}{P_0} \simeq \exp(-\sigma^2) \tag{4.110}$$

となる．放物面の凸凹を ε とすると往復の光路差での位相差 σ は $\sigma = 4\pi\varepsilon/\lambda$ となる．ただし λ は観測波長である．したがって

$$\frac{\bar{P}}{P_0} \simeq \exp\left\{-\left(\frac{4\pi\varepsilon}{\lambda}\right)^2\right\} \tag{4.111}$$

となる．アンテナの開口能率 η_{A} はこの割合だけ理想放物面の場合に比べ劣化するので，

$$\eta_{\mathrm{A}} = \eta_0 \exp\left\{-\left(\frac{4\pi\varepsilon}{\lambda}\right)^2\right\} \tag{4.112}$$

で与えられる．ただし，η_0 は理想放物面への照射パターンによる寄与のみを考えたときの能率であり図 4.18 に図示される．式 (4.112) をルッツの式と呼ぶ．図 4.19 のようにアンテナ開口能率は波長で規格化したアンテナ鏡面の凸凹の具合 ε/λ に大きく依存する．波長の 1/20 程度の凸凹であっても $\exp\left\{-\left(\frac{4\pi\varepsilon}{\lambda}\right)^2\right\} = 0.67$ になる．照射パターンの寄与 η_0 を含めるとアンテナ開口能率 $\eta_{\mathrm{A}} = 0.4$ 程度に低下する．これがアンテナの使用周波数の上限を決める大きな要因になる．図 4.20 は測定された野辺山 45 m の観測波長と開口能率の関係であるが波長

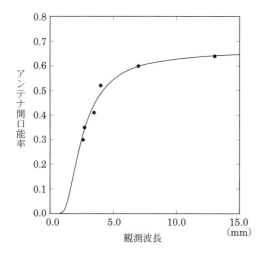

図 **4.20** 野辺山 45 m 電波望遠鏡のアンテナの観測波長 λ と開口能率 η_A の関係．黒丸が測定値であり，実線がルッツの式を当てはめたものである．

3 mm 程度でこの限界に達していることがわかる．

4.4 電波望遠鏡に要求される性能

本節では電波天文観測用の電波望遠鏡（アンテナ）のうち，開口アンテナを例にあげ，アンテナに要求される性能について記述する[*4]．

天文学に要求されるアンテナは，天体の電波画像から天体の構造，強度，速度などの情報を正しく引き出すこと，また微弱な宇宙からの電波を効率よく受信することなどが要求される．したがって効率が良く信頼性の高い電波画像を得るためには指向・追尾精度，能率（鏡面精度），駆動性能，経路長安定性などの性能がアンテナに要求される．これらの性能を劣化させる要因としては図 4.21 に示したように重力変形，日射を含む熱変形，風変形などがある．以下ではこのうち主要なものについて説明する．

[*4] P. Napier, *Primary Antenna Elements in Synthesis Imaging in Radio Astronomy*, ASP Conference Series, 180, 1999, および巻末の，T.L. Wilson *et al.*, *Tools of Radio Astronomy* (6th ed.), も参照のこと．

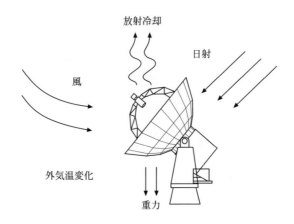

図 4.21　アンテナ性能を劣化させる要因.

4.4.1　アンテナの指向・追尾精度

　指向誤差はアンテナの主ビームの指示された方向と実際向いている方向との差である（図 4.22）．これが大きいと天体の位置はずれ，電波画像の信頼性を下げてしまう．許容される誤差は，ビーム半値全幅（FWHM, HPBW）の少なくとも 1/10，理想的には 1/20 以下である．

　この指向誤差は時間的にほとんど変化しないもの（再現性誤差）と時間的に変化するもの（非再現性誤差）に分けられる．前者は仰角（El）による重力変形，アンテナ基礎部の非水平性，方位角軸（Az 軸）の非鉛直性，Az/El 軸の非直交性などがある．基準となる天体を観測して補正（ポインティング観測）すれば取り除くことができる．後者には風変形によるものや熱変形によるものなどがあり，取り除くことが容易ではない．非再現性誤差のうち，アンテナの熱変形はゆっくり変化するが，風変形は変動時間が短い．これらを取り除くために，アンテナの駆動制御にフィードバックするシステムが採用されることもある．

4.4.2　アンテナの能率と鏡面精度

　アンテナの能率（主ビーム能率や開口能率など）の決定要因には幾何構造，鏡面材料，光学系など設計段階で決まるものと，主鏡面精度と副鏡など設定誤差など組立調整段階で決まるものとがある．後者の寄与は小さくなく，主鏡面調整や

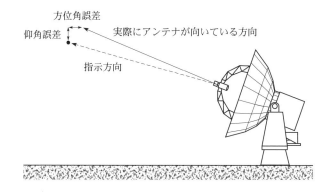

図 **4.22** 指向誤差の定義.

副鏡面調整などは重要である.

　主鏡面の精度と開口能率は前出のルッツの式（式（4.112）参照）で表される. 波長が短いほど鏡面誤差の影響は大きく，誤差が波長の 1/10 以上あると，能率 は非実用レベルまで低下する. 重力による主鏡や副鏡支持構造の変形では，通常 ある仰角（El）で最小になり，最適な鏡面が実現されるが，この最適仰角を観測 する角度範囲によって能率のバランスがとれたものとなるように設定する必要が ある. 重力による変形は予測可能であるため，副鏡の位置または主鏡パネルを動 かして，能率低下を最小限にしている例もある.

　鏡面誤差は能率の低下だけでなく，ビームパターンの劣化，高サイドローブ， スピルオーバ能率の低下ももたらす. 電波画像は天体の輝度分布とアンテナの ビームパターンを畳み込みしたものなので，劣化したビームパターンや高いサイ ドローブによって電波画像の質が低下してしまう. また，スピルオーバ能率の低 下は地面やアンテナの構造体からの熱雑音を拾うためシステム雑音が増加し，観 測効率を下げてしまう.

　偏波観測は天体の磁場構造などさまざまな情報をもたらすため，アンテナ起源 の偏波成分をできるだけ低減させることが重要である. そのため，光学設計の工 夫や光学系の要素の配置によってアンテナの偏波特性をよくすることが行われて いる.

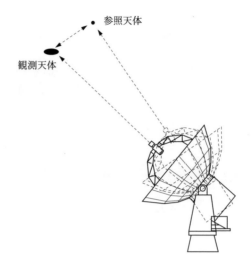

参照天体

観測天体

図 4.23 高速スイッチング観測の概念図. 目標天体と参照天体
をすばやく切り替える（実線と破線のアンテナ）.

4.4.3 アンテナ駆動性能

　アンテナ駆動性能としては追尾誤差が小さいことや高速駆動ができることが要
求される. 通常観測において前者の追尾誤差は指向誤差同様に理想的にはビーム
半値全幅の 1/20 以下が望ましい. 後者の高速駆動性能は単一鏡で用いられる
OTF（オンザフライ）観測や干渉計で用いられる高速スイッチング観測に必要
である.

　OTF 観測とは, 大気による電波強度ゆらぎやスキャンの悪影響を抑えるため
に, アンテナを高速で連続的に駆動しマッピングする観測である. また, 高速ス
イッチング観測とは, 大気による位相ゆらぎを減らすために, 目的天体と参照天
体を短時間で切り替え, 位相較正（校正とも書く）する観測である（図 4.23）.
高速駆動性能を実現するためにはアンテナの最大角加速度や最大角速度を大きく
する必要がある.

4.4.4 アンテナ経路長安定性

　干渉計はアンテナ間に到達する電波の位相情報を利用しているために（7 章参
照）, 位相誤差（経路長誤差（図 4.24）や遅延誤差ともいう）があると天体の強

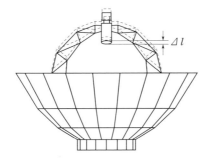

図 **4.24** 経路長誤差の例. 副鏡焦点位置が熱変形などの原因で
移動すると経路長誤差を引き起こす. 図の場合, Δl だけ焦点位
置が変化し, 反射を考慮すると $2\Delta l$ の経路長誤差が起こる.

度が見かけ上低下したり, 天体構造がゆがんだりする. そこで, アンテナ構造に
起因する位相誤差を極力抑える必要がある. この誤差要因としてはアンテナの重
力変形や Az 軸と El 軸とのあいだの距離などに起因する時間的に変化しない成
分と, 熱変形や風変形などに起因する時間的に変動する成分がある. これらの変
動成分を取り除くため参照天体の校正観測に加えて, 各時刻のアンテナ変形によ
る経路長誤差を測定, 記録し, 天体のデータ処理段階で補正をすることが試みら
れている.

4.5 アンテナの性能測定

ここではアンテナの性能測定の具体的な方法について簡単に示す[5].

4.5.1 アンテナ開口能率とビーム能率の測定

アンテナ開口能率とビーム能率の測定には輝度温度のわかっている惑星を観測
してそのアンテナ温度から求める方法がある. 惑星の輝度温度分布は視半径 θ_s
の円盤状

$$
\begin{aligned}
T_{\mathrm{B}}(\theta_0, \phi_0) &= T_{\mathrm{B0}} && (\theta \leqslant \theta_s) \\
&= 0 && (\theta > \theta_s)
\end{aligned} \tag{4.113}
$$

であり，かつアンテナパターンは式 (4.40) の軸対称ガウス型であると仮定すると，その惑星を観測したときのアンテナ温度は，

$$
\begin{aligned}
T_{\mathrm{A}}^*(\theta_0, \phi_0) &= \frac{T_{\mathrm{B0}}}{\Omega_{\mathrm{A}}} \int_0^{\theta_s} \exp\left\{-4\ln 2 \left(\frac{\theta}{\mathrm{HPBW}}\right)^2\right\} 2\pi \sin\theta d\theta \\
&= \frac{T_{\mathrm{B0}}}{\Omega_{\mathrm{A}}} \frac{\pi \mathrm{HPBW}^2}{4\ln 2}\left[1 - \exp\left\{-4\ln 2\left(\frac{\theta_s}{\mathrm{HPBW}}\right)^2\right\}\right]
\end{aligned}
\tag{4.114}
$$

と表される．また式 (4.57) より $\Omega_{\mathrm{A}} = \lambda^2/A_e = \lambda^2/\eta_{\mathrm{A}} A_p$ であるので，これを使って上式を整理すると

$$
\eta_{\mathrm{A}} = \frac{\lambda^2 T_{\mathrm{A}}^*}{T_{\mathrm{B0}} A_p \Omega_{\mathrm{M}}\left[1 - \exp\left\{-4\ln 2\left(\frac{\theta_s}{\mathrm{HPBW}}\right)^2\right\}\right]}
\tag{4.115}
$$

となる．ここで式 (4.44) の $\Omega_{\mathrm{M}} = \dfrac{\pi \mathrm{HPBW}^2}{4\ln 2}$ を使った．アンテナパターンの測定により HPBW がわかっていれば測定されたアンテナ温度 T_{A}^* と惑星の輝度温度 T_{B0} から開口能率 η_{A} を導くことができる．ところが惑星の輝度温度は観測周波数によって複雑に変化することが惑星に接近した探査機の観測などにより知られている．30 GHz 付近では金星の輝度温度は 460 K，火星は 180 K，木星は 160 K，土星は 140 K であるが，この値の精度は 10% 程度であり開口能率を計算するときの大きな誤差要因になる．

また主ビーム能率 η_{M} は式 (4.46) と式 (4.115) より

$$
\eta_{\mathrm{M}} = \frac{T_{\mathrm{A}}^*}{T_{\mathrm{B0}}\left[1 - \exp\left\{-4\ln 2\left(\frac{\theta_s}{\mathrm{HPBW}}\right)^2\right\}\right]}
\tag{4.116}
$$

となり，式 (4.115) よるアンテナ開口能率の測定と同時に値を得ることができる．

またアンテナの開口能率はフラックス密度 F_ν が既知であり主ビームの大きさより十分小さな天体（点源）のアンテナ温度 T_{A}^* を測定することによっても求めることができる．式 (4.55) と式 (4.60) より

$$
\frac{1}{2} F_\nu \eta_{\mathrm{A}} A_p = k T_{\mathrm{A}}^*
\tag{4.117}
$$

よって

$$\eta_{\mathrm{A}} = \frac{2kT_{\mathrm{A}}^*}{F_\nu A_p} \tag{4.118}$$

となって，η_{A} を求めるとができる．

4.5.2 アンテナパターンの測定

輝度分布 $B_\nu(\theta,\phi)$ をもつ天体の方向に電力アンテナパターン $P_n(\theta,\phi)$ を持つアンテナが向いたときに受信される電力は

$$W_\nu(\theta_0,\phi_0) = \frac{1}{2}A_e \iint_{4\pi} P_n(\theta-\theta_0,\phi-\phi_0)B_\nu(\theta,\phi)d\Omega \tag{4.119}$$

である．もし観測する天体が $(\theta,\phi)=(0,0)$ にある点源 $B_{\nu 0}$ ならば，受信される電力は

$$\begin{aligned}
W_\nu(\theta_0,\phi_0) &= \frac{1}{2}A_e \iint_{4\pi} P_n(\theta-\theta_0,\phi-\phi_0)B_{\nu 0}\delta(\theta,\phi)d\Omega \\
&= \frac{1}{2}A_e B_{\nu 0}P_n(-\theta_0,-\phi_0)
\end{aligned} \tag{4.120}$$

になる．したがって，望遠鏡のビームを強い点源のまわりを振って測定すれば，像としてアンテナパターンを得ることができる．

以上のことは点源天体ではなくても，遠方界条件から人工電波源とアンテナの距離 R が $R \gg 2D^2/\lambda = R_{\mathrm{ff}}$（式（4.81））であればこの電波源を点源と見なすことができて成り立つ．しかし実際の大型ミリ波電波望遠鏡の測定では R は 10^3 km 程度になり，地上施設での測定はそのままでは不可能になる．天体を使用した測定，近傍界の測定を遠方界へ変換する測定，またはコンパクトレンジと呼ばれる平行光線を作る装置による測定が必要になる．

4.5.3 指向追尾精度測定

経緯台式のアンテナの構造誤差に起因する指向誤差（図 4.25）は構造誤差が小さく，高次項が無視できるとき，以下のように表すことができる．

$$dAz = P_1 \sin El + P_2 + P_3 \cos El + P_4 \sin Az \sin El - P_5 \cos Az \sin El, \tag{4.121}$$

$$dEl = P_4 \cos Az + P_5 \sin Az + P_6 + P_7 \cos El. \tag{4.122}$$

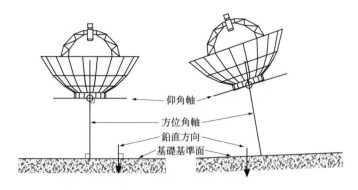

図 4.25 アンテナ構造起源の再現性指向誤差原因.

ここで, dAz はアンテナが Az, El を向いているときの天空上での Az 誤差, dEl は El 誤差であり, P_1–P_7 は誤差の係数である.

P_1 は Az 軸と El 軸の非直交性に起因する誤差, P_2 は電波軸が Az 軸とずれている誤差である.

P_3 は Az エンコーダーのオフセット誤差分である.

P_4 と P_5 はアンテナが置かれている基礎部の平面的な傾斜を表す.

P_6 は El エンコーダーのオフセット誤差分である.

P_7 は副鏡の最適位置が El によって異なることによる指向誤差である.

以上の項が時間的に変化しない場合, 理想的には電波観測ですべての項をもとめ, ポインティング誤差を補正できるのが望ましい. 実際には, Az 回転軸上に設置した傾斜計や電波望遠鏡に設置した小型の光学望遠鏡もポインティング観測に用いられることが多い.

ポインティング器差モデル (式 (4.121), 式 (4.122)) を用いてある程度の精度で望遠鏡を天体に向けることが可能であるが, 通常は局所的に指向性を向上させるための較正が必要である. この較正のために, 観測天体の近傍にある参照天体を, 適当な頻度で交互に観測する. 時間的に変化する指向誤差について, 指向精度に影響を及ぼす構造部の温度を測定し, 熱変形の寄与を補正することや, メテロロジーシステムという測定系を用いて風変形による指向誤差の補正も試みられている.

電波ポインティング器差モデルを十分な精度で構築するためには天球上の多く

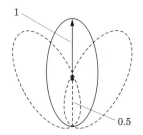

図 4.26　電波受信機によるポインティング観測（5 点法）．楕円
は測定点を表し，その間隔は観測波長での HPBW（FWHM）
の半分である．図中の数字は指向誤差がない場合の相対強度で
あり，指向誤差があるとこの値からずれる．

の点源を観測する必要がある．電波ポインティング観測では多くの場合，天空の
1 点の強度しか測定できないため，図 4.26 で模式的に表した 5 点法と呼ばれる
測定方法を用いる．まず，ある Az, El において，天体方向と天体方向からビー
ム半値全幅の半分ほど Az と El を ＋ 方向と － 方向へずらし強度を測定する．
指向誤差がない場合は，天体方向に対して Az と El とも半値全幅の半分のポイ
ンティングオフセットを与えれば強度は図 4.26 のようにどちらの方向へずらし
ても半分になる．ただし指向誤差があると ＋ と － 方向で強度が対称でなくな
る．そのため，各点の強度分布から指向誤差量がわかる．

4.5.4　鏡面精度測定

先に述べたように鏡面精度を向上させるためには，なんらかの方法で主鏡面パ
ネル設置誤差を測定し，それに基づきパネル調整を行う必要がある．鏡面測定方
法には機械的な測定，光学的な測定，電気的な測定の三つの方法がある．

機械的な測定はセンサーが理想鏡面の放物線を持つように配置された舟形ゲー
ジを用いて，理想放物面を形成するよう主鏡面パネルを設置していく．この場合
アンテナは真上を向いた状態でしかパネルを設置できず，さらには副鏡部を外し
て行うため，天体観測と両立しないばかりでなく，時間も非常にかかる．

光学的な測定の一例はセオドライト[6]を使用した鏡面設置法である．セオドラ

---

[6] 英語表記は Theodolites．俗にトランシットと呼ぶこともあり，水平角および高度角を測定す
る器械のこと．セオドライトを後述するカセグレンホールに置き，鏡面の参照点の角度を測定すれば
鏡面パネルが正しく設置できているかを定量的に評価できる．

イトは通常カセグレンホール*7の中心に設置され，鏡面パネル端の角度を正確に測ることで理想的な放物面を実現するものである．また，機械的方法同様，通常アンテナは真上を向いた状態でしか測定できず，時間も非常にかかる．さまざまな El で鏡面測定できる方法としてフォトグラメトリーがある．これは測定対象物に反射ターゲットを貼り，複数方向から撮影した写真から 3 次元的な凸凹を測定するものである．複雑な装置が要らないという利点があるが，後述する電波ホログラフィー法ほどは精度が出ない．

電気的な測定の代表的なものは電波ホログラフィー法である．電波源が十分遠方にある場合は，複素電圧ビームパターン $F(l)$ と開口分布（照度分布と鏡面精度）$f(u)$ がフーリエ変換の関係で結ばれる（式（4.86）を参照）．そこで参照アンテナを電波源に向け，測定アンテナで電波源をスキャンして 2 次元の複素電圧ビームパターン $F(l)$ を求める．$F(l)$ をフーリエ変換した $f(u)$ の振幅は照度分布に，位相は開口面での鏡面誤差分布に対応する．

遠方電波源の例として人工衛星の出すビーコン信号や天体があるが，前者は固定された El のみの鏡面測定しかできず，多くの場合に観測周波数とは違う周波数の測定になるという欠点がある．後者はさまざまな El で測定ができるものの，測定中に天体の El が変化し，それに伴い鏡面誤差も変化してしまうという欠点も持つ．ただし，観測周波数で測定ができるため，大型干渉計の鏡面評価などで用いられている．

また，人工電波源を近傍に設置する方法もよく使われている．この場合，複素電圧ビームパターンと開口分布がフーリエ変換ではなく，フレネル変換のため解析が複雑になり，固定された El のみの測定という欠点がある．しかし，測定周波数が選べることと，高い信号対雑音比（S/N 比）で測定できるという長所を持つ．

電波ホログラフィー法のほかに，副鏡の焦点位置を変えて測定したビームパターンから，鏡面精度と照度分布を推定する方法がある．これまでのところ，電波ホログラフィー法ほどの精度は達成できていない．

---

*7 アンテナ主鏡の中心部に副鏡で反射した電波を通すための穴を指す．図 3.2 の 45 m アンテナにその穴がよく見える．

4.5.5 その他の性能測定

アンテナ駆動性能の測定は高精度の角度検出器を用いる．追尾精度を評価する
ためには，一定速度（天体追尾速度の 1/100 から 100 倍程度まで）でアンテナ
を駆動し，指示値と角度検出器の差を見ればよい．くわえて，高速駆動性能につ
いてはステップ応答や OTF 駆動をし，アンテナが目標位置へ到達し，指向誤差
が許容値以内になるまでの時間を見ればよい．経路長安定性を測定する方法とし
ては加速度計による機械的測定，レーザー測距などの光学的測定，または電波観
測やホログラフィー装置を用いた電気的測定がある．

第5章

受信機

電波望遠鏡のアンテナで集められた天体からの電波はマイクロ波伝送路を通じて受信機に導かれる。この電波は受信機で増幅，周波数変換，あるいは検波などの作用を受ける。天体からの電波は非常に弱くアンテナでの集光をしたあとでも$10^{-23}\,\mathrm{W\,Hz^{-1}}$程度以下である。このため受信機は低雑音である必要がある。そして天体からの電波の振幅（強度）と位相情報の両者を取り出すか，または振幅のみを検出するかによって受信機の方式が大きく異なる。前者はコヒーレント受信機であり，その代表例はヘテロダイン受信機である。後者はボロメータによるインコヒーレント受信機である。ただし応答性の非常に良いボロメータであるHEBを使用すると混合器（ミクサ）として機能する。これはHEBミクサと呼ばれ，サブミリ波帯で使用される。これもこの章の後ろのほうで解説する。

5.1　ヘテロダイン受信機の原理

5.1.1　ヘテロダイン受信機の基本構成

天体からの電波はアンテナで集められて受信機に導入される。1次放射器で導波管または同軸ケーブル中の電気信号に変換された信号は低雑音増幅器（LNA）で増幅され，ミクサによって周波数変換される。この信号は第1中間周波増幅器によりさらに増幅される。その後，第2ミクサでさらに周波数変換されてバック

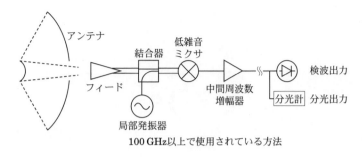

100 GHz以上で使用されている方法

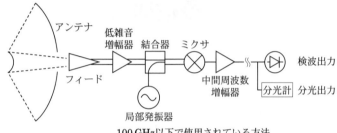

100 GHz以下で使用されている方法

図 **5.1**　ヘテロダイン受信機の基本的構成. 上段が高性能な低
雑音増幅器が利用できない高い周波数の受信機，下段が高性能な
低雑音増幅器を利用できる低い周波数の受信機.

エンド（分光計）等へと送られる．このように電波天文学に用いられる受信機の
機能は，（1）信号の増幅と（2）信号の周波数変換である．これらの増幅と周波
数変換とを，受信器雑音温度等の性能が最適になるように実現することが要求さ
れる．増幅器で増幅する前の通過損失は後述のように感度に大きく影響するので
できる限り小さいことが望まれる．
　ヘテロダイン受信機は観測する電波の周波数によって図5.1のように2種類の
受信機が利用されている．受信機内部の下流に位置する回路の設計・製作が技術
的に容易になるように，その周波数で低雑音増幅器が利用可能であるときは初段
で電波の増幅を行う．しかし周波数が高くなると低雑音増幅器の製作が困難にな
り最初に周波数変換を行う．周波数変換器は，天体からの電波に局部発振器で別
に作った電波を混ぜて非線形回路でそれらの差周波数を取り出す装置である．そ
の後に差周波数に適合させた低雑音増幅器で増幅される．この方式をヘテロダイ
ンと呼ぶ．2020年現在では100 GHz以下で前者の方式，100 GHz以上では後者

の方式が採用されることが多い．低雑音増幅器については 5.1.6 節で詳しく述べる．

　電波望遠鏡の感度が電波天文学の観測精度や検出限界を大きく左右するものとなる．そして望遠鏡の感度は受信機自体の雑音によって起こる受信出力の統計的なふらつきによって大きく影響される．さらに，天体からの信号は大気によっても吸収され雑音が加わる．これらが総合して望遠鏡の感度が決まる．「高感度化」は「低雑音化」と同義であり，地上の電波天文学においては，受信機は大気雑音を下回る低雑音性の実現が要請されている．大気圏外に出れば大気雑音の問題はなくなるが，それでも受信機のよりいっそうの低雑音化に意味があることはいうまでもない．

5.1.2　1 次放射器（フィード）

　天体からの電波は自由空間を伝播してくる．この電波は平面波で進行方向に垂直な電界と磁界を持つので TEM モードと呼ばれる．この電磁波を普通に放物面鏡で集光して 1 次放射器に導いてマイクロ波伝送路を通じて受信機に導入する．1 次放射器は TEM モードの電波を導波管または同軸ケーブルのモードに変換する．図 5.2 に 1 次放射器として角錐の形を持つホーンアンテナとそれに接続する導波管回路内の電磁界の様子を示す．自由空間を伝搬してきた電磁波はホーン内部で次第に導波管を伝搬するモードへと変換される．矩形導波管の場合もっとも基本的なモードは TE_{10} モードであり，電場では進行方向と垂直な成分のみ存在する．自由空間と導波管，同軸ケーブルをつなぐため，1 次放射器はモードの変換を行うだけでなく，特性インピーダンスという抵抗成分の変換を行う必要があり，整合回路が必要である．自由空間のインピーダンスは $376.7\,\Omega$（～120π），標準導波管は $400\text{--}450\,\Omega$ である．同軸ケーブルの特性インピーダンスは $50\,\Omega$ が用いられている．この 1 次放射器は自由空間と導波管へのインピーダンス変換も行っている．

　1 次放射器としては単純な円錐ホーンの他，ホーン内部にギザギザをつけて電磁波の進行方向に電流が流れないようにして E 面 H 面のビームパターンを均等化したコルゲートホーンなどが用いられる．

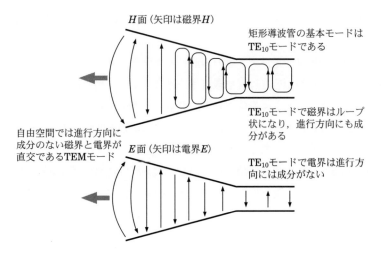

図 **5.2**　フィードホーン内の電界と磁界の様子．この図は導波
管から送信電波をホーンに送る場合であるが，受信の場合も時間
を逆回しにすれば電磁界の様子は同じである．

5.1.3　周波数変換器

　周波数変換器は二つの電波を混ぜる結合器（カップラ）と混合器（ミクサ）と
からなる．ここでは非線形な電流–電圧特性（I–V 特性）を持つ素子による周波
数変換の原理を簡単に説明する．非線形素子としては半導体ダイオード，ショッ
トキーダイオード，そして超伝導素子である SIS 素子などが使用される．

　半導体ダイオードの一般的 I–V 特性は図 5.3 に示したように

$$I = I_0\Big\{ \exp\Big(\frac{V}{V_0}\Big) - 1\Big\} \tag{5.1}$$

という式で表すことができる．ただし $V_0 = \dfrac{\eta kT}{e}$，I_0 は逆飽和電流，k はボル
ツマン定数，e は電子の電荷，T は素子の物理温度，そして η はダイオードの性
能を表す係数である．また非線形性は η の値に強く影響される．この指数関数
部分を展開すると

$$I = I_0\Big\{ 1 + \frac{V}{V_0} + \frac{1}{2}\Big(\frac{V}{V_0}\Big)^2 + \frac{1}{6}\Big(\frac{V}{V_0}\Big)^3 + \cdots - 1\Big\} \tag{5.2}$$

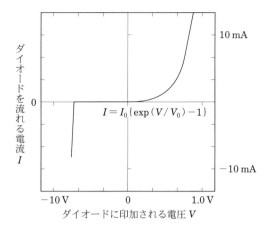

$$I = I_0\{\exp(V/V_0) - 1\}$$

図 **5.3** 半導体ダイオードの電流–電圧特性の例（横軸の負の側は 1/10 に縮小）.

となるが，ここで 3 次以降の項を微小であるとして無視すると

$$I = I_0\left\{\frac{V}{V_0} + \frac{1}{2}\left(\frac{V}{V_0}\right)^2\right\} \tag{5.3}$$

となる.

次にこのような 2 次特性があるときに周波数変換が行われることを説明する. 簡単のためミクサに使用される素子は入力された電圧の 2 乗に比例した電流のみを出力するとする. アンテナから入力される電波と局部発振器から入力される電波（局部発振信号）を

$$V_{s(t)} = V_{s0}\cos(\omega_s t + \phi_s) \tag{5.4}$$

$$V_l(t) = V_{l0}\cos(\omega_l t + \phi_l) \tag{5.5}$$

とする. これら二つの入力があったときのミクサから出力される電流は

$$
\begin{aligned}
i_m &= K[V_s(t) + V_l(t)]^2 \\
&= \frac{1}{2}K(V_{s0}^2 + V_{l0}^2) + \frac{1}{2}KV_{s0}^2\cos 2(\omega_s t + \phi_s) + \frac{1}{2}V_{l0}^2\cos 2(\omega_l t + \phi_l) \\
&\quad + KV_{s0}V_{l0}\cos\left[(\omega_s + \omega_l)t + (\phi_s + \phi_l)\right] \\
&\quad + KV_{s0}V_{l0}\cos\left[(\omega_s - \omega_l)t + (\phi_s - \phi_l)\right]
\end{aligned}
\tag{5.6}
$$

となる．この式の第 1 項，第 2 項，第 3 項は直流（DC）成分，アンテナから入力される電波の第 2 高調波，局部発振器から入力される電波の第 2 高調波であるが，第 4 項と第 5 項はそれぞれの和周波数成分と差周波数成分である．

　出力に現れるこれらの成分は周波数フィルターの選び方によって特定の項を取り出すことができる．ヘテロダイン受信の場合，差周波数成分を選ぶ（ダウンコンバート）．ここでは局部発振器から入力される電波の位相 ϕ_l が既知であれば周波数変換後も天体からの電波の位相が $\phi_s - \phi_l$ という形で保存されるということである．干渉計では後述のようにこの位相が重要である．そのため局部発振器の位相の安定度は観測性能を左右する．第 5 項が示すとおり，和周波数成分により周波数を高くすることも可能である（アップコンバート）．

　ミクサの雑音には後述の散弾雑音の寄与，さらに抵抗体から伝導電子の原子との衝突により不規則な熱運動による熱雑音もある．これらの雑音はミクサの温度を下げると同時に，電流を小さくすることで低くすることができる．簡単に周波数変換に利用されるミクサを紹介する．

　（1）**超伝導ミクサ**　現在ではミリ波サブミリ波帯の初段低雑音ミクサの主流は超伝導ミクサである．5.4 節で詳述する．

　（2）**半導体ミクサ**（ショットキーバリアダイオードミクサ）　現在でも初段回路よりも雑音に対する要求が低い中間周波数帯での周波数変換には半導体ミクサが多く使用されている．これは超伝導ミクサに比べ圧倒的にコストが安く使用が簡単だからである．

　金属と半導体の接合で生じるポテンシャル障壁をショットキーバリアと呼び，これを利用したダイオードがショットキーバリアダイオードである．ショットキーバリアに順方向，すなわち金属に正電位を加えた場合，半導体の内部の伝導電子は，半導体側から金属側へ容易に移ることができるようになり，金属側から半導体側へ電流が流れる．この電流は非直線性を示す．一方，逆バイアス（金属が負）をかけたときは電流は流れにくくなる．図 5.4（a）はショットキーバリアダイオードに対応した等価回路である．実際は図 5.4（b）のように n 型ガリウム砒素（nGaAs）基板上に金属を蒸着して形成する．金属部分にウィスカーまたは電極金属接合で配線するとダイオードが形成できる．ショットキーバリアダイオードではウィスカー側に正電圧を加えたときが順方向，負電圧を加えたと

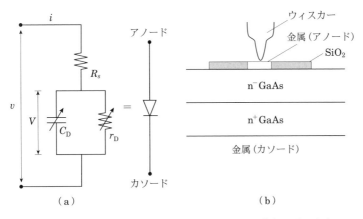

図 5.4 （a）ショットキーバリアダイオードの等価回路，（b）ショットキーバリアダイオードの構造.

きが逆方向である.

ショットキーバリアダイオードの順方向電流は式（5.1）で表される. ただし V はダイオードにかけた電圧であり，$V = v - iR_s$ とかけるが R_s は直列抵抗である. また，$V_0 = \dfrac{\eta kT}{e}$ である. 常温（$T \simeq 300\,\mathrm{K}$）ではこの値は $V_0 \simeq \eta \times 26\,\mathrm{mV}$ である. したがって $\exp \dfrac{V}{V_0} \gg 1$ となり，

$$I \simeq I_0 \exp\left(\frac{V}{V_0}\right) \tag{5.7}$$

となる. コンダクタンス g_D は以下のように表され非線形である. これがミクサの効果を生む. 図 5.4 の場合 $0.6\,\mathrm{V}$ くらいに電圧バイアスをかけて用いる.

$$g_\mathrm{D} = \frac{dI}{dV} = I_0 \exp\left(\frac{V}{V_0}\right) \Big/ V_0 \tag{5.8}$$

また非直線性は η の値に強く影響される. 理想的なダイオードでは η の値は 1 であるが通常は 1.1–1.5 程度である. 雑音温度は低温（$20\,\mathrm{K}$）にすることで常温時の 1/5 程度の低雑音が達成される. よって低温では効率のよい低雑音なミクサを実現することが可能である.

一方，バリアの静電容量 C_D は

$$C_{\mathrm{D}} = \frac{C_0}{(1 - V/\phi)^{\gamma}} \tag{5.9}$$

と表される．このとき C_0 はバイアス $0\,\mathrm{V}$ のときの容量，ϕ は拡散電位，γ は 0–0.5 の値をとる経験的定数である．このような V に対する C_{D} の非線形応答を利用することで入力電波の周波数を $2, 3, 4, \cdots$ 倍と逓倍することができる（周波数逓倍）．実際にはマイクロ波よりミリ波，ミリ波よりサブミリ波に変換するために 2, 3 逓倍器として導波管回路に組み込んで用いられる．さらに直列内部抵抗 R_s と障壁容量 C_0 はフィルターとして動作するのでミクサの動作上限周波数 f_c をきめる．これは，

$$f_c = (2\pi R_s C_0)^{-1} \tag{5.10}$$

として定義される．よって，周波数を上げるためには R_s, C_0 ともに小さくすることが必要である．

5.1.4　結合器の種類

結合器は図 5.1 に示すようにフィードホーンからの入力信号と局部発振信号を混合するために用いられる．ここでは現在主に用いられている方向性結合器及び誘電体板結合器について述べる．これら 2 つの結合器は結合度としては $20\,\mathrm{dB}$ 程度が目安である．この値は入力信号側から見るとほとんど損失はないが局部発振器から見れば $20\,\mathrm{dB}$ 減衰をうけることになる．しかしながら，受信機雑音の原因の 1 つとして考えられる局部発振周波数のサイドバンド雑音を抑圧することになり非常に有益なものである．

（1）　**E 面結合型方向性結合器**　導波管回路の基礎的回路である方向性結合器はマイクロ波回路の結合器として用いられてきたが，精密加工技術の進化により最近，ミリ波サブミリ波（〜 $1\,\mathrm{THz}$）領域まで用いられるようになってきている．また，使用可能な比周波数領域（周波数帯／中心周波数）としては〜 50% を超えることができるようになった

図 5.5 に示す方向性結合器は E 面結合方式のものである．これは製作が簡易でありしかも精度が高いためミリ波サブミリ波領域で多く用いられている．

（2）　**十字形方向性結合器**（クロスガイドカプラ）　$100\,\mathrm{GHz}$ 以下の周波数

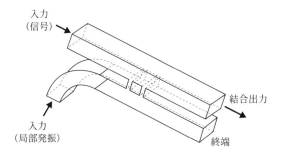

図 **5.5** E 面結合型方向性結合器（2 つの導波管をつなぐスリット幅は 200–300 GHz で 50 μ 程度である）.

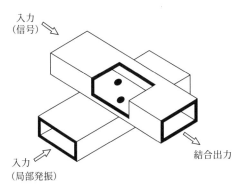

図 **5.6** 十字形方向性結合器（クロスガイドカプラ）の構造. 直交して合わさった 2 本の導波管の接合面の対角線上に結合孔が二つ開いている. この孔の大きさと位置によって結合度と方向が決まる.

ではE面結合型より簡便な十字形方向性結合器も用いられている. 構造は図 5.6 に示すように 2 つの導波管を直交させ，それらの間を 1 個または 2 個の結合孔で結びつける. この孔を通じて円偏波を発生させ，2 つの導波管を結合するものである. 結合度は ∼ 20 dB 程度を得ることはできるが，使用可能な帯域幅は E 面結合型ほど広くはない.

（3）**誘電体板結合器**　これは導波管を使用せずにビーム伝送するときに使用されるものである. SIS 受信器のように局部発振電力が小さくてよい場合には，誘電板の厚みを薄くして通過損失を小さくするのが効果的である. 現実には

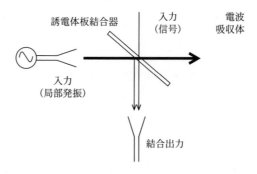

図 5.7 誘電体板結合器（誘電体板の厚さを変えることで結合度の調整が可能）.

100 GHz 帯では，テフロン膜の厚みが 100 μm の場合に約 0.4 dB の通過損失と結合度 20 dB が実現される．これは一般に室温での結合器であり，雑音温度上昇を必ず伴う点で，上記の 2 者の結合器に比べて不利である．しかし，導波管型結合器の製作が困難となってくる短波長領域では有用な結合器である．

5.1.5　局部発振器

ヘテロダイン受信機では周波数変換するため，天体からの信号の周波数に近いもう一つの信号を発生する局部発振器が必要となる．

局部発振器としてはマイクロ波帯ではガン発振器が多く用いられてきたが，最近では信号発生器からの信号を逓倍したものが多く用いられるようになってきた．この 2 つの方式について説明する．

（1）　**周波数逓倍器を用いる方法**　近年，信号発生器（10–20 GHz 帯）からの信号をダイオードで逓倍するという方法でもって局部発振信号を得る方法が多く使用されてきている．

この方法は図 5.8 に示すように周波数によって機械的な調整をする部品がないことが特徴である．次ページに示すガンダイオードの場合，整合や周波数制御のためバックシュート等の機械的可動部が必要となる．

特に注意すべき点は信号発生器からのサイドハンド雑音が意外に大きく低雑音ミクサ（SIS ミクサ等）の局部発振器として用いるときは雑音温度が高くなることが多々あるということである．これについては信号発生器の後にバンドパス

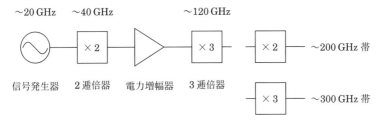

図 **5.8** 局部発振信号を得る方法（逓倍器を使用して 200–300 GHz 帯であるがさらに高周波の場合は逓倍を接続することが可能）.

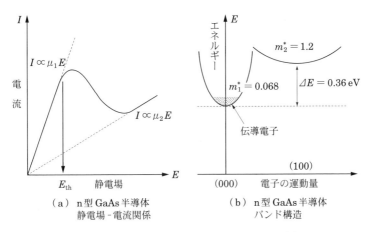

図 **5.9** n 型 GaAs 半導体（a）静電場–電流関係，（b）バンド構造.

フィルターを挿入することで大部分を防ぐことが可能である.

（2）**ガン発振器の原理**　ここではガン発振器の原理について簡単に説明する. n 型の GaAs の単結晶に約 $3\,\mathrm{kV\,cm^{-1}}$ 以上の電場をかけたとき，位相のそろったマイクロ波が発生することを 1963 年にガン（J.B. Gunn）が発見した. この発振はガン効果と名づけられ，この素子をガンダイオードという. この n 型 GaAs の半導体に静電場をかけると，図 5.9（a）の電場 E_{th} まで電場と電流は比例するが，E_{th} を過ぎると電流の負性抵抗の状態となる. さらに電圧をかけると，電場と電流が再び比例するようになる. このメカニズムは GaAs の伝導

帯の構造にあり，以下のようである．

図 5.9（b）がn型 GaAs のバンド構造である．伝導帯のエネルギーは（000）（100）の二つの結晶軸の方向で谷になる．伝導電子は加わった電場が低い間は（000）の方向の伝導帯の底にあり，この電子が加速されている．この電子の有効質量（結晶中では電子は周囲との相互作用によって動きやすさが変わる．これを等価的に電子の質量が真空中の質量より軽くなったり重くなったりすると表す）は $m_1^* = 0.068$ と軽く，移動度 μ_1 が大きい．電場が強くなると上の谷に電子が溜まり出す．この電子は有効質量が $m_2^* = 1.2$ と大きく移動度も $\mu_2 \sim \mu_1/60$ と小さい．電流は $I \propto e n_e v_e$ となり電子の密度 n_e と速度 v_e に比例する．速度の速い電子が減り速度の遅い電子が増えるので電流がかえって小さくなり，負性抵抗を示すことになる．もっと電場が強くなると上の谷にある電子が大勢を占めるので遅い電子による抵抗を示すようになる．

負性抵抗がある場合に

（1）　静電場の方向に電子密度の不均等が起こり電子密度が大きくなったとする．これはその部分の電流が増えたことに相当する．

（2）　負性抵抗のためそこでの静電場が減少する．

（3）　全体としての電場の強さは一定であるので隣の電場は増える．

（4）　そこで電流は減少するように電子は周囲に避けられる．そしてもとの場所の電子密度がさらに上昇して（1）にもどる．

このような正のフィードバックによって電子の流れは波打つことになり発振を始める．その周波数は 10–数 10 GHz になる．

5.1.6　低雑音増幅器（LNA）

HEMT とは High election mobility transistor の略で高電子移動度トランジスタと呼ばれる．HEMT も電界効果トランジスタ（FET）の一種である．HEMT 増幅器とは，HEMT トランジスタを使用した増幅器であり，初段の低雑音増幅器や周波数変換した後の中間周波数帯の低雑音増幅器として利用される．HEMT は 1979 年に富士通の三村高志によって発明された．その電波天文への応用は 1985 年東京天文台（当時）の野辺山宇宙電波観測所 45 m 電波望遠鏡への搭載が最初であり，星間分子のサーベイ観測に威力を発揮した．

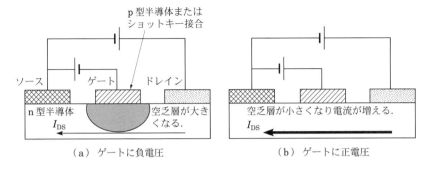

図 **5.10** 電界効果トランジスタ（FET）の構造と動作.

　ここでまず FET の動作を説明する．FET では図 5.10 のように n 型半導体
（nGaAs）の両端にソースとドレインの電極を設置する．実際には半絶縁性の
GaAs の上に nGaAs を成長させた構造となっている．その真中にゲート電極と
して p 型半導体をつけた構造，また金属電極のショットキー接合がある．なお n
型半導体，p 型半導体は GaAs など真性半導体に不純物（ドープ）を混ぜて伝導
電子とその正孔（ホール）の密度を高めたものである．このソース–ドレイン間
に電圧をかけると電流が流れる．電界効果型トランジスタではゲートにかける電
圧を変化させることによってソース–ドレイン間の電流を制御することができる．
　ゲートにマイナスの電位を加えるとゲート付近の n 型半導体の電子は外へ追い
やられ（p 型半導体のゲートの場合は中のホールもゲート電極へと集められて），
伝導する電子やホールが存在しない空乏層が大きくなる．このため電流は流れに
くくなる．この空乏層はゲートのマイナスの電位を大きくすると広がる．FET
はゲート電位の変化で空乏層の大きさを変え，電流を制御することができる．こ
れを増幅に利用することができる．ただし，n 型半導体がおもに電子の流れる部
分になるため，不純物が電子を散乱し電子の走行を妨げ電子移動度 μ を下げ電
子速度を下げる．また熱雑音も混入する．トランジスタの最高動作周波数は

$$f_{\mathrm{T}} \propto \frac{v_{\mathrm{e}}}{L_{\mathrm{g}}} \propto \frac{\mu}{L_{\mathrm{g}}} \tag{5.11}$$

と近似できる．ただし v_{e} は電子の速度，L_{g} はゲートの長さである．電子移動
度を上げてゲート長を小さくすればトランジスタの最高動作周波数は上昇する．

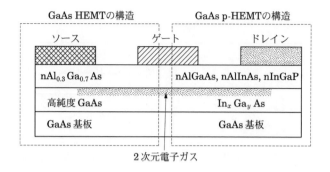

図 **5.11** 高電子移動度トランジスタ（HEMT）の構造.

HEMT では半絶縁性の GaAs 基板の上に高純度 GaAs を成長させ，さらにその上に nAlGaAs を成長させた構造となっている．高純度 GaAs には電子の走行を妨げる不純物が存在しない．nAlGaAs と高純度 GaAs の接合面近くの高純度側には電子移動度が向上した 2 次元電子ガスが存在する．この nAlGaAs の層は電子ガスを供給した結果絶縁層として働く．これによりゲートでのソース–ドレイン間の電流制御がうまくいくようになる．電子移動度が向上し低電圧低電流で動作すれば熱雑音やショット雑音の影響も少なくなる．さらにゲート長を小さくできれば高い周波数までの低雑音増幅器の製作が可能となっている．

現在ではさらに進んだタイプである p-HEMT と呼ばれるものが一般的に使用されている（図 5.11（右））．p-HEMT では結晶構造を歪ませた $In_x Ga_y As$ 層を電子が移動する部分として大変に高い電荷移動度を実現している．また GaAs 基板ではなく InP 基板を使用する HEMT もあり，さらに高性能が実現されている．

現在は HEMT の単体としてのみならず，MMIC（モノリシックマイクロ波集積回路）としても用いられている．MMIC とは半絶縁体性基板上にトランジスタ，インダクタ，キャパシタがマイクロストリップラインで結びつけられて回路を形成しているもので，チップサイズは数ミリ角である．図 5.12 は，電波天文用の 40 GHz 帯低雑音増幅器の GaAs HEMT-MMIC である．

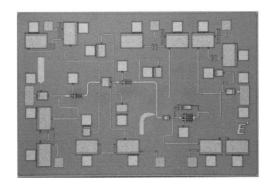

図 **5.12** 40 GHz 帯低雑音増幅器の HEMT-MMIC.

5.2 受信機雑音

5.2.1 雑音温度と雑音指数

雑音の大きさを定量的に表すために雑音温度を導入する. 増幅率 G 倍の増幅器に信号 S_i を入力したときに S_o が出力されたとする. S_o には G 倍された信号以外に雑音電力 N も付加される. すなわち $S_o = GS_i + N$ である. この N は増幅器内部で発生したものであるが, 便宜的に "雑音 0 の増幅器の入力端から入力された" とする. すなわち S_i の他に $N_{eq} = N/G$ が入力されたと仮定する. このように入力端で見た雑音を入力換算雑音と呼ぶ. 増幅器の周波数幅を $\Delta\nu$ とすれば, ナイキストの式から $N/G = kT_n\Delta\nu$ がえられる. したがって,

$$T_n = \frac{N_{eq}}{k\Delta\nu} \tag{5.12}$$

である. この T_n を入力換算雑音温度という. また雑音の大きさを表すために雑音指数 F という表現もある. F の定義は入出力の S/N 比の比である. したがって,

$$F = \frac{(S/N)_{in}}{(S/N)_{out}} = \frac{S_i/N_i}{GS_i/G(N_i + N_{eq})} = 1 + \frac{N_{eq}}{N_i} \tag{5.13}$$

となる. ここで N_i は増幅器に入力される雑音電力である. 雑音指数は電子工学ではデシベル表示[*1]されることが一般的で,

$$NF\,[\mathrm{dB}] = 10\log\left(1 + \frac{N_{\mathrm{eq}}}{N_i}\right) \tag{5.14}$$

と書かれる. また雑音温度との関係は

$$NF\,[\mathrm{dB}] = 10\log\left(1 + \frac{T_n}{290}\right), \tag{5.15}$$

$$T_n = 290(10^{NF/10} - 1) \tag{5.16}$$

となる.

5.2.2 多段回路の雑音: 受信機初段回路の低雑音の重要性

まず増幅率 G_1, G_2 倍の 2 個の増幅器を直列に結合したときの雑音温度を評価する (図 5.13). 系全体の増幅率は $G_1 G_2$ である. それぞれの増幅器の入力換算雑音を $N_{\mathrm{eq},1}$, $N_{\mathrm{eq},2}$ とする. 5.2.1 節に従うと入力換算雑音温度はそれぞれ $T_{n1} = N_{\mathrm{eq},1}/k\Delta\nu$, $T_{n2} = N_{\mathrm{eq},2}/k\Delta\nu$ となる. いま 1 段目の雑音出力 $G_1 N_{\mathrm{eq},1}$ を 2 段目の増幅器に入力させると, $N_{\mathrm{eq},2}$ が付加され G_2 倍されて出力される. したがって直列結合した増幅器に入力電力がないときのこの系の入力換算雑音は

$$N_{\mathrm{eq},t} = \frac{G_2(G_1 N_{\mathrm{eq},1} + N_{\mathrm{eq},2})}{G_1 G_2} = N_{\mathrm{eq},1} + \frac{N_{\mathrm{eq},2}}{G_1} \tag{5.17}$$

となる. したがって系全体の入力換算雑音温度は

$$T_{nt} = \frac{N_{\mathrm{eq},t}}{k\Delta\nu} = T_{n1} + \frac{T_{n2}}{G_1} \tag{5.18}$$

となる. 2 段目の雑音温度の全体への影響は前段の増幅率の逆数だけ小さくなる. これが受信機初段回路の低雑音が重要である理由である. 初段がミクサのように増幅率ではなくて損失を持つ場合は $G_1 < 1$ と考える. この場合は 2 段目, すなわち中間周波数の低雑音増幅器の性能が重要であることもわかる. 以上の議論を続けると多段回路の雑音温度は

[*1] 量 y について $x = 10\log y$ を y のデシベル表示と呼び, $x\,\mathrm{dB}$ と書く. 似た単位に $[\mathrm{dB_m}]$ というものがある. これは $1\,\mathrm{mW}$ を $0\,\mathrm{dB_m}$ とする単位である.

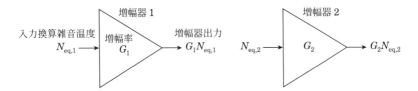

2つの増幅器を直列に結合する.

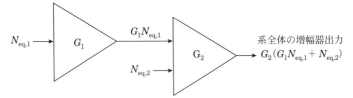

系全体の入力換算雑音温度は以下のようになる.

$$N_{\mathrm{eq,t}} = \frac{G_2(G_1 N_{\mathrm{eq,1}} + N_{\mathrm{eq,2}})}{G_1 G_2} = N_{\mathrm{eq,1}} + \frac{N_{\mathrm{eq,2}}}{G_1}$$

図 **5.13** 増幅器を直列接続した場合の入力換算雑音温度.

$$T_{nt} = T_{n1} + \frac{T_{n2}}{G_1} + \frac{T_{n3}}{G_1 G_2} + \cdots + \frac{T_{nm}}{G_1 G_2 \cdots G_{m-1}} \qquad (5.19)$$

である.さらに後段の雑音温度は系全体にはほとんど影響しないことがわかる.

5.2.3 雑音の種類

受信機等の実際の4端子回路では,入力端に何も接続しなくても出力端にはこの回路が発生する雑音出力が出力される.雑音にはその発生機構によって次のように大別される.

熱雑音

温度 T で抵抗 R の両端子から発生する電圧 $v(t)$ を考える.実際には抵抗の回路には必ず静電容量 C があるので,図 5.14 のような回路になっている.い

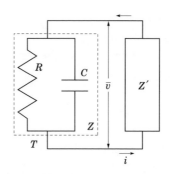

図 5.14 温度 T の抵抗 R 回路とコンデンサ C からなるインピーダンス Z の回路とインピーダンス Z' の外部接続回路.

ま, この C に蓄えられるエネルギー E は, $E = \dfrac{1}{2}C\overline{v^2}$ である. ただし $\overline{v^2} = \displaystyle\lim_{T\to\infty} \dfrac{1}{T}\int_{-T/2}^{T/2} v(t)^2\,dt$ である. また, 熱平衡状態ではこのエネルギーは等分配の法則から 1 自由度相当の $E = \dfrac{1}{2}kT$ である. ただし k はボルツマン定数である. この 2 式から

$$\overline{v^2} = \frac{kT}{C} \tag{5.20}$$

となる. この回路の時定数は $\tau = RC$ である.

この回路の自己相関関数を求めると $R(\tau) = \overline{v(t)v(t+\tau)} = \overline{v^2}e^{-\tau/RC}$ となるが, これをフーリエ変換してパワースペクトルを以下のように得る.

$$G(\omega) = \frac{2\overline{v^2}}{\pi}\frac{\tau}{1+\omega^2\tau^2} \tag{5.21}$$

したがってこの回路から発生する電力 P はこのパワースペクトルを周波数方向に積分して求めれば良い.

$$
\begin{aligned}
P &= \frac{1}{\mathrm{Re}(Z)}\int_0^\omega G(\omega)d\omega = \frac{2\overline{v^2}}{\pi\mathrm{Re}(Z)}\int_0^\omega \frac{\tau}{1+\omega^2\tau^2}\,d\omega \\
&= \frac{2kT}{\pi RC}\int_0^\omega \frac{RC}{1+\omega^2(RC)^2}d\omega = \frac{2kT}{\pi}\int_0^\omega \frac{1}{1+\omega^2(RC)^2}\,d\omega
\end{aligned}
\tag{5.22}
$$

である. ただし Z はこの回路のインピーダンスである. ここで低周波数のみ

$(\omega \ll 1/RC)$ に着目すると

$$P \simeq \frac{2kT}{\pi} \int_0^\omega d\omega = 4kT \int_0^\nu d\nu = 4kT\nu \tag{5.23}$$

となる．これをナイキストの熱雑音の式と呼ぶ（1929 年）．次にこれがどれだけ外に取り出せるかを考える．図 5.14 のように出力端子にインピーダンス Z' を持った回路を接続する．これらの回路を流れる電流を $\bar{i}$ とすると $\bar{i} = \dfrac{\bar{v}}{Z + Z'}$ となる．この Z' から取り出せる電力 P_o は

$$P_\mathrm{o} = \bar{i}^2 \mathrm{Re}(Z') = \frac{\bar{v}^2 \mathrm{Re}(Z')}{(Z + Z')^2} = P\frac{\mathrm{Re}(Z')^2}{(Z + Z')^2}$$

となる．$Z' = Z^*$ のときにこれは最大になり，

$$P_\mathrm{o,max} = \frac{P}{4} = kT\nu \tag{5.24}$$

となる．この Z と Z' の関係をインピーダンス整合と呼ぶ．この式は回路から取り出し可能な熱雑音の電力を表す．

　出力できる熱雑音は温度 T には比例するが回路の抵抗 R や静電容量 C には依存しない．これは抵抗中の電子はそれを構成する原子と熱平衡にありその温度で熱運動していることによる．熱雑音の周波数変化は図 5.15 のようになる．この式で記述される熱雑音は黒体放射のレイリー–ジーンズ近似に相当する．THz $(1 \times 10^{12}\,\mathrm{Hz})$ を超える高周波数では kT ではなくて $h\nu \big/ \left\{ \exp\left(\dfrac{h\nu}{kT}\right) - 1 \right\}$ がそのまま効いてくるので周波数が上昇すると低下していく．

散弾（ショット）雑音

　半導体中の電子の流れの粒子性に起因する雑音である．電流が連続的な流れではなくて 1 個，2 個と数えられる電子の運動だから，その電子の数の統計的変動が雑音となる．これを散弾（ショット）雑音という．回路を t 秒間に電子（電荷を e とする）が N 個流れると仮定すると流れる電流 I は $I = \dfrac{eN}{t}$ となり，その平均値は $\bar{I} = \dfrac{e\bar{N}}{t}$ となる．ここで電子の流れはポアソン分布に従うとすると電子の数のゆらぎは $\overline{(N - \bar{N})^2} = \bar{N}$ となる．したがってこの雑音パワー P は

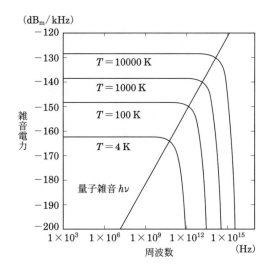

図 **5.15** 雑音電力と周波数の関係.

$$P \propto \overline{(I - \bar{I})^2} = \frac{e^2}{t^2}\overline{(N - \bar{N})^2} = \frac{e^2}{t^2}\bar{N} = \frac{e}{t}\bar{I}$$

となる．ここで測定平均をとる時間間隔と測定周波数の関係 $t = \dfrac{1}{2\Delta f}$ を代入すると

$$P \propto 2e\bar{I}\Delta f \tag{5.25}$$

となり，散弾雑音が半導体回路を流れる電流に比例することがわかる．

フリッカ雑音（$1/f$ 雑音）

自然界のあらゆるところで低周波数で大きくなる雑音で $1/f$ の特性（f は観測周波数）があるが，これの一般的な説明は難しい．しかし半導体回路の場合は表面特性が関係あるとされる．

外来雑音: マイクロフォニック雑音，ハム等

回路外に起源をもつ雑音の総称である．マイクロフォニック雑音，ハム等などがある．マイクロフォニック雑音は外部の機械振動が回路の雑音に変換されたも

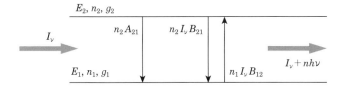

図 **5.16** 2 準位系でできた増幅器.

のを呼ぶ．冷却回路の機械式冷凍機は機械振動を伴うのでその振動が回路の出力
に現れる場合があり問題になる．またハムは交流電源を直流化するときにその平
滑化が不十分な場合に回路出力に交流電源の周波数成分が現れるものである．直
流電源電圧の変換に多用される DCDC コンバータは内部には交流回路がある．
このためこの周波数成分が現れることもある（スイッチングノイズ）．

量子雑音

図 5.16 のような 2 準位系でできた増幅器を考える（たとえばメーザー増幅器）．
複雑な系では周囲の物質と相互作用が増えて熱雑音が混入するので雑音が増加す
る．したがって，このような単純な系で雑音の下限を評価するのは意味あること
である．ここでは下のレベルのエネルギー，電子の存在数，そして縮退度を E_1,
N_1, g_1 とし，上のエネルギー準位では E_2, N_2, g_2 とする．A, B はアインシュタ
イン係数であり有名な関係式 $A_{21} = \dfrac{2h\nu^3}{c^2} B_{21}, g_1 B_{12} = g_2 B_{21}$ で結ばれている．
ここでは簡単のため，$g_1 = g_2 = 1$，すなわち $B_{12} = B_{21} = B$ とする．このよ
うな系が長さ ds の導波管に存在するとする．入力を I_ν とするとその変化は

$$\frac{dI_\nu}{ds} = \frac{h\nu}{4\pi}\Big[N_2(A_{21} + I_\nu B) - N_1 I_\nu B\Big] \tag{5.26}$$

となる．またこの系が熱平衡にあればボルツマン分布に従い $\dfrac{N_2}{N_1} = \exp\Big(-\dfrac{E_2 - E_1}{kT}\Big)$
で $N_2 < N_1$ であるはずだが，今の場合は増幅が起きるので $N_2 > N_1$ である．
上式から

$$\frac{dI_\nu}{ds} = \alpha\Big[I_\nu + \beta\frac{N_2}{(N_2 - N_1)}h\nu\Big]. \tag{5.27}$$

ただし，増幅係数 $\alpha = \dfrac{h\nu}{4\pi}(N_2 - N_1)B$，また $\beta = \dfrac{2\nu^2}{c^2}$ である．この微分方程式を解いて I_ν について整理すると

$$\ln\left[I_\nu + \beta\frac{N_2}{(N_2 - N_1)}h\nu\right] = \alpha s + C \tag{5.28}$$

$$I_\nu = e^{\alpha s}I_{\nu 0} + (e^{\alpha s} - 1)\beta\frac{N_2}{(N_2 - N_1)}h\nu \tag{5.29}$$

となる．系の入力が $I_{\nu 0} = 0$ のときの I_ν が雑音による出力 P_ν である．

$$P_\nu = (e^{\alpha s} - 1)\beta\frac{N_2}{(N_2 - N_1)}h\nu.$$

増幅率 $e^{\alpha s}$ が大きくなるためには $N_2 \gg N_1$ である．$e^{\alpha s} - 1 \simeq e^{\alpha s}$ となり，雑音出力は $P_\nu = e^{\alpha s}\beta h\nu$ となる．これを前述のレイリー–ジーンズ近似での入力換算温度 T で評価すると

$$P_\nu/e^{\alpha s} = \beta h\nu = \frac{2\nu^2}{c^2}h\nu = \frac{2\nu^2}{c^2}kT \tag{5.30}$$

となり，

$$T = h\nu/k \tag{5.31}$$

を得る．これを量子雑音と呼ぶ．100 GHz では式（5.31）の値は 5 K 程度であるが，量子雑音は周波数に比例して増加するのでサブミリ波では大きな値になる．レイリー–ジーンズ近似を使わずそのままプランクの式を使うと $\dfrac{2\nu^2}{c^2}h\nu = \dfrac{2h\nu^3}{c^2}\dfrac{1}{\exp h\nu/kT - 1}$ から $T = h\nu/k\ln 2$ となる．両者の定義ともよく使われている．熱雑音との比較は図 5.15 のようになる．

5.2.4 電波望遠鏡の雑音

ミリ波マイクロ波領域においてはプランクの放射公式でレイリー–ジーンズの近似が成立するので，電波望遠鏡の雑音は等価温度を用いて表す．式（5.19）から $L = 1/G$ として以下に示す．このように電波望遠鏡の雑音温度 T_{sys} は三つの部分よりなる．

$$T_{\text{sys}} = T_{\text{atm}} + L_{\text{atm}}T_{\text{ant}} + L_{\text{atm}}L_{\text{ant}}T_{\text{RX}} \tag{5.32}$$

T_{ant}（アンテナ雑音温度）と L_{ant} は，アンテナ自体に起因する雑音とその損失である．T_{atm}（大気雑音温度）と L_{atm} は大気が放射する雑音とその損失である．またこれらの雑音は，ほぼ数 10 K 程度であり，周波数によってゆるやかに変化する．T_{RX} は，受信機雑音温度であり，ミリ波の観測が本格化した 1970 年ごろは，数千 K 程度であった．電波天文学者の努力は，T_{RX}，T_{ant} をできるかぎり減少させて，T_{sys} が大気によってのみ決まる段階を実現することに向けられてきたのである．良い低雑音増幅器のない短ミリ波帯では，初段にミクサを用いる受信器が使われる．受信機雑音は T_{mix}（ミクサ雑音温度），T_{IF}（中間周波増幅器雑音温度），L_{mix}（変換損失）を用いて次の式で表される．

$$T_{\mathrm{RX}} = T_{\mathrm{mix}} + T_{\mathrm{IF}} L_{\mathrm{mix}}.$$

ミクサではある程度の変換損失が避けられないので L は 1 よりも大きくなり，二段目の中間周波増幅器の雑音温度 T_{IF} が問題になる．この増幅器は 1–20 GHz 帯では非常に低雑音が実現されているので，ミクサの性能を良くすることで受信機雑音を減らすことができる．世界の最先端は常温半導体ミクサ期，20 K 冷却半導体ミクサ期を経て，超伝導ミクサ期へと展開してきた．日本で本格的にミリ波観測がされるようになった 1980 年頃に比べると現代の受信機雑音温度は約数十分の 1 に減少している．これは積分時間が 100 分の 1 に短縮されたことを意味し，電波望遠鏡による観測を大きく飛躍させる原動力となった．

5.3 ヘテロダインによる観測方式

5.3.1 SSB, DSB, 2SB

ヘテロダインには以下の SSB, DSB, 2SB の三つの方式がある．ヘテロダインにおける周波数の関係は，

$$\nu_{\mathrm{RF}} = \nu_{\mathrm{LO}} \pm \nu_{\mathrm{IF}}$$

となる．ただし，ν_{RF} は信号周波数，ν_{LO} は局部発振器周波数，ν_{IF} は中間周波数である．この式から受信機はそのままでは ν_{LO} に対して $\pm\nu_{\mathrm{IF}}$ となる二つの周波数帯（サイドバンド）において感度があることがわかる．$\nu_{\mathrm{LO}} + \nu_{\mathrm{IF}}$ であるものをアッパーサイドバンド（USB），$\nu_{\mathrm{LO}} - \nu_{\mathrm{IF}}$ であるものをローワーサイド

バンド（LSB）と呼ぶ．サイドバンドの受信可能な周波数幅はミクサの周波数特性や後段の中間周波増幅器の仕様などで決まる．両方のサイドバンドで感度があり，どちらに入力された信号であっても中間周波数（IF）への変換効率に差がない場合はダブルサイドバンド（DSB）と呼び，この方式で動作するミクサをDSB ミクサと呼ぶ．DSB では USB と LSB で受信された信号は一緒に IF に出力され分離できない．この方法は連続波観測では周波数幅が増えるので都合がよいがスペクトル線を受信するときは目的としているスペクトル線の同定には工夫を要する．さらに目的とするスペクトル線が一方のサイドバンドのみにある場合，他のサイドバンド（イメージバンドという）からの大気雑音などが余計に入る．このため雑音温度は上昇し，受信機の不安定性は増すことになる．

USB と LSB のどちらかを選んで受信する方式をシングルサイドバンド（SSB）と呼び，この方式で動作するミクサを SSB ミクサと呼ぶ．特に大気の影響を受けやすい 100 GHz 以上の周波数帯では SSB が強く求められている．これまでSSB で受信する方法としては準光学的手法（おもにマーチン・パープレット型干渉計）でイメージバンドを吸収体に終端させたり，ミクサのバックショートにより片方のみに整合を取る方式が使用されてきた．しかしこれらは機械的な可動部分を持つために再現性，経時変化などの問題があった．加えて信号が通過する部品を受信機の前に設置することは損失の増加が避けられず，雑音温度を上げることになる．

これらを解決するものとして最近機械的な可動部のない導波管型のサイドバンド分離型ミクサ（2SB ミクサ）が実用化された．図 5.17 に示すのはミリ波帯90° ハイブリッドと呼ばれる分波器で観測信号の位相を 90° ずらして二つのミクサに入力し，IF 出力でも同様に位相をずらして足し合わせることで両サイドを分離する方式である．この方式は国内では野辺山 45 m 鏡，ASTE 10 m 鏡，東大 NRO 60 cm 鏡（あまのがわ望遠鏡）等で実際の観測に使用され，観測効率の向上に役立っている．

5.3.2　受信機雑音の測定法

受信機雑音温度 T_{RX} は常温 T_{amb} である電波吸収体で受信機の入り口をふさいだときの出力 $P_\nu(\mathrm{amb})$ のほか，T_{amb} と異なる温度で同様にしたときの出力

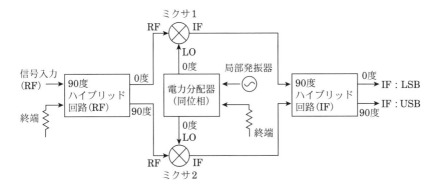

図 **5.17** 2SB 方式受信機のブロックダイヤグラム.

との比から求まる. 通常, 液体窒素（77 K）などが使われるので $P_\nu(77)$ と書く. 両者は

$$P_\nu(\mathrm{amb}) = Gk(T_{\mathrm{RX}} + T_{\mathrm{amb}}), \tag{5.33}$$

$$P_\nu(77) = Gk(T_{\mathrm{RX}} + 77) \tag{5.34}$$

となる. ただし G は増幅率, k はボルツマン定数である. 出力の比 Y は

$$Y = \frac{P_\nu(\mathrm{amb})}{P_\nu(77)} = \frac{T_{\mathrm{RX}} + T_{\mathrm{amb}}}{T_{\mathrm{RX}} + 77} \tag{5.35}$$

となる. したがって, 受信機雑音温度 T_{RX} は

$$T_{\mathrm{RX}} = \frac{T_{\mathrm{amb}} - 77Y}{Y - 1} \tag{5.36}$$

となる. DSB ミクサが初段に来る場合は, 上記方法で DSB での雑音温度 $T_{\mathrm{RX,DSB}}$ が測定される. この DSB で測定した温度から SSB での雑音温度 $T_{\mathrm{RX,SSB}}$ を導くと以下のようになる.

$$T_{\mathrm{RX,SSB}} = 2T_{\mathrm{RX,DSB}}. \tag{5.37}$$

これは電波吸収体などの較正のための信号は両サイドバンドに入力されるが, 目的の天体からの信号は片方のサイドバンドにしか入力されないためである. IF への変換効率に差がある場合, サイドバンドへの信号の IF への変換比 R はサイドバンド比, またはイメージ抑圧比と呼ばれる. この場合

図 **5.18** アルマ（ALMA）のカートリッジ型超伝導ヘテロダイン受信機. 左からバンド 4（受信周波数 125–163 GHz），バンド 8（385–500 GHz），バンド 10（787–950 GHz）の各受信機.

$$T_{\mathrm{RX,SSB}} = \left(1 + \frac{1}{R}\right) T_{\mathrm{RX,DSB}} \tag{5.38}$$

となる.

5.4 超伝導ミクサ

5.4.1 概要

　天文観測用分光に充分な周波数分解能を持つ計測法として，観測周波数と基準信号源（局部発振器）からの既知周波数との差周波信号をミクサで生成し，その周波数を測定する，ヘテロダイン法がある．ヘテロダイン法によって，ミリ波・サブミリ波帯の未知周波数の観測信号を，高精度な周波数解析器（電波分光計等）の利用可能なマイクロ波帯の信号に変換することができる．このような動作を行うヘテロダイン受信機においては，入射ミリ波・サブミリ波帯電力は出力マイクロ波電力と 1 対 1 に関係づけられるため，入射ミリ波・サブミリ波帯電力を周波数の関数として評価することもできる．

　ヘテロダイン受信機の周波数分解能は，基準信号源となる局部発振器の発振周

波数のゆらぎと出力信号処理系（電波分光計）の分解能で制限され，検出可能な最小信号電力は，受信器の初段に配置されるデバイスの雑音温度（単位周波数帯域あたりの雑音電力）に制限される．100 GHz 以下のミリ波帯では，受信機初段に低雑音増幅器を置く．一方，約 100 GHz 以上では現状，適当な増幅器がないので，初段にはミクサがくる．この場合，受信機雑音温度 T_{RX} はミクサの雑音温度に支配されるので，低雑音ミクサが強く要求される．ミリ波・サブミリ波帯でのこのような要求に応えるものが超伝導ミクサであり，ここではこれまで多くの国の電波天文台で観測実績のある SIS（Superconductor/Insulator/Superconductor; 超伝導トンネル型）ミクサと，21 世紀に入り天文観測に使われ始めた超伝導 HEB（Hot Electron Bolomerter; ホットエレクトロンボロメータ）ミクサの概要を述べる．

なお，超伝導現象とは，ある種の金属や酸化物において，極低温下（物質によって決まる超伝導転移温度 T_{c} 以下の温度）において電気抵抗 = 0 と完全反磁性（磁力線をはじき出す）の二つの性質が現れることをいう．

超伝導ヘテロダイン受信機の例として ALMA で使われている高感度ミリ波サブミリ波受信機を図 5.18 に示す．

5.4.2 SIS ミクサ

SIS 接合は，図 5.19（a）に示すように，二つの超伝導電極で 1 nm 程度の厚みの絶縁体を挟んだ素子構造をとる．厚い絶縁体には電流は流れないが，量子力学の教えるところによると，極めて薄い絶縁体（トンネルバリア）両側にある電極間にはトンネル効果による電流が流れる．SIS ミクサの動作は以下に起因する．

（1）　SIS 接合素子におけるトンネル電流値が照射電磁波の周波数と電力の関数である．

（2）　SIS 接合素子の電流–電圧特性が強い非線形性を持つ．

超伝導電極における電子のエネルギーの様子を単純化すると，図 5.19（d）–（f）となる．図 5.19（d）において網目で示す領域は，電子が多数存在するエネルギー準位である．平衡状態にある超伝導体では，この準位を占めることのできる電子数とほぼ同数の超伝導電子が存在し，電子にとって空席の数は極めて少ない．このエネルギー準位を充満帯と呼ぶ．充満帯上端から 2Δ 以上エネルギーの

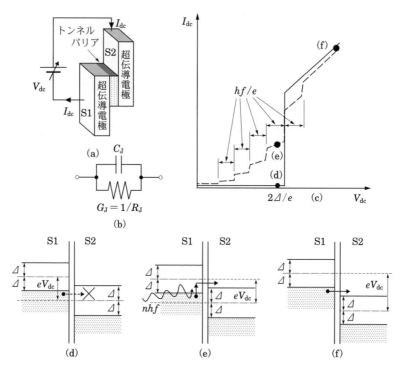

図 **5.19**　SIS 接合素子の（a）構造，（b）等価回路，（c）無照射時（実線）と電磁波照射時（破線）の I_{dc}–V_{dc} 特性，（d）$0 < V_{dc} < 2\Delta/e$ における無照射時のエネルギーバンド，（e）$0 < V_{dc} < 2\Delta/e$ における電磁波照射時のエネルギーバンド，（f）$V_{dc} > 2\Delta/e$ におけるエネルギーバンド.

高い準位には，超伝導電子が壊れて生じる常伝導電子のみが存在できる．この準位には，常伝導電子にとって多くの空席が存在し，電子はその空席間を移動できるので，この準位を伝導帯と呼ぶ．充満帯と伝導帯の間は，禁止帯またはエネルギーギャップと呼ばれ，電子の存在が許されないエネルギー準位である．なお，禁止帯の真中に示す一点鎖線は，電極のエネルギーポテンシャルを示す.

　電極 S1, S2 間の電子移動には，エネルギー保存則に従うトンネル効果のみが許され，それ以外は起こらない．この観点から，3 通りの場合に分けて SIS 接合素子におけるトンネル電流を考える．なお，以下の説明において，V_{dc} は二つの超伝導電極間の電位差，I_{dc} は SIS 接合素子を流れるトンネル電流，$e = 1.60 \times$

$10^{-19}\,\mathrm{C}$ は電子の電荷, $h = 6.63 \times 10^{-34}\,\mathrm{J\,s}$ はプランク定数, f は電磁波の周波数である.

(1) $0 < V_{\mathrm{dc}} < 2\Delta/e$ かつ電磁波照射のない場合 (図 5.19 (d))

S1 の充満帯に存在する電子が S2 にトンネルしようと思っても, 遷移先は S2 の禁止帯であり, 電子は存在できない. よって, このような遷移は許されず, S1 から S2 へのトンネルはほとんど生じない. その結果, 図 5.19 (c) に示す I_{dc}–V_{dc} 特性上では, 非常に高抵抗の領域として実現される. なお, 無限大の抵抗にならない理由は, 熱エネルギーにより S1 の充満帯から S1 の伝導帯に確率的に飛び上がることのできたごくわずかの数の電子が, S2 の伝導帯の空席に遷移できるからである.

(2) $0 < V_{\mathrm{dc}} < 2\Delta/e$ かつ電磁波照射のある場合 (図 5.19 (e))

外部から照射光子のエネルギー nhf が与えられる (n は整数, 1 個の電子のトンネリングに n 個の光子が寄与すると仮定) ため, トンネルする常伝導電子は, 以下の条件が成り立つ場合には, S2 の伝導帯の座席を占めることができる.

$$nhf + eV_{\mathrm{dc}} > 2\Delta \tag{5.39}$$

これは, 無照射時にほとんど電流の流れなかった $V_{\mathrm{dc}} > (2\Delta - nhf)/e$ の電圧領域において, 電磁波照射によりトンネル電流が流れることを意味する.

(3) $V_{\mathrm{dc}} > 2\Delta/e$ の場合 (図 5.19 (f))

S1 の充満帯に存在する電子には, S2 の伝導帯がトンネルバリア越しに見えるから, 電磁波照射の有無に無関係にトンネル電流が生じる.

以上, (1) – (3) により, SIS 接合素子の I_{dc}–V_{dc} 特性は, 図 5.19 (c) に示すように, $V_{\mathrm{dc}} = 2\Delta/e$ での鋭い電流の立ち上がりを含んだ強い非線形性を有する. また, 電磁波照射時の I_{dc}–V_{dc} 特性 (破線) は, hf/e ごとの電圧間隔で電流ステップを生じ, 無照射時の I_{dc}–V_{dc} 特性 (実線) から持ち上がる. この増加電流を Photon-Assisted Tunneling (PAT) 電流と呼ぶ. この現象は, SIS 接合が電磁波検出器として機能することを示している.

　また，一つの電波源からの電磁波照射によって PAT 電流の生じた SIS 接合に，他の電波源から別の周波数の電波を照射すると，SIS 接合の強い非線形性に起因する二つの電磁波のミキシングが生じ，IF 出力が取り出される．

　さらに，SIS 接合素子を流れる交流電流は，以上述べたトンネル電流と，絶縁体を挟んだサンドイッチ構造に起因するキャパシタへの充放電電流からなる．よって，SIS 接合素子を電気回路（等価回路）で表すと，図 5.19 (b) のように，トンネルコンダクタンス G_J（コンダクタンスは電流の流れやすさを表すパラメータで，トンネル抵抗 R_J の逆数）とキャパシタ C_J の並列となる．

　SIS ミクサは，半導体ミクサのような単なるダイオード（古典的ダイオードと呼ぶ）とは異なる以下の特徴を持つ．

　（1）　非線形性の指標となる I_{dc}–V_{dc} 特性の微分抵抗が，古典的ダイオードでは緩やかに変化するのに対し，SIS ミクサでは照射電磁波光子のエネルギー hf に相当する電子エネルギー eV_{dc} を単位として急激に変化する．そのため，高いミクサ変換効率が得られる．

　（2）　古典的ダイオードでは，IF 出力電力/信号入力電力で定義されるミクサ変換効率が 1 以下（変換損失）であるのに対し，SIS ミクサでは，条件によっては，微分抵抗が負となる PAT ステップが生じ，そのためミクサ変換効率 $\geqq 1$（変換利得）ともなり得る．なお，雑音温度の比較は後述する．

　5.1 節で，半導体（ショットキーダイオード）ミクサの上限周波数が，ダイオード内の直列抵抗と障壁容量で決まることを述べた．等価回路が図 5.19 (b) で表される SIS ミクサも，このままではトンネルコンダクタンス G_J と幾何学的構造に起因するキャパシタンス C_J により上限周波数が決まり，その典型値は約 100 GHz と，サブミリ波観測には不十分で，かつ半導体ミクサに比べて小さい．

　この問題は，C_J を流れるサブミリ波電流を打ち消すような位相の電流を流す電気回路を，SIS 接合に並列接続することで回避できる．この機能を果たす回路を同調回路といい，ラジオ放送受信機において，所望の放送局を選択する同調機構と同じ原理に基づく．厳密には，同調は共振周波数と呼ばれる特定の周波数についてのみ生じるが，現実には，共振周波数を中心とするある周波数範囲において，近似的な同調が成り立つとみなして差し支えない．実際の系では，極低温冷却下における超伝導電極あるいは一部の純金属電極の持つ低損失性を活かし，

近似的な同調成立の周波数幅を増加するような回路的工夫が凝らされており，275–500 GHz 帯（比帯域約 60％）をカバーするものや 900 GHz 帯において中心周波数の 19％の帯域を持つ非常に低雑音な SIS ミクサの報告例がある．

　高周波になり同調回路の電極損失が大きくなると，接合容量を十分打ち消すことができなくなり，ミクサ性能は低下する．また，電極損失の周波数依存性を正確に設計に反映することが困難となる．現実的には，これが SIS ミクサの動作周波数の上限を決める要因となっている．電極材料としてもっとも多く使われるニオブ（Nb）では，そのギャップエネルギーに相当する電磁波周波数（ギャップ周波数 $2\Delta/h$）である 0.7 THz，Nb よりも $2\Delta/h$ の高いニオブ窒化チタン（NbTiN），エピタキシャル窒化ニオブ（NbN），また低損失の常伝導金属アルミニウム（Al）では約 1 THz までの極低雑音ミクサ動作実績がある．

　なお，図 5.19（d）から，$2\Delta/h$ より高周波の電磁波が超伝導電極 S1 に照射されると，そのエネルギーは，S1 の充満帯にある電子を S2 にトンネルさせることなく，S1 の価電子帯に押し上げるのに充分であることがわかる．これは，抵抗 ＝ 0 の電流を担う超伝導電子が，抵抗損失を伴う常伝導電子に変換され，それゆえ電極損失が急増することを意味する．

5.4.3　超伝導 HEB ミクサの動作原理

　SIS ミクサは，超伝導電極のギャップ周波数を超える高周波の信号に対しては急激に感度を失ってしまう．こうした背景を受け，近年，超伝導ホットエレクトロンボロメータ（HEB）ミクサと呼ばれる次世代のテラヘルツ帯超伝導ヘテロダイン検出素子が着目されている．通常のボロメータでは，電磁波入射に対して抵抗体の温度が上昇する．この抵抗体内の結晶格子の熱容量は一般的に大きいため，加熱・冷却に時間がかかり，応答速度は遅い．

　一方，抵抗体内の電子は，電磁波の照射（や遮断）に対して結晶格子と比べてはるかに早く暖まる（冷却される）．抵抗体の電気特性は電子の振る舞いに支配されるので，結晶格子の温度が一定であっても電子温度さえ変化すれば電磁波検出に利用できる．当初プローバー（D. Prober）らは，このホットエレクトロンの冷却機構を応用し，Nb の薄い膜でできた極小の細線を用いて超伝導 HEB ミクサの開発に取り組んでいた．近年はさらに NbN（窒化ニオブ）や NbTiN

（窒化ニオブチタン）などの臨界温度（T_c）の高い合金超伝導薄膜が細線に応用されるようになり，米国のジェット推進研究所 JPL（NASA）やオランダのデルフォト工科大，モスクワ教育大，ドイツのケルン大学，また国内では情報通信研究機構や東京大学，大阪府立大学などで精力的な研究開発が展開されている．超伝導 HEB ミクサの動作には，

（1）　原理的に周波数の動作限界がない，

（2）　細線が抵抗体のように振る舞うため，同調回路の設計が比較的容易である，

（3）　ボロメータとしての応答を示すため高調波を短絡しやすい，

（4）　製作工程が SIS 素子よりも比較的単純である，

（5）　ミキシングに必要な局部発振器からの電力が SIS ミクサと比べて小さい，

という長所や特徴がある．

　5.1.3 節では，素子の電流–電圧特性に非線形性があると，異なる二つの周波数が入射した際に差周波が発生することを述べた．そこで，ここでは超伝導 HEB ミクサがどのような電流–電圧特性を示すのかを概観する．超伝導 HEB ミクサの動作は，超伝導薄膜固有の振る舞いや，それらの界面での物性，さらには 3 次元的構造を考慮する必要があり，厳密な動作原理やモデルの構築は本書の枠を超えるため，ここでは比較的簡単な系を考える．

　図 5.20 のように超伝導 HEB ミクサでは，熱浴である常伝導金属電極の間に超伝導細線が橋渡しされている．超伝導 HEB ミクサのヘテロダインミキシングは，この細線における超伝導転移温度 T_c 付近での抵抗値の急峻な変化を利用したものである．細線部に電磁波が照射されると，熱浴から遠い細線部中央ほど，電磁波を吸収して温度（T）が上昇しやすい．この暖まった領域は超伝導から常伝導への遷移状態にあり，しばしばホットスポットと呼ばれる．このホットスポットの長さを L とする．一般に，NbN や NbTiN といった超伝導薄膜の抵抗率 $\rho\,[\Omega\,\mathrm{m}]$ は図 5.20 のように温度によって変化し，

$$\rho = \frac{\rho_0}{1+\exp\left(\dfrac{T_c - T}{\Delta T}\right)} \tag{5.40}$$

で近似することができる．ここで T_c は臨界温度と呼ばれ，薄膜が超伝導状態か

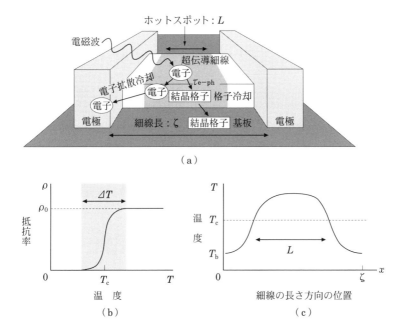

図 **5.20** （a）超伝導 HEB ミクサの細線部の構造の模式図．
細線部内に形成されたホットスポット（長さ *L*）における格子
冷却と電子による熱拡散のようすを示した．τ_{e-ph} は電子から
結晶格子へと熱が受け渡される時定数．（b）HEB ミクサの細線
を形成している超伝導薄膜の抵抗率（ρ）の温度（T）依存性．
T_c は超伝導細線の臨界温度である．（c）超伝導 HEB ミクサの
細線部における温度分布．

ら常伝導状態へと遷移する温度である．ρ_0 は細線が超伝導転移していないと
きの抵抗率，ΔT は抵抗率が $\rho_0\,[\Omega\,\mathrm{m}]$ から $0\,[\Omega\,\mathrm{m}]$ へと転移する温度幅を示す．
ホットスポットの外側（$T < T_c$）の細線部は超伝導状態にあり抵抗率はゼロで
あるとする．また，細線の厚みを $h\,[\mathrm{m}]$，幅を $W\,[\mathrm{m}]$ とし，流れる電流を $I\,[\mathrm{A}]$，
電流密度を $j\,[\mathrm{A\,m^{-2}}]$ と書くと，細線部にかかる電圧 V は，

$$V = I \int_0^L \frac{\rho dx}{hW} = j \int_0^L \rho \, dx \tag{5.41}$$

と表すことができる（厳密には電流密度は幅や厚み方向で分布が異なっている）．
　さて，ホットスポット内の微小要素についてみてみると，ホットエレクトロン

から結晶格子への熱収支については，

$$\frac{\partial T_e}{\partial t} = -\frac{\partial}{\partial x}\left(\lambda_e\frac{\partial}{\partial x}T_e\right) + P_{e\to ph} + j^2\rho + P_{LO,RF} \tag{5.42}$$

の関係が成り立っている．ここで x は図 5.20（c）のように細線方向の位置を表すものとし，細線内の温度変化はこの x にのみ依存し，図 5.20（a）の奥行き方向には一様であるとした．$\lambda_e\,[\mathrm{W\,m^{-1}\,K^{-1}}]$ は電子の熱伝導率，$T_e\,[\mathrm{K}]$ は電子温度，$T_{ph}\,[\mathrm{K}]$ は結晶格子の温度である．また $P_{e\to ph}$ は，ホットエレクトロンが結晶格子へ単位時間あたりに受け渡すエネルギー量である．右辺の第 1 項は熱拡散，第 3 項は HEB への電流駆動などに起因する発熱量，第 4 項 $P_{LO,RF}$ は局部発振器や入力信号の電磁波の吸収による発熱量に対応している．

ホットスポット内の結晶格子の温度については，

$$\frac{\partial T_{ph}}{\partial t} = -\frac{\partial}{\partial x}\left(\lambda_{ph}\frac{\partial}{\partial x}T_{ph}\right) - P_{e\to ph} + P_{ph\to subst} \tag{5.43}$$

が成り立っている．ここで $\lambda_{ph}\,[\mathrm{W\,m^{-1}\,K^{-1}}]$ は結晶格子の熱伝導率である．また $P_{ph\to subst}$ は，ホットスポット内の結晶格子から細線の下地の基板の結晶格子へ単位時間あたりに受け渡すエネルギー量である．$P_{e\to ph}$ と $P_{ph\to subst}$ については，一般に

$$P_{e\to ph} = \frac{c_e}{\tau_e}(T_e^n - T_{ph}^n), \tag{5.44}$$

$$P_{ph\to subst} = \frac{c_{ph}}{\tau_{ph}}(T_{ph}^4 - T_b^4) \tag{5.45}$$

がなりたっている．ここで $c_e\,[\mathrm{J\,m^{-3}\,K^{-1}}]$ と $c_{ph}\,[\mathrm{J\,m^{-3}\,K^{-1}}]$ はそれぞれ電子比熱と格子比熱である．また，$\tau_{e-ph}\,[\mathrm{s}]$ と $\tau_{ph-subst}\,[\mathrm{s}]$ はそれぞれ，ホットスポット内の電子から結晶格子，ホットスポット内の結晶格子から基板の結晶格子へのエネルギーの受け渡しに要する時間である．また T_b は電極（熱浴）の温度であり一定である．n は金属材料に固有の値で，たとえば NbN の場合，経験的に 3.6 程度と考えられている．

ここで式（5.42）と式（5.43）を解く際に，細線は定常状態にある場合を考える．すなわち式（5.42）と式（5.43）の左辺はゼロとおく．さらに一般に低温での金属の結晶格子の熱拡散 λ_{ph} は電子の熱拡散 λ_e と比べて十分遅いため，式（5.43）の右辺第 1 項は無視できる．このとき式（5.43）は $P_{e\to ph} = P_{ph\to subst}$

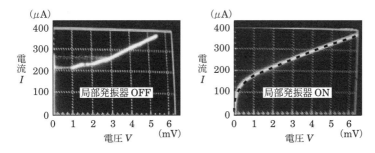

図 **5.21** 超伝導 HEB ミクサの非線形電流–電圧特性. 左は超
伝導 HEB ミクサに局部発振波を照射する前の電流–電圧特性.
右は局部発振波を照射しているときの電流–電圧特性. 局部発振
波のエネルギーを吸収して，超伝導細線の強い非線形電流–電圧
特性が滑らかになっているのがわかる. 右図の破線はモデル計
算による.

となる. このため式 (5.43), (5.44), (5.45) を用いて, T_{ph} は T_{e} と T_{b} で表せ
るようになり, 式 (5.42) は T_{e} の微分方程式に簡単化できる. これに, 電圧 V
と局部発振器からの適切な入射電力を与えると, 細線内の温度分布 $T_{\mathrm{e}}(x)$ を求め
ることができる. ここで $T_{\mathrm{e}}(x)$ はホットスポット領域の温度であると考えてよ
く, したがって, いったん $T_{\mathrm{e}}(x)$ が求まれば式 (5.40) より抵抗率 $\rho(x)$ がわか
るので, 式 (5.41) より素子の電流–電圧特性が得られることになる.

実際の超伝導 HEB ミクサの電流–電圧特性とモデル計算の結果を図 5.21 に示
した. この図から超伝導 HEB ミクサが, ヘテロダイン受信に必要な非線形な電
流–電圧特性をもつことがわかる (より精密なモデルでは, 熱伝導率の温度依存
性を考慮し, ホットスポットの長さ L も温度の関数とするほか, 細線内での 2
次元分布を考慮して数値計算を行う).

5.4.4　超伝導 HEB ミクサの中間周波数帯域

電波天文学のスペクトル分光観測では, 中間周波数が実用的な周波数帯域を有
していなければならない. ここでは超伝導 HEB ミクサの中間周波数帯域を決め
ている機構について概説する.

局部発振器のある 1 点の発振周波数に対してミクサを用いて分光できる周波
数帯域 (中間周波数帯域) が広いほど, 多くの原子・分子のスペクトルを一度に

計測できるので好都合である．電子冷却のすばやい構造の抵抗体を実現できれ
ば，中間周波数帯域の広いミクサが実現される．高速冷却の半導体ボロメータミ
クサとして，電子移動度の大きい高純度 n 型インジウムアンチモン（InSb）が
知られている．InSb では，電子から結晶格子への熱緩和時間が 10^{-7} 秒程度で
あり，中間周波数の帯域としては 4 MHz 程度と狭かった．1970 年代には，液体
ヘリウムで冷却された InSb による半導体ボロメータミクサが天文観測に使われ
たが，実用的なミリ波・サブミリ波天文観測用としては，より広い中間周波数帯
域が望まれていた．この課題が超伝導 HEB ミクサによってどのように大幅に克
服されつつあるかを以下に述べる．ちなみに，5.4.2 節で述べた SIS ミクサを用
いる受信器の典型的な中間周波数帯域は数 GHz と広く，増幅器や分光計の帯域
など，ミクサ以外の要因で制限されることも多い．

　図 5.20 の超伝導細線内部における電子の冷却過程は二つある．ひとつは，ホッ
トエレクトロンが超伝導細線の結晶格子に熱を渡し，その熱が細線の下にある基
板を介して逃げる経路である．もうひとつは，ホットエレクトロンが細線両端の
金属電極に拡散され，金属電極に熱を渡す経路である．前者の過程が支配的な場
合を結晶格子冷却型，後者の過程が支配的な場合を拡散冷却型の HEB と呼ぶ．

　結晶格子冷却型 HEB の中間周波数帯域を拡大するためには，電子–結晶格子
緩和時間 τ_{e-ph} の短い超伝導材料を選び，極薄膜化することが重要となる．超伝
導転移温度 T_c の高い材料が一般的に短い τ_{e-ph} を持つ．なかでも $T_c \approx 14\,\mathrm{K}$ を
持ち，成膜技術の蓄積が豊富な材料である NbN を用いた超伝導 HEB ミクサが
多く研究されており，数 GHz の中間周波数帯域が得られている．また，この周
波数帯域の NbN の膜厚依存性が調べられており，約 10 原子層である約 3 nm
が最適値との報告がある．最適値の存在する理由は次のように考えられている．
最適値より薄くなるにつれて，基板への拡散時間が短縮される一方で，薄膜の臨
界温度低下による τ_{e-ph} の増大が支配的となり，結果的に中間周波数帯域が減少
する．最適値より厚くなると，その逆の傾向により基板への拡散時間増大が支
配的となり，やはり中間周波数帯域が減少する．したがって，結晶格子冷却型
HEB の中間周波数帯域を上げるためには，T_c の高い材料を選ぶとともに，エピ
タキシャル成長などにより 3 nm 程度の極薄膜を高品質に作製する技術が必要と
いえる．

　拡散冷却型における中間周波数帯域の拡大方法は，電子の拡散速度が速い超伝導材料（たとえば，Nb，Al など）を選んで電子ビーム描画装置などにより微細加工を施し，短い細線を実現することである．Nb の細線長を ζ として $0.08\,\mu m <$ $\zeta < 30\,\mu m$ の範囲で中間周波数帯域が ζ^{-2} にほぼ比例し，$\zeta = 0.08\,\mu m$ において 6 GHz 以上の周波数帯域を得たとの報告がある．ただし，細線の体積を小さくしすぎると，ボロメータとしての応答が顕著になり，安定したヘテロダイン動作が得られなくなることがある．こうした背景もあり，最近では NbTiN あるいは NbN の超伝導細線を集積した拡散冷却型と結晶格子冷却型の両方の機構が寄与している HEB ミクサの開発も進んでおり，今後のさらなる高感度化や広帯域化に期待がかかる．

　カリフォルニア工科大学・ハーバードスミソニアン天文台のグループは，2002 年に NbTiN 薄膜も細線に利用されている．NbTiN は拡散冷却型と結晶格子冷却型の両方の機構が寄与しているという実験結果もあり，物性という観点からも興味深い．

　2002 年に，カリフォルニア工科大学・ハーバードスミソニアン天文台のグループが，NbN 細線を用いた格子冷却型の超伝導 HEB ミクサを開発した．彼らはチリ共和国のセロ・サイレカブール山に持ち込んだ口径 0.8 m の望遠鏡に，この超伝導 HEB ミクサを搭載し，図 5.22 に示すように実際にオリオン巨大分子雲の星形成領域において 1.037 THz 帯の CO（$J = 9$–8）輝線のマッピング観測を実際に成功させた．また，ドイツのケルン大学のグループは成層圏天文台 SOFIA を用いたテラヘルツ天文観測を見据え，NbTiN 細線を用いた超伝導 HEB ミクサを搭載した CONDOR と呼ばれる受信機を開発した．彼らは 2005 年に，これをチリ北部アタカマ高地で稼動している APEX 望遠鏡に搭載し，オリオン FIR 4 から CO（$J = 13$–12, 1.3 THz）輝線の検出に成功している．

　これ以上の周波数になると地球大気の吸収が大きくなり地上からの観測が難しくなってくる．そこで欧州宇宙機関は 2009 年に口径 3.5 m のハーシェル宇宙望遠鏡を打ち上げ，超伝導 HEB ミクサを搭載した HIFI 受信機によりさまざまな観測を展開した．図 5.23（a）はその例であり，炭素イオン [C II] のスペクトル線（$^2P_{3/2}$–$^2P_{1/2}$, 1.900537 THz）の観測のようすである．テラヘルツ帯でも高解像度かつヘテロダイン分光の得意とする周波数高分解能の観測が実現すること

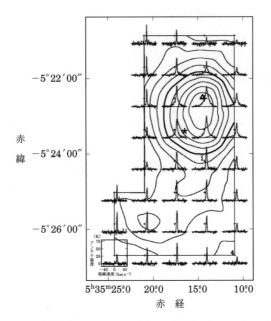

図 5.22 超伝導 HEB ミクサを用いて観測したオリオン分子雲の星形成領域の CO（$J = 9$–8, 1.03 THz）輝線. 50 秒角の空間間隔でマッピング観測が行われ, CO 輝線の積分強度分布が等高線で示されている（Marrone *et al.* 2004, *ApJ*, 612, 940）.

で, 銀河面においてこれまで十分に理解が進んでこなかった視線方向に重なる渦状腕に付随する [C II] の詳細分布なども明らかになってきた（図 5.23（b））. [C II] は星間ガスの冷却や星間分子の形成において重要な役割を担っている. テラヘルツ帯の天文学により, 星間雲の表層や星からの紫外線が侵襲する光解離領域, 星間雲において原子から分子へと相の主形態が遷移しつつある領域, 低温や高温の中性ガス領域などの物理状態や星間化学の詳細がひも解かれようとしている（図 5.23（c））.

5.4.5 電磁波との結合方式: 導波管型と準光学型

SIS ミクサ, HEB ミクサともにミキシングを司る超伝導素子の典型的な寸法は, 空間のミリ波・サブミリ波の波長より十分小さい $1\,\mu\mathrm{m}$ 程度であるため, 超伝導素子と空間波との直接結合は難しい. 間接結合のためには, 空間波を受信す

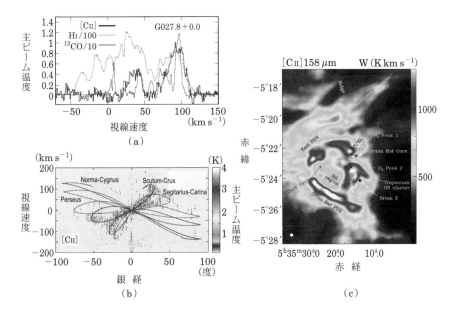

図 5.23 ハーシェル宇宙望遠鏡の超伝導 HEB ミクサを搭載した HIFI 受信機により (a) 銀河面に分布する星間ガス中の [C II] スペクトル線 ($^2P_{3/2}$–$^2P_{1/2}$, 1.900537 THz), (b) 銀河の渦状腕に [C II] が多く付随するようす (Pineda *et al.* 2013, *A&A*, 554, A103), (c) オリオン分子雲 1 領域において星間雲の表層やトラペジウムクラスターの紫外線による光解離領域に [C II] が多く分布するようすが捉えられている (Goicoechea *et al.* 2015, *ApJ*, 812, 75). 観測時のビームサイズと速度分解能はそれぞれおよそ 11.4 秒角と 0.2 km s^{-1} である.

るアンテナならびに受信した電磁波電力をミクサに導く回路が必要となる. これら電磁波との結合方式として, 図 5.24 (a), (b) に示す導波管型と (c), (d) に示す準光学型の二つがある.

　導波管型では, 入射電磁波は導波管端部に取り付けられた 1 次放射器 (ホーンアンテナ) によりまず集光され, その後導波管内を伝播する. 導波管内には, 電磁波検出用プローブ, 超伝導素子, ならびに両者の結合回路が集積されたチップがマウントされている. 最近の 3 次元電磁界シミュレーション技術の発展により, 導波管の基本波モード全域にわたり良好な結合効率を持つプローブが実現されている. 導波管型には, 手法が確立され, ビームパターンに優れるという利点

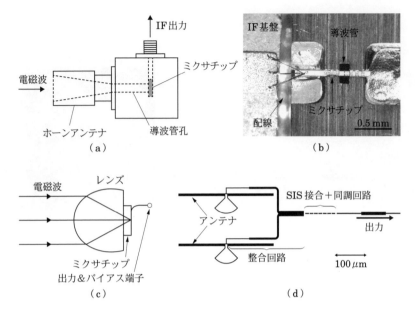

図 **5.24** 導波管型と準光学型超伝導ミクサ.（a）導波管型ミクサの構造,（b）アルマバンド 10 ミクサ,（c）準光学型の構造,（d）準光学用ミクサチップ中心部.

がある.反面,電磁波の結合効率を確保するためには,チップに用いる誘電体基板の厚みを基板内での電磁波の波長の 1/2 以下に抑えるとともに,その幅を小さな導波管孔の幅よりも小さくする必要がある.たとえば,比誘電率 4 の水晶基板の厚みは,150 GHz で 0.5 mm 以下,600 GHz では 0.13 mm 以下,比誘電率 12 の Si 基板の厚みは,150 GHz で 0.29 mm 以下,600 GHz では 0.07 mm 以下にしなくてはならない.また,方形導波管孔の標準寸法は,110–170 GHz 帯で $1.7 \times 0.83 \, \mathrm{mm}^2$,500–750 GHz 帯ではわずか $0.38 \times 0.19 \, \mathrm{mm}^2$ である.すなわち,基板の厚み・幅ともに高周波化にともない縮小を余儀なくされ,基板加工と導波管内マウント作業の困難性が増す.

　準光学型においては,入射電磁波は半球形状のレンズによってレンズ背面に貼り付けられたミクサチップに集光される.チップ上には,集光された電磁波を受信する平面型アンテナが,超伝導素子や両者間の整合回路とともに集積化されている.この方式により,導波管型のような 2 段階に電磁波を集光するわずらわし

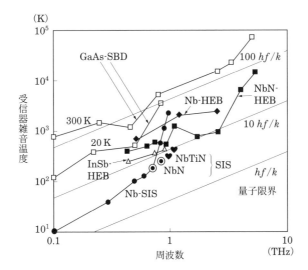

図 **5.25** ミリ波・サブミリ波帯ミクサの受信器雑音温度と周波数の関係. 超伝導ミクサとして, SIS と HEB（動作温度 4 K）, 半導体ミクサとして GaAs ショットキーダイオード（動作温度 300 K と 20 K）と InSb–HEB（動作温度 4 K）を示す.

さを回避できる. 準光学型は, 厚く幅広の基板が使えるため, 導波管型のような基板加工とマウント作業の困難さから解放される.

初期の準光学ミクサは広帯域性に富む型のアンテナとともに集積化されたが, ビームパターンが悪いという欠点があった. その後, 優れたビームパターンを持つ平面型アンテナや, 基板と同じ誘電体で作製したレンズ表面への, 空間波との結合性向上のためのコーティング材塗布法などの開発がなされてきた. 現在では, 平面型アンテナの設計は電磁界解析, レンズ寸法の最適化は幾何光学と回折効果の計算により精度良く行われている. その結果, 導波管型に続いて, 準光学型も天文観測, たとえば成層圏天文台SOFIA に使われるに至った.

5.4.6 半導体ミクサとの性能比較

超伝導ミクサの半導体ミクサに対する性能の優位性はおもに二つある. 低雑音性と低い所要局部発振電力である. サブミリ波帯における代表的なミクサの受信器雑音温度 T_{RX} の周波数依存性を図 5.25 に示す.

　半導体ミクサとして，300 K（室温）と 20 K 動作のガリウム砒素（GaAs）ショットキーバリアダイオード（SBD）ならびに 4 K（液体ヘリウム冷却）動作の InSb–HEB，超伝導ミクサとして，4 K 動作の SIS，Nb–HEB，NbN–HEB を挙げた．$f < 0.7\,\mathrm{THz}$ の周波数帯において，Nb を用いた SIS ミクサの T_{RX} は GaAs–SBD の T_{RX} に比べ約 1/20 で，量子限界 hf/k に迫る T_{RX} を得ている．SIS ミクサが，GaAs–SBD に比べ低雑音である理由は，

　（1）　5.4.2 節で述べたような I_{dc}–V_{dc} 特性の強い非線形性に基づく高い変換効率，

　（2）　低い動作温度に基づく低熱雑音（温度 T にある抵抗の持つ単位周波数帯域あたりの熱雑音エネルギーは kT で表される．ここに k はボルツマン定数である），

　（3）　低い動作電圧に基づく低い散弾雑音（電圧 V_{dc} にバイアスされた接合の持つ単位周波数帯域あたりの散弾雑音エネルギーは eV_{dc} で表される）により，入力換算雑音温度が小さい

からである．背景放射雑音温度が受信器雑音温度 T_{RX} に比べ十分小さい宇宙での天文観測のような場合には，所望の信号対雑音比を得るための信号積分時間は T_{RX}^{-2} に比例するので，Nb–SIS ミクサでは GaAs–SBD の約 1/400 の測定時間で済む．InSb–HEB の T_{RX} も SIS の T_{RX} に近いが，IF 帯域が 4 MHz 程度しかとれず，応用上の制約が強い．

　一方，Nb のギャップ周波数が 0.7 THz にあるため，Nb–SIS では $f > 0.7\,\mathrm{THz}$ で同調回路の電極損失増大に伴う T_{RX} の顕著な増加が見られる．Nb よりもギャップ周波数の大きな NbTiN の同調回路電極への採用，もしくはエピタキシャル NbN を用いた SIS で，Nb–SIS の優れた T_{RX}–f 関係を約 1 THz にまで伸ばす結果が報告されている．$f > 1\,\mathrm{THz}$ では，Nb–HEB と NbN–HEB の GaAs–SBD に対する優位性が見られる．

　Nb–HEB については，$\zeta = 0.30\,\mu\mathrm{m}$ において，$T_{\mathrm{RX}} = 2750\,\mathrm{K}$（$\approx 20hf/k$: 2.5 THz）が得られている．また，NbN–HEB の雑音温度は Nb–HEB の値よりもやや優れている．特に，2004 年に超伝導細線と金属間との界面抵抗を減らした HEB において $T_{\mathrm{RX}} = 950\,\mathrm{K}$（$\approx 8hf/k$: 2.5 THz）というトップデータが報告された．

　ヘテロダイン受信機においてミクサが本来持つ性能を十分引き出すために，ミクサ最適動作に要する励起電力を局部発振器からミクサに供給することが必要となる．SIS ミクサの最適励起に要する局部発振電力 P_{LO} の理論値は，

$$P_{LO} \approx \frac{(hf/e)^2}{2\eta R_N} \tag{5.46}$$

と表される．ただし，η は局部発振器とミクサを構成する SIS 接合素子との電力結合係数，R_N はミクサを構成する SIS 接合素子のトンネル抵抗値である．各パラメータに代表的な値 $\eta = 0.05$，$R_N = 10\,\Omega$ を代入すると，$100\,GHz$ で $P_{LO} = 170\,nW$，$1\,THz$ で $P_{LO} = 17\,\mu W$ を得る．

　また，HEB ミクサの P_{LO} は超伝導細線の熱容量や基板との熱伝導率に依存するが，典型的な値として $100\,nW$ 程度が報告されている．これら超伝導ミクサに関する P_{LO} の値は，室温動作で $1\,mW$，極低温冷却でも $0.1\,mW$ を必要とする GaAs–SBD に比べ 2 桁以上低い．サブミリ波帯は，マイクロ波・ミリ波領域から高周波化を図る電波技術と，近・中赤外光から長波長化を図る光技術の挟間にあって，局部発振器に適用できる高い信号純度と広い掃引周波数幅を兼ね備えた信号源が少なく，しかもその発振出力は他の電磁波領域の信号源に比べ著しく低い．したがって，超伝導ミクサの持つ極めて低い所要局部発振電力という特徴は，サブミリ波帯において実用上重要である．

　このように，低雑音性と低所要局部発振電力性の点で，超伝導ミクサが半導体ミクサを凌駕しており，それゆえにミリ波・サブミリ波帯の天文観測に，超伝導ミクサが広く使われている．

5.5　サブミリ波直接検出器

　サブミリ波は電波の中でもっとも周波数が高く，遠赤外線との境界領域に位置し，入射電磁波を光子の集まりとして捉えることができる．最近は，サブミリ波と遠赤外線を含む電磁波領域を，テラヘルツ波と呼ぶこともある．この節で説明する検出器は，入射電磁波の強度を光子の持つ総エネルギーあるいは光子による励起電流として検出するものであり，サブミリ波直接検出器と呼ばれる．まずヘテロダイン受信機との違いについて説明した後，熱型検出器であるボロメータ，量子型検出器である超伝導共振型の MKID および超伝導トンネル接合を用いた SIS 光子検出器について，それぞれの原理および性能限界について議論する．

5.5.1　ヘテロダイン受信機とサブミリ波直接検出器

ヘテロダイン受信機の場合，局部発信器を用いることで高い周波数分解能と高感度が実現するが，二つの制限がある．ひとつは中間周波数帯域により観測周波数帯域が限られること，もうひとつは量子力学の不確定性原理に基づき，入射電磁波の位相決定により量子雑音が発生し，受信機雑音温度 T_{RX} が $h\nu/k$ 以上になることである．直接検出器の場合，周波数変換および位相決定を行わないためこれらの制限がなく，より広帯域で高感度の電磁波検出が可能である．

入射電磁波の強度を熱エネルギーとして受ける場合，帯域の制限は検出器前のフィルターにより決まる．たとえば 1 THz の電磁波を検出する場合，帯域幅を観測周波数の約 1/3 の 300 GHz にすることで，ヘテロダイン受信機に比べ周波数帯域が約 100 倍も広くなる．また，直接検出器はヘテロダイン受信機に比べ構造が単純であるため，2 次元アレイ型検出器の開発が進んでいる．光赤外線領域に比べるとまだ素子数は少ないが，数 100 画素から 1000 画素を超える 2 次元アレイの製作が行われている．

5.5.2　直接検出器の感度限界

サブミリ波領域では，X 線，可視光，赤外線領域と同様に入射光子の統計的ゆらぎにより感度の制限を受ける．1 秒あたりに入射する光子の数を n とし光学系の効率を η とすると，入射光子数のゆらぎは $n_{rms} = \sqrt{\eta n}$ となる．光子 1 個のエネルギーを $h\nu$ とすると，入射電力は $P = nh\nu$ となり，そのゆらぎは以下の式で表すことができる．

$$\text{NEP} = \sqrt{2Ph\nu}\ \ [\text{W}/\sqrt{\text{Hz}}]. \tag{5.47}$$

ここで，雑音等価電力（NEP; Noise Equivalent Power）は検出器の感度を表す指標であり，雑音帯域 1 Hz（積分時間にして 0.5 秒）で信号対雑音比が 1 となる入射電力である．式中の $\sqrt{2}$ は積分時間が 0.5 秒であるための係数である．

式（5.47）は光子が独立で無秩序に到達することを仮定しているが，光子がボーズ–アインシュタイン統計に従う粒子であるため，サブミリ波領域では光子の集団としてのゆらぎ（コヒーレントなゆらぎ）が発生し，光子が無秩序に到来する場合に比べてゆらぎが大きくなる[*2]．光子がかたまりになってやってくると

[*2] これに対して，統計的なゆらぎをインコヒーレントなゆらぎともいう．

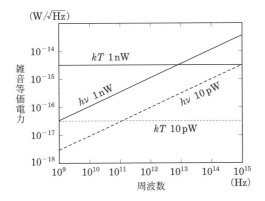

図 **5.26** 光子の統計的ゆらぎ ($h\nu$) とコヒーレントゆらぎ (kT) との比較. 入射電磁波強度は実線が 1 nW の場合で, 点線が 10 pW の場合である. 帯域幅を 100 GHz として計算している. 水平な線がコヒーレントゆらぎ, 右上がりの線が光子の統計的なゆらぎを表す.

いう意味から光子バンチングとも表現される.

この効果を考慮すると, $n' = (e^{h\nu/kT} - 1)^{-1}$ というパラメータを用いて, 入射光子のゆらぎは $n_{\rm rms} = \sqrt{\eta n'(1 + \eta n')}$ と表すことができる. NEP で書くと以下の式となる.

$$\text{NEP} = \sqrt{2P(h\nu + kT_{\rm B})} \ \left[\text{W}/\sqrt{\text{Hz}}\right]. \tag{5.48}$$

ここで, $T_{\rm B}$ は熱放射のレイリー–ジーンズ温度である. カッコ内の第 1 項 ($h\nu$) は入射光子の統計的なゆらぎであり, 第 2 項 ($kT_{\rm B}$) は入射光強度に比例したコヒーレントなゆらぎを表す. 図 5.26 に, 2 種類のゆらぎの周波数依存性を二つの異なる入射電力の場合について示す. 周波数が下がるほど, あるいは入射電力が増加するほど, コヒーレントなゆらぎの割合が大きくなる. サブミリ波領域では光子の統計的なゆらぎとコヒーレントなゆらぎをともに考慮する必要がある.

5.5.1 節で説明した受信機雑音温度 $T_{\rm RX}$ と直接検出器の NEP とは以下の関係がある.

$$T_{\rm RX} = \frac{\text{NEP}}{\sqrt{2}k\sqrt{B}} \ \ [\text{K}]. \tag{5.49}$$

ここで, B は観測帯域幅である. $\sqrt{2}$ は雑音温度と NEP とで積分時間が異なる

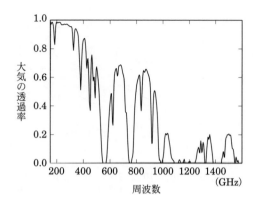

図 **5.27** サブミリ波大気の透過スペクトル．アタカマ高原（標
高 4800 m）に設置したフーリエ分光器とボロメータを用いて測
定されたもの（Matsushita *et al.* 1999）．

ための係数である．

　直接検出器の検出限界をヘテロダイン受信機と比較するために，具体例で計算
する．地上からサブミリ波の観測を行う場合，大気放射のゆらぎが検出限界を制
限する．観測帯域幅（B）が 50 GHz，大気の透過率が 80%，冷却光学系の効
率を 60% とすると，物理温度 300 K の大気放射温度 T_B は $300 \times (1 - 0.8) \times 0.6 = 36$ K となり，その放射エネルギーは，$P = 2kT_{\mathrm{B}}B \sim 50$ pW となる．式
（5.48）を用い観測周波数を 300 GHz とすると，NEP $= 2.6 \times 10^{-16}$ W$/\sqrt{\mathrm{Hz}}$
が得られる．式（5.49）から受信機雑音温度は約 60 K となり，超広帯域の低雑
音受信が可能となる．

5.5.3　背景放射と感度限界

　図 5.27 は，南米チリ・アタカマ高原（標高 4800 m）で測定された大気透過ス
ペクトルの例である．ミリ波からサブミリ波にかけて大気の窓が多くあり，地上
からのサブミリ波観測が可能となる．大気は電磁波を吸収すると同時に電磁波
を放射するため，安定な条件でも大気放射の統計的ゆらぎが検出感度を制限す
る[*3]．先ほどの計算と同様に式（5.48）を用いると，図 5.28 に示すように NEP

[*3] 実際には統計的なゆらぎより雲に代表される大気のゆらぎが観測されるため，統計的ゆらぎの
感度限界を達成できることはまれである．

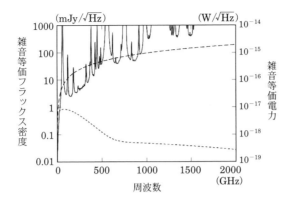

図 **5.28** 口径 10 m アンテナによる背景放射限界感度の周波数
依存性.実線が大気放射による観測限界.破線が 3 倍の量子雑
音による限界 ($T_{RX} = 3h\nu/k$).点線が宇宙背景放射による限
界.周波数帯域は 30 GHz とした.

の周波数依存性が求まる.図の右縦軸に NEP,左縦軸に口径 10 m のアンテ
ナで観測したときの雑音等価フラックス密度(NEFD; Noise Equivalent Flux
Density)を示す.NEFD の計算には以下の式を用いている.

$$\text{NEFD} = \frac{\text{NEP}}{\eta AB}. \tag{5.50}$$

η は光学系の効率(ここでは 0.3 を仮定),A はアンテナの面積,B は帯域幅で
ある.比較のため,ヘテロダイン受信機で得られる量子雑音 ($T_{RX} = 3h\nu/k$)
による NEP および観測限界も示す.

　ミリ波帯の広帯域観測では直接検出器がヘテロダイン受信機の性能を大きく上
回るため,宇宙背景放射の観測を目的として直接検出器の開発が進められてい
る.一方で,多くのサブミリ波帯の窓では大気雑音により感度が制限されるた
め,観測帯域が同じであればヘテロダイン受信機と直接検出器で感度に大きな違
いはない.直接検出器が活躍するのは,広帯域広視野のカメラおよび超広帯域の
分光観測で効率のよい観測システムが構築できるからである.

　宇宙空間からの観測の場合,大気雑音の影響を受けることがなくなるため,望
遠鏡自身の放射や宇宙背景放射が観測限界を制限する.サブミリ波から赤外線領
域で高感度を達成するためには,液体ヘリウムや機械式冷凍機を用いて望遠鏡を

極低温に冷却する必要がある．観測波長に応じて十分な冷却温度が得られた場合，最終的には宇宙から到来する背景放射光のゆらぎで制限される感度を達成することが可能となる．この感度限界を図 5.28 に示す．ミリ波帯では 2.73 K 宇宙背景放射により感度が制限されるが，サブミリ波帯で背景放射強度が減少するため，NEP で 10^{-18} W/$\sqrt{\text{Hz}}$ 以下を実現することが可能となる[*4]．受信機雑音温度に換算すると約 0.1 K 以下となり，ヘテロダイン受信機の量子限界をはるかに超える検出器性能が実現可能である．このため，国内外の多くの研究機関で高感度の直接検出器が開発されている．

5.5.4 熱検出器ボロメータ

ボロメータはサブミリ波帯でもっとも広く用いられている直接検出器である．これは，入射電磁波のエネルギーを熱エネルギーに変換して測定する「温度計」である．熱型検出器は検出素子を冷却することで熱雑音を大幅に減少させることができる．1960 年代から液体ヘリウムで冷却された極低温半導体温度センサーを用いた高感度ボロメータが用いられている．最近では，温度センサーとして超伝導体の臨界温度付近での急激な抵抗変化を用いる超伝導ボロメータが実用化されている．

ボロメータの原理

図 5.29 にボロメータの原理を模式的に示す．

ボロメータの電磁波吸収体は温度 T_0 の熱浴と熱コンダクタンス G でつな

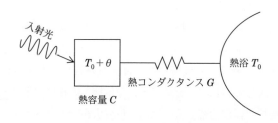

図 5.29 ボロメータの原理.

[*4] 地上観測用検出器の NEP はおよそ 10^{-16} W/$\sqrt{\text{Hz}}$ であり，宇宙空間からの観測に向けて検出器感度の大幅な性能向上が求められる．

がっており，吸収体部分（熱容量 C）の温度を $T_0 + \theta$ とする．外部から $P(t) = P_0 e^{i\omega t}$ の電磁波が入射すると，エネルギー保存則から以下の式が成り立つ．

$$P_{\rm E} + P(t) + \frac{dP_{\rm E}}{dT}(\theta - \theta_0) = C\frac{d\theta}{dt} + G\theta. \qquad (5.51)$$

ここで，$P_{\rm E}$ は温度センサーで発生するジュール熱である．θ_0 は入射光のないときの平衡温度 $\theta_0 = P_{\rm E}/G$ である．上式の解の形を $\theta = \theta_0 + \theta_1 e^{i\omega t}$ とすると，θ_1 は次のように得られる．

$$\theta_1 = \frac{P_0}{G'\sqrt{1 + \omega^2\tau^2}}. \qquad (5.52)$$

ここで，時定数 τ および G' は次式で表される．

$$\tau = \frac{C}{G'},$$
$$G' = G - \alpha P_{\rm E}.$$

α は温度センサーの抵抗温度係数で，$\alpha = (dR/dT)/R$ である．半導体温度センサーでは抵抗温度係数が負であり，定電流バイアスを与えることで入射光強度の増加によりジュール熱が減少する[*5]．この効果を電熱フィードバック（ETF）と呼び，ボロメータの温度変化を減少させ，時定数を C/G より短くする．

　温度センサーにバイアス電流を流して出力電圧を読み出すとき，ボロメータの電圧感度は次のように表せる．

$$\frac{dV}{dP} = \frac{dV}{dR}\frac{dR}{dT}\frac{dT}{dP}. \qquad (5.53)$$

ここで，V はボロメータに加わる電圧，P は入射電力，R はボロメータの抵抗，T はボロメータの温度である．式（5.52）より低周波数の限界で考えると，$dT/dP = 1/(G - \alpha P_{\rm E})$ となる．また，抵抗温度係数の定義より，$dR/dT = \alpha R$ である．ボロメータのバイアス電流を一定とすると，$dV/dR = I_{\rm B}$ となる．これらを式（5.53）に代入すると，

$$\frac{dV}{dP} = \frac{\alpha V_{\rm B}}{G - \alpha P_{\rm E}}. \qquad (5.54)$$

[*5] 後述の超伝導ボロメータの場合，抵抗温度係数が正であり，定電圧バイアスを与えることで同様の効果が得られる．

となる. ここで, V_B はボロメータにかかる電圧で, $V_B = I_B R$ である. したがって, 高い電圧感度を得るためには, 熱コンダクタンス G を小さくし, ボロメータにかける電圧を大きくすればよい. しかし電圧が大きすぎると, ボロメータ素子の動作温度が上昇し, 温度センサーの温度係数 α が変化し, 感度の線形性が保たれなくなる.

実際に用いるボロメータの電圧感度は電流–電圧特性より評価することができる. この評価方法では放射による熱入力とジュール熱による熱入力を等価だと仮定する. ボロメータの電気的感度 (S_E) は, 動作電圧における R およびダイナミック抵抗 $Z = dV/dI$ を用いて以下の式で表される.

$$S_E = \frac{dV}{dP} = \frac{1}{2I_B}\left(\frac{Z-R}{R}\right). \qquad (5.55)$$

次に NEP を決める雑音の起源を示し, ボロメータで達成可能な検出性能について検討する. NEP は次式で表すことができる.

$$\mathrm{NEP}^2 = 4kT^2G + 4kTR/S_E{}^2 + \mathrm{NEP}^2_{\mathrm{photon}} + \mathrm{NEP}^2_{\mathrm{excess}}. \qquad (5.56)$$

第1項は熱浴との熱抵抗 ($1/G$) による熱雑音, 第2項は抵抗温度計の熱雑音, 第3項は入射光子の雑音, 第4項は回路の過剰雑音などを表す. 理想的な動作条件が満たされる場合, 式 (5.56) の第2項以降の寄与を無視することができ,

$$\mathrm{NEP} = \sqrt{4kT^2G}. \qquad (5.57)$$

となる.

最後に動作温度と NEP の関係を示しておく. 実用上ボロメータの動作速度には制限があるため, 時定数 τ が一定の条件で NEP を求める. $\tau \sim C/G$ とし熱容量 C がデバイの比熱式 ($C \propto T^3$) に従う場合, 式 (5.57) から

$$\mathrm{NEP} \propto T^{2.5}. \qquad (5.58)$$

が得られる. ボロメータの性能は動作温度に強く依存しており, 0.3 K ボロメータは 4.2 K ボロメータに比べ約 700 倍も性能がよい. また, NEP を $10^{-18}\,\mathrm{W}/\sqrt{\mathrm{Hz}}$ に下げるには 50 mK 程度の極低温が必要となる.

半導体ボロメータ

サブミリ波望遠鏡による高感度連続波観測に半導体ボロメータが用いられて

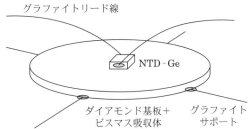

グラファイトリード線

NTD‐Ge

ダイアモンド基板＋
ビスマス吸収体

グラファイト
サポート

図 **5.30** 野辺山 7 素子ボロメータ，NOBA.

きた．ハワイのマウナケア山頂にあるジェームズ・クラーク・マクスウェル望遠
鏡（JCMT）では，SCUBA と呼ばれる合計 100 素子を超えるボロメータアレ
イが搭載され，波長 $850\,\mu m$ の観測で高赤方偏移したサブミリ波銀河を多数発見
した．カリフォルニア工科大学のサブミリ波望遠鏡（CSO）では，SHARC（20
素子）や SHARCII（384 素子）と呼ばれる波長 $350\,\mu m$ および $450\,\mu m$ のボロ
メータアレイが活躍した．

　日本の半導体ボロメータとして，野辺山宇宙電波観測所で活躍した 7 素子ボロ
メータ（NOBA，図 5.30）を紹介する．ボロメータは入射光を吸収する基板と
それに張り付けられた半導体温度センサーから構成される．温度センサーとして
は，中性子照射による不純物注入を行ったゲルマニウム（NTD–Ge）を用いて
いる．NTD–Ge は 1 K 以下の極低温で大きな温度係数を持つ特性のばらつきが
少ない温度センサーである．NOBA の観測波長は $2\,mm$，ビームサイズは $12''$
で 7 素子がそれぞれ $16''$ の間隔で並んでいる．7 素子のボロメータはクライオス
タット[*6]内で 0.3 K に冷却され，交流ブリッジを用いた回路で読み出す．

　NOBA の感度についてボロメータの原理説明にしたがい計算する．150 GHz
（波長 $2\,mm$）における大気放射が約 $30\,pW$（測定値）であり，式（5.48）から，
$NEP \sim 10^{-16}\,W/\sqrt{Hz}$ となる．動作温度が 0.3 K のとき，線形動作の条件から
$G = 1\,nW/K$ とすると，式（5.57）より，$NEP \sim 10^{-16}\,W/\sqrt{Hz}$ となり，大気
放射限界感度が達成できる．

[*6] クライオスタットとは検出器などを冷却する真空・低温容器であり，液体ヘリウムや冷凍機を
用いて冷却する．

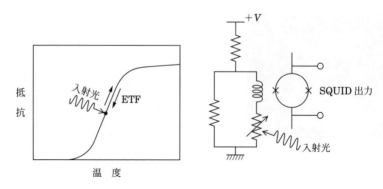

図 **5.31** 超伝導ボロメータの温度特性（左）とバイアス回路（右）.

超伝導ボロメータ

超伝導体は臨界温度より温度を下げることで電気抵抗値が 0 となる（図 5.31）.臨界温度付近では超伝導と常伝導の混在した状態となり抵抗値が急激に変化するため，高感度の温度センサーとして用いることができる.1970 年代には，超伝導薄膜を高感度の温度センサーとして用いた超伝導ボロメータが開発されたが，動作温度範囲が狭くかつ極めて低雑音の読み出し回路が必要となるため実用化には至らなかった.

1990 年代中ごろから超伝導体への定電圧バイアスと超伝導量子干渉素子（SQUID）を用いた読み出し回路を組み合わせることで超伝導ボロメータの開発が再開された.超伝導転移端を用いることから Transition Edge Sensor（TES）とも呼ばれる.超伝導材料として，モリブデン（Mo），チタン（Ti）などを用い，超伝導体と金属との近接効果により超伝導転移温度を調整することが可能である.図 5.31 に超伝導ボロメータのバイアス回路および SQUID 読み出し回路を示す.

超伝導素子はアンテナとの整合を取るために 10–100 Ω 程度の値を採用する.電磁波が入射すると超伝導素子の抵抗が増大し，定電圧バイアスで超伝導素子に発生するジュール熱が V^2/R であるためジュール熱を減少させる.この結果，超伝導素子の動作温度は安定化される.ボロメータの原理で説明した ETF と同様である.超伝導温度センサーは大きな温度係数を持つため，超伝導素子の動作温度はほぼ一定に保たれ，時定数は熱的時定数（$\tau = C/G$）に比べ 1/100 程度

に短くなる．このとき変化した電流信号は，超伝導素子と直列に接続されたコイルで磁場に変換され SQUID で読み出される．SQUID は超伝導トンネル接合を二つ接続したループ状の構造であり，磁場変化を電圧変化として出力する．極低温において超低消費電力で高速動作をするため，SQUID でマルチプレクサを構成することで大規模 2 次元アレイを実現することが可能である．

5.5.5 ボロメータアレイ

ボロメータアレイの構造にシリコン（Si）あるいは窒化シリコン（Si$_3$N$_4$）のマイクロマシーニング技術（MEMS 技術）を導入することで，多くのボロメータを一度に作ることができる．NASA のジェット推進研究所では窒化シリコンを蜘蛛の巣状に加工したスパイダーウェッブ・ボロメータ（図 5.32（左））が製作され，多くの観測装置で使われた．スパイダーウェッブ・ボロメータは熱容量が小さいだけでなく，宇宙線に対する断面積が小さいため衛星搭載用として信頼性が高い．NASA のゴダード宇宙航空センターでも MEMS 技術を用いてボロメータが作られた．シリコン基板を成形して積層することで，2 次元アレイを実現したものである．しかし，これらのボロメータは組立作業で多くの手作業があるため，素子数は数 100 素子が限界である．

その後，登場したのが TES ボロメータアレイである．より多くの素子を用い

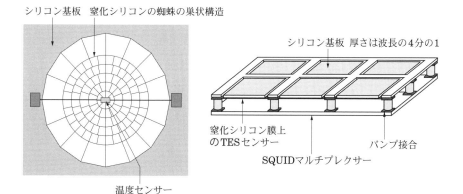

シリコン基板　窒化シリコンの蜘蛛の巣状構造

シリコン基板 厚さは波長の4分の1

窒化シリコン膜上の TES センサー

SQUID マルチプレクサー

バンプ接合

温度センサー

図 5.32　（左）スパイダーウェッブ・ボロメータ，（右）SCUBA-2 の TES ボロメータ．

たボロメータアレイを実現するため，読み出し回路に SQUID マルチプレクサを用いた．規模の大きな超伝導ボロメータアレイとして SCUBA-2 と呼ばれる総画素数 10000 を超えるサブミリ波カメラが開発され JCMT へ搭載されている．

素子数が多くなると，焦点面アレイの入射光学系を工夫する必要がある．これまでは NOBA や SCUBA のようにホーンを並べたものが用いられてきたが，素子数の増加および焦点面サイズの制限により，新たな方式が考えられている．検出器素子を CCD のように隙間なく並べたもの，平面アンテナとレンズアレイを組み合わせたもの，アンテナアレイでビーム合成をするものなどが用いられる．いずれもビーム形状および焦点面サンプリングを最適化することを目標としている．

TES ボロメータの技術は宇宙背景放射の B モード偏波[*7]の観測を目的に大きく進展してきた．観測周波数帯域を広げ，一つのアンテナでたくさんの周波数帯の観測を行うことができる TES ボロメータが開発されている．図 5.33 の例では，シニュアスアンテナと呼ばれる広帯域のアンテナを用い，両偏波の信号がそれぞれ超伝導マイクロストリップ線路からなるフィルターで分けられ，合計 4 つの TES ボロメータへ信号が分配される．

5.5.6 量子型検出器

超伝導体のエネルギーギャップをサブミリ波光子の検出に用いる量子型検出器の開発が進められている．超伝導体を構成する電子対（クーパーペア）の結合エネルギーは半導体のエネルギーギャップに比べ約 3 桁低く，サブミリ波からミリ波光子のエネルギーに対応する．

量子型検出器の熱型検出器に対する長所は，温度変動の影響を受けにくい，感度の線形性がよい，時定数が速いという点である．このため，検出器の使い勝手がよく，高感度でしかも応用範囲が広いと期待される．また熱型検出器に比べ構造が単純であるため，大規模 2 次元アレイの実現が期待される．

[*7] 宇宙背景放射に見られる偏波ベクトルが示す特徴的なパターン．第 3 巻『宇宙論 II（第 2 版）』で詳しく議論されている．

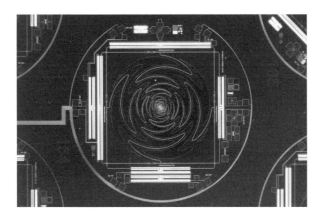

図 **5.33** 宇宙背景放射の観測で用いられる TES ボロメータ
（カリフォルニア大学バークレー校/国立天文台）．

キネティック・インダクタンス検出器

多素子の 2 次元アレイとして進展の著しいキネティック・インダクタンス検出器を紹介する．超伝導体内の電子対は抵抗がなく高速に移動するため，超伝導線は大きなインダクタンスを持つことが知られている．入射光子により超伝導線内の電子対が破壊されると超伝導体の表面インピーダンスの変化によりインダクタンスが増加し，直列接続されたコンデンサーとで作る共振回路の周波数変動あるいは共振帯域の変化として読み出すことで，入射光強度を測定できる．電子対の持つ運動量がインダクタンスの原因であるので，キネティック・インダクタンス検出器（MKID）と呼ばれる．マイクロ波帯での周波数多重化により多素子の検出器読み出しを行うため，'M' が付けられる[8]．超伝導体としてはアルミや窒化チタンなどが用いられ，そのエネルギーギャップ以上の入射電磁波が検出される．

MKID 共振器を等価回路で表すと図 5.34A のようになる．1 つの検出器はそれぞれ 1 つの可変抵抗，可変インダクタおよびキャパシタで表されている．図では 4 つの検出器により 4 つの共振回路が構成され，1 組の読出し線により信号が取り出されている．左側のポート 1 からそれぞれの検出器に対応したマイクロ波信号を入力し右側のポート 2 で信号を観察すると，図 5.34B に示すような信

---

[8] キネティック・インダクタンスを読出しに用いる熱型検出器として，TKID（Thermal KID）と呼ばれる検出器もある．

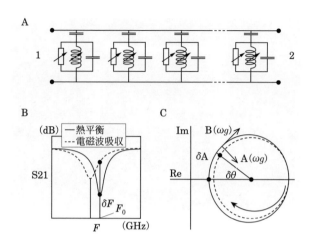

図 **5.34** MKID の原理．A：MKID の等価回路．B：入射光
に対する MKID 素子の周波数応答．C：入射光に対する複素
インピーダンス平面での変化．矢印は周波数が増加する向き
(Baselmans 2012)．

号の減少が観測される．検出器の共振周波数と共振の鋭さ（Q 値; 共振周波数を
共振帯域で割ったもの）の変化により，検出器に入射している信号強度が分かる
仕組みである．実際の読出しには，図 5.34C に示すように，共振の振幅 $A(\omega_g)$
あるいは位相の変化 $B(\omega_g)$ により信号強度を測定する．

　MKID の特徴は 1 つの読出し線により多画素の検出器信号を読み出すことが
できることである．それぞれの MKID 素子の共振周波数を少しずつずらすこと
で，多数の検出器信号を周波数の多重化により 1 本の線で読み出せる．たとえ
ば，読出し周波数を 1–2 GHz とし，共振周波数を 1 MHz ずつずらすことで，
1000 画素の読出しが可能となる．

　MKID の検出限界（NEP）は次式で表される．

$$\mathrm{NEP} = \frac{2\Delta}{\eta} \sqrt{\frac{N_{qp}}{\tau_{qp}}}. \tag{5.59}$$

ここで，Δ は超伝導体のエネルギーギャップ，N_{qp} は超伝導体の中でエネルギー
ギャップを超えた準位にある準粒子の数，τ は準粒子の寿命である．NEP を向
上させるには，エネルギーギャップの低い超伝導体を用い，超伝導体の体積を小

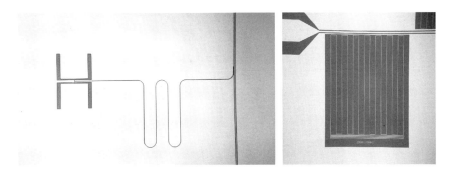

図 **5.35** アンテナ結合型 MKID（左：筑波大学）と集中定数
型 MKID（右：理化学研究所）．マイクロ波の読出し線は，左図
では縦向き，右図では横向きのコプレーナ線路である．

さくし動作温度を低くすることで，準粒子の数を減らすとともに準粒子の寿命を
長くすればよい．実際には，動作温度として超伝導臨界温度（T_C）の 1/10 程度
の温度が最適で，これ以上動作温度を下げても感度の向上は得られない．この原
因については，誘電体の二準位系を起源とする雑音などが考えられているが，
いまだ不明な点が多い．なお MKID の原理については，現代の天文学第 15 巻
『宇宙の観測 I——光・赤外天文学（第 2 版）』の第 6.2 節にも詳しい説明がある．
　実際の MKID の例を見てみよう．図 5.35（左）では，ダブルスロット型のア
ンテナからの信号がコプレーナ線路による 1/4 波長共振器を通してマイクロ波
帯の読出し線と結合している．MKID の原理を示した図 5.34 と比較してみると
よい．アンテナ結合型の MKID の場合，素子間隔が離れるためレンズアレイ
との組み合わせで用いられることが多い．図 5.35（右）は，集中定数型 KID
（LEKID; Lumped Element KID）と呼ばれる構成で，共振回路の超伝導イン
ダクタの表面インピーダンスにより入射電磁波を吸収する構造となっている．
LEKID では隣の素子との間隔を狭めることができるため，多素子の検出器を効
率よく配置することができる．また，LEKID は光学領域の光子計数型カメラや
放射線検出器などにも応用されている．
　もう一つ紹介するのが，MKID を用いた超広帯域の分光計である．図 5.36 は
オランダと日本の研究協力で開発された DESHIMA と呼ばれる観測装置で，多
数のマイクロ波回路で構成されるフィルター（フィルターバンク）を用いた広帯

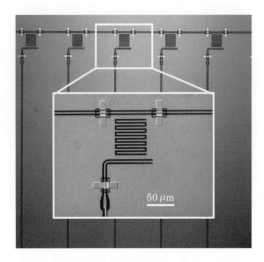

図 **5.36** MKID 分光計（DESHIMA）のフィルターバンク.
49 個のうち 5 個のフィルターおよび内 1 個の拡大写真. それぞ
れが周波数を少しずつずらした狭帯域フィルターとなっている.
上部の左右に走る線路はダブルスロットアンテナにつながる信
号線（デルフト工科大学/東京大学）.

域のサブミリ波分光計である. アンテナからのサブミリ波帯 332–377 GHz の信
号を超伝導線路から構成される 49 個の狭帯域フィルターを通して MKID へ導
き，1 本のマイクロ波読出し線路から信号が取り出される. この分光計はアンテ
ナおよび伝送線路を含めて 1 枚のシリコン基板上（4 センチ ×1.5 センチ）に構
成され，サブミリ波帯の分光計としては非常にコンパクトなものである. 超広帯
域の分光性能を生かして銀河のスペクトル探査などで威力を発揮することが期待
される.

SIS 光子検出器

超伝導ニオブの電子対結合エネルギーは約 3 meV（波長にして約 400 μm）で
あり，超伝導トンネル接合（SIS 接合）を用いることで高感度のサブミリ波検出
器として用いることができる.

図 5.37 は SIS 接合の電流–電圧特性を模式的に示したものである. 超伝導トン
ネル接合の電流–電圧特性は入射電磁波による PAT 効果により変化する（5.4.2

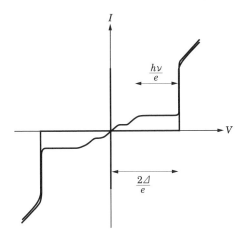

図 **5.37** 超伝導トンネル接合の電流–電圧特性.

節).入射光子一つに対して一つの準粒子(超伝導体中の単一電子状態)が流れる
ため,超伝導光伝導型検出器と呼ぶこともできる.図 5.38 は SIS 接合のリーク
電流が動作温度により変化する様子を示す.リーク電流には,SIS 素子の温度に
依存する成分と接合の不完全性に起因する温度依存性のない成分がある.動作温
度 1 K 以下ではリーク電流が 4 K に比べ約 6 桁減少していることが読み取れる.

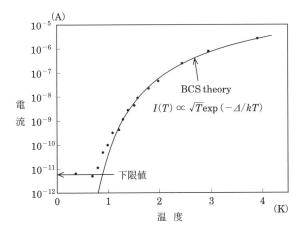

図 **5.38** SIS 接合リーク電流の温度依存性の例(Ariyoshi *et al.* 2005).

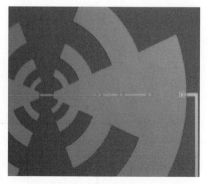

図 5.39 サブミリ波帯 SIS 光子検出器. 左図は 9 素子検出器
アレイ, 右図は 1 検出素子の拡大写真である.

SIS 光子検出器の性能を, 電流感度 (S), リーク電流のショット雑音 (N),
および NEP で表すと次のようになる.

$$S = \eta \frac{e}{h\nu} \quad \text{[A/W]}, \tag{5.60}$$

$$N = \sqrt{2eI_0} \quad \text{[A}/\sqrt{\text{Hz}}\text{]}, \tag{5.61}$$

$$\text{NEP} = N/S = \frac{h\nu}{\eta}\sqrt{\frac{2I_0}{e}} \quad \text{[W}/\sqrt{\text{Hz}}\text{]}. \tag{5.62}$$

ここで, h はプランク定数, ν は周波数, η は量子効率, I_0 はリーク電流である.
たとえば周波数 650 GHz において, リーク電流が 10 pA, 量子効率が 50%の場
合, $\text{NEP} = 1 \times 10^{-17}$ W$/\sqrt{\text{Hz}}$ が期待される.

図 5.39 に SIS 光子検出器の例を示す. 対数周期型の平面アンテナを用い, 直
径 2.5 μm (電流密度 1 kA cm^{-2}) のトンネル接合を六つ用いることで, 中心周
波数 650 GHz と比帯域約 10%を実現している. この SIS 光子検出器では, 動作
温度 0.3 K で約 100 pA のリーク電流が測定され, 光学的に測定された感度から
NEP として 1.6×10^{-16} W$/\sqrt{\text{Hz}}$ が得られている. 検出器性能をさらに向上さ
せるためには, 接合の不完全性によるリーク電流を減少させることが重要である.

光子計数技術

　量子型検出器の高速応答を用いて, 光子を 1 個 1 個分解して検出する光子計
数技術の開発が進められている. サブミリ波帯で光子計数を最初に実現したの

は，GaAs 半導体を用いた量子ドット検出器である．異種半導体の界面（ヘテロ接合）にできる高電子移動度の 2 次元電子ガス層を用い，微細加工を行った量子ドットに強磁場を印加することでエネルギー準位の低い電磁波吸収層が形成される．最初に遠赤外線の光子計数が実現され，次に量子ドットを 2 つ用いることでサブミリ波帯光子の計数が実現されている．

　天体からのサブミリ波光子を計数するために必要な条件を考えてみる．まず，天体からの光子が 1 秒間に何個検出器に届くかを見積もる．観測周波数 1 THz においてフラックス密度 1 Jy の天体を口径 10 m の望遠鏡を用いて帯域 100 GHz で受けると，観測される光子レートが約 100 M 光子/秒となる．光子を時間分解して検出するために光子レートの 1/10 の時間分解能を必要とすると，1 nsec の時間分解能が必要となる．したがって検出器の帯域幅としては 1 GHz 以上が必要となる．検出器の時間分解能が高くなると，光子が到来することによる単位時間あたりのエネルギー（$h\nu/\Delta t$）が大きくなるため，検出器の NEP に必要な性能は以下の式で表される．

$$\mathrm{NEP} < h\nu\sqrt{\Delta t}. \tag{5.63}$$

　宇宙空間からのサブミリ波観測で低背景放射環境が実現される場合，サブミリ波およびテラヘルツ波領域においては光子を時間分解して観測することが可能と

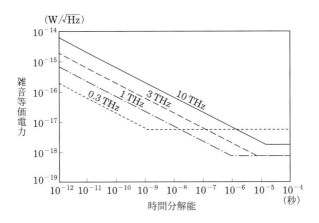

図 **5.40**　光子計数に必要とされる雑音等価電力と時間分解能の関係．図右側の平らなところは宇宙背景放射による限界．比帯域を 30% と仮定．

なる．図 5.40 にテラヘルツ帯の 4 周波数において光子計数に必要となる NEP
と時間分解能の関係を示す．図の右側で平らになるのは，光子が時間分解できな
くなったときの宇宙背景放射限界である[*9]．このグラフから分かるのは，時間分
解能が高いほど検出器の NEP が大きくても光子検出が可能であることである．
1 THz を超える領域では，NEP が 10^{-17} W/$\sqrt{\text{Hz}}$ 以下で光子計数が可能となる．
　サブミリ波およびテラヘルツ帯での高速の光子計数を実現するため，MKID
および SIS 光子検出器を用いた開発が進められている．

テラヘルツ強度干渉計

　ハンブリーブラウンとツイスの名で知られる強度干渉計という技術がある．実
は 1950 年代から 1970 年代にかけて使われた技術なのだが，現在はほとんど使
われていない．だが，この強度干渉計は光子の統計的性質を議論するうえで重要
な実験として知られ，量子コンピューターや量子情報で使われる量子光学の基礎
となっている．実は強度信号で相関が得られるのは，この章の初めに説明した光
子バンチングがその起源となっている．強度干渉計は電波領域と光学領域で実証
されており，電波領域でははくちょう座電波源（Cygnus A）の観測，光学領域
ではシリウスの観測などがある．それぞれ，天体構造の分解，恒星直径の測定に

図 5.41　恒星直径を測定した強度干渉計．口径 6.5 m の光学
望遠鏡が直径 188 m のトラック上に配置される．円形トラック
の中心は相関処理を行う建物．手前は望遠鏡を格納する倉庫で
ある（オーストラリア望遠鏡国立施設）．

[*9] ここでは宇宙からの背景放射のみ考慮している．地上からの観測では大気による大きな背景放
射光があるため，光子計数は容易ではない．

成功している．しかし，強度干渉計では電磁波の位相検出を行わないため，画像合成が不可能と考えられてきた．ところが最近，強度情報のみから位相情報を復元する手法が提案されたり，高速のデータ取得により遅延時間を復元する手法が提案されたりしており，強度干渉計による画像合成に向けた開発が進められている．

　強度干渉計の大きな利点は，位相検出を行わないため大気の位相雑音の影響を受けにくく長基線の観測に有利なこと，および，直接検出器を用いることで量子雑音の制限を受けないことである．このため，将来の宇宙空間からのテラヘルツ強度干渉計による高感度長基線干渉計に応用できると期待される．

5.6　電波分光計

　2章で見たように，天体が放射する電波の周波数ごとの強度分布つまりスペクトルは，その天体の性質についてさまざまな情報を提供してくれる．特に，線スペクトルを検出するために，受信した信号を比較的狭い周波数ごとに分けて検出する装置が電波分光計（分光器ともいう）である．分光という言葉は可視光のものだが電波天文学でもそのまま使われている．この節では，単一鏡の分光計について取り上げる．電波干渉計の分光方法については7章を参照されたい．

　複数のスペクトル線が狭い周波数帯域内に存在するような場合，互いのスペクトル線を区別するためには，周波数方向にそれだけ細かく分割して受信する必要がある（図5.42参照）．したがって，分光計にとってもっとも重要な性能は，受信した信号を周波数方向にどれほど細かく分解できるかということである．これを周波数分解能という．

　分光計にとってもうひとつ重要な性能は，一度に分光できる周波数の範囲を表す周波数帯域幅である．比較的広い線幅を示すようなスペクトル線を観測する場合には，その輪郭すべてが十分に収まるような帯域の分光計が必要である．高い周波数分解能と広い周波数帯域幅を兼ね備えることが理想であるが，製作の容易さや経費の面からの制約があるため，実際の分光計は，高周波数分解能狭帯域型か低周波数分解能広帯域型であることが多く，観測目的に応じて使い分ける．ミリ波帯では，低温の暗黒星雲からの分子スペクトル線のように線幅の細いスペクトル線の観測の場合には前者を，銀河系の中心方向や系外銀河からの分子スペク

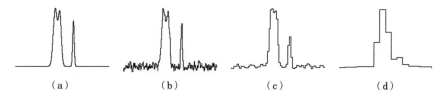

(a)　　　　　　　　（b）　　　　　　　　（c）　　　　　　　　（d）

図 5.42　周波数分解能の異なる分光計で観測した場合に得られるスペクトル線の例．（a）天体のスペクトル．（b）（a）を有限の周波数分解能で観測した例．なお，天体本来のスペクトルに雑音を付加している．（c）（b）の周波数分解能を 4 倍低くしたもの．（d）（b）の周波数分解能を 16 倍低くしたもの．縦軸のスケールは任意．周波数分解能が悪くなるにつれて，元々の信号の波形が崩れていく．なお，周波数分解能が低くなるにつれて信号対雑音比は上昇していくことにも注意.

トル線のように線幅が広い天体の観測には後者を用いる．

　電波天文学ではしばしばスペクトル線の静止周波数からのずれをドップラー効果のためと考えて速度に変換することがあり，上記の周波数分解能や周波数帯域幅は，速度に換算した速度分解能や速度帯域で表現する場合もある．たとえば，スペクトル線の静止周波数を ν，周波数帯域幅を $\Delta\nu$，それに対応する速度帯域を Δv とすると，

$$\Delta v \approx \frac{\Delta\nu}{\nu}c \qquad (5.64)$$

である．ここで，c は光速である．式（5.64）から明らかなように，センチ波帯のように観測周波数が低い場合には周波数帯域幅に対して速度幅が広くなるため高周波数分解能狭帯域型の分光計での観測が適する．一方，サブミリ波帯では逆に広帯域型の分光計が必要になる．

　線幅の広いスペクトル線の観測の場合，帯域に緩やかなうねりのようなパターンが生じてしまうとスペクトル線の輪郭を正確に得ることができなくなってしまう．したがって，分光計には周波数分解能と帯域幅という性能に加えて，周波数および強度に対する安定性が求められる．

　次に，実際にどのような方法で電波が分光されるかについて見てみよう．通常，受信した電波は周波数変換されて，ある程度の帯域を持つ中間周波数信号あるいはより周波数の低いビデオ帯の信号として分光計へと送られる．この時点で信号

は，時間の関数としての電圧 $V(t)$ である．ここからスペクトルを得る方法には2通りある．$V(t)$ のフーリエ変換を取ると，電圧の周波数スペクトルである，

$$\tilde{V}(\nu) = \int_{-\infty}^{\infty} V(t)e^{-2\pi i\nu t}dt \tag{5.65}$$

が得られる．これとこの共役複素数との積はパワースペクトルつまり単位周波数あたりの受信電力

$$P(\nu) = \tilde{V}(\nu)\tilde{V}^*(\nu) = \left|\tilde{V}(\nu)\right|^2 \tag{5.66}$$

を与える．単一鏡による分光に際しては，複素成分はないので各チャンネルを2乗検波している．

もうひとつの方法はウィーナー–ヒンチン（Wiener-Khintchine）の定理を使うことである．時刻 t における電圧 $V(t)$ と時間 τ だけ遅れた時刻 $t+\tau$（τ をラグという）における電圧 $V(t+\tau)$ の積から得られる自己相関関数は

$$C(\tau) = \lim_{T\to\infty} \frac{1}{T}\int_{-T/2}^{T/2} V(t)V(t+\tau)dt \tag{5.67}$$

で表されるが，これをフーリエ変換することでパワースペクトル

$$P(\nu) = \frac{1}{2\pi}\int_{-\infty}^{\infty} C(\tau)e^{-2\pi i\nu\tau}d\tau \tag{5.68}$$

を得る．

実際の電波分光計には前者の方法を利用したフィルターバンク型分光計，音響光学型分光計，フーリエ変換型分光計があり，後者の方法は自己相関型分光計で使われている．以上の関係をまとめると図 5.43 のように表される．以下，個々の分光計について紹介する．

5.6.1 フィルターバンク型分光計

フィルターバンク型分光計は，中間周波数帯の信号を少しずつ同調周波数をずらしたバンドパス（帯域通過）フィルターに通し，その信号を検波するもので，図 5.44 に示すように原理は単純な電波分光計である．その一方で，分光点数の数だけフィルターと検波器を用意する必要があるため，実際に製作する際には複

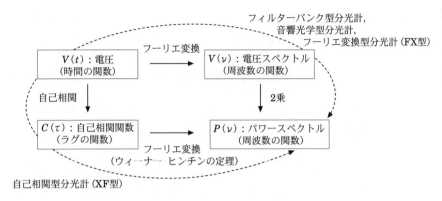

図 **5.43** 単一鏡による電波分光観測で信号からスペクトルが得
られる過程を示した図.

雑なシステムとなる．現在では，フーリエ変換型分光計（5.6.3 節）が主流と
なっているが，この概念は MKID（5.5.6 節）でフィルターをかけて低分散分光
する方法へ引き継がれている．

5.6.2 自己相関型分光計

時刻 t でのサンプリングデータを $V(t)$ とし，これに時間 τ だけ遅延がかかっ
たデータ $V(t+\tau)$ から式（5.67）のように自己相関関数が得られる．これをフー
リエ変換することで，式（5.68）のようにパワースペクトルを得るのが自己相関
型分光計である．自己相関を X 算，フーリエ変換を F 算と表記し，XF 型分光
計と呼ばれることもある．自己相関型分光計はアナログ信号をサンプルしてデジ
タル信号へ変換してから処理するため，デジタル分光計と呼ばれる．

式（5.67）と（5.68）において，実際の観測データは有限のラグ範囲でしか
データを取れないのでひずみが発生する．今，$|\tau| \leqq \tau_\mathrm{max}$ の範囲でのみデータを
取得したとすると，自己相関関数は箱形関数

$$w(\tau) = \begin{cases} 1 \ (|\tau| \leqq \tau_\mathrm{max})) \\ 0 \ (|\tau| > \tau_\mathrm{max})) \end{cases} \tag{5.69}$$

が掛かった形になる．これは窓関数の 1 種で，ラグに応じて自己相関関数に重み
を付けてフーリエ変換することに相当する．積のフーリエ変換はそれぞれのフー

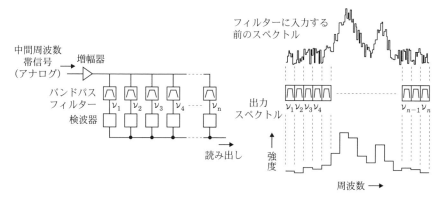

図 **5.44** フィルターバンク型分光計の原理．中間周波数帯の信
号は増幅された後に，中心周波数が少しずつ異なるフィルターに
入力され，検波される．

リエ変換の畳み込み[*10]になるため，箱形関数のフーリエ変換が sinc 関数（＝
$\sin x/x$）であることを考慮すると，実際のフーリエ変換は

$$\int_{-\tau_{\max}}^{\tau_{\max}} C(\tau)e^{-2\pi i\nu\tau}d\tau = \int_{-\infty}^{\infty} w(\tau)C(\tau)e^{-2\pi i\nu\tau}d\tau$$
$$= \int_{-\infty}^{\infty} 2\tau_{\max}\frac{\sin(2\pi\nu'\tau_{\max})}{2\pi\nu'\tau_{\max}}P(\nu-\nu')d\nu' \qquad (5.70)$$

のように，真のスペクトルに sinc 関数が畳み込まれた形になっている．図 5.45
に箱形関数とそのフーリエ変換である sinc 関数を示す．式（5.70）は，たと
え真のスペクトルがデルタ関数のように有限の線幅を持たなかったとしても，
$1/(2\tau_{\max})$ 程度の周波数の広がりを持つことを意味している．つまり，周波数分
解能が悪くなってしまう．より正確には sinc 関数の半値幅

$$\delta\nu = \frac{0.603}{\tau_{\max}} \qquad (5.71)$$

が周波数分解能となる．一方，分光する全周波数帯域幅 $\Delta\nu$ は，最小ラグを τ と
するとサンプリング定理により，

$$\Delta\nu = \frac{1}{2\tau} \qquad (5.72)$$

[*10] $f(t) = \int_{-\infty}^{\infty} g(t-\tau)h(\tau)\,d\tau$ の積分を畳み込み（コンボリューション）という．

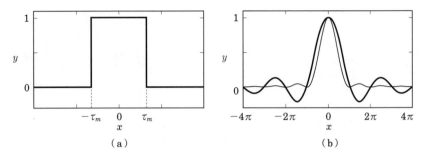

図 **5.45** （a）箱形関数（矩形波）．（b）箱形関数をフーリエ変換して得られる sinc 関数 （$y = \sin x/x$, 太線）．細い線は sinc 関数を 2 乗したもの （$y = (\sin x/x)^2$）.

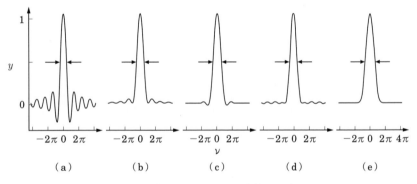

図 **5.46** デルタ関数に窓関数をかけてフーリエ変換した結果の例．サイドローブの低下とともに，スペクトル線の線幅が広がる．（a）箱形関数，（b）三角窓，（c）ハニング窓，（d）ハミング窓，（e）ブラックマン窓．

となる．ラグ数を N とすると

$$\tau_{\max} = N\tau \tag{5.73}$$

であるから，周波数分解能は

$$\delta\nu = 1.21\frac{\Delta\nu}{N} \tag{5.74}$$

となる．

また，図 5.45 を見るとわかるように，もともとの周波数から離れたところ

（図では ±2.46π）にサイドローブと呼ばれる偽の成分が現れてしまう．このサイドローブの影響を減らすために，フーリエ変換の際に箱形関数以外の窓関数を用いることがある．各種の窓関数によって得られるスペクトルの違いを図 5.46 に示す．箱形関数の場合，サイドローブの高さは主ピークの 0.22 倍であるのに対して，三角窓では主ピークの 0.047 倍，ハニング窓では 0.027 倍，ハミング窓では 0.0073 倍，ブラックマン窓では 0.0012 倍に低減される．

一方，箱形関数の場合の周波数分解能が式（5.74）で表されるのに対して，図 5.46 に示した三角窓では $1.77\dfrac{\Delta\nu}{N}$，ハニング窓では $2.00\dfrac{\Delta\nu}{N}$，ハミング窓では $1.82\dfrac{\Delta\nu}{N}$，ブラックマン窓では $2.30\dfrac{\Delta\nu}{N}$ と低下してしまう．ここで，それぞれの窓関数は $|\tau| \leqq \tau_{\max}$ の範囲で

$$
w(\tau) = \begin{cases}
1 - \dfrac{|\tau|}{\tau_{\max}} & \text{（三角窓）} \\[2mm]
0.5 + 0.5\cos\left(\dfrac{\pi\tau}{\tau_{\max}}\right) & \text{（ハニング窓）} \\[2mm]
0.54 + 0.46\cos\left(\dfrac{\pi\tau}{\tau_{\max}}\right) & \text{（ハミング窓）} \\[2mm]
0.42 + 0.50\cos\left(\dfrac{\pi\tau}{\tau_{\max}}\right) + 0.08\cos\left(\dfrac{2\pi\tau}{\tau_{\max}}\right) & \text{（ブラックマン窓）}
\end{cases}
\tag{5.75}
$$

であり，$|\tau| > \tau_{\max}$ の範囲では，$w(\tau) = 0$ である．

実際の自己相関型分光計では，入力する信号はデジタルデータに変換される．分光計に入力する中間周波数帯あるいはベースバンドの信号は時間とともに変動するアナログの電圧であるが，これを一定の時間間隔でサンプル（標本化）してデジタル化（量子化）する．分光計に入力される信号は帯域幅が制限された雑音であり，その周波数帯域を [0, B] とすると，ナイキストのサンプリング定理によりサンプリング周波数を 2B 以上にすると，元の信号の情報は失われることがない．

次に，サンプルされたデータを量子化する．図 5.47 にアナログ信号の量子化の例を示す．アナログ信号（図 5.47 (a)）の電圧が 0 V 以上の場合は +1，0 V 未満の場合は −1 と出力する場合，入力信号は図 5.47 (b) のように変換される．実際には，計算機上で一方が 0，他方が 1 で表すことができ，1 ビット（2 レベ

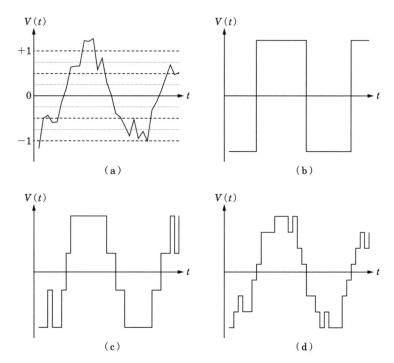

図 **5.47** アナログデータの量子化の例．時間変動するアナロ
グデータ（a）を正か負の 1 ビットでサンプリングしたものが
（b）．破線のように 4 段階に分けてサンプリング（2 ビット）し
たものが（c），さらに点線のように 8 段階に分けてサンプリン
グ（3 ビット）したものが（d）．サンプリングのビット数が大き
くなるほど，よりアナログ信号を再現できている．

ル）のサンプリングである．変換されたデジタル信号は，アナログ信号の大まか
なパターンを残してはいるが，細部については再現できていない．
　サンプリングの際のレベルを細かくしてみよう．アナログ信号を

　　（i）　　$+0.5\,\mathrm{V}$ 以上，
　　（ii）　　$0\,\mathrm{V}$ 以上 $+0.5\,\mathrm{V}$ 未満，
　　（iii）　$-0.5\,\mathrm{V}$ 以上 $0\,\mathrm{V}$ 未満，
　　（iv）　$-0.5\,\mathrm{V}$ 未満

の 4 レベルにすると（2 ビットサンプリング，図 5.47（a）の点線），変換された

信号は図 5.47（c）のようになり，1 ビットの場合よりは元のアナログ信号に近づく．さらにサンプリングレベルを細分化し 8 レベルにすると（3 ビットサンプリング），変換後の信号は図 5.47（d）のようにかなり元のアナログ信号を再現できる．

　このようにサンプリングの際のレベルの分け方を細かくすると，つまりサンプリングのビット数を大きくするほど，量子化された信号は元のアナログ信号に近づく．しかし，サンプリングの際のビット数が大きくなるほど，0 と 1 で表された数値の桁数はその分だけ増し，処理はたいへんになる．

　一般に，電波天文学において天体からの電波は非常に微弱であり，受信する電波は白色雑音とみなすことができる．その結果，天体以外の寄与は多数のサンプリングデータを時間的に積分（平均）することで打ち消し合うのに対して，天体からの信号は時間積分しても打ち消し合わない．このため，サンプリングの際のビット数は小さくてもよい．図 5.48 にこの様子を示す．雑音に埋もれているスペクトルを積分すると，雑音は減少し信号が見えてくる．積分時間が長くなるにつれ，ビット数の小さいサンプリングでも信号を再現できることがわかる．もちろん，図 5.47 で見たように量子化の際のビット数が小さいと，元の信号から失われてしまった情報が多くなるため，その分雑音に対する信号比は下がる．これを量子化損失という．1 ビットの量子化ではアナログ信号に対して 64% の信号対雑音比になってしまうのに対して，2 ビット 4 レベルの量子化では信号対雑音比はアナログの場合の 88% である．量子化されたデータから得られる自己相関関数は，量子化されていないつまりアナログデータから得られる自己相関関数と異なる形になってしまうが，ビット数が少ない場合については，ヴァン・ヴレック（J.H. Van Vleck）補正により量子化の効果を補正することができる．

　このようにサンプルしたデータから自己相関関数を計算した後，フーリエ変換を計算する．計算には通常は高速フーリエ変換（FFT）が用いられる．図 5.49 に自己相関型分光計の模式図を示す．入力されるアナログ信号は，アナログ–デジタル（A/D）変換部でサンプルされて量子化される．簡単のために 1 ビットのサンプリングを考えると，サンプルされたデータをクロック周波数で $\Delta\tau$ だけずらしていき，ずれていないデータと XNOR 回路によって排他的論理和の否定がとられる．つまり自己相関を計算する．1 ビットサンプリングの場合，信号の

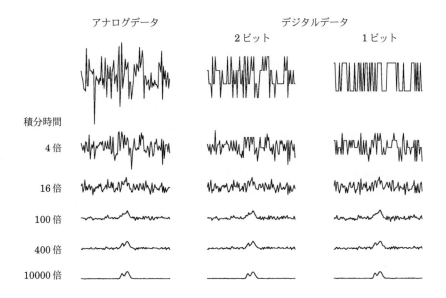

図 **5.48** 雑音の乗ったスペクトルを時間積分した結果. 単位時間で取られたスペクトル（図の 1 番上のスペクトル）からはどのような信号があるのかよくわからないが, 積分時間を 4 倍, 16 倍, 100 倍, ⋯ と増やして行くと, 雑音は打ち消し合い, 信号が見えてくる. まったく同じ信号を 2 ビットおよび 1 ビットでサンプルしてから積分したものも併せて示してある. なお, 縦軸のスケールは積分時間によらず同じであるが, 2 ビットサンプリングおよび 1 ビットサンプリングのデータは, アナログデータの場合に対して縦軸のスケールが同じになるようにしてある.

振幅の情報を失ってしまっているので, 分光計の全帯域での総電力を別途計測しておいて, スペクトルの強度を較正してやらなければならない.

　自己相関型分光計は, 米国のワインレブ（S. Weinreb）によって開発された. 当時は計算機の処理能力からサンプリング周波数が高いもの, つまり分光計としては広帯域のものを作ることができず, センチ波帯の観測もしくはミリ波帯では狭帯域を高周波数分解能で観測する場合に用いられた. しかし, サンプリング技術や計算機の処理速度が目覚ましく進歩した現在では, 数 GHz というサンプリングが可能になりミリ波やサブミリ波での広帯域観測が可能となってきている.

　デジタル分光計は, 音響光学型分光計のようなアナログの分光計と異なりフィルターを用いることで帯域幅や周波数分解能を自由に変えることができること,

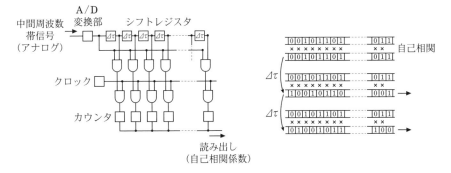

図 **5.49** 1 ビットサンプリングの自己相関型分光計の模式図.
中間周波数帯のアナログ信号がアナログ–デジタル（A/D）変換
部でサンプリングされ，シフトレジスタを介して $\Delta\tau$ ずつ時間
をずらしたデータとの間で自己相関関数が計算される.

しかもデジタルフィルターを用いればフィルターの帯域幅も自由に変えることが
できること，付加的な雑音が発生せずスペクトルの雑音は時間とともに減少して
いくこと，さらに複数の分光計の間で個体差がほとんど生じないこと，などの利
点がある.

　日本では，野辺山宇宙電波観測所の 45 m 望遠鏡に 25 ビームのマルチビーム
受信機が開発されるのに併せて，XF 型のデジタル分光計が開発された. チャン
ネル数は 1024 で，帯域幅は 512 MHz の広帯域モードと，32, 16, 8, 4 MHz の
高周波数分解能モードがあった. 国外でも多チャンネルの分光計が開発され，た
とえば IRAM の 30 m 望遠鏡では帯域幅 1 GHz，512 チャンネルの分光計など
が使用されている.

5.6.3　フーリエ変換型分光計

　デジタル式の分光計には先に述べた XF 型のほかに，サンプリングしたデータ
を先にフーリエ変換（F 算）してから掛け算（X 算）をする FX 型のものがあ
る. これは式（5.65）および式（5.66）の過程に従うものである. データのサン
プリングと量子化については XF 型と同じである.

　フーリエ変換を計算する際に，実際には有限の長さのデータから計算するため
に，XF 型と同様にサイドローブが現れる. ただし，先にフーリエ変換した後に

自己相関を計算するために，サイドローブのパターンは sinc 関数ではなく，sinc
関数の 2 乗になり，図 5.45 に示すように XF 型に比べてサイドローブが 1/4 以
下に低減される．このため，FX 型分光計では特に窓関数をかけてやる必要が
ない．周波数分解能は，総帯域幅を $\Delta\nu$，周波数方向の分解点数を N とすると
$\delta\nu = \dfrac{\Delta\nu}{N}$ となる．

　デジタル分光計ではサンプリングした多量のデータを取り扱う最初の演算がシ
ステムの複雑さと処理速度を決める．最初の演算回数が XF 型の場合 N^2 であ
るのに対して FX 型は高速フーリエ変換を行うため $N\log_2 N$ である．したがっ
て，ラグ数 N が大きい場合，つまり分光点数が多い場合には，FX 型の方が劇
的に処理速度が速くかつ単純なシステムとなる．現在，多くの電波望遠鏡ではこ
のタイプの分光計が主流となってきている．

　FX 型の分光計は，1980 年代に東京天文台（当時）の近田義広らによって野辺
山ミリ波干渉計の相関器として開発され，野辺山 45 m 電波望遠鏡でも XF 型分
光計以前に高周波数分解能型の FX 分光計が用いられていた．現在は，XF 型分
光計に代わり，後述のように広帯域の FX 分光計が用いられている．

　電子機器の発展により，FX 型分光計は著しく性能が向上している．情報
通信研究機構の近藤哲朗らがパソコンベースでの VLBI 端末として開発した
K5/VSSP 記録システムで用いられているサンプリングボードを使った単一鏡用
の FX 型分光計も開発された．パソコンの PCI バスにさすことができ，手軽に
デジタル分光計を製作できるというメリットがあるため，大学等が所有する望遠
鏡で比較的低い周波数帯での観測に使用されている．このようなソフトウェアで
相関処理する分光計は計算機の処理速度の向上により広帯域のものが実現可能に
なっており，FPGA（= Field Programmable Gate Array）を用いて広帯域，
多チャンネル，多ビットの分光計がさまざまな電波望遠鏡で用いられている．た
とえば，野辺山 45 m 電波望遠鏡では帯域幅が 2 GHz，4096 チャンネルの分光
計が 16 台，ASTE 10 m 鏡では帯域幅が 4 GHz，2048 チャンネルの分光計が使
われている．いずれも帯域幅と周波数分解能は可変であり，特に後者は，初段の
フーリエ変換をフィルタとして用い，2 段目のフーリエ変換を分光のために用い
る FFX 型の分光計である．

第 **6** 章

単一鏡観測

6.1 単一鏡電波望遠鏡の利点

　3章で述べたように同じアンテナ有効面積，同じ角分解能をもつマルチビーム受信機を載せた単一鏡型電波望遠鏡（以下，単一鏡とする）と干渉計型電波望遠鏡（以下，干渉計とする）を比較した場合，干渉計の素子アンテナ数とマルチビーム受信機のビーム数が同じならば，原理的にはほぼ同じ撮像観測性能になる．しかし，実際の観測においては以下に述べる相補的特徴がある．

　単一鏡はアンテナの口径 D に相当する角分解能 HPBW $\simeq 1.2\lambda/D$ を持つが，アンテナ口径を大きくすると鏡面を高精度に保ちながら正確に天体に向けるということが技術的に難しくなる．高い角分解能を得るために大口径アンテナを建設することは金銭的にも困難である．これに対して干渉計はアンテナ間隔 d に相当する角分解能 HPBW $\simeq \lambda/d$ が達成でき，かつアンテナ間隔 d は比較的容易に変更できる．このため高い分解能を得て天体の微小構造を明らかにする場合，干渉計の単一鏡に対する優位性は明らかである．

　一方，干渉計で素子ビームの視野外に広がった天体を観測することは技術的に困難であり，また小さな素子アンテナを集めて大口径アンテナの面積と同じにすることは大きな金銭的負担になる．このように広い開口面積で大きな構造を持った天体を撮像する観測では単一鏡の干渉計に対する優位性は明らかである．した

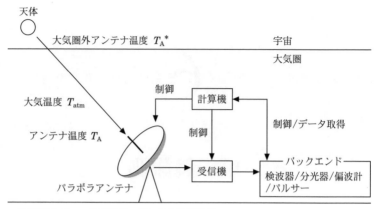

図 **6.1** 地上に置かれた単一鏡型電波望遠鏡の概念図.

がって単一鏡と干渉計は，どちらかでもう一方を置き換えることは容易ではない．

また干渉計の相関器は複雑さの点で単一鏡のマルチビーム受信機の検波器や分光計に比べて大きな差がある．単一鏡の受信システムがそれほど複雑でないということは新しいアイデアによる改良が金銭的にまた技術的にすぐにできることを意味する．これは単一鏡の大きな魅力のひとつである．

6.2 単一鏡型電波望遠鏡による観測

単一鏡型電波望遠鏡は図 6.1 のような構成をしている．

6.2.1 観測目的と受信機バックエンドの選択

単一鏡をどのような機能を持った装置として使うかは観測目的に応じた受信機バックエンドによってほぼ決定される．天体からの電波には，全体の電波強度，周波数ごとの電波強度（スペクトル），偏波，そして，それらの時間変化などの天体からの情報が含まれているので，目的の情報を取り出すためにバックエンドは選択される．

強度観測 天体からの（連続波の）電波強度を測定したい場合は，受信機の出力端に 2 乗検波器が接続され，機能としては放射計と呼ばれる．

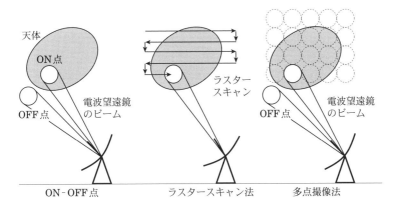

図 **6.2** 単一鏡型電波望遠鏡の観測動作の種類.

分光観測 分光をしてスペクトルを測定する場合，この部分に電波分光計が接続される.

偏波観測 偏波を測定するには偏波計が接続される．しかし偏波計の方式は多様であり，設置場所もバックエンドとは限らない.

時間変化観測 強度，スペクトル，偏波の時間変化は通常の場合は上記の三つで複数回観測することにより測定されるが，パルサーのように極めて速い変化の場合，回路の時定数を小さく，ある時間周期で折り畳み足し合わせることのできる特殊な装置（パルサーバックエンド）が接続される.

6.2.2 観測動作の選択

単一鏡ではアンテナを支える機構に通常，日周運動で動く天体を追尾する機能があるが，それに加えて単一鏡の観測動作には次のような種類がある（図 6.2）.

ON–OFF 観測 単一鏡においてビーム一つの受信機（シングルビーム受信機）を搭載している場合は，その光軸上のデータしか取得できない．点状の電波源またはその位置の情報だけに興味がある場合はその天体にアンテナを指向させ（ON 点），またその周辺の天体のない点（OFF 点）を観測し．その差分をとり，大気と望遠鏡の放射・吸収を補正する.

ラスタースキャン観測 望遠鏡を天体に対してテレビの走査線のように連続に動かしてデータを取得する撮像観測である．マルチビーム受信機を使用すると

同時に複数のスキャンのデータが取得できるようになり観測時間が短縮される. 従来はバックエンドが単純で高速のデータ取得が可能な連続波観測のみで行われてきたが, 最近は輝線観測でも高速のデータ取得が可能になり, この方式での観測が実行されている. この場合はオンザフライ (On the fly; OTF) 観測と呼ばれる.

多点撮像観測 画素に相当する 2 次元の ON 点の情報を ON–OFF 観測の繰り返しによって取得する観測である. マルチビーム受信機を使用すると同時に多数の ON 点が観測でき観測時間が短縮される.

6.3 アンテナ温度の較正法

6.3.1 チョッパーホイール (吸収体円板) 法

天体からの電波によるアンテナ温度の測定は受信機からの出力を標準となる雑音源と比較すればできる. 受信機は入力がなくても雑音を発するので二つ以上の雑音源が必要になる. また観測されたアンテナ温度に対して大気の影響を補正してやらないと本当の天体のアンテナ温度を測定することはできない. ここではアンテナ温度の代表的強度較正法のひとつであるチョッパーホイール法を説明する. この方法は地上から大気圏外にアンテナを出したときに受信できる真のアンテナ温度 T_A^* を観測する方法であり, 常温の電波吸収体と大気の放射そのものを基準とする方法である.

大気の天頂での光学的厚みを τ, 天頂からの角度 (天頂距離) を Z とすれば, 天体の電波が大気を通過するときに受ける減衰は $\exp(-\tau \sec Z)$ となる. 受信機で観測されるアンテナ温度 T_A と T_A^* の関係は

$$T_A = \eta T_A^* \exp(-\tau \sec Z) \tag{6.1}$$

となる. ただし η は望遠鏡のフィード効率, すなわちアンテナの開口面を通過した電波が受信機まで到達する割合とする. 望遠鏡で天体のない空を見たときの受信機出力は宇宙背景放射を無視すれば

$$P_\nu(\text{sky}) = Gk\left[T_{\text{RX}} + (1-\eta)T_{\text{amb}} + \eta\{1 - \exp(-\tau \sec Z)\}T_{\text{atm}}\right] \tag{6.2}$$

である. ただし, G は受信機の増幅率, T_{RX} は受信機雑音温度, T_{amb} は望遠鏡

や周囲の大地の温度（常温），そして T_{atm} は電波の通過する大気の温度である（図 6.1 および図 6.5 参照）．

天体のある空を見たときおよび常温 T_{amb} の吸収体で受信機の入力窓をおおったときの受信機出力はそれぞれ，

$$P_\nu(\mathrm{source}) = Gk\left[T_{\mathrm{A}} + T_{\mathrm{RX}} + (1-\eta)T_{\mathrm{amb}} + \eta\{1 - \exp(-\tau\sec Z)\}T_{\mathrm{atm}}\right] \tag{6.3}$$

$$P_\nu(\mathrm{amb}) = Gk(T_{\mathrm{RX}} + T_{\mathrm{amb}}) \tag{6.4}$$

である．これら測定量を組み合わせて補正温度 T_{C} を以下のように定義すると

$$T_{\mathrm{C}} \equiv T_{\mathrm{amb}}\frac{P_\nu(\mathrm{source}) - P_\nu(\mathrm{sky})}{P_\nu(\mathrm{amb}) - P_\nu(\mathrm{sky})} = \frac{T_{\mathrm{amb}}T_{\mathrm{A}}}{\eta\left[T_{\mathrm{amb}} - \{1 - \exp(-\tau\sec Z)\}T_{\mathrm{atm}}\right]} \tag{6.5}$$

である．T_{C} は，アンテナ温度，望遠鏡周囲の温度，効率，大気の温度，そして大気の光学的厚さで表される．もし，$T_{\mathrm{amb}} = T_{\mathrm{atm}}$ ならば，式（6.1）より

$$T_{\mathrm{C}} = \frac{T_{\mathrm{A}}\exp(\tau\sec Z)}{\eta} = T_{\mathrm{A}}^* \tag{6.6}$$

となり，T_{C} は T_{A}^* に一致する．このように式（6.5）の測定量の組み合わせで T_{A}^* が求まる．また図 6.3 のように $T_{\mathrm{amb}} \neq T_{\mathrm{atm}}$ であってもその差が 20 K 以下でかつ $\tau\sec Z$ が 1 程度ならば，10 ％の誤差で T_{C} は T_{A}^* に一致する．この手順でのアンテナ温度の較正方法をチョッパーホイール法（吸収体円板法，吸収体を用いた電波強度較正法）という．大変簡便な方法であるにもかかわらず精度が良いため，多くの電波望遠鏡で利用されている．

6.3.2 大気の光学的厚さとフィード効率を用いる較正法

望遠鏡で空を見たときの出力は式（6.2）より

$$P_\nu(\mathrm{sky}) = Gk(T_{\mathrm{RX}} + T_{\mathrm{sky}}) \tag{6.7}$$

である．ただし

$$T_{\mathrm{sky}} = (1-\eta)T_{\mathrm{amb}} + \eta\left\{1 - \exp(-\tau\sec Z)\right\}T_{\mathrm{atm}} \tag{6.8}$$

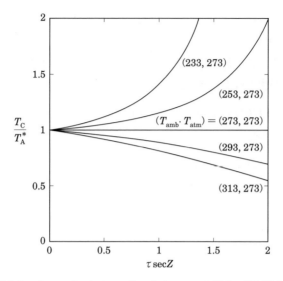

図 6.3 チョッパーホイール法によるアンテナ温度の較正精度. チョッパーホイールの温度 T_{amb} と大気の温度 T_{atm} の単位は [K] である.

である. また液体窒素温度（1気圧で 77 K である）の電波吸収体を受信機前にかざしたときの望遠鏡からの出力は

$$P_\nu(77) = Gk(T_{\mathrm{RX}} + 77) \tag{6.9}$$

である. また常温 T_{amb} の電波吸収体をかざした場合は式（6.4）になる. これらの両辺の差を取り T_{RX} を消去し, 比を取って整理すると

$$T_{\mathrm{sky}} = \frac{P_\nu(\mathrm{sky}) - P_\nu(77)}{P_\nu(\mathrm{amb}) - P_\nu(77)}(T_{\mathrm{amb}} - 77) + 77 \tag{6.10}$$

となる. このように各天頂角 Z での空からの雑音 T_{sky} が測定できる. 上空大気の温度について観測気球（ラジオゾンデ）などの情報があればそれを使うが, ないときは $T_{\mathrm{atm}} = T_{\mathrm{amb}}$ と近似する.

$$T_{\mathrm{sky}} = \{1 - \eta \exp(-\tau \sec Z)\} T_{\mathrm{amb}} \tag{6.11}$$

となる. 測定された T_{sky} を $\sec Z$ に対して図示して（図 6.4 参照）, この式を最小二乗法を用いてあてはめれば大気の光学的厚さ τ と望遠鏡のフィード効率 η

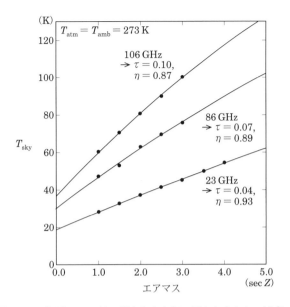

図 **6.4** 野辺山 45 m 鏡で測定した大気の厚さと空からの雑音の関係.

がもとまる.

これらがわかれば式（6.1）から T_A^* を求めることができる．これがアンテナ温度の較正のもうひとつの方法である．

6.3.3 システム雑音温度の測定

前節で測定された T_A^* と比較されるべきシステム雑音温度（大気と望遠鏡の雑音を合わせたもの）の測定法を説明する．空と天体を見たときの望遠鏡からの出力は式（6.2）と式（6.3）で表される（図 6.5 参照）．正確には宇宙背景放射 T_{CMB} が加わるが，$T_{CMB} \simeq 2.7\,\mathrm{K}$ と小さい．天体が十分弱い場合は $T_A \sim 0$ すなわち $P_\nu(\mathrm{sky}) \simeq P_\nu(\mathrm{source})$ となるものの，太陽のような強い電波源では大きく異なる．$T_{amb} = T_{atm}$ と仮定すると，$P_\nu(\mathrm{sky})$ は

$$P_\nu(\mathrm{sky}) = Gk\left[T_{RX} + \{1 - \eta\exp(-\tau\sec Z)\}T_{amb}\right] \qquad (6.12)$$

となる．この出力の受信機入力端での換算温度 $P_\nu(\mathrm{sky})/Gk$ をさらに大気圏外に入力換算したものがシステム雑音温度 T_{sys} になる．したがって，

		天体からの信号 $T_A{}^*$	$T_{atm}(e^\tau-1)$	$T_{amb}e^\tau(1/\eta-1)$	システム雑音温度 $= T_{sys}$ $T_{RX}e^\tau/\eta$
宇宙					
大気	光学的厚さ τ 温度 T_{atm}	$T_A{}^*e^{-\tau}$	大気の付加雑音 $T_{atm}(1-e^{-\tau})$	$T_{amb}(1/\eta-1)$	T_{RX}/η
アンテナ	効率 η 温度 T_{amb}	アンテナ温度 $T_A=\eta T_A{}^*e^{-\tau}$	$\eta T_{atm}(1-e^{-\tau})$	アンテナ付加雑音 $T_{amb}(1-\eta)$	受信機雑音 T_{RX}
受信機	増幅率 G	$G\eta T_A{}^*e^{-\tau}$	$G\eta T_{atm}(1-e^{-\tau})$	$GT_{amb}(1-\eta)$	GT_{RX}

$$出力電力 = Gk[\eta T_A{}^*e^{-\tau} + \eta T_{atm}(1-e^{-\tau}) + T_{amb}(1-\eta) + T_{RX}]$$

図 **6.5**　アンテナに関する測定量の相互関係.

$$T_{sys} = \frac{P_\nu(\mathrm{sky})\exp(\tau \sec Z)}{Gk\eta} \tag{6.13}$$

である. 式 (6.4) と式 (6.12) の差は, $P_\nu(\mathrm{amb})-P_\nu(\mathrm{sky}) = Gk\eta\exp(-\tau \sec Z)\times T_{amb}$ となる. これを $\exp(\tau \sec Z)/Gk\eta$ について解き, 式 (6.13) に代入すると

$$T_{sys} = \frac{P_\nu(\mathrm{sky})T_{amb}}{P_\nu(\mathrm{amb})-P_\nu(\mathrm{sky})} = \frac{T_{amb}}{10^{Y/10}-1} \tag{6.14}$$

となり, システム雑音温度は受信機出力と周囲の温度で記述できる. ただし, ここでの $Y\,[\mathrm{dB}]$ は Y ファクターと呼ばれ, $Y \equiv 10\log[P_\nu(\mathrm{amb})/P_\nu(\mathrm{sky})]$ である.

6.4　連続波観測と放射計

6.4.1　トータルパワー放射計

　天体からの連続波電波は基本的にランダムかつ定常的な, 広い周波数帯域を持った雑音である. このため天体からの電波で生じるアンテナからの出力電圧も短時間ではランダムに変動するが, 長時間積分すれば一定になる. もっとも単純な放射計であるトータルパワー放射計はこの天体から周波数 ν_{RF} を持った電波を周波数幅 $\Delta\nu_{RF}$ で受信してその強さの時間平均を測定する装置である. この放射計はバンドパスフィルターを持つ増幅器, 2 乗検波器, そして積分器で構成される. この放射計への入力電力 P は

$$P = k\Delta\nu_{\rm RF}\Big[\eta(T_{\rm A}^* + T_{\rm CMB})\exp(-\tau\sec Z) + T_{\rm RX} + (1-\eta)T_{\rm amb}$$
$$+\eta\{1-\exp(-\tau\sec Z)\}T_{\rm atm}\Big] \qquad (6.15)$$

となる．ここで $T_{\rm A}^*$ は大気がなく望遠鏡にも損失のないときに受信される天体によるアンテナ温度，$T_{\rm CMB}$ は宇宙背景放射の輝度温度（以降，簡単のため T_A^* に含める），$T_{\rm RX}$ は受信機雑音温度，$T_{\rm amb}$ は望遠鏡を含め周辺の温度，そして $T_{\rm atm}$ は電波が通過する大気の温度である．この式の両辺に大気と望遠鏡の損失の補正である $\exp(\tau\sec Z)/\eta$ をかけ大気圏外に入力換算したものがシステム雑音になるので，

$$T_{\rm sys} = T_{\rm A}^* + T_{\rm rad} \qquad (6.16)$$

となる．ただし $T_{\rm rad}$ は大気，望遠鏡の雑音込みの放射計の雑音を大気圏外に入力換算したものに相当する．天体からの電波が弱い場合は $T_{\rm sys} \cong T_{\rm rad}$ である．

$\Delta\nu_{\rm RF} \ll \nu_{\rm RF}$ の周波数幅を持ったバンドパスフィルターを通過した後の信号は中心周波数 $\nu_{\rm RF}$ かつ周波数幅 $\Delta\nu_{\rm RF}$ の矩形のスペクトルになる（図 6.6 では正の成分のみを表示してある）．この信号は完全にランダムではなくなり，周波数 $\sim \nu_{\rm RF}$ のサインカーブ的な信号の断片の集まりになる．そして，その信号の包絡線は $\Delta t \sim (\Delta\nu_{\rm RF})^{-1} \gg \nu_{\rm RF}^{-1}$ の時間スケールで変動する．2 乗検波器の直前では

$$P \cong Gk(T_{\rm A}^* + T_{\rm rad})\Delta\nu_{\rm RF} \qquad (6.17)$$

となる．G は大気，望遠鏡の損失込みの増幅率とする．これが 2 乗検波器に入力される．2 乗検波器の出力電圧 V は入力電力に比例して

$$V = \beta Gk(T_{\rm A}^* + T_{\rm rad})\Delta\nu_{\rm RF} = V_{\rm D} + \Delta V \qquad (6.18)$$

となる．β は 2 乗検波器の変換係数であり，$V_{\rm D} = \beta GkT_{\rm rad}\Delta\nu_{\rm RF}$ とする．$V_{\rm D} \gg \Delta V$ である．$V_{\rm D}$ は DC 成分と見なせるので $V_{\rm D}$ を引き算回路で差し引くことができる．したがって，γ を引き算回路の損失込みの 2 乗検波器の変換係数とすれば，

$$\Delta V' = \gamma GkT_{\rm A}^*\Delta\nu_{\rm RF}. \qquad (6.19)$$

この引き算後の出力 $\Delta V'$ が積分回路への入力になる．図 6.6 のように $\Delta V'$ のスペクトルは 2 乗検波なので 0 から $\Delta\nu_{\rm RF}$ までの直線的に減少する形をしてい

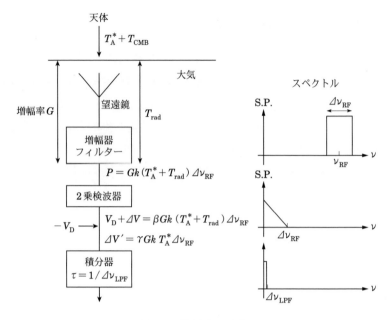

図 **6.6**　放射計の原理.

る．また原理的には $2\nu_{\rm RF}$ の成分も出力されるがここでは無視した．受信機の出力を時定数 τ の積分器 = ローパスフィルターで，移動平均を取る．したがって，積分器の出力電圧は

$$V_{\rm LPF}(t) = \frac{1}{\tau} \int_{-\tau/2}^{\tau/2} \Delta V'(t+x)\,dx \qquad (6.20)$$

となる．図 6.6 のように $\Delta\nu_{\rm LPF} = \dfrac{1}{\tau}$ までの広がりを持つスペクトルになる．したがって時定数 τ 程度の時間変化をする出力となっている．

6.4.2　利得変動とディッケ放射計

　図 6.7（上）のようにアンテナに受信機を直結した放射計（すなわち前述のトータルパワー放射計）を考える．アンテナから受信機に入力される電力をアンテナ温度 $T_{\rm A}$ で表す．受信帯域 $\Delta\nu$，利得 G の受信機が発生する雑音を受信機温度 $T_{\rm RX}$ とする．この場合の放射計の出力は $Gk(T_{\rm RX}+T_{\rm A})$ となり，受信機入力

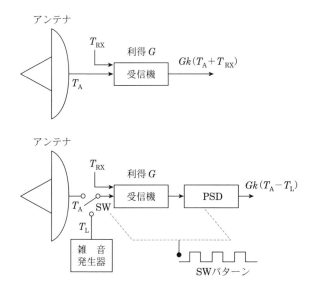

図 **6.7** トータルパワー放射計（上）とディッケ放射計（下）.

端に入力換算したシステム雑音温度は $T_{\mathrm{sys}} = T_{\mathrm{RX}} + T_{\mathrm{A}}$ となる．雑音による受信機出力のゆらぎは

$$\Delta T_{\mathrm{rms},n} = \frac{T_{\mathrm{RX}} + T_{\mathrm{A}}}{\sqrt{\Delta \nu t}} \tag{6.21}$$

となる．ただし t は積分時間である．もしこの受信機の利得が $\Delta G / G$ で変動する場合，これによる受信機出力のゆらぎは

$$\Delta T_{\mathrm{rms},G} = \frac{(T_{\mathrm{RX}} + T_{\mathrm{A}})\Delta G}{G} \tag{6.22}$$

となる．この利得変動からの寄与と前述の雑音温度からの寄与とは独立と考えられるので，両者の 2 乗和をとり平方根をとって，システム全体のゆらぎを求めると

$$\Delta T_{\mathrm{rms}} = \sqrt{\frac{(T_{\mathrm{RX}} + T_{\mathrm{A}})^2}{\Delta \nu t} + (T_{\mathrm{RX}} + T_{\mathrm{A}})^2 \left(\frac{\Delta G}{G}\right)^2}$$
$$= (T_{\mathrm{RX}} + T_{\mathrm{A}})\sqrt{\frac{1}{\Delta \nu t} + \left(\frac{\Delta G}{G}\right)^2} \tag{6.23}$$

となる．この場合，利得変動が雑音温度に比べ無視できるためには

$$\frac{\Delta G}{G} \ll \frac{1}{\sqrt{\Delta \nu t}} \qquad (6.24)$$

であることが必要である．もし受信帯域 $\Delta \nu = 1\,\mathrm{GHz}$ で積分時間 $t = 1\,\mathrm{s}$ を考えた場合，利得変動は $\frac{1}{\sqrt{\Delta \nu t}} = 3 \times 10^{-5}$ より十分に小さくなければ，システム全体のゆらぎが利得変動の寄与で決まることになる．観測する周波数帯にもよるが一般にこのような利得の安定性を実現することはとても難しい．そこで図 6.7 のように，受信機の入力部に一定の雑音を発生する雑音発生器を置きスイッチを使いアンテナとこの雑音発生器を切り替えることを考える．なお図中の PSD とは位相検波のために使用するロックインアンプのことである．スイッチされた二つの入力の差が出力される．入力が雑音発生器に接続されているとき，$T_{\mathrm{RX}} + T_{\mathrm{L}}$ が受信機に入力されている．PSD の出力はこれとアンテナが接続されているときの差分である．スイッチが利得変動のタイムスケールに比べて十分に速ければ T_{RX} の差分はなくなり，$T_{\mathrm{A}} - T_{\mathrm{L}}$ である．また式（6.21）に相当する雑音の差分によるゆらぎは

$$\Delta T_{\mathrm{rms},n} = \sqrt{(T_{\mathrm{RX}} + T_{\mathrm{A}})^2 + (T_{\mathrm{RX}} + T_{\mathrm{L}})^2} / \sqrt{\Delta \nu t / 2} \qquad (6.25)$$

となる．分母の $\sqrt{1/2}$ は切り替えにより積分時間が半分になることを表している．また式（6.22）に相当する利得変動からの寄与は $\Delta T_{\mathrm{rms},G} = (T_{\mathrm{A}} - T_{\mathrm{L}})\dfrac{\Delta G}{G}$ である．この二つは独立と考えられる．したがって，システム全体のゆらぎは

$$\Delta T_{\mathrm{rms}} = \sqrt{\frac{(T_{\mathrm{RX}} + T_{\mathrm{A}})^2 + (T_{\mathrm{RX}} + T_{\mathrm{L}})^2}{\Delta \nu t / 2} + (T_{\mathrm{A}} - T_{\mathrm{L}})^2 \left(\frac{\Delta G}{G}\right)^2} \qquad (6.26)$$

となる．もし装置を調整して $T_{\mathrm{A}} = T_{\mathrm{L}}$ とできれば

$$\Delta T_{\mathrm{rms}} = \frac{2(T_{\mathrm{RX}} + T_{\mathrm{A}})}{\sqrt{\Delta \nu t}} = \frac{2T_{\mathrm{sys}}}{\sqrt{\Delta \nu t}} \qquad (6.27)$$

となり，利得変動によるゆらぎへの寄与を打ち消すことができる．この原理で動作するスイッチとそれを利用した放射計を発明者にちなみそれぞれディッケスイッチとディッケ放射計という．ただしディッケ放射計により利得変動の影響が抑圧できるのはあくまでも $T_{\mathrm{A}} \simeq T_{\mathrm{L}}$ の場合のみである．

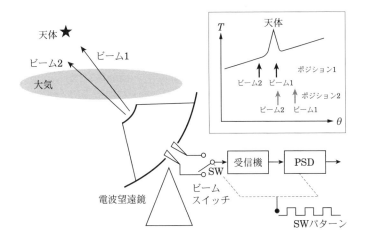

図 **6.8** ビームスイッチと ON–ON 法の原理.

6.4.3 ビームスイッチと **ON–ON** 法

　地上望遠鏡は大気の底から天体を観測するので，特に短い波長で観測する場合は，システム全体のゆらぎとして大気などの変動によるシステム雑音変動 ΔT_{sys} を考慮しなければならない．これも受信機雑音や利得変動からのゆらぎとは独立と考えられるので，式（6.22）にその寄与を加えるには 2 乗和の平方根をとれば良いと考えられる．したがって地上に置いたトータルパワー放射計の出力のゆらぎは次の式になる．

$$\Delta T_{\mathrm{rms}} = T_{\mathrm{sys}} \sqrt{\frac{1}{\Delta \nu t} + \left(\frac{\Delta G}{G}\right)^2 + \left(\frac{\Delta T_{\mathrm{sys}}}{T_{\mathrm{sys}}}\right)^2}. \tag{6.28}$$

　アンテナの主ビームの方向を切り替える装置をビームスイッチという．図 6.8 はこの差分放射計の原理図である．二つの視野をビームスイッチにより切り替えた場合，それぞれの視野を見ているときの入力換算温度を $T_{\mathrm{sys}}(1)$, $T_{\mathrm{sys}}(2)$ とすると，PSD の出力は両者の差分になり $\Delta T_{\mathrm{sys}} = T_{\mathrm{sys}}(1) - T_{\mathrm{sys}}(2)$ である．

$$\Delta T_{\mathrm{sys}} = \Delta T_{\mathrm{A}} + (1-\eta)\Delta T_{\mathrm{amb}} - \eta \Delta \left\{\exp(\tau \sec Z) T_{\mathrm{atm}}\right\} \tag{6.29}$$

右辺第 1 項は天体に由来する信号である．第 2 項はアンテナのスピルオーバが周囲の放射を拾うが，これがアンテナの姿勢変化で変化する項，第 3 項はビーム

が通過する大気の変化に由来する項である．2次以上の項は無視した．二つの
ビームが近接していれば，ほとんど同じ大気を通過し望遠鏡の姿勢の変化もわず
かであるので，ΔT_{sys} の第2項と第3項はつねにほとんど消えてしまい，天体に
由来する信号が残る．これが固定雑音源との差し引きをするディッケスイッチに
比べて有利な点である．

システム雑音のゆらぎへの寄与は，

$$\Delta T_{\mathrm{rms},n} = \frac{\sqrt{T_{\mathrm{sys}}(1)^2 + T_{\mathrm{sys}}(2)^2}}{\sqrt{\Delta \nu t/2}} \tag{6.30}$$

となる．また受信機の出力の差分は ΔT_{sys} に比例するので，利得変動からの寄
与は $\Delta T_{\mathrm{rms},G} = \Delta T_{\mathrm{sys}} \Delta G/G$ である．システム全体のゆらぎは

$$\Delta T_{\mathrm{rms}} = \sqrt{\frac{T_{\mathrm{sys}}(1)^2 + T_{\mathrm{sys}}(2)^2}{\Delta \nu t/2} + \left\{ 1 + \left(\frac{\Delta G}{G} \right)^2 \right\} \Delta T_{\mathrm{sys}}^2} \tag{6.31}$$

となる．$\Delta T_{\mathrm{sys}} \ll T_{\mathrm{sys}}$ であるので G の変動による出力のゆらぎは $\Delta T_{\mathrm{sys}} \dfrac{\Delta G}{G} \ll$
$T_{\mathrm{sys}} \dfrac{\Delta G}{G}$ となり，式（6.26）のトータルパワー放射計に比べて大幅に小さくな
る．もし $T_{\mathrm{sys}}(1) = T_{\mathrm{sys}}(2) = T_{\mathrm{sys}}$ ならば

$$\Delta T_{\mathrm{rms}} = \frac{2T_{\mathrm{sys}}}{\sqrt{\Delta \nu t}} \tag{6.32}$$

となり，時間当りの感度はディッケスイッチと同じになる．また導波管ハイブ
リット回路を工夫することにより，スイッチを使用することなく二つのビームの
差分を出力させることもできる．

図6.8のように望遠鏡がポジション1にあるときはビーム1が天体をとらえ，
ビーム2が天体のない空を見ているとすると

$$\begin{aligned}
\Delta T_{\mathrm{sys},1} &= \{T_{\mathrm{A}} + (1-\eta)T_{\mathrm{amb}} - \eta \exp(\tau \sec Z)T_{\mathrm{atm}}\} \\
&\quad - \{(1-\eta')T'_{\mathrm{amb}} - \eta' \exp(\tau \sec Z')T'_{\mathrm{atm}}\} \\
&= T_{\mathrm{A}} + \Delta[(1-\eta)T_{\mathrm{amb}}]_1 - \Delta[\eta \exp(\tau \sec Z)T_{\mathrm{atm}}]_1 \tag{6.33}
\end{aligned}$$

となる．天体の寄与は T_{A} である．次に望遠鏡がポジション2にあるときはビー
ム2が天体をとらえ，ビーム1が天体のない空を見ているとすると

$$\Delta T_{\text{sys},2} = -T_{\text{A}} + \Delta[(1-\eta)T_{\text{amb}}]_2 - \Delta[\eta \exp(\tau \sec Z)T_{\text{atm}}]_2 \qquad (6.34)$$

となる．図 6.8 のようにスピルオーバと大気の寄与がビーム間隔方向の角度 θ の 1 次式までで近似できるとすると

$$\Delta[(1-\eta)T_{\text{amb}}]_1 \simeq \Delta[(1-\eta)T_{\text{amb}}]_2$$

$$\Delta[\eta \exp(\tau \sec Z)T_{\text{atm}}]_1 \simeq \Delta[\eta \exp(\tau \sec Z)T_{\text{atm}}]_2$$

となり，両式の差，すなわち PSD の出力は

$$\Delta T_{\text{sys},1} - \Delta T_{\text{sys},2} = 2T_{\text{A}} \qquad (6.35)$$

となる．この方法を ON–ON 法と呼ぶ．この方法では 2 倍の大きさの信号をとらえるが 2 回の観測で 1 データを作っているので積分時間はさらに半分になる．この方法の感度は

$$\Delta T_{\text{rms}} = \frac{1}{2} \times \frac{2T_{\text{S}}}{\sqrt{\Delta\nu(t/2)}} = \frac{\sqrt{2}T_{\text{S}}}{\sqrt{\Delta\nu t}} \qquad (6.36)$$

となり，ディッケスイッチと比べ $\sqrt{2}$ だけ良くなる．

6.4.4 バスケットウィービング（かご編み）法とプレス（アイロン）法

両者ともラスタースキャン（アンテナビームを連続的に天球面を移動させる観測法）による観測のスキャンニング効果を低減する方法である．

バスケットウィービング法

ラスタースキャンで天体を観測した場合，受信機出力は式（6.15）から，

$$P_\nu(x, y, t) = Gk\Big[\eta T_{\text{A}}^*(x, y) \exp\{-\tau(x, y, t)\sec Z(x, y, t)\} + T_{\text{RX}}$$

$$+ (1-\eta)T_{\text{amb}} + \eta[1 - \exp\{-\tau(x, y, t)\sec Z(x, y, t)\}T_{\text{atm}}]\Big]$$

$$(6.37)$$

となる．大気の光学的厚み $\tau(x, y, t)$ と天体の高度 $Z(x, y, t)$ の時間変化によって，アンテナ温度の画像 $T_{\text{A}}^*(x, y)$ にスキャン方向にそって模様ができる．これがスキャンニング効果である．バスケットウィービング法は x, y 2 方向のスキャ

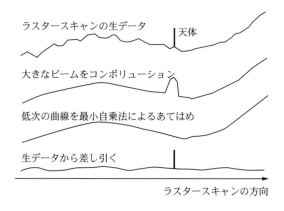

ラスタースキャンの生データ　天体

大きなビームをコンボリューション

低次の曲線を最小自乗法によるあてはめ

生データから差し引く

ラスタースキャンの方向

図 **6.9**　プレス法の概念図.

ンによる画像データがあり，ここからスキャンニング効果を取り除く場合に用い
る．スキャンニング効果はスキャン方向に連続した画素では出力変動は小さいの
に対して，スキャンごとでは（観測時刻の違いが大きいために）出力変動が大き
いことが原因である．そこで，ある方向のスキャンごとの出力の変動をもう 1 方
向の連続したスキャンを用いて補正する．1 スキャンごとの出力の評価はスキャ
ンに沿った方向に並んでいる画素ごとに独立に決定できるので，これを用いて 2
次元的に行う．ただし，参照する画像にもスキャンニング効果が含まれているの
で，立場を入れ替えて相互にスキャンニング効果の減少を図り，これを交互に逐
次的に決定していく必要がある．

プレス法

　銀河面の撮像などでは銀緯方向のスキャンによる画像データしかない場合があ
る．プレス法は 1 方向のスキャンデータからスキャンニング効果を取り除く場
合に用いる．取得したスキャンデータに大きなビームをコンボリューション（畳
み込み）すると緩やかな変動である大気の効果は残るが細かい成分はぼかされて
見えなくなっていると考えて，これを元のスキャンデータから差し引く．このこ
とにより元画像のスキャンデータごとのバラツキを補正し，スキャンニング効果
が少ない画像を生成するという原理である．ただし実際は図 6.9 のようにスキャ
ンデータの大きなビームを畳み込んでも広がった構造は消えずに残る．したがっ

て，鈍らせたスキャンデータについて低次多項式を最小二乗法であてはめて大気変動を近似して，これを元のデータから差し引くことで，実在する広がった構造が失われないようにしている．

6.5 スペクトル線観測法

6.5.1 ポジションスイッチ

図 6.10 のようなスペクトル線をもつ天体を望遠鏡で観測する場合のスイッチ観測法を説明する．望遠鏡を天体に向けたとき（ON 点）の受信機出力は式（6.15）から，

$$P_A(\text{line})$$
$$= Gk\left[\eta\left[(T_A^* + T_{\mathrm{CMB}})\exp(-\tau\sec Z) + \{1 - \exp(-\tau\sec Z)\}T_{\mathrm{atm}}\right]\right.$$
$$\left. + T_{\mathrm{RX}} + (1-\eta)T_{\mathrm{amb}}\right] \tag{6.38}$$

と書くことができる．次に周辺の天体のない空（OFF 点）を観測すると，

$$P_A(\text{sky})$$

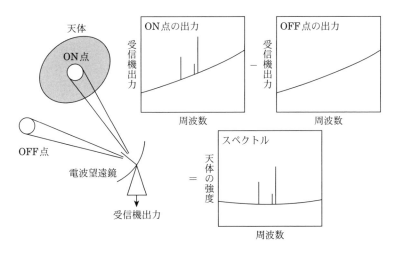

図 **6.10** ポジションスイッチによるスペクトル線観測．

$$= G'k \left[\eta \left[T_{\text{CMB}} \exp(-\tau \sec Z) + \{1 - \exp(-\tau' \sec Z')\} T'_{\text{atm}} \right] \right.$$

$$\left. + T'_{\text{RX}} + (1-\eta) T'_{\text{amb}} \right] \tag{6.39}$$

が受信機出力になる．これは天体の周囲の空であり，また時間差も小さいので $G \cong G'$, $\tau \cong \tau'$, $Z \cong Z'$, $T_{\text{atm}} \cong T'_{\text{atm}}$, $T_{\text{RX}} \cong T'_{\text{RX}}$, $T_{\text{amb}} \cong T'_{\text{amb}}$ と考える．これから $P_A(\text{line})$ と $P_A(\text{sky})$ の差をとると，

$$P_A(\text{line}) - P_A(\text{sky}) = Gk\eta T_A^* \exp(-\tau \sec Z) \tag{6.40}$$

となり，

$$T_A^* = \frac{P_A(\text{line}) - P_A(\text{sky})}{Gk\eta} \exp(\tau \sec Z) \tag{6.41}$$

である．この観測法をポジションスイッチという．アンテナ温度の較正はチョッパーホイール法等を用いる．ただし，G, τ, T_{RX} が一定という仮定は同一スペクトルの中でも ON 点と OFF 点との観測時間差による受信機と天候などの変動で厳密には成立しなくなる．このため，スペクトルにオフセットが加わりベースラインがうねることになる．うねりが大きくない場合は輝線のない部分に直線または曲線（多項式または正弦関数）を適合させて差し引く．

6.5.2　周波数スイッチ

　ポジションスイッチでは ON 点と OFF 点を観測するために望遠鏡全体またはその一部の光学系を動かすので，ある程度の時間差が発生し受信機の利得変動や大気の透過率の変動は避けられない．それを避けるために考えられたのが周波数スイッチという技術である．図 6.11 のように局部発振器の周波数を分光計の周波数幅 $2f$ の $\frac{1}{2}$ だけシフトさせる．電気的な操作で行えるためスイッチの速度は速くできる．また周波数のシフト量は小さいので，G, τ, Z, T_{atm}, T_{RX}, T_{amb} は一定と仮定できる．オフセットを差し引くため

$$\Delta P(0-f, t_1) = P(0-f, t_1) - P(f-2f, t_1), \tag{6.42}$$

$$\Delta P(0-f, t_2) = P(f-2f, t_2) - P(0-f, t_2) \tag{6.43}$$

とする．ただし，$P(f_1 - f_2, t_i)$ は i のタイミングでの周波数範囲 $f_1 - f_2$ の分光計の出力とする．そして，これらの平均 P が結果の出力になる：

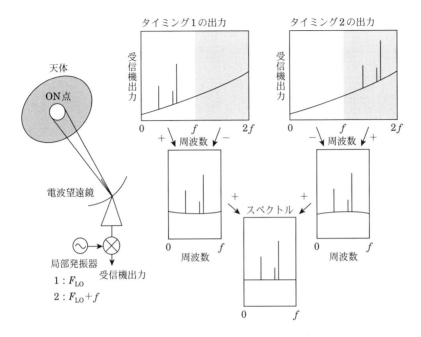

図 **6.11** 周波数スイッチによるスペクトル線観測.

$$P = [\Delta P(0 - f, t_1) + \Delta P(0 - f, t_2)]/2. \qquad (6.44)$$

OFF 点を観測しないので，OFF 点までの移動時間も節約できるため，観測時間を 2 倍以上得る．周波数スイッチはこのように効率的な観測法であるが，シフトする周波数が大きいと受信機の G や T_{RX} が一定とは見なせずベースラインがうねることになる．このためスペクトル線の速度幅が大きい系外銀河などでは使用できない．

6.5.3　オンザフライ観測法

　単一鏡で分光撮像する場合，従来は撮像したい天域の格子点を ON–OFF 観測して，その観測点のスペクトルを取得し，その集まりから目的の周波数の強度を画素として集めて 2 次元画像を作成する多点撮像が用いられていた．このため隣り合う画素も必ずしも時間的に連続したものではなく大気の変動がランダムに，そして観測時期ごとに影響する．このためスキャンニング効果が顕著に現れる．

　一方，連続波観測では従来からスキャン方向のデータは時間的に連続している
ラスタースキャンで取得していたためバスケットウィービング法などを使ってス
キャンニング効果を低減できた．スペクトル線観測においてラスタースキャンで
データを取得しなかったのは連続波に比べデータの取得量が膨大になり速い取得
ができなかったためである．近年の計算機能力向上によりラスタースキャンで
データを取得できるようになった．この観測法をオンザフライ（OTF）観測法
と呼ぶ．

6.6　コンフュージョン

　どの天体も同一の光度 L で電波放射しているとすると距離 r にある天体の見
かけの明るさ S は次の式で与えられる．

$$S = \frac{L}{4\pi r^2}. \tag{6.45}$$

また観測者を中心とする半径 r の球に含まれる天体の数 N は

$$N = \frac{4\pi}{3}r^3 n \tag{6.46}$$

となる．n は天体の分布する数密度である．この球の端では天体の見かけの明る
さは上記の S まで暗くなっているので，N は観測者から見える S より明るい天
体の数である．したがって，N は

$$N = \frac{4\pi}{3}\left(\frac{L}{4\pi S}\right)^{3/2} \propto S^{-3/2} \tag{6.47}$$

となり，天体の見かけの明るさが暗くなるとその数は $S^{-3/2}$ に比例して増して
いく．天体が等方分布であれば全天のあらゆる方向に存在するようになる．電波
望遠鏡のビームがあまり小さくない場合は一つのビームの中に二つ以上の天体が
入ってしまうことが起こるようになる．この現象はコンフュージョンと呼ばれて
いる．一つのビームの中に入ったこれらの天体を区別することはできず一つの天
体として観測されるので本当の天体を観測していることにはならない．ビームが
大きいと天体の明るさが暗くなり検出できなくなる前に，天体の数の増加によっ
てコンフュージョンで「みかけの天体」を観測してしまうことが先に起こる場合

がある．これをコンフュージョン限界，その強度をコンフュージョン限界強度と呼ぶ．

　系外天体の連続波電波源によるコンフュージョンは次の式で与えられ，通常その5倍を限界強度とする．

$$\left(\frac{\sigma_{\mathrm{ff}}}{\mathrm{mJy\,beam}^{-1}}\right) \simeq 6 \times 10^{-5} \left(\frac{\nu}{\mathrm{GHz}}\right)^{-0.7} \left(\frac{\theta_{\mathrm{v}} \times \theta_{\mathrm{h}}}{\mathrm{arcsec}^2}\right). \tag{6.48}$$

ここで $\theta_{\mathrm{v}} \times \theta_{\mathrm{h}}$ はビームの立体角である．電波源のスペクトルは周波数の0.7乗でフラックス密度が減少すると仮定している．ALMAで周波数40 GHz，ビーム立体角5 arcsec × 5 arcsec で観測する場合のコンフュージョン限界強度 $5\sigma_{\mathrm{ff}}$ は $0.57\,\mu\mathrm{Jy\,beam}^{-1}$ である．これ以下の強度の天体は検出できない．またこれを輝度温度で表すと $17\,\mu\mathrm{K}$ となる．

第**7**章

干渉計観測

　電波干渉計は複数の素子アンテナと相関器から構成される観測装置である．干渉計の主目的は角分解能の向上である．

　角分解能を上げるには望遠鏡の大口径化が要求される（4.2 節）．たとえば，口径 10 cm の可視光望遠鏡で得られる $1''$ の角分解能を波長 1 cm の電波で得ようとすると，約 2 km の口径が必要となる．しかし単一望遠鏡の口径には技術的な限界がある．そこで，複数の離れた素子アンテナに開口を分割することで角分解能の向上を図る．こうすると，素子アンテナ間の距離を口径にもつ単一望遠鏡と同等の角分解能を得ることができる．これが干渉計を用いる理由である．

　干渉計の技術で電波望遠鏡の角分解能は飛躍的に向上した．素子アンテナを地球規模に配置する VLBI（Very Long Baseline Interferometry：超長基線干渉計）によって，ミリ波帯で $20\,\mu\mathrm{as}$（マイクロ秒角）程度の分解能が実現し，活動銀河核のブラックホールシャドウ撮像が成し遂げられた．基線長は地球規模に留まらず，電波天文衛星「はるか」や「RadioAstron」などのスペース VLBI で，地球直径を超える干渉計で電波天体の画像が得られている．電波はもっとも波長が長い電磁波であるにもかかわらず，電波干渉計はあらゆる望遠鏡の中で最高の角分解能が得られる装置である．それは，波動性の特徴である干渉を存分に活かせるからである．電波では，波面を電気信号や記録媒体で伝送し，波の位相を直接扱い，干渉縞を複素数として取得し，干渉を計算機などのデジタル回路中で扱

う，という操作が可能である．

　電波干渉計は，その特長を活かして以下のような用途に利用されている．

　（1）　素子アンテナの位置が既知なら天体の方向を高精度に測定できるので，位置天文学や飛翔体のナビゲーションなどに応用される．

　（2）　高い角分解能で天体の電波写真（強度分布）を撮影できる．これを撮像あるいはマッピング（mapping）観測と呼ぶ．

　（3）　観測天体の方向が既知ならアンテナ位置を高精度に測定できる．地殻の動きを測定する測地学や地球姿勢測定に応用される．

　本章では，主に（2）の撮像機能に着目して電波干渉計の原理を述べる．

　電波干渉計には結合素子型干渉計と VLBI がある．前者はアンテナ間をケーブルで接続して信号を伝送し，アンテナ間の受信電波の位相差を実時間で計測する（相関を取る）．後者はアンテナ間が遠すぎてそれが困難なので，各アンテナに配置した精確な時計で受信電波に時刻を付けて記録し，記録媒体を一か所に輸送してから相関を取って受信電波の位相差を測定する．干渉計としての原理は両者で共通なので，本章では特に断らない限り同等に扱う．

7.1　電波干渉計による撮像観測

　撮像は天球面上で電磁波の強度分布を測る観測である．電波干渉計で撮像する方法は，単一望遠鏡（単一鏡）のそれと大きく異なる．

　単一鏡の撮像は，焦点面に CCD などの撮像素子を並べる光学カメラの写真撮影と同様で，天球面上の強度分布が光学系を通して焦点面上の位置に写像されるので，そこに受信機のフィードホーンや検出素子を並べれば電波写真が撮影できる．検出素子 1 つが CCD の 1 ピクセル（画素）に相当する．ただし電波望遠鏡のフィードホーン数は CCD の画素数ほどには多くない．たとえば ASTE 望遠鏡搭載の TES カメラは 271 素子と大規模な装置だが，市販の数千万画素デジタルカメラに及ばない．より多くの画素で広視野を観測するには，アンテナの指向方向を変えて撮像を繰り返す（スキャンあるいは OTF：6 章参照）必要がある．このことは観測効率を下げるだけでなく，マップの均一性も低下させる．受信機出力は天候など時間変動する要因の影響を受けるためである．

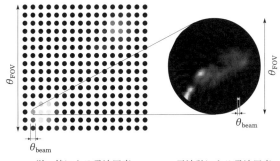

単一鏡による電波写真   干渉計による電波写真

図 **7.1**　単一鏡による電波写真と干渉計による電波写真の比較．単一鏡ではフィードホーン 1 つが 1 画素を構成する．干渉計では単一鏡の 1 画素が視野にあたり，その中を複数の画素に分解する．

電波干渉計の視野は素子アンテナのビームサイズで制限される．分解能は波長 λ と基線長（アンテナ間隔）D の比 λ/D で決まる．単一鏡のビーム（視野）の中を，干渉計では細かく分解して撮像できる．視野内の強度分布のフーリエ成分を，基線ごとに得られる干渉縞のパターンとして測定できるからである．強度分布と干渉縞とがフーリエ変換の関係にあるということを 7.2.4 節で，分解能と基線長との関係について 7.2.1 節で詳述する．干渉計では視野内の全画素を同時に観測する．観測中のシステム特性の時間変動は全画素共通に波及する．このため単一鏡観測と違って，視野内の画像が均質に得られるという特長がある．

7.2　電波干渉計の原理

本節では天球面上の強度分布と干渉計で測定するビジビリティ（visibility）の関係について述べる．干渉計が出力し観測者が手にする観測量はアンテナペアごとに測定されるビジビリティである．ビジビリティを理解することが干渉計の原理の核心であり，本節の目標である．各論に入る前に本節の指針を示す．

7.2.1 節ではフリンジ（干渉縞），位相，基線ベクトル，幾何学的遅延，空間周波数といった基礎的な用語を説明する．7.2.2 節では，天球面の放射電場分布とポインティングベクトルおよび強度の関係を導出する．7.2.3 節は開口面の放射

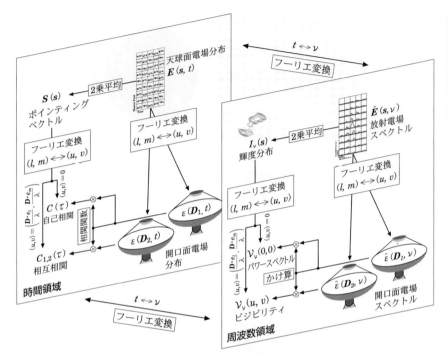

図 **7.2** 天体の放射電場と強度分布，開口面の電場とビジビリ
ティの関係.

電場分布が天球面電場分布とフーリエ変換の関係にあることを示し，さらに開口
面電場分布の相関関数が強度分布とフーリエ変換の関係にあるというヴァンシッ
ター・ゼルニケ（van Cittert–Zernike）の定理を導く．7.2.4 節で，ヴァンシッ
ター・ゼルニケの定理を干渉計に適用してビジビリティと強度分布とがフーリエ
変換の関係にあることを説明し，干渉計の撮像原理を示す．7.2.5 節で現実の干
渉計が持つ有限の口径・帯域幅や雑音の影響を考察する．

　図 7.2 にロードマップとして項目の相互関係をまとめた．時間 t 領域と周波数
ν 領域の物理量は互いにフーリエ変換（$t \leftrightarrow \nu$）で結ばれ，放射電場 E と放射電
場スペクトル $\hat{E}$, ポインティングベクトル S と強度分布 $I, \cdots$ と対応している．
E の 2 乗時間平均である S を分光した I が撮像観測で求める輝度分布である．
観測量は開口面電場分布 ε の相関関数 C あるいはそのフーリエ変換であるビジ
ビリティ $\mathcal{V}$ である．$\mathcal{V}$ と I は 2 次元フーリエ変換 $(l, m) \leftrightarrow (u, v)$ の関係にあり

（7.2.4 節），ビジビリティから強度分布を推定できる．この推定（像合成）については 7.4 節で述べる．

7.2.1 電波源の方向とフリンジ位相

干渉計の出力であるフリンジと天体の方向との関係を述べ，基本的な概念・用語について説明する．本節では天体が点源で周波数 ν_0 の単色波を放射すると仮定し，放射電場を $E(t) = E_0 \cos(2\pi\nu_0 t + \phi_0)$ と表す．E_0 は電場の振幅，t は時刻，ϕ_0 は初期位相である．素子アンテナで受信すると電場に比例した電圧 $V(t) = aE(t)$ が得られる[*1]．

フリンジパターンと位相

図 7.3（a）のように天体が干渉計の正面にある場合，2 つの素子アンテナ 1, 2 に天体からの電波の同一波面が同時に入射するので，それぞれの素子アンテナで受信した電圧 $V_1(t)$ と $V_2(t)$ は波の「山」同士や「谷」同士が重なって強め合う．干渉計の出力 $r_{1,2}$ は $V_1(t)$ と $V_2(t)$ とを加算してから 2 乗検波して時間平均した，

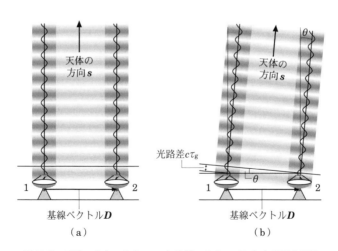

図 **7.3** 天体の方向ベクトル s と基線ベクトル D および到来電波の幾何学的遅延時間 τ_g の関係．（a）干渉計の正面に天体がある場合．（b）正面から角度 θ だけ傾いた方向 s に天体がある場合．

[*1] a は長さの次元を持ち，おおむね素子アンテナの口径である．

$$r_{1,2} = \lim_{T \to \infty} \frac{1}{T} \int_{t=-\frac{T}{2}}^{\frac{T}{2}} \left[V_1(t) + V_2(t) \right]^2 \, dt \tag{7.1}$$

で与えられる．電波放射が定常確率過程とすると時間平均は期待値 $\langle [V_1(t) + V_2(t)]^2 \rangle$ に等しいので，$r_{1,2} = \langle [V_1(t) + V_2(t)]^2 \rangle = 2a^2 E_0^2$ となる*2.

　一方，図 7.3 (b) の場合は「山」と「谷」が打ち消して弱め合う．波が強め合ったり弱め合ったりする現象が干渉である．電波源の方向ベクトルを s とし，アンテナ間を結ぶ線分（基線ベクトル）を D とすると，光路差 $D \cdot s = |D| \sin\theta$ を生じる．波面の到達時間差を幾何学的遅延といい，τ_g で表す．光速を c とすると $c\tau_g = D \cdot s$ である．このときの干渉計出力は

$$r_{1,2} = 2a^2 E_0^2 \left[1 + \cos(2\pi\nu_0\tau_g) \right] = 2a^2 E_0^2 \left[1 + \cos\left(2\pi \frac{D \cdot s}{\lambda_0} \right) \right] \tag{7.2}$$

となる．ここで $\lambda_0 = c/\nu_0$ は波長である．式（7.2）は天体の方向 s による干渉計出力の変化を表し，$D \cdot s$ が波長の整数倍なら強め合い半整数倍なら弱め合う，図 7.4 のようなパターンとなる．このパターンをフリンジといい，周期 $\lambda_0/|D|$ をフリンジ間隔という．式（7.2）の cos 項の引数

$$\phi = 2\pi\nu_0\tau_g = 2\pi \frac{D \cdot s}{\lambda_0} \tag{7.3}$$

をフリンジ位相という．フリンジ位相は天体の方向に応じて変化し，基線 D が長く，波長 λ_0 が短いほど変化は敏感である．

投影基線ベクトル

　天頂以外の方向でも図 7.5 (a) のように干渉計全体を天体に向けて傾ければ干渉計出力は変わらない*3. 基線を傾ける代わりに，図 7.5 (b) のように遅延補正 $\tau_i = D \cdot s_0/c$ を挿入すれば，アンテナを据え置いたままで波面を同期できる．s_0 は位相を 0 にする方向で，位相中心という．遅延補正の結果，$D' = D - (D \cdot s_0)s_0$ の終点にアンテナを置いたのと同じ干渉計出力が得られる．D' を投影基線ベクトルという．このときの位相は

---

*2 $\cos(4\pi\nu_0 t + 2\phi_0)$ の速く振動する項は時間平均によって消える．

*3 台湾 ASIAA の YTLA 望遠鏡（Yuan-Tseh Lee Array; 旧 AMiBA 望遠鏡）は，干渉計全体を搭載した基盤を傾けて宇宙背景放射を観測する装置である．

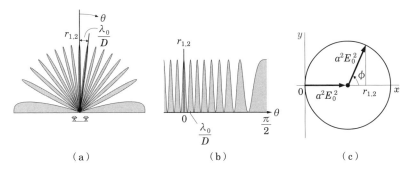

図 **7.4** フリンジパターンの表現. （a）極座標表示. 天頂からの角度 θ に対して干渉計出力 $r_{1,2}$ を動径の長さで表現. （b）θ を横軸, $r_{1,2}$ を縦軸に表示. （c）ベクトルによる表示. x 軸は実数部, y 軸は虚数部を表す.

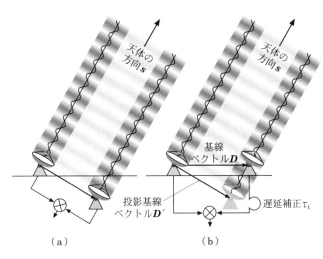

図 **7.5** （a）天体方向に干渉計全体を向ける追尾方法. （b）アンテナを据え置いたまま遅延補正 τ_i を挿入して波面を追尾する方法.

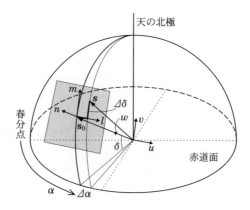

図 7.6 天球面と (l, m, n) 座標系. 干渉計の位置を原点にとる.

$$\phi = 2\pi\nu_0(\tau_\mathrm{g} - \tau_\mathrm{i}) = 2\pi\frac{\boldsymbol{D} \cdot (\boldsymbol{s} - \boldsymbol{s}_0)}{\lambda_0} \tag{7.4}$$

である. $\boldsymbol{s}_0$ と $\boldsymbol{s}$ の離角が小さければ $\boldsymbol{s} \cdot \boldsymbol{s}_0 \simeq 1$ なので, 投影基線ベクトルで観測したときの位相 $2\pi\dfrac{\boldsymbol{D}' \cdot \boldsymbol{s}}{\lambda_0}$ と ϕ はほぼ等しい.

天球面と (l, m, n) 座標系

図 7.6 の座標系を導入する. 位相中心 $\boldsymbol{s}_0$ の赤経を α, 赤緯を δ とする. $\boldsymbol{s}_0$ で天球面に接する平面内にデカルト座標系 (l, m, n) を規定し, $\boldsymbol{s}_0$ 方向を n, 東方向を l, 北方向を m 軸とする. 天球面は単位球面だから $n = \sqrt{1 - l^2 - m^2}$ で, $\boldsymbol{s_0}$ の座標値は $(l, m, n) = (0, 0, 1)$ である.

基線ベクトル $\boldsymbol{D}$ の (l, m, n) 座標系における成分 (u, v, w) を波長単位で式 (7.5) のように表す.

$$(u, v, w) = \left(\frac{\boldsymbol{D} \cdot \boldsymbol{e}_l}{\lambda_0}, \frac{\boldsymbol{D} \cdot \boldsymbol{e}_m}{\lambda_0}, \frac{\boldsymbol{D} \cdot \boldsymbol{e}_n}{\lambda_0}\right). \tag{7.5}$$

ここで, $\boldsymbol{e}_l, \boldsymbol{e}_m, \boldsymbol{e}_n$ はそれぞれ l, m, n 軸方向の単位ベクトルである. 式 (7.4) で示した干渉計の位相は,

$$\phi = 2\pi\frac{\boldsymbol{D} \cdot (\boldsymbol{s} - \boldsymbol{s}_0)}{\lambda_0} = 2\pi(ul + vm + w(n-1)) \simeq 2\pi(ul + vm) \tag{7.6}$$

となり（近似は $l^2 + m^2 \ll 1$ のとき），l, m に比例する．

空間周波数

式（7.5）の u, v を空間周波数といい，それぞれ東向きと北向きの成分である．空間周波数の意味を考えよう．よく知られた周波数 ν は単位時間あたりの波の振動回数である．位相は振動の毎に 2π 増加するから $\phi = \phi_0 + 2\pi\nu(t - t_0)$ である．周波数は $\nu = \dfrac{1}{2\pi}\dfrac{\partial\phi}{\partial t}$ と位相の時間微分に比例する．

一方，u, v は $u = \dfrac{1}{2\pi}\dfrac{\partial\phi}{\partial l}$ および $v = \dfrac{1}{2\pi}\dfrac{\partial\phi}{\partial m}$ とフリンジ位相を方向余弦 l, m で微分した量で表される．つまり u, v は，東向き・北向き方向余弦あたりのフリンジ振動回数を表し，これが空間周波数と呼ばれる理由である．u, v は波長単位で表した基線ベクトルの成分なので，$k\lambda$（キロラムダ），$M\lambda$（メガラムダ）などの単位で表される．

空間周波数が大きいと，わずかな天体位置の違いも大きなフリンジ位相差をもたらす．空間周波数は角分解能と密接な関係にある．

7.2.2 電波源の強度分布と到来電場

電波源が複数ある場合や広がりをもって連続的な分布をしている場合を議論する．結論から言うと，電力スペクトルが強度を表す，という関係を導く．これは単一鏡と干渉計に共通する議論で，ここでは微小開口面に到来する電磁波を考える．単一鏡のように連続した開口面について 7.2.3 節で，開口面が不連続な干渉計については 7.2.4 節で展開する．

空間的非可干渉性の仮定

天球面上の方向 s から放射され開口面の単位面積を単位時間に通過する電磁波のエネルギー，すなわちポインティングベクトル S は，電場 E と磁場 H および空間のインピーダンス Z_0 を用いて

$$S(s) = E(s) \times H(s) = -\frac{1}{Z_0}|E(s)|^2 s \tag{7.7}$$

と表せる（負号はエネルギーの流れが s と逆向きのため）．観測者は電波望遠鏡の受信電力が $S(s)$ に比例すると期待して測定する．その期待は放射が空間的に

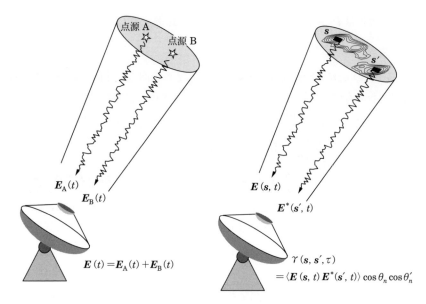

図 7.7　天体の強度分布とアンテナ開口面の電場の関係．（左）
電波望遠鏡のビーム内に二つの電波源が隣接している場合の開
口面電場．（右）電波源が連続的な強度分布をしている場合．

非可干渉（spatially incoherent）という仮定に基づく．以下の例で説明する．

　天球面上 s の方向で周波数 ν_0 で放射する点源 A からアンテナ開口面に到来し
た放射電場を $E_A \cos(\nu_0 t + \phi_A)$ とする．ϕ_A は点源 A から到来する放射電場の
$t = 0$ における位相である．受信電力は E_A^2 に比例するので $S(s)$ に比例する．

　点源 A のすぐ隣で点源 B が同じ周波数 ν_0 で放射を始めたとする．点源 B 単体
の放射電場を $E_B \cos(\nu_0 t + \phi_B)$ とする．両者を合わせた放射電場は $E_A \cos(\nu_0 t +$
$\phi_A) + E_B \cos(\nu_0 t + \phi_B)$ で，受信電力はその 2 乗 $E_A^2 + E_B^2 + 2E_A E_B \cos(\phi_A -$
$\phi_B)$ に比例し，点源 A, B 単体の受信電力の和 $E_A^2 + E_B^2$ と一致するとは限らな
い．$\phi_A = \phi_B$（同位相）のときは $(E_A + E_B)^2$ であり，$\phi_A = \phi_B + \pi$（逆位相）
ならば $(E_A - E_B)^2$ である．逆位相で $E_A = E_B$ なら受信電力は 0 である[*4]．受
信電力が個々の $S(s)$ の総和に比例するのは $2E_A E_B \cos(\phi_A - \phi_B) = 0$ の場合

[*4] 音も波なので同じ性質を持つ．この性質を利用して周囲の雑音を打ち消すノイズキャンセル機
能を備えたヘッドフォンが市販されている．

で, 放射電場を $\boldsymbol{E}_A = E_A e^{i\phi_A}$ とベクトル表示すると $\boldsymbol{E}_A \cdot \boldsymbol{E}_B = 0$, すなわち両者が直交する場合である.

N 個の電波源が存在する場合, 各々の放射電場を $\boldsymbol{E}_i(t)$ と表すと（i は電波源の番号）, 放射電場の総和は $\boldsymbol{E}(t) = \sum_i^N \boldsymbol{E}_i(t)$ で, $|\boldsymbol{E}(t)|^2$ の期待値は,

$$\langle |\boldsymbol{E}(t)|^2 \rangle = \sum_i \langle |\boldsymbol{E}_i(t)|^2 \rangle + \sum_i \sum_{j \neq i} \langle \boldsymbol{E}_i(t) \cdot \boldsymbol{E}_j^*(t) \rangle \tag{7.8}$$

となる. 個々の点源の放射が互いに独立な場合, 即ち $i \neq j$ に対して $\langle \boldsymbol{E}_i(t) \cdot \boldsymbol{E}_j^*(t) \rangle = 0$ のとき, $\langle |\boldsymbol{E}(t)|^2 \rangle = \sum_i \langle |\boldsymbol{E}_i(t)|^2 \rangle$ となり, 受信電力は個々の電波源による受信電力 $\langle |\boldsymbol{E}_i(t)|^2 \rangle$ の合計に一致する.

さらに空間的に連続な強度分布をもつ電波源の場合に一般化する. 方向ベクトル $\boldsymbol{s}$ を中心とする微小立体角 $d\Omega$ からアンテナ開口面の面素 $d\sigma$ に到来する放射電場を $\boldsymbol{E}(\boldsymbol{s},t)d\Omega\, d\sigma$ とする. 全立体角から到来する電場の総和は $E(t) = d\sigma \int_{\boldsymbol{s}} \boldsymbol{E}(s,t) \cos\theta_n d\Omega$ である. ここで θ_n は $\boldsymbol{s}$ が面素の法線ベクトルとなす角である. 電場から電力を求めるには, 電場の二乗の期待値 $\langle |\boldsymbol{E}(t)|^2 \rangle$ を計算する. ここで電場の時間変化が定常確率過程であると仮定して, $\langle \boldsymbol{E}(t)\boldsymbol{E}^*(t') \rangle$ が時刻 t には依存せず, 時間差 $\tau = t - t'$ だけに依存する量だとしよう.

$$\langle \boldsymbol{E}(t)\boldsymbol{E}^*(t') \rangle = \int_{\Omega'} \int_{\Omega} \langle \boldsymbol{E}(\boldsymbol{s},t)\boldsymbol{E}^*(\boldsymbol{s}',t') \rangle \cos\theta_n \cos\theta_n' d\Omega d\Omega'. \tag{7.9}$$

この被積分関数を $\gamma(\boldsymbol{s},\boldsymbol{s}',\tau) = \langle \boldsymbol{E}(\boldsymbol{s},t)\boldsymbol{E}^*(\boldsymbol{s}',t') \rangle \cos\theta_n \cos\theta_n'$ と書いて, 空間的可干渉性関数（spatial coherence function）と呼ぶ. 空間的可干渉性関数は, 天球面上で異なる方向からの放射がどれだけ干渉性を持つか, あるいは独立であるかを示す指標である.

─── 空間的に可干渉な天体 ───

異なる方向から到来する電磁波が可干渉ということがあるだろうか. 鏡で天体を映せば, 直接光と反射光とは干渉する. あるいは屈折で光路を曲げてもよい. 天体現象でそんな例を探してみよう.

星間プラズマは電波を屈折させる. プラズマが不均一だと分布によって凸レンズや凹レンズとなり, 天体像が複雑な形状に広がる. この現象は, 大気の屈折率の

局所的なゆらぎによって星像が乱されるシンチレーションと同様で，星間シンチ
レーションと呼ばれる．広がった像は可干渉性を持ち，単純な像合成ができない．
　間隔 D だけ離れた 2 箇所で波長 λ の電波が可干渉性を保つということは，電
波源の見かけのサイズが λ/D 程度以下であることを示している．この手法でパ
ルサーや IDV（Intra-Day Variables：1 日以下の短時間で電波強度が変化する
活動銀河核）などのサイズが測定されている．星間シンチレーションは星間プラ
ズマを素子アンテナとして利用する星間空間スケールの干渉計とも言えよう．
　重力レンズによる多重像は空間的に可干渉だろうか．銀河スケールの重力レン
ズになると間隔 D が数 10 kpc 以上あり，クェーサーなどの光源天体のサイズ
にくらべて λ/D は小さすぎるから，空間的に非可干渉としてよいだろう．電波
干渉計で重力レンズ天体の電波像は問題なく観測できる．λ が十分に長ければ可
干渉性が残る．数か月の時間スケールで変動するクェーサーの光度曲線を「波」
として扱えば，波長が数光月になる．重力レンズクェーサーの光度曲線を「干
渉」させて遅延時間を測定したり降着円盤の構造を調べる研究が行われている．

　多くの場合，異なる方向からの放射は独立な過程によって生じるので空間的に
非可干渉であり，$\gamma(\boldsymbol{s}, \boldsymbol{s}', \tau) = \gamma(\boldsymbol{s}, \tau)\delta(\boldsymbol{s} - \boldsymbol{s}')$ とデルタ関数で表せる[*5]．$\boldsymbol{s} \neq \boldsymbol{s}'$
のとき $\gamma = 0$ である．このとき式（7.9）は

$$\langle \boldsymbol{E}(t)\boldsymbol{E}^*(t') \rangle = \int_\Omega \gamma(\boldsymbol{s}, \tau)d\Omega \tag{7.10}$$

となり，$\tau = t - t'$ なので $\gamma(\boldsymbol{s}, \tau)$ は単位立体角あたりの電場の自己相関関数を
表す．$\gamma(\boldsymbol{s}, \tau)$ をフーリエ変換（$\tau \leftrightarrow \nu$）すると電力スペクトル $\hat{\gamma}(\boldsymbol{s}, \nu)$ が得られ
る（ウィーナー–ヒンチンの定理：5.6 節参照）．

$$\hat{\gamma}(\boldsymbol{s}, \nu) = \int_\tau \gamma(\boldsymbol{s}, \tau)e^{-2\pi i\nu\tau}d\tau = \mathrm{FT}\left[\gamma(\boldsymbol{s}, \tau)\right].$$

$$\gamma(\boldsymbol{s}, \tau) = \mathrm{FT}^{-1}\left[\hat{\gamma}(\boldsymbol{s}, \nu)\right] = 2\int_{\nu=0}^{\infty} \hat{\gamma}(\boldsymbol{s}, \nu)e^{2\pi i\nu\tau}d\nu. \tag{7.11}$$

以後，フーリエ変換を FT [　]，逆フーリエ変換を FT^{-1} [　] と記述することがあ

[*5] $\gamma(\boldsymbol{s}, \tau) = \gamma(\boldsymbol{s}, \boldsymbol{s}, \tau)$ と縮約して書いている．

る．$\tau = 0$ の場合，式 (7.10) は電力スペクトルを全周波数で積分した値になる．

$$\langle |\boldsymbol{E}(t)|^2 \rangle = \int_\Omega \gamma(\boldsymbol{s}, 0) d\Omega = 2 \int_\Omega \int_{\nu=0}^\infty \hat{\gamma}(\boldsymbol{s}, \nu) d\nu d\Omega. \qquad (7.12)$$

強度と空間的可干渉性関数の関係

空間的非可干渉性を仮定した上で，強度 $I_\nu(\boldsymbol{s})$ と $\hat{\gamma}(\boldsymbol{s}, \nu)$ の関係を述べる．結論から言うと空間のインピーダンス Z_0 を比例係数とした次式で結ばれる．

$$I_\nu(\boldsymbol{s}) = \frac{4}{Z_0} \hat{\gamma}(\boldsymbol{s}, \nu). \qquad (7.13)$$

$\boldsymbol{s}$ を含む微小立体角 $\Delta\Omega$ から到来するフラックス密度は $F_\nu = I_\nu(\boldsymbol{s})\,\Delta\Omega$ である．S_ν を全周波数で積分した値は，IEEE（米国電気電子学会）が 1977 年に定めた定義によると，ポインティングベクトルの時間平均に等しい．つまり，

$$\langle \boldsymbol{S} \rangle = \int_{\nu=0}^\infty F_\nu d\nu = \int_{\nu=0}^\infty I_\nu \Delta\Omega d\nu \qquad (7.14)$$

となる．一方，式 (7.7) の時間平均は，

$$\langle \boldsymbol{S} \rangle = \frac{1}{Z_0} \langle |\boldsymbol{E}(s)|^2 \rangle = \frac{2}{Z_0} \gamma(\boldsymbol{s}, 0) \Delta\Omega \qquad (7.15)$$

である．右辺の展開には領域を微小立体角 $\Delta\Omega$ での式 (7.12) を用いた．また，$\boldsymbol{E}(s)$ には偏波の自由度が 2 つあるうち，片方の偏波成分だけで $\gamma(\boldsymbol{s}, 0) = \langle |\boldsymbol{E}(t)|^2 \rangle$ を測定している場合を考えるので，係数に 2 が現れる．式 (7.14)，(7.15) が任意の微小立体角 $\Delta\Omega$ で成り立つので，

$$\int_{\nu=0}^\infty I_\nu d\nu = \frac{2}{Z_0} \gamma(\boldsymbol{s}, 0) = \frac{4}{Z_0} \int_{\nu=0}^\infty \hat{\gamma}(\boldsymbol{s}, \nu) d\nu \qquad (7.16)$$

である．式 (7.16) が任意のスペクトルを持つ強度に対して成り立つから，電力スペクトルが強度を表すという式 (7.13) が導かれる．

7.2.3 開口面の電場分布と強度分布およびビームパターン

前節まで微小面素 $d\sigma$ が受信する電波を考えてきた．本節では有限の開口面を持つ実際のアンテナで受信する放射電場を考察する．

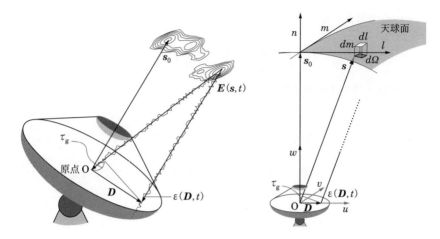

図 7.8 開口面の電場分布. 天球面上の放射電場を $E(s)$, 開口面上の位置ベクトル D で受信した電場を $\varepsilon(D)$ とする. D に電波が到来するタイミングは, 原点に比べて幾何学的遅延時間 $\tau_g = D \cdot s/c$ だけ早い.

開口面の電場分布とその結合

アンテナ正面方向に単位ベクトル s_0 を取る. 図 7.6 と同様に座標 (l, m, n) を規定する. 天球面上 s での放射電場を $E(s, t)$ とする.

図 7.8 に示すように, 開口面内の位置ベクトル D を (l, m, n) 座標系と平行に, 波長単位で $D/\lambda_0 = (u, v, w)$ と表す. (u, v, w) の原点 O をアンテナ開口面の中心に取る. 天球面上 s を含む微小立体角 $d\Omega$ から到来する電波が, D の位置にある面素 $d\sigma$ に到達するタイミングは, その電波が原点に到達するタイミングに比べて幾何学的遅延時間 $\tau_g = D \cdot s/c$ だけ早い. よって, D において全天から受ける電場 $\varepsilon(D, t)$ は,

$$\varepsilon(D, t) = \int_{\Omega} E(s, t - \tau_g) d\Omega \tag{7.17}$$

となる.

ここで放射電場が周波数 ν における準単色波だと仮定する. 準単色波とは微小な帯域幅 $\Delta\nu$ にスペクトルが集中する電磁波である[6]. この場合, $E(s, t) =$

---

[6] 単色波は空間的に可干渉で 7.2.2 節の仮定に反するので, 帯域幅を持たせる.

$E(s)\exp(2\pi i\nu t)$ および $\varepsilon(D,t)=\varepsilon(D)\exp(2\pi i\nu t)$ と書け，式（7.17）は

$$\varepsilon(D)=\int_{\Omega}E(s)\exp(-2\pi i\nu\tau_{\mathrm{g}})d\Omega$$

となる．$\nu\tau_{\mathrm{g}}=ul+vm+wn$ および $n\,d\Omega=dldm$ を使えば式（7.18）が得られる．

$$\varepsilon(u,v,w)=\iint_{l,m}\frac{E(l,m)\exp\left[-2\pi i\left(ul+vm+wn\right)\right]}{\sqrt{1-l^2-m^2}}dl\,dm \qquad (7.18)$$

パラボラなどの開口面は $w=w(u,v)$ と $(u,v)2$ 変数で表せる[7]から，式（7.18）の左辺は $\varepsilon(u,v)$ とおける．式（7.18）を単純化するために

$$E'(l,m)=\frac{E(l,m)}{\sqrt{1-l^2-m^2}}\exp(-2\pi iwn) \qquad (7.19)$$

とおけば，

$$\varepsilon(u,v)=\iint_{l,m}E'(l,m)\exp\left[-2\pi i(ul+vm)\right]dldm \qquad (7.20)$$

と変形される．l,m は方向余弦だからその範囲は $l^2+m^2\leqq 1$ だが，$l^2+m^2>1$ で $E'(l,m)=0$ と拡張して再定義すれば，式（7.20）の積分範囲を $(-\infty,\infty)$ とできる．これは，天球面上の放射電場分布 $E'(l,m)$ とアンテナ開口面の電場分布 $\varepsilon(u,v)$ とが，$(l,m)\leftrightarrow(u,v)$ の2次元フーリエ変換の関係にあることを示している．よって式（7.20）を逆フーリエ変換すれば，開口面電場分布から天球面上の放射電場分布が求められる．

$$E'(l,m)=\iint_{u,v}\varepsilon(u,v)e^{2\pi i(ul+vm)}dudv=\mathrm{FT}^{-1}\left[\varepsilon(u,v)\right] \qquad (7.21)$$

強度分布と開口面電場分布：ヴァンシッター–ゼルニケの定理

次に天体の電波強度 $I_\nu(l,m)$ とアンテナ開口面電場分布 $\varepsilon(u,v)$ との関係を見よう．$E'(l,m)$ と $\varepsilon(u,v)$ は式（7.20）のようにフーリエ変換の関係にあるから，ウィーナー–ヒンチンの定理を用いれば，$\varepsilon(u,v)$ の2次元自己相関関数 $\left[\varepsilon\star\varepsilon\right](u,v)=\iint_{u',v'}\varepsilon(u',v')\varepsilon(u'+u,v'+v)du'dv'$ をフーリエ変換すると

---

[7] 理想的なパラボラは全開口面で電磁波の位相が揃うので $w(u,v)=0$ である．

$|\boldsymbol{E}'(l,m)|^2$ になる.

$$\mathrm{FT}^{-1}\left[\varepsilon \star \star \varepsilon\right] = \iint_{u,v} \left[\varepsilon \star \star \varepsilon\right](u,v) e^{2\pi i(ul+vm)} du dv = \langle|\boldsymbol{E}'(l,m)|^2\rangle \quad (7.22)$$

式 (7.13) で $I_\nu(l,m)$ が電力スペクトル $\hat{\gamma}(\boldsymbol{s},\nu)$ で与えられることを示した. 準単色波に対して式 (7.10) と式 (7.11) を用いると,

$$I_\nu(l,m)\Delta\nu = \int_\nu I_\nu(l,m)d\nu = \frac{4}{Z_0}\left.\gamma(l,m,\tau)\right|_{\tau=0} = \frac{4}{Z_0}\langle|\boldsymbol{E}(l,m)|^2\rangle \quad (7.23)$$

が得られる. よって,

$$I_\nu(l,m) = \frac{4(1-l^2-m^2)}{Z_0\Delta\nu}\mathrm{FT}^{-1}\left[\varepsilon \star \star \varepsilon(u,v)\right] \quad (7.24)$$

という関係が得られ, 天体の強度分布 $I_\nu(l,m)$ とアンテナ開口面電場分布の自己相関関数 $[\varepsilon \star \star \varepsilon](u,v)$ とが $(l,m) \leftrightarrow (u,v)$ の 2 次元フーリエ変換の関係にあることが示された. これをヴァンシッター–ゼルニケ (van Cittert–Zernike) の定理という.

7.2.4　強度分布とビジビリティ

単一鏡では連続した開口面で電場を受信するのに対して, 干渉計は空間的に離れた開口面で電場を受信し結合する. 本節では, 干渉計の出力であるビジビリティと天体の強度分布との関係を述べる.

干渉計におけるヴァンシッター–ゼルニケの定理

7.2.3 節の議論と同様に, アンテナ 1, 2 の開口面内の位置ベクトルを $\boldsymbol{D}_1$, $\boldsymbol{D}_2$ を波長単位で $\boldsymbol{D}_1/\lambda_0 = (u_1, v_1, w_1)$ および $\boldsymbol{D}_2/\lambda_0 = (u_2, v_2, w_2)$ と表す. 天体の放射電場 $\boldsymbol{E}(\boldsymbol{s},t)$ が位置ベクトル $\boldsymbol{D}_1, \boldsymbol{D}_2$ の面素につくるアンテナ開口面電場をそれぞれ $\varepsilon(\boldsymbol{D}_1,t)$, $\varepsilon(\boldsymbol{D}_2,t')$ とする. $\varepsilon(\boldsymbol{D}_1,t)$ は式 (7.17) と同様に $\varepsilon(\boldsymbol{D}_1,t) = \int_\Omega \boldsymbol{E}(\boldsymbol{s},t)\exp\left[-2\pi i\left(\frac{\boldsymbol{D}_1 \cdot \boldsymbol{s}}{\lambda}\right)\right]d\Omega$ と表され, $\varepsilon(\boldsymbol{D}_2,t')$ も同様である. これらの電場を受信機で電圧に変換した後に結合し, 2 乗して電力を測定する. 式 (7.9) のように電場の和を 2 乗した期待値 $\langle|\varepsilon(\boldsymbol{D}_1,t) + \varepsilon(\boldsymbol{D}_2,t')|^2\rangle$ はこの電力に比例し, 以下のように展開できる.

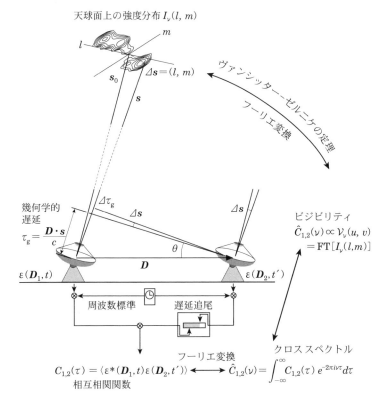

図 **7.9** 干渉計の原理図. 基線ベクトル **D** を成すアンテナペアで得られたクロスパワースペクトルは, 強度分布 $I_\nu(l, m)$ のフーリエ成分のうち空間周波数 (u, v) をサンプルしたビジビリティに等しい. 図 7.2 も参照.

$$\langle |\varepsilon(\boldsymbol{D}_1, t)|^2 \rangle + \langle |\varepsilon(\boldsymbol{D}_2, t')|^2 \rangle + \langle \varepsilon(\boldsymbol{D}_1, t)\varepsilon^*(\boldsymbol{D}_2, t') \rangle + \langle \varepsilon^*(\boldsymbol{D}_1, t)\varepsilon(\boldsymbol{D}_2, t') \rangle$$
$$= 2\int_\Omega \gamma(\boldsymbol{s}, 0)d\Omega + \langle \varepsilon(\boldsymbol{D}_1, t)\varepsilon^*(\boldsymbol{D}_2, t) \rangle + \langle \varepsilon^*(\boldsymbol{D}_1, t)\varepsilon(\boldsymbol{D}_2, t) \rangle \,.$$

$$(7.25)$$

第 1 項はそれぞれの面素における空間的可干渉性関数で, 式 (7.12) から導かれる. 第 2, 3 項は干渉計でのみ得られる項で, 次式のように時間差 $\tau = t - t'$ だけに依存する相互相関関数 $C_{1,2}(\tau)$ である.

第 7 章 干渉計観測

$$\langle \varepsilon^*(\boldsymbol{D}_1, t)\varepsilon(\boldsymbol{D}_2, t') \rangle = \lim_{T \to \infty} \frac{1}{T} \int_{-\frac{T}{2}}^{\frac{T}{2}} \varepsilon^*(\boldsymbol{D}_1, t)\varepsilon(\boldsymbol{D}_2, t - \tau)dt = C_{1,2}(\tau)$$

(7.26)

相互相関関数 $C_{1,2}(\tau)$ をフーリエ変換するとクロススペクトル $\hat{C}_{1,2}(\nu) = \int_{\tau=-\infty}^{\infty} C_{1,2}(\tau)e^{-2\pi i\nu\tau}d\tau$ が得られる．クロススペクトルはスペクトル $\text{FT}\left[\varepsilon(\boldsymbol{D}_1, t)\right]$ と $\text{FT}\left[\varepsilon^*(\boldsymbol{D}_2, t')\right]$ の積に等しい，というフーリエ変換の性質を用いると，

$$\begin{aligned}
\hat{C}_{1,2}(\nu) &= \text{FT}\left[\varepsilon^*(\boldsymbol{D}_1, t)\right] \cdot \text{FT}\left[\varepsilon(\boldsymbol{D}_2, t')\right] \\
&= \int_{\Omega} \hat{\varepsilon}^*(\boldsymbol{s}, \nu) \exp\left[2\pi i \left(\frac{\boldsymbol{D}_1 \cdot \boldsymbol{s}}{\lambda}\right)\right] \hat{\varepsilon}(\boldsymbol{s}, \nu) \exp\left[-2\pi i \left(\frac{\boldsymbol{D}_2 \cdot \boldsymbol{s}}{\lambda}\right)\right] d\Omega \\
&= \frac{Z_0}{4} \int_{\Omega} I_\nu(\boldsymbol{s}) \exp\left[-2\pi i \left(\frac{(\boldsymbol{D}_2 - \boldsymbol{D}_1) \cdot \boldsymbol{s}}{\lambda}\right)\right]^* d\Omega
\end{aligned}$$

(7.27)

となる．ここで，$\hat{\varepsilon}(\boldsymbol{s}, \nu) = \text{FT}\left[\boldsymbol{E}(\boldsymbol{s}, t)\right]$ は放射電場のスペクトルであり，式 (7.13) より $\hat{\varepsilon}(\boldsymbol{s}, \nu)\hat{\varepsilon}^*(\boldsymbol{s}, \nu) = \hat{\gamma}(\boldsymbol{s}, \nu) = \frac{Z_0}{4}I_\nu(\boldsymbol{s})$ を適用した．式 (7.27) は離れた開口で受信した電場間のクロススペクトルが強度分布 $I_\nu(\boldsymbol{s})$ のフーリエ成分であることを示す．これが干渉計におけるヴァン・シッター–ゼルニケの定理である．クロススペクトルは複素数で，その位相（exp の引数）は位置でなく基線ベクトル $\boldsymbol{D} = \boldsymbol{D}_2 - \boldsymbol{D}_1$ に依存する．

7.2.3 節の議論と同様に，アンテナ 1, 2 の開口面内の位置ベクトルを $\boldsymbol{D}_1$, $\boldsymbol{D}_2$ を波長単位で $\boldsymbol{D}_1/\lambda_0 = (u_1, v_1, w_1)$ および $\boldsymbol{D}_2/\lambda_0 = (u_2, v_2, w_2)$ と表す．

基線ベクトルを波長単位で $\boldsymbol{D}/\lambda_0 = (u, v, w)$ で表すと式 (7.28) が得られる．

$$\hat{C}_{1,2}(\nu) = \int_l \int_m \frac{I_\nu(l, m)}{\sqrt{1 - l^2 + m^2}} e^{-2\pi i(ul+vm+wn)} dldm$$

(7.28)

$\hat{C}_{1,2}(\nu)$ を空間周波数 (u, v, w) の関数として改めて

$$\mathcal{V}_\nu(u, v, w) = \hat{C}_{1,2}(\nu) = \int_l \int_m \frac{I_\nu(l, m)e^{-2\pi iwn}}{\sqrt{1 - l^2 - m^2}} e^{-2\pi i(ul+vm)} dldm$$

(7.29)

と書き，ビジビリティ（visibility）[*8] と呼ぶ．特に $l^2 + m^2 \ll 1$ と狭い視野に限った場合には w の依存性を無視でき

$$\mathcal{V}_\nu(u,v) = \int_l \int_m I_\nu(l,m) e^{-2\pi i(ul+vm)} dldm \qquad (7.30)$$

のように，強度分布 $I_\nu(l,m)$ とビジビリティ $\mathcal{V}_\nu(u,v)$ とが 2 次元フーリエ変換の関係であることが示される．

式（7.25）に立ち戻る．離れた二つの面素の電場を結合して二乗するタイプの干渉計を加算型干渉計と呼ぶ．加算型干渉計では，自己相関の項 $\langle|\varepsilon(\boldsymbol{D}_1,t)|^2\rangle$，$\langle|\varepsilon(\boldsymbol{D}_2,t')|^2\rangle$ と相互相関の項 $\langle\varepsilon^*(\boldsymbol{D}_1,t)\cdot\varepsilon(\boldsymbol{D}_2,t')\rangle$ の和が出力される．一方，相関型干渉計は相互相関関数 $C_{1,2}(\tau)$ またはそのフーリエ変換であるクロスパワースペクトル $\hat{C}_{1,2}(\nu)$ だけを出力する．相関型干渉計では相互相関の項を自己相関の項から峻別できる．現代の干渉計は相関型が主流になっている[*9]．

7.2.5　現実的なビジビリティ：口径・帯域幅・雑音の影響

7.2.4 節でヴァンシッター–ゼルニケの定理を導く際に，単純化のため準単色波とし，基線ベクトルの始点・終点を広がりを無視した．現実の干渉計は基線ベクトルの始点・終点共に開口面サイズの広がりを持ち，周波数も帯域幅だけ広がりを持つので，空間周波数も有限の幅を持つ．空間周波数が (u_0,v_0) を中心に $(\Delta u,\Delta v)$ の幅を持つとする．真のビジビリティ分布を $\mathcal{V}(u,v)$ とし，重み関数を $W(u,v)$ と書く．重み関数は，$|u|\leqq\Delta u$, $|v|\leqq\Delta v$ の範囲で $W>0$ で，その外側では $W=0$ となるような関数である．空間周波数の代表点 (u_0,v_0) におけるビジビリティの測定値は $\hat{\mathcal{V}}(u_0,v_0)=\int_u\int_v \mathcal{V}(u_0-u,v_0-v)W(u,v)\,dudv$ と真のビジビリティに重み関数を畳み込んだ[*10]値である．

空間周波数領域におけるビジビリティの畳み込みは視野を制限する．測定されたビジビリティをフーリエ変換して得られる強度分布 $\hat{I}(l,m)$ は，真の強度分布 $I(l,m)$ と

[*8]（312 ページ）ビジビリティという言葉は干渉縞のコントラストに由来している．光学干渉計のビジビリティは 0 から 1 の間の実数であるのに対し，電波干渉計のそれは位相の情報を持つ複素数に拡張されている．このため複素ビジビリティと呼ぶこともある．

[*9] 早稲田大学の FFT 型干渉計は式（7.21）の原理に基づき，電場分布を計測して（相関関数をとらないで）放射電場分布を求めるユニークな干渉計である．

[*10] 関数の畳み込み（convolution）については，第 12 巻 式（3.5）を参照．

$$\hat{I}(l,m) = \mathrm{FT}^{-1}\left\{\mathcal{V}(u,v)**W(u,v)\right\} = I(l,m)\cdot\mathrm{FT}^{-1}\left\{W(u,v)\right\} \quad (7.31)$$

という関係になる．ここで $**$ は2次元の畳み込みを表し，$\mathcal{C}(l,m) = \mathrm{FT}^{-1}\left\{W(u,v)\right\}$ は視野を表す関数である．たとえば $(\pm\Delta u, \pm\Delta v)$ の範囲で重みが一定

$$W(u,v) = \begin{cases} \dfrac{1}{4\Delta u\,\Delta v} & : \ |u| < \Delta u\text{ かつ }|v| < \Delta v\text{ のとき} \\ 0 & : \ \text{それ以外} \end{cases} \quad (7.32)$$

の場合，視野を規定する関数 $\mathcal{C}(l,m)$ は sinc 関数[*11]

$$\mathcal{C}(l,m) = \frac{\sin(2\pi\Delta u\,l)}{2\pi\Delta u\,l}\frac{\sin(2\pi\Delta v\,m)}{2\pi\Delta v\,m} = \mathrm{sinc}(2\pi\Delta u\,l)\mathrm{sinc}(2\pi\Delta v\,m) \quad (7.33)$$

になり，半値幅はおよそ $1/\Delta u, 1/\Delta v$ 程度で，$\Delta u, \Delta v$ と視野は逆数の関係を持つ．

素子アンテナの口径の影響

図7.10に示すように，半径 r_a, r_b の開口面を持つアンテナ a, b があり，互いの中心を結ぶベクトルを $\boldsymbol{D}$ とする．アンテナ a の面素と b の面素を結ぶ基線ベクトルは，$\boldsymbol{D}$ を中心に半径 $r_a + r_b$ の範囲に分布する．したがってビジビリティの空間周波数は (u_0, v_0) を中心とする半径 $(r_a + r_b)/\lambda_0$ の円内に分布する．それぞれのアンテナ中心に対する開口面内の相対的な座標を波長単位で u', v' とし，電場を受信する重みを $w_a(u',v'), w_b(u',v')$ とおく．このときビジビリティの重みは両者の畳み込み $W(u,v) = \int_{u'}\int_{v'} w_a^*(u-u', v-v')w_b(u',v')du'dv' = w_a^* ** w_b(u,v)$ となる．一方，それぞれの自己相関に寄与する空間周波数成分は，開口面内に閉じた基線ベクトルの分布 $W_a(u,v) = w_a(u,v) ** w_a^*(u,v)$ および $W_b(u,v) = w_b(u,v) ** w_b^*(u,v)$ を持つ．アンテナ a のビームパターン $\mathcal{A}_a(l,m)$ は $W_a(u,v)$ をフーリエ変換して得られる．二つの関数の畳み込みのフーリエ変換は，それぞれの関数のフーリエ変換の積に等しい（畳み込み定理）から，$\mathcal{A}_a(l,m) = \mathrm{FT}\left[W_a(u,v)\right] = |\mathrm{FT}\left[w_a(u,v)\right]|^2$ となる．アンテナ b も同様に $\mathcal{A}_b(l,m) = |\mathrm{FT}\left[w_b(u,v)\right]|^2$ である．干渉計の視野は $\mathcal{C}(l,m) = \mathrm{FT}\left[W(u,v)\right] =$

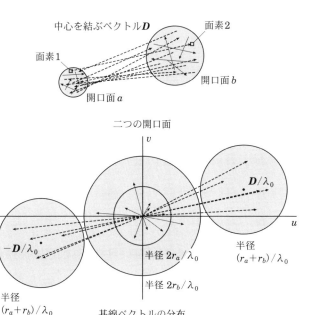

図 **7.10** 開口面と基線ベクトルの分布. 口径が $2r_a, 2r_b$ の開口面 a, b が (D_x, D_y) 離れている（上）. 基線ベクトルは 4 つの円に分布する（下）.

$\mathrm{FT}\left[w_a^*(u,v)\right]\mathrm{FT}\left[w_b(u,v)\right] = \sqrt{\mathcal{A}_a^*(l,m) \cdot \mathcal{A}_b(l,m)}$ とそれぞれのビームパターンの幾何平均で規定される. 式（7.30）は

$$\mathcal{V}_\nu(u,v) = \int_l \int_m \sqrt{\mathcal{A}_a^*(l,m) \cdot \mathcal{A}_b(l,m)} I_\nu(l,m) e^{-2\pi i(ul+vm)} dl dm \qquad (7.34)$$

となる. 干渉計のビジビリティは, 視野 $\mathcal{C}(l,m) = \sqrt{\mathcal{A}_a^*(l,m) \cdot \mathcal{A}_b(l,m)}$ で制限された強度分布 $I_\nu(l,m)$ のフーリエ成分であることがわかる.

帯域幅の影響

中心周波数 ν_0 に対して受信帯域幅が B のとき, つまり周波数 ν の範囲が $\nu_0 \pm \frac{1}{2}B$ のとき, 基線ベクトルの幅は $\Delta u = \dfrac{B D_x}{c}$ および $\Delta v = \dfrac{B D_y}{c}$ である. よって式（7.33）で表されるように視野が $\sim (1/\Delta u, 1/\Delta v)$ に制限される. $(\Delta u, \Delta v)$ が (u,v) に比例して大きくなるため, 空間周波数が高い成分ほど視野が狭くなる.

雑音の影響

ここまでは受信信号に雑音が入らないとしてきた．現実には天体の放射より雑音のパワーが優勢であることが多い．雑音があるときのビジビリティを考える．

放射電場をアンテナで受信電圧に変換した $V_S(t)$ と，雑音由来の電圧 $V_N(t)$ の和 $V(t) = V_N(t) + V_S(t)$ がアンテナ 1, 2 でそれぞれ得られる．これらを干渉させた相互相関関数の期待値は

$$\langle C_{1,2}(\tau) \rangle = \langle (V_{N,1}(t) + V_{S,1}(t)) \cdot (V_{N,2}(t - \tau) + V_{S,2}(t - \tau)) \rangle$$

$$= \langle V_{S,1}(t) V_{S,2}(t - \tau) \rangle \tag{7.35}$$

となる．雑音は他の信号や雑音と相関しないので相互相関関数の期待値は変化せず，クロスパワースペクトルやビジビリティの期待値も変化しない．

しかし雑音は干渉計の観測に対して，観測される相互相関関数の分散を増やし，感度を低下させる形で影響する．相互相関関数の分散 σ_C^2 は $\langle C_{1,2}^2(\tau) \rangle - \langle C_{1,2}(\tau) \rangle^2$ で与えられる．$\langle C_{1,2}^2(\tau) \rangle = (\langle V_{N,1}^2(t) \rangle + \langle V_{S,1}^2(t) \rangle)(\langle V_{N,2}^2(t) \rangle + \langle V_{S,2}^2(t) \rangle) + 2 \langle V_{S,1}(t) V_{S,2}(t - \tau) \rangle^2$ および $\langle C_{1,2}(\tau) \rangle^2 = \langle V_{S,1}(t) V_{S,2}(t - \tau) \rangle^2$ だから，

$$\sigma_C^2 = (\langle V_{N,1}^2(t) \rangle + \langle V_{S,1}^2(t) \rangle)(\langle V_{N,2}^2(t) \rangle + \langle V_{S,2}^2(t) \rangle) + \langle V_{S,1}(t) V_{S,2}(t - \tau) \rangle^2 \tag{7.36}$$

である[*12]．パーシバルの公式（第 12 巻 式（3.8））を用いれば，クロスパワースペクトルやビジビリティの分散は相互相関関数に比例するので，後述の式（7.38）のように導出できる．

システム雑音温度とビジビリティの信号雑音比

ビジビリティが有意に検出されたかの判別は観測値と標準偏差との比で決まるので，雑音と信号の電力を定量的に比較する必要がある．そこで，相互相関関数の分散 σ_C^2 を，6 章で述べた温度換算で表現する．

システム雑音温度 T_{sys} は大気や受信機などで発生する雑音[*13]を入力換算にし

[*12] この式の展開で期待値の 4 次モーメントに関する定理 $\langle z_1 z_2 z_3 z_4 \rangle = \langle z_1 z_2 \rangle \langle z_3 z_4 \rangle + \langle z_1 z_3 \rangle \langle z_2 z_4 \rangle + \langle z_1 z_4 \rangle \langle z_2 z_3 \rangle$ と，V が定常確率過程であると仮定して $\langle V^2(t - \tau) \rangle = \langle V^2(t) \rangle$ を用いた．

[*13] ここの議論でシステム雑音は観測天体の方向を外して測定した値とし，V_N には天体の放射を含まない．また，受信される信号 V_S は大気による減衰を受けた結果であり，天体のフラックス密度を推定する際には大気の光学的厚みの補正を加える必要がある．

たもので，温度 [K] で表す．天体の電波強度であるフラックス密度をシステム雑音温度と比較するには，アンテナ温度 T_A で記述するか，あるいは T_sys をシステム雑音等価フラックス密度（system equivalent flux density）SEFD に換算して，次元をそろえる．

$$T_\mathrm{A}(\nu) = \frac{A_\mathrm{e}(\nu)F(\nu)}{2k_\mathrm{B}}, \quad \mathrm{SEFD} = \frac{2k_\mathrm{B}T_\mathrm{sys}}{A_\mathrm{e}} \tag{7.37}$$

ここで A_e はアンテナの有効開口面積，k_B はボルツマン定数である．システム雑音温度とアンテナ温度は電力に比例し受信電圧の 2 乗に比例するので，比例係数 g を用いて $F(\nu) = g\langle V_\mathrm{S}^2(t)\rangle$ および $\mathrm{SEFD} = g\langle V_\mathrm{N}^2(t)\rangle$ と書ける．よってビジビリティの分散は

$$\sigma_\mathcal{V}^2(u,v) = (\mathrm{SEFD}_1 + F(\nu))\cdot(\mathrm{SEFD}_2 + F(\nu)) + \mathcal{V}_\nu^2(u,v) \tag{7.38}$$

と求まる．ビジビリティの信号雑音比（signal-to-noise ratio）$\mathcal{R}_\mathrm{sn}$ は，ビジビリティ $\mathcal{V}_\nu(u,v)$ とその標準偏差 $\sigma_\mathcal{V}(u,v)$ の比で

$$\mathcal{R}_\mathrm{sn} = \frac{\mathcal{V}_\nu(u,v)}{\sqrt{(\mathrm{SEFD}_1 + F(\nu))\cdot(\mathrm{SEFD}_2 + F(\nu)) + \mathcal{V}_\nu^2(u,v)}} \tag{7.39}$$

と表される．SEFD が小さいほど，すなわち有効開口面積が大きくてシステム雑音が低いほど，ビジビリティの信号雑音比が高くなることがわかる．

正規化相互相関関数とビジビリティ

実際の干渉計では振幅を式（7.40）のように正規化したり 7.3.5 節で述べる A/D 変換の過程があり，振幅が任意単位となることが多い．これらの過程を経るとビジビリティが相対値となり，天体の絶対的な強度やフラックス密度がビジビリティ振幅に反映されない，という心配がある．しかし正規化してもビジビリティ振幅はフラックス密度に対して線型性を保つ．それを以下で示す．

入力が任意単位なので相互相関関数を正規化しても一般性を失わない．正規化された相互相関関数 $r(\tau)$ は

$$\begin{aligned}r(\tau) &= \frac{C_{1,2}(\tau)}{\sqrt{C_{1,1}(\tau)|_{\tau=0}\cdot C_{2,2}(\tau)|_{\tau=0}}} \\ &= \frac{\langle V_{\mathrm{S},1}(t)V_{\mathrm{S},2}(t-\tau)\rangle}{\sqrt{(\langle V_{\mathrm{S},1}^2(t)\rangle + \langle V_{\mathrm{N},1}^2\rangle)(\langle V_{\mathrm{S},2}^2(t)\rangle + \langle V_{\mathrm{N},2}^2(t)\rangle)}}\end{aligned} \tag{7.40}$$

となり，$0 \leqq |r(\tau)| \leqq 1$ である．フラックス密度 $F(\nu)$ の点源が位相中心にある場合には，強度分布が $I_\nu(l,m) = F_\nu \delta(l,m)$ とデルタ関数で表されるから，$C_{1,2}(\tau) = g\mathrm{FT}^{-1}[F_\nu]$ となり，

$$r(\tau) = \frac{\sqrt{A_{0,1} A_{0,2}}}{2k_{\mathrm{B}}} \frac{\int_{\nu=-\infty}^{\infty} S(\nu) \exp(2\pi i \nu \tau) d\nu}{\sqrt{(T_{\mathrm{sys1}} + T_{\mathrm{A1}})(T_{\mathrm{sys2}} + T_{\mathrm{A2}})}} \tag{7.41}$$

となる．$r(\tau)$ のフーリエ変換で得られるクロスパワースペクトル $\hat{C}(\nu)$ は，

$$\hat{C}(\nu) = \frac{\sqrt{A_{0,1} A_{0,2}}}{2k_{\mathrm{B}}} \frac{S(\nu)}{\sqrt{(T_{\mathrm{sys1}} + T_{\mathrm{A1}})(T_{\mathrm{sys2}} + T_{\mathrm{A2}})}} \tag{7.42}$$

である．天体が点源でなく連続分布 $I_\nu(l,m)$ のとき，正規化されたビジビリティは式（7.42）の分子を強度分布のフーリエ変換に置き換えて，

$$\hat{\mathcal{V}}_\nu(u,v) = \frac{\sqrt{A_{0,1} A_{0,2}}}{2k_{\mathrm{B}}} \frac{\iint_{l,m} I_\nu(l,m) e^{-2\pi i(ul+vm)} dl dm}{\sqrt{(T_{\mathrm{sys1}} + T_{\mathrm{A1}})(T_{\mathrm{sys2}} + T_{\mathrm{A2}})}} \tag{7.43}$$

となる．多くの場合 $T_{\mathrm{A}} \ll T_{\mathrm{sys}}$ なので

$$\begin{aligned}
\hat{\mathcal{V}}_\nu(u,v) &= \frac{1}{2k_{\mathrm{B}}} \sqrt{\frac{A_{\mathrm{e},1}}{T_{\mathrm{sys1}}}} \sqrt{\frac{A_{\mathrm{e},2}}{T_{\mathrm{sys2}}}} \iint_{l,m} I_\nu(l,m) e^{-2\pi i(ul+vm)} dl dm \\
&= \sqrt{\mathrm{SEFD}_1 \cdot \mathrm{SEFD}_2} \, \mathcal{V}_\nu(u,v)
\end{aligned} \tag{7.44}$$

と近似でき，真のビジビリティと正規化されたビジビリティが比例する．比例係数は SEFD の幾何平均であり，ビジビリティの振幅を較正するには SEFD を測定すればよいことがわかる．結合素子型干渉計では，ビジビリティ振幅が既知の較正天体（惑星など）を観測して式（7.44）に当てはめ，SEFD を算出して目的天体のビジビリティを較正する．VLBI では適切な較正天体がないので，システム雑音温度と有効アンテナ開口面積を個別に計測して SEFD を求め，ビジビリティを較正する．

7.3　干渉計のしくみ

　7.2 節で，干渉計はビジビリティを計測する観測装置であること，ビジビリティとは天体の強度分布の「ある空間周波数」におけるフーリエ成分であるこ

と，その空間周波数は波長単位で表した基線ベクトルを天体方向から見たときの投影成分であること，を説明した．本節では，干渉計の構成要素を具体的に解説し，その動作原理と各要素に求められる性能を見る．

7.3.1 アンテナと受信機

干渉計で用いるアンテナや受信機は単一鏡と特に違いはなく，単一鏡用のアンテナを干渉計の素子アンテナとして利用することもできる．単一鏡との相違を強調すると，集光力とサイドローブとの折り合いを集光力側に求める点がある．一般に開口能率を高めるとサイドローブレベルが上がる，という二律背反がある．単一鏡では広い天域を撮像するときに混成（confusion）を低減したいので，開口面エッジで開口面電場分布にテーパー（182 ページ参照）をかけてサイドローブレベルを下げる設計が好まれる．一方干渉計では，視野中心から離れるほどフリンジ回転や帯域幅などの影響でコヒーレンスが下がり，サイドローブの影響は比較的軽い．このため，高いサイドローブレベルを許容してエッジ近くまで電場分布を高く維持し，開口能率を高くする設計が好まれる．

受信機の役割はアンテナで集光された電波を電気信号に変換し，必要な増幅を行い，扱いやすい周波数に変換する，ことである．この点で単一鏡用の受信機と大きな差はない．ただしボロメーターなどの光子検出器は，干渉計観測には使えない．

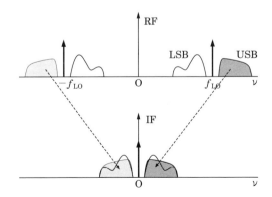

図 **7.11** 周波数変換．実数信号の RF は正負対称に周波数成分を持つ．これを LO で周波数変換すると，IF には USB と LSB が重なる．

7.3.2 周波数変換

「受信機」の章で見たように，周波数 ν_{RF}，位相 θ_{RF} の信号に，角周波数 ν_{LO}，位相 θ_{LO} の LO 信号を加えて周波数変換すると，$\pm(\nu_{\mathrm{RF}} \pm \nu_{\mathrm{LO}})$ の周波数が現れる．ν_{LO} と IF 周波数を固定すると，RF 周波数は USB：$\nu_{\mathrm{LO}} + \nu_{\mathrm{IF}}$ と LSB：$\nu_{\mathrm{LO}} - \nu_{\mathrm{IF}}$ の 2 成分が受信される．USB 側の IF 位相は $\theta_{\mathrm{RF}} - \theta_{\mathrm{LO}}$ で，LSB 側の位相は $-\theta_{\mathrm{RF}} + \theta_{\mathrm{LO}}$ である．LO 信号の位相が受信信号の位相に直接影響することがわかる．コヒーレンス（コラム参照）を保つには，LO 信号の位相安定度が要求される．また，LO 信号の位相を積極的に制御して波面追尾に応用できる．

コヒーレンス（可干渉性）とは

　相性のよい人を「波長が合う人」と言うことがある．これはコヒーレンスの概念を日常で使っている例だろう．二つの信号 1, 2 間のコヒーレンス（可干渉性）coh は以下のように定義される．

$$\mathrm{coh}(\nu) = \frac{|\hat{C}_{12}(\nu)|}{\sqrt{\hat{C}_{11}(\nu)}\sqrt{\hat{C}_{22}(\nu)}} \tag{7.45}$$

コヒーレンスは正規化クロスパワースペクトルで $0 \leqq \mathrm{coh} \leqq 1$ を満たす．

　2 つの信号系に共通信号 $s(t)$ を入力し，独立な雑音 $n_1(t)$, $n_2(t)$ が付加した後に複素利得 $\boldsymbol{a}$ で増幅されて $V_1(t) = \boldsymbol{a}_1(s(t) + n_1(t))$, $V_2(t) = \boldsymbol{a}_2(s(t) + n_2(t))$ が出力されるとき，スペクトルは $\hat{C}_1(\nu) = \boldsymbol{a}_1(\hat{s}(\nu) + \hat{n}_1(\nu))$, $\hat{C}_2(\nu) = \boldsymbol{a}_2(\hat{s}(\nu) + \hat{n}_2(\nu))$, $\hat{C}_{12}(\nu) = \boldsymbol{a}_1\boldsymbol{a}_1^*\hat{s}(\nu)$ だから，

$$\mathrm{coh}(\nu) = \underbrace{\frac{|\boldsymbol{a}_1\boldsymbol{a}_2^*|}{|\boldsymbol{a}_1||\boldsymbol{a}_2|}}_{\text{信号系に依存}} \underbrace{\frac{|\hat{s}(\nu)|^2}{\sqrt{[|\hat{s}(\nu)|^2 + |\hat{n}_1(\nu)|^2][|\hat{s}(\nu)|^2 + |\hat{n}_2(\nu)|^2]}}}_{\text{信号雑音比に依存}} \tag{7.46}$$

となる．コヒーレンスは信号系の位相安定度と信号雑音比の 2 つの要素で決まる．以下，雑音を 0 として進める．複素利得を振幅項と位相項に分けて $\boldsymbol{a} = |\boldsymbol{a}|e^{i\phi}$ とかくと，コヒーレンスの期待値が

$$\langle\mathrm{coh}\rangle = \frac{|\langle\boldsymbol{a}_1\boldsymbol{a}_2^*\rangle|}{|\langle\boldsymbol{a}_1\rangle||\langle\boldsymbol{a}_2\rangle|} = |\langle\exp(i(\phi_1 - \phi_2)\rangle|$$

となり，ϕ_1 と ϕ_2 の変動が同期していれば位相差 $\phi_{12} = \phi_1 - \phi_2$ は一定だからコヒーレンスは 1 になる．ϕ_{12} が標準偏差 σ_ϕ の正規分布で変動する場合は次の式（7.47）のようにコヒーレンスが低下する．

$$\text{coh} = \frac{1}{\sigma_\phi \sqrt{2\pi}} \int_{\phi_{12}=-\infty}^{\infty} \exp\left[-\frac{(\phi_{12}-i\sigma_\phi^2)^2}{2\sigma_\phi^2}\right] \exp\left(-\frac{\phi_{12}^2}{2}\right) d\phi_{12}$$

$$= \exp\left(-\frac{\phi_{12}^2}{2}\right) \tag{7.47}$$

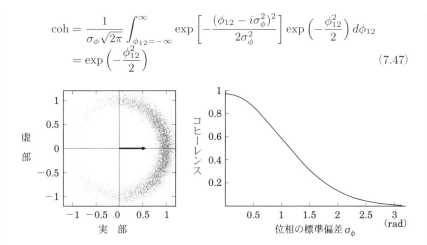

図 **7.12** （左）：ビジビリティ振幅が 1 ± 0.1, 位相が 0 ± 1 [rad] の正規分布をもつとき, ビジビリティの平均は矢印のように振幅が約 0.61 に低下する. （右）：位相の標準偏差 σ_ϕ とコヒーレンスとの関係.

図 7.12 は位相の標準偏差 σ_ϕ とコヒーレンスのグラフである.

位相安定度とコヒーレンス

時間とともに位相が $\phi(t)$ と変動するときに, 積分時間 T に対するコヒーレンス $\text{coh}(T)$ は, 式 (7.47) に照らせば

$$\langle \text{coh}^2(T) \rangle = \frac{1}{T^2} \int_{t=0}^{T} \int_{t'=0}^{T} \left\langle e^{i(\phi(t)-\phi(t'))} \right\rangle dt' dt \tag{7.48}$$

と表せる. 位相が定常確率過程で時間差 $\tau = t' - t$ だけに依存し, さらに正規分布 $N(0, \sigma^2(\tau))$ に従うと仮定すると,

$$\langle \text{coh}^2(T) \rangle = \frac{1}{T^2} \int_{t=0}^{T} \int_{t'=0}^{T} \exp\left(-\frac{\sigma^2(\tau)}{2}\right) dt$$

$$= \frac{2}{T} \int_{\tau=0}^{T} \left(1 - \frac{\tau}{T}\right) \exp\left(-\frac{\sigma^2(\tau)}{2}\right) d\tau \tag{7.49}$$

である. 位相の分散 $\sigma^2(\tau)$ がわかればコヒーレンスが評価できる.

位相安定度とアラン分散

周波数 ν_0 の信号が $\delta\nu(t)$ だけゆらぐとき，時刻 t の位相は $2\pi\nu_0 t + \phi(t)$ になり，相対的な周波数ゆらぎは

$$y(t) = \frac{\delta\nu(t)}{\nu_0} = \frac{1}{2\pi\nu_0}\frac{d\phi(t)}{dt} \tag{7.50}$$

である．有限時間 τ の積分による $y(t)$ の計測値を

$$\bar{y}_k = \frac{1}{\tau}\int_{t=t_k}^{t_k+\tau} y(t)dt = \frac{\phi(t_k+\tau) - \phi(t_k)}{2\pi\nu_0\tau} \tag{7.51}$$

とする．$y(t) = 0$ が理想だが，定数の周波数オフセットは補正可能だから安定とみなそう（図 7.13）．測定された N サンプルの $\bar{y}_k$ の平均値 $\bar{y} = \dfrac{1}{N}\displaystyle\sum_{k=1}^{N}\bar{y}_k$ を周波数オフセットに用いると，母集団分散の期待値 $\langle\sigma_y^2(N,\tau)\rangle$ は

$$\langle\sigma_y^2(N,\tau)\rangle = \frac{1}{N-1}\left\langle\sum_{k=1}^{N}(\bar{y}_k - \bar{y})^2\right\rangle \tag{7.52}$$

となる．式 (7.52) で $N=2$ としたときの値

$$\sigma_y^2(\tau) = \frac{\langle(\bar{y}_{k+1} - \bar{y}_k)^2\rangle}{2} = \frac{\langle[\phi(t+2\tau) - 2\phi(t+\tau) + \phi(t)]^2\rangle}{8\pi^2\nu_0^2\tau^2} \tag{7.53}$$

がアラン分散（Allan variance）で，位相安定度の示標である．

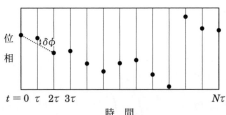

図 7.13　アラン分散の測定．積分時間 τ 毎に位相を計測し，式 (7.53) で算出する．直線的な位相変化（一定の周波数オフセット）はアラン分散には影響せず，直線からのズレ（図の $\delta\phi$）が寄与する．

アラン分散 $\sigma_y^2(\tau)$ と位相の分散 $\sigma^2(\tau)$ とは，式 (7.53) を展開した

$$\sigma_y^2(\tau) = \frac{3\langle\phi^2(t)\rangle - 4\langle\phi(t)\phi(t+\tau)\rangle + \langle\phi(t)\phi(t+2\tau)\rangle}{(2\pi\nu_0\tau)^2} \tag{7.54}$$

の関係を持つ．位相の分散と比較すると

$$\sigma^2(\tau) = \langle [\phi(t) - \phi(t+\tau)]^2 \rangle = 2 \langle \phi^2(t) \rangle - 2 \langle \phi(t)\phi(t+\tau) \rangle$$
$$= 2\pi^2 \nu_0^2 \tau^2 \left(\sigma_y^2(\tau) + \sigma_y^2(2\tau) + \sigma_y^2(4\tau) + \sigma_y^2(8\tau) + \cdots \right) \quad (7.55)$$

が得られる．アラン分散からコヒーレンスを求めるには，式（7.55）を式（7.49）に代入して，次の式（7.56）で表される．

$$\langle \mathrm{coh}^2(T) \rangle = \frac{2}{T} \int_{\tau=0}^{T} \left(1 - \frac{\tau}{T} \right) \exp \left(-\pi^2 \nu_0^2 \tau^2 \left[\sum_{k=0}^{\infty} \sigma_y^2(2^k \tau) \right] \right) d\tau \quad (7.56)$$

7.3.3 基準信号

周波数標準

　干渉計ではコヒーレンス維持のため LO 信号に高い位相安定度が要求される．ビジビリティ位相は素子アンテナ間の位相差だから，結合素子型干渉計で共通の LO 信号を用いれば，周波数標準の位相ゆらぎは相殺される．一方 VLBI では素子アンテナごとに独立な LO 信号を使用するので，周波数標準に絶対的な安定度が要求される．VLBI では水素メーザーなどの高安定な原子時計が使用される．

　位相安定度の指標に使われるのがアラン分散（Allan variance）$\sigma_y^2(\tau)$ またはその平方根であるアラン標準偏差（Allan deviation）$\sigma_y(\tau)$ である．アラン分散の計測やコヒーレンスとの関係はコラムに記す．

　現在もっとも安定な水素メーザー原子時計は $\tau \sim 10^{4-5}$ 秒で $\sigma_y \sim 10^{-15}$ 程度の安定度である．これを周波数標準に用いた場合，コヒーレンス時間（$\langle \mathrm{coh}^2(T) \rangle = 0.5$ になる時間 T：積分時間の上限を表す指標）は，$T \sim 10^8 (\nu_0/1\,\mathrm{GHz})^{-2}$ sec となる．ただし大気による位相ゆらぎのため，実際のコヒーレンス時間はずっと短い．

参照信号伝送

　結合素子型干渉計では，共通な周波数標準から各素子アンテナへ LO 信号をケーブルで分配する．ケーブル長が変わると位相が変動するので，温度変化の小さい地下に埋設するのが普通である．それでもケーブル長の変化は無視できない．ケーブル長の変化を相殺する方法として考案されたのが，ラウンドトリップ

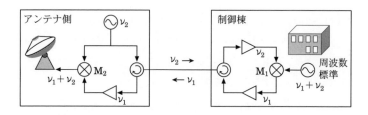

図 7.14 ラウンドトリップによる参照信号の伝送

信号伝送（図 7.14）である.

制御棟の周波数標準で周波数 $\nu_1 + \nu_2$ の信号を，アンテナサイトの発振器で周波数 ν_2 の信号を生成する．ν_2 は安定でなく，位相 $\Delta\phi_2$ のゆらぎが起こる．すると制御棟のミキサー M_1 の出力信号（周波数 ν_1）の位相は $-\Delta\phi_2$ になり，アンテナサイトのミキサー M_2 の出力信号では位相ゆらぎが相殺される．

伝送路が ΔL だけ伸びると，制御棟に届く ν_2 の信号の位相は $2\pi\nu_2\Delta L/c$ だけ遅れる．すると M_1 の出力位相は $2\pi\nu_2\Delta L/c$ だけ進む．ν_1 の信号は伝送路の伸びによって位相が $2\pi\nu_1\Delta L/c$ だけ遅れるので，M_2 の出力は $2\pi(\nu_2 - \nu_1)\Delta L/c$ だけ位相が進む．ν_1 と ν_2 を近付ければ，ケーブル長が変動してもアンテナサイトでの位相変化は小さくできる．

位相スイッチング

位相スイッチングは，周波数変換の LO 信号に位相変調を加え，IF 信号または相関処理部分で復調する操作である．干渉計では混信除去が目的の 180° スイッチングと SSB 化が目的の 90° スイッチングを，必要に応じ組み合わせる．

180° 位相スイッチング

干渉計は異なる素子アンテナの雑音が無相関という性質を活かして，微弱な天体の相関成分を検出できる特長を持つ．しかし複数の受信信号に共通な混信があると，それらは相関する．たとえば受信信号を素子アンテナから相関器まで伝送するケーブルを束ねると，漏洩した信号が混ざりあう（クロストーク）．相関する混信はビジビリティの系統誤差となり，感度を悪化させる．180° 位相スイッチングは混信の除去に有効である．

表 **7.1**　180° 位相スイッチング

状態	素子	LO 位相	IF 信号	復調位相	ビジビリティ
0	1	θ_{LO}	$Ve^{-i\theta_{\mathrm{LO}}} + Ne^{i\theta_{\mathrm{LO}}}$	0	$\mathcal{V}+\mathcal{N}$
	2	θ_{LO}	$Ve^{-i\theta_{\mathrm{LO}}} + Ne^{i\theta_{\mathrm{LO}}}$	0	
1	1	θ_{LO}	$Ve^{-i\theta_{\mathrm{LO}}} + Ne^{i\theta_{\mathrm{LO}}}$	0	$\mathcal{V}-\mathcal{N}$
	2	$\theta_{\mathrm{LO}}+\pi$	$Ve^{-i(\theta_{\mathrm{LO}}+\pi)} + Ne^{i\theta_{\mathrm{LO}}}$	π	

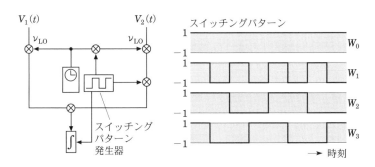

図 **7.15**　位相スイッチングの概念図とスイッチングパターン

表 7.1 のように，素子アンテナ 2 の LO 信号位相 θ_{LO} に 180° を加える状態を 1，加えない状態を 0 として，二つの状態を適当なサイクルでスイッチする．天体の信号成分の電圧を V，混信成分を N とし，USB 受信とする．IF 位相は状態 0 で $-\theta_{\mathrm{LO}}$，状態 1 で $-\theta_{\mathrm{LO}}-\pi$ である．周波数変換後の混信には位相変調は加わらない．位相変調に同期して IF で復調すれば，状態 0 のビジビリティは $\mathcal{V}+\mathcal{N}$，状態 1 で $\mathcal{V}-\mathcal{N}$ になる．$\mathcal{N}$ は混信成分による相関である．状態 0 と 1 とを平均すれば $\mathcal{N}$ は相殺され $\mathcal{V}$ だけが残る．復調は相関処理の前に IF 帯の信号で行ってもよいし，相関器で乗算の後に行ってもよい．180° の位相シフトは信号の符号反転と等価だから容易である．

変調パターンは互いに直交させる．素子数が 3 つ以上でも互いに直交する変調パターンはウォルシュ（Walsh）関数で生成できる（図 7.15 右）．ウォルシュ関数の位相スイッチで混信を防ぐ手法は，CDMA（Code Division Multiple Access：符号分割多重接続）通信でも用いられる．

180° 位相スイッチングは，変調を加える以前の混信に対しては効果がない．

表 **7.2** 90° 位相スイッチング

状態	素子	LO 位相	IF 信号	復調位相	ビジビリティ
0	1	θ_{LO}	$V_{1,U}e^{-i\theta_{LO}} + V_{1,L}e^{i\theta_{LO}}$	0	$\mathcal{V}_U + \mathcal{V}_L$
	2	θ_{LO}	$V_{2,U}e^{-i\theta_{LO}} + V_{2,L}e^{i\theta_{LO}}$	0	
1	1	θ_{LO}	$V_{1,U}e^{-i\theta_{LO}} + V_{1,L}e^{i\theta_{LO}}$	0	$\mathcal{V}_U - \mathcal{V}_L$
	2	$\theta_{LO} + \dfrac{\pi}{2}$	$V_{2,U}e^{-i(\theta_{LO}+\frac{\pi}{2})} + V_{2,L}e^{i(\theta_{LO}+\frac{\pi}{2})}$	$\dfrac{\pi}{2}$	

しかし，アンテナへ混入する混信は周波数変換時の位相追尾によって大部分が相殺される．

90° 位相スイッチング

IF の位相は USB で $\theta_{RF} - \theta_{LO}$, LSB で $-\theta_{RF} + \theta_{LO}$ と反転する．この性質を利用して，LO 位相に 90° の変調を加えて USB と LSB を分離できる．

表 7.2 に示すように，LO に 90° の位相を加えた状態 1 と加えない状態 0 とでは，USB のビジビリティ $\mathcal{V}_U$ は同じで，LSB の $\mathcal{V}_L$ は符号が反転する．二つの状態の和を取れば USB の，差を取れば LSB のビジビリティが，それぞれ出力される．

変調のパターンはやはり直交するウォルシュ関数を用いる．復調は IF 信号系あるいは相関器で行う．帯域幅を持つ IF で一様に 90° の位相を加えるのは複雑で，相関器で行う方が簡単である．複素相関器であれば，実部と虚部を入れ替えて加算・減算の組み合わせで実現できる．

7.3.4 波面追尾

複数の素子アンテナで受信した電波を干渉させるには波面の同期が必要である．波面追尾は遅延追尾と位相追尾からなる．素子アンテナに電波が入射する時間差（幾何学的遅延時間）τ_g を補正するのが遅延追尾である．多くの干渉計では受信周波数を IF 帯に周波数変換した後に遅延追尾を行う．IF 信号をデジタル化すれば遅延追尾が容易だからだ．この場合，遅延は追尾できても，RF と IF の周波数差（つまり LO 周波数）の分だけ位相の回転が残る．この補正をするのが位相追尾である．

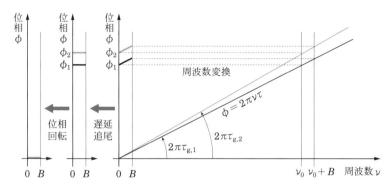

図 7.16 波面追尾の概念. 横軸は周波数, 縦軸は位相で, 傾き
が遅延.

　波面追尾が不十分で位相に残差があるとビジビリティには位相誤差が乗るし,
周波数・時間方向に積分するとコヒーレンス損失を生じて振幅が低下するから,
高精度の波面追尾が必須である.

　式（7.3）に示すように, ビジビリティ位相 ϕ は周波数 ν と幾何学的遅延 τ_g に
よって $\phi = 2\pi\nu\tau_\mathrm{g}$ で表される. これを周波数変換せずに遅延追尾 τ_i を挿入すれ
ば, 式（7.4）で示すように位相の残差は $\phi = 2\pi\nu(\tau_\mathrm{g} - \tau_\mathrm{i})$ となる. もし追尾が
完璧（$\tau_\mathrm{i} = \tau_\mathrm{g}$）なら全周波数で位相はゼロであり, 遅延追尾だけで波面追尾の役
割を果たす.

　遅延追尾が IF 帯で行われる場合に位相追尾が別途必要になることを示す. RF
帯で帯域幅 B を持つ信号（帯域 $[\nu_0, \nu_0 + B]$）の信号を USB 受信して ν_0 だけ
周波数変換し, ベースバンド $[0, B]$ の IF 帯で遅延追尾する, というケースを考
える（図 7.16）. 時刻 t_1 において $\tau_{\mathrm{g},1}$ の幾何学的遅延時間が, 時刻 t_2 に $\tau_{\mathrm{g},2}$ に
変化する. RF 帯の位相はそれぞれ $2\pi\nu\tau_{\mathrm{g},1}, 2\pi\nu\tau_{\mathrm{g},2}$ である. LO の位相を θ_LO
とすると IF 帯の位相変化は

$$\phi_1(\nu_\mathrm{IF}) - \phi_2(\nu_\mathrm{IF}) = 2\pi(\nu_0 + \nu_\mathrm{IF})(\tau_{\mathrm{g},2} - \tau_{\mathrm{g},1}) - (\theta_{\mathrm{LO},2} - \theta_{\mathrm{LO},1}) \quad (7.57)$$

である. IF 帯で遅延追尾 τ_i を挿入すると, 位相は $\phi_1' = 2\pi\nu_0\tau_{\mathrm{g},1} + 2\pi\nu_\mathrm{IF}(\tau_{\mathrm{g},1} - \tau_{\mathrm{inst},1}) - \theta_{\mathrm{LO},1}$ などとなり, t_1 から t_2 までの位相変化が

$$\phi_2' - \phi_1' = 2\pi\nu_0(\tau_{\mathrm{g},2} - \tau_{\mathrm{g},1}) + 2\pi\nu_\mathrm{IF}(\Delta\tau_{\mathrm{g},2} - \Delta\tau_{\mathrm{g},1}) - (\theta_{\mathrm{LO},2} - \theta_{\mathrm{LO},1})$$
$$(7.58)$$

となる．θ_{LO} が一定で，遅延追尾誤差 $\Delta\tau = \tau_{\mathrm{g}} - \tau_{\mathrm{i}}$ が十分小さいとすれば，位相の変化要因は $2\pi\nu_0(\tau_{\mathrm{g},2} - \tau_{\mathrm{g},1})$ で決まる．その変化率

$$f_{\mathrm{r}} = \frac{1}{2\pi} \lim_{t_2 \to t_1} \frac{\phi'_2 - \phi'_1}{t_2 - t_1} = \nu_{\mathrm{LO}}\dot{\tau}_{\mathrm{g}} \tag{7.59}$$

をフリンジ周波数という．基線長の東西成分を $D_{\mathrm{e-w}}$ とすると，遅延時間変化率 $\dot{\tau}_{\mathrm{g}}$ の最大値は $\omega_{\mathrm{e}} D_{\mathrm{e-w}}/\lambda$ である．地球の自転角速度は $\omega_{\mathrm{e}} \sim 7.3 \times 10^{-5}$ rad s^{-1} なので，たとえば東西基線長が $1\,\mathrm{km}$，波長 $1\,\mathrm{mm}$ の干渉計ならフリンジ周波数は最大 $f_{\mathrm{r}} = 73\,\mathrm{Hz}$ になる．位相追尾を行わないと 10 ミリ秒程度の積分でフリンジが消えてしまう．

　フリンジ周波数は自転で素子アンテナが運動することによるドップラー効果である．素子の位置によって速度が違うのでドップラー効果に差が生じ，周波数差がフリンジ周波数となって現れる．

位相追尾

　相関器における積分時間（数秒程度）でコヒーレンスを維持するには，位相追尾によってフリンジ周波数を補正し，ビジビリティの位相変化を十分小さく保つ必要がある．位相追尾は，図 7.17 に示すように，相関処理の前に受信信号の位相を補正することでも可能だし，相関処理の乗算時（ただし時間積分する前）に行うことも可能である．

　式（7.58）の θ_{LO} を $2\pi\nu_0\tau_{\mathrm{g}}$ に等しくなるように調整すれば，IF 帯の位相 ϕ' は遅延追尾の項だけになる．数値制御発振器（NCXO: Numerically-Controlled Crystal Oscillator）を用いて $2\pi\nu_0\tau_{\mathrm{g}}$ の位相を LO 信号に加えると，位相追尾できる．周波数を追尾するだけでなく NCXO は出力位相の連続性を維持する必要がある．位相追尾の誤差はそのままビジビリティ位相の誤差に反映されるからである．

遅延追尾

　幾何学的遅延誤差 $\Delta\tau$ は式（7.58）で分かるように帯域内の位相傾斜として現れる．周波数方向にビジビリティを積分するときにコヒーレンスを保つため，遅延追尾が必要である．帯域幅 B の白色雑音のビジビリティに遅延追尾誤差 $\Delta\tau$ があると，振幅が $\mathrm{sinc}(2\pi B \Delta\tau)$ 倍に低下する．

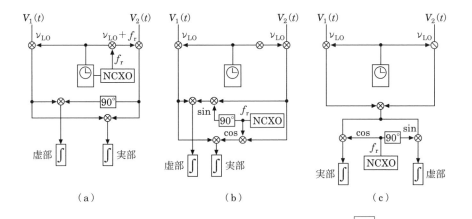

図 7.17 位相追尾の方法. $\otimes$ はミキサーまたは乗算器, $\int$ は加算器, $\boxed{\text{NCXO}}$ は数値制御発振器またはデジタル信号発生器, $\boxed{90°}$ は位相シフターを表す. (a) LO 信号で位相追尾. (b) IF で位相追尾. (c) 相関器で乗算後に位相追尾.

現代の干渉計では，A/D 変換（7.3.5 節）した後にバッファーメモリーで遅延追尾を行う．メモリーへの書き込みポインターと読み出しポインターとの差が，遅延追尾に相当する．$\Delta T = 1/2B$ の時間間隔で標本化された信号の遅延追尾は ΔT の刻み幅でしか調整できない．このため，最大で $\Delta\tau = \Delta T/2$ の遅延追尾誤差が生じる（図 7.18）．位相追尾を帯域下端（$\nu = \nu_{\mathrm{LO}}$，$\nu_{\mathrm{IF}} = 0$）で行うと，遅延追尾誤差による位相の残差は $\Delta\phi = 2\pi\nu_{\mathrm{IF}}\Delta\tau$ なので，帯域上端では $-\dfrac{\pi}{2} \leqq \Delta\phi < \dfrac{\pi}{2}$ の範囲に位相残差が広がる．図 7.18 のように帯域中心（$\nu = \nu_{\mathrm{LO}} + \dfrac{1}{2}B$）で位相追尾を行えば，遅延追尾誤差による位相の残差は帯域中心でゼロ，帯域上下端で $-\dfrac{\pi}{4} \leqq \Delta\phi < \dfrac{\pi}{4}$ に収まり，コヒーレンス損失を低減できる．このような追尾をするときには，遅延追尾が ΔT のジャンプをするタイミング（図 7.18 の 3 → 4）に同期して，位相追尾を $-90°$ ジャンプさせる必要がある．

A/D 変換時の標本化タイミングを調整すると，ΔT より細やかに遅延追尾できる．また，後述の FX 相関器では，デジタル分光した後に遅延追尾の調整を分光分解能だけ細かくできるので，遅延追尾誤差による損失はほとんど問題になら

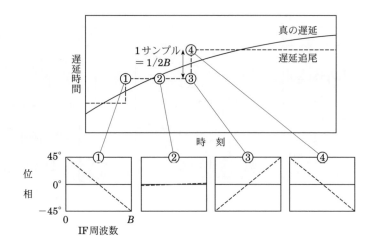

図 7.18 デジタル信号の遅延追尾. ΔT の刻み幅で離散的に追尾するため, 最大で $\Delta \tau = \Delta T/2$ の遅延追尾誤差が生じる. 遅延追尾誤差は帯域内の位相傾斜 (下の 4 つのパネルに示した) をもたらす.

ない.

位相補償

　天体からの波面は, 大気中の屈折率の非一様性によって素子アンテナに到来するタイミングが変動し, ビジビリティ位相に揺らぎを与える. 位相揺らぎは撮像観測において天体の位置や像を狂わせたり, コヒーレンス損失の原因となる. この影響を防ぐには, 伝播光路長の変動 (EPL: excess path length) を計測してビジビリティ位相を補正する, 位相補償の機能が求められる. EPL は伝播経路に沿った屈折率 n の積分 $\mathcal{L} = \int (n-1) dz$ で与えられ, 周波数 ν において $\Delta \phi = \dfrac{2\pi\nu}{c} \mathcal{L}$ の位相変動をもたらす.

　EPL の変動要素には電離層と中性大気がある.

　電離層は電子密度が $n_{\mathrm{e}} \sim 10^{12} \ \mathrm{m}^{-3}$ のプラズマから成り, プラズマ周波数 $\nu_{\mathrm{p}} = \dfrac{e}{2\pi} \sqrt{\dfrac{n_{\mathrm{e}}}{\varepsilon_0 m_{\mathrm{e}}}} \sim 9 \ \mathrm{MHz}$ に相当する. プラズマ周波数以上で屈折率は $n =$

$\sqrt{1-\dfrac{\nu_{\mathrm p}^2}{\nu^2}}$ と周波数に依存する分散性屈折を示す. 分散性屈折は観測周波数が低いほど影響が大きく，電子密度の時間変動および非一様性によって位相変動を受ける上に，分散性によって遅延時間の計測も影響を受ける. この影響は，TEC（total electron content）を計測して補正することで緩和できる. 近年では GPS（Global Positioning System）衛星からの信号を用いて TEC を計測する方法が用いられる.

中性大気による屈折率は，分子の共鳴周波数 ν_0 に対して $n = 1 + \dfrac{Ne^2}{8\pi^2\varepsilon_0 m_{\mathrm e}}\dfrac{\nu_0^2-\nu^2}{(\nu_0^2-\nu^2)^2+\nu^2\Gamma^2}$ で与えられる. 共鳴周波数付近では屈折率が大きくかつ分散性を示す. 一方 $\nu \ll \nu_0$ では $n = 1 + \dfrac{Ne^2}{8\pi^2\varepsilon_0 m_{\mathrm e}\nu_0^2}$ と近似でき，屈折率が周波数に依存しない非分散性を示す. 電波の周波数帯に遷移を持つ分子として，酸素（60 GHz, 119 GHz, 425 GHz, 487 GHz）と水蒸気（183 GHz, 325 GHz, 380 GHz, 448 GHz, 474 GHz, 556 GHz, 621 GHz, 752 GHz, 916 GHz）の影響は大きい. 特に水蒸気は，雲を見ると分かるように凝縮・気化が局所的に起こりやすく非一様性が大きい. 共鳴周波数から離れた周波数を選んで観測する場合，非分散性屈折による EPL の変動は周波数に依存しないので，位相変動は観測周波数に比例する. 水蒸気による EPL 変動は，水蒸気ラジオメータによって水蒸気の柱密度を計測して補償できる. ミリ波・サブミリ波帯で観測する ALMA では，183 GHz 帯の水蒸気ラジオメータをすべての 12 m アンテナに搭載し，図 7.19 に示すように水蒸気量の空間分布を計測しながら観測して EPL の補正を行っている.

これらの EPL 計測による補正に加えて，干渉計観測では目的天体から離角が数度以内の電波源を観測して位相を較正する. 較正電波源はほぼ点源とみなせる活動銀河核を主に用いる. 点源のビジビリティは位相が 0 なので，計測されたビジビリティ位相からアンテナ毎の位相が求まる. 大気の変動より高頻度に較正電波源を観測し，内挿によって目的天体観測時のアンテナ毎の位相変動を補正する.

7.3.5 デジタル信号処理

受信信号をデジタル化すれば後段の信号処理は数値演算として行えるので，現代の干渉計の多くは，受信信号を A/D（Analog-to-Digital）変換し，デジタル

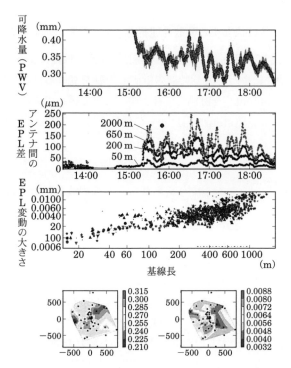

図 7.19 ALMA はすべての 12 m アンテナに 183 GHz 帯
水蒸気ラジオメータを搭載して観測中に可降水量（PWV:
precipitable water vapor）を計測している．1 段目: PWV
（計測値を天頂の値に補正）の時間変化．2 段目: アンテナ間の
EPL 差の時間変動．3 段目: 基線長に対する EPL 変動の大き
さ．1000 m の基線長まで指数 0.49 の冪乗則で近似できている．
4 段目:（左）PWV の空間分布．黒点はアンテナの位置，すな
わち計測点．（右）PWV 時間変動の大きさの空間分布．

信号として相関処理することが多い．アナログ信号をデジタル化する過程と，デ
ジタル信号処理によってビジビリティが被る影響について述べる．

A/D 変換

電圧信号をデジタル化する A/D 変換は，以下の 3 つの過程を経る．

（1）標本化（サンプリング）

電圧信号 $V(t)$ を一定の時間間隔 ΔT で間引く操作．時間間隔の逆数 $f_s =$

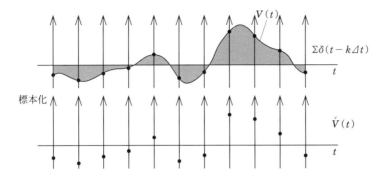

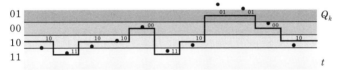

図 **7.20** A/D 変換の手順．連続的なアナログ信号（上）を一定の時間間隔で間引く（中）操作が標本化（サンプリング）である．標本化された電圧を有限個の閾値電圧で区分（量子化）し，数値でコード化する（下）．

$1/\Delta T$ を標本化周波数という．k 番目の標本は $\check{V}_k = V(t)\delta(t - k\Delta T)$ で，標本信号はその集合 $\check{V}(t) = \sum_k \check{V}_k$ となる．

入力信号の帯域 $\nu_{\mathrm{IF}} < \nu \leqq \nu_{\mathrm{IF}} + B$ に対して，標本化周波数が $f_{\mathrm{s}} \geqq 2B$ かつ $\nu_{\mathrm{IF}} = Nf_{\mathrm{s}}$（$N$ は整数）を満たせば，入力信号のスペクトルは保存される（標本化定理）．$f_{\mathrm{s}} = 2B$（帯域幅の 2 倍）での標本化をナイキスト（Nyquist）サンプリングという．もっとも効率が高いためこれが通常用いられる．

　（2）　量子化

標本化された信号の電圧値を有限の階調で近似するのが量子化である．階調は有限個の閾値電圧で区分される．量子化は電圧の精度低下によって情報の損失をもたらす．階調が多いほどアナログ信号に近く，情報の損失を抑えられる．

　（3）　コード化

量子化された電圧を有限桁の数値で表現するのがコード化である．標本あたり b ビット（b 桁の 2 進数）で表現できる階調は $N_{\mathrm{Q}} = 2^b$ であり，$N_{\mathrm{Q}} - 1$ 個の閾

値で仕切られた水準のどれかが，標本ごとに出力される．複数の信号系列を一つに束ねる DEMUX や，VLBI で時刻符号を挿入する操作もここに含まれる．

　量子化された信号は量子化損失によって相関係数の信号雑音比が低下する．たとえば 2 階調（1-bit 量子化）では約 36%の量子化損失（効率 64%）となる（コラム参照）．2 階調という粗い量子化でも，多数のサンプルで統計をとることで大半の情報が残ることが分かる．階調が多いほど量子化効率は向上し，3 階調では 81%，4 階調では 88%の量子化効率が得られる．

---

2 階調（1-bit）量子化の効率

　2 階調の電圧は正負の符号だけで判断されるので，相関係数は図 7.24 において (V_1, V_2) がどの象限にどれだけの確率で存在するか，で決まる．V_1, V_2 はそれぞれ平均が 0，標準偏差 σ の正規分布をし，真の相関係数を ρ とする．このとき，(V_1, V_2) の同時確率分布は

$$p(V_1, V_2) = \frac{1}{2\pi\sigma^2\sqrt{1-\rho^2}} \exp\left[-\frac{V_1^2 + V_2^2 - 2\rho V_1 V_2}{2\sigma^2(1-\rho^2)}\right] \tag{7.60}$$

で表される．(V_1, V_2) が第 1 象限に存在する確率 P_{++} は

$$P_{++} = \int_{V_1=0}^{\infty} \int_{V_2=0}^{\infty} p(V_1, V_2)\, dV_1\, dV_2 = \frac{1}{4} + \frac{1}{2\pi}\arcsin\rho \tag{7.61}$$

となる[*14]．対称性から考えて $P_{--} = P_{++}$ であり，$P_{+-} = P_{-+} = \dfrac{1}{2}\left(\dfrac{1}{2} - P_{++}\right)$ である．従って 2 階調量子化時の相関係数 ρ_2 は

$$\rho_2 = P_{++} + P_{--} - P_{+-} - P_{-+} = \frac{2}{\pi}\arcsin\rho \tag{7.62}$$

という関係になる．これをヴァン・ヴレック（Van Vleck）関係という．$\rho \ll 1$ のとき

$$\left.\frac{\partial \rho_2}{\partial \rho}\right|_{\rho=0} = \frac{2}{\pi} \simeq 0.64 \tag{7.63}$$

なので，量子化効率は約 64%である．

図 **7.21** VLBI 記録用ハードディスクアレイ OCTADISK

記録装置

　VLBI では受信・A/D 変換した信号を記録媒体に書き込み，相関局に輸送してから再生して，分光・相関処理をオフラインで行う．記録には磁気テープや図7.21 のようなハードディスクが使用される．天体から到来した電波を「光子」として検出せずに「波」の状態のまま記録し，何回でも再生して波の状態を再現できるのは電波のユニークな特長である．

　記録装置を用いることの利点は，（1）遠く離れた素子アンテナでも干渉計にできる，（2）再生を繰り返せば視野を複数に広げることができる，（3）再生を繰り返せば遅延時間範囲を広げられ，周波数分解能を向上できる，（4）相関器の処理可能局数を上回る素子アンテナ数も処理可能，などが挙げられる．一方で短所は，（1）記録装置や記録媒体輸送のコスト，（2）観測から結果を得るまでの数日程度の時間差，（3）記録装置の性能による帯域幅と観測時間の制限，などがある．

　通信ネットワークの発達により，光ファイバーで観測局と相関局を結んでリアルタイムに干渉させる光結合 VLBI も実現され，記録装置への依存は減少傾向にある．しかし回線容量の制約や離島などネットワーク接続の困難な地域もあるので，記録装置はしばらく使用されるだろう．

　VLBI の再生信号はタイミングが全観測局で同期している必要がある．同期再生のために，電圧の各サンプルが取得された時刻を記録時にマークする．このマークを時刻符号という．時刻符号は適度な時間間隔で定期的に挿入すればよ

---

*14 （334 ページ）この計算は $z = \dfrac{V_2 - \rho V_1}{1 - \rho^2}$ と変数変換し，さらに $V_1 = r\cos\xi, z = r\sin\xi$ と極座標に変換すると容易である．

い．時刻符号間のサンプル数が記録時のまま保存していれば，符号に挟まれたサンプルの時刻はすべて既知になる．

記録装置・媒体のビット誤り発生率（BER; Bit Error Rate）は低いほどよいが，干渉計の記録では計算機の記憶装置ほど BER は低くなくてよい．BER〜10^{-2} 程度でも信号雑音比が 1%低下する影響で済む．

7.3.6 相関器

相関器の役割は，素子アンテナの受信信号を入力して，基線ごとの相互相関関数 $r(\tau)$（式 7.40）あるいはそのフーリエ変換であるクロスパワースペクトル $\hat{C}(\nu)$（式 7.42）を出力することで，干渉計という望遠鏡のいわば「焦点」に相当する．「焦点」で波面を同期させコヒーレンスを保つために，遅延追尾や位相追尾の機能も備えることがある．

クロスパワースペクトルに適切な較正を施すとビジビリティが得られ，それを像合成処理して電波マップが得られる．この処理は汎用計算機で行われるから，相関器までを干渉計の装置とみなす．

相互相関関数からクロスパワースペクトルを得ることで，相関器は分光の機能も持つ．これは，自己相関関数のフーリエ変換でパワースペクトルを得る自己相関型分光計と同じ機能である（5.6 節を参照）．

多くの相関器はデジタル信号処理を行う．デジタル信号 $V_{1,h}$（素子 1 での h 番目の標本）と $V_{2,h}$ との相関関数 $r_{12,j}$ は，

$$r_{12,j} = \lim_{N \to \infty} \frac{1}{N} \sum_{h=-N/2}^{N/2-1} V_{1,h} \cdot V_{2,h+j} \tag{7.64}$$

と表される．遅延時間（ラグ）も $\tau = j\Delta T$ と離散的になる．$N \to \infty$ は，実際には $N \sim 10^{6}$–10^{10} 程度の積分で近似される．

図 7.22 は相関器の概念図である．二つの入力信号 $V_1(t), V_2(t)$ を乗算器に入力し，積を加算器で積分する．シフトレジスタでラグ（263 ページ）を生成し，相関関数の遅延時間範囲を必要なだけ広げる．

$r_{12,j}$ を離散フーリエ変換して得られるクロスパワースペクトル $\hat{C}_{12,k}$ は

$$\hat{C}_{12,k} = \frac{1}{M} \sum_{j=-M/2}^{M/2-1} r_{12,j} \exp\left[-\frac{2\pi ikj}{M}\right] \tag{7.65}$$

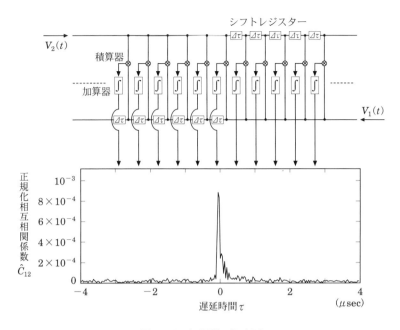

図 **7.22**　相関器の概念図

である．ここで M は相関器のラグ数であり，式（7.64）において $-M/2 \leqq j < M/2$ の範囲で $r_{12,j}$ が得られるものとする．このように相関関数を出力し，それをフーリエ変換してクロスパワースペクトルを得る方式の相関器を，XF 相関器[*15]という．XF 相関器は乗算と加算ができればよい．

表 **7.3**　2 階調量子化の乗算

		入力 1	
		1	−1
入力 2	1	1	−1
	−1	−1	1

表 **7.4**　XNOR ゲートによる構成

		入力 1	
		1	0
入力 2	1	1	0
	0	0	1

　量子化の階調が少ないほど乗算回路は単純で済む．たとえば 2 階調（1-bit）量子化なら電圧値は ±1 で，それをコード化した値は 1 か 0 である．演算は表 7.4 のように XNOR ゲート（排他的論理和の否定）で構成でき，正規化相関係数 $\hat{r}$ は

[*15] 相互相関（X）を演算してからフーリエ変換（F）するので，XF 相関器と呼ばれる．

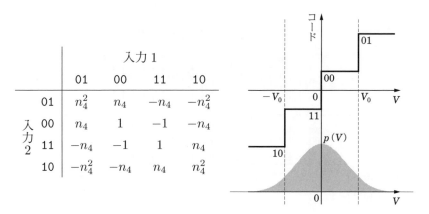

図 **7.23** （左）4 階調量子化の乗算．（右）4 階調量子化の入力
電圧 V と出力コードの関係．$p(V)$ は入力電圧の確率密度分布．
V_0 は閾値電圧．

$$\hat{r}_{12,j} = \lim_{N \leftarrow \infty} \frac{1}{N} \left[2 \sum_{h=-N/2}^{N/2-1} \mathrm{XNOR}(\hat{V}_{1,h}, \hat{V}_{2,h+j}) - N \right] \quad (7.66)$$

でよい．2 階調の XF 相関器はシフトレジスターと M 個並列の XNOR ゲートお
よびカウンターだけで構成できる．

2 階調では乗算結果を ± 1, 3 階調では $0, \pm 1$ と符号だけの情報で表せる．4 階
調の乗算では $0, \pm 1, \pm n_4$ と振幅 n_4 も調整できる．乗算回路は量子化ビット数
の 2 乗に比例して複雑になる．階調数が多い乗算は，論理回路でなくメモリーに
保持した早見表を参照する方法でもよい．

3 階調以上の量子化では階調の閾値電圧について，4 階調以上の量子化では乗
算の絶対値について，自由度がある．これらの組み合わせによって相関関数の信
号雑音比は影響を受けるので，最適な組み合わせに調整するのが望ましい．入力
電圧が平均 $\mu_V = 0$, 分散 σ_V^2 の正規分布に従う場合，たとえば 4 階調量子化の
最適な組み合わせは閾値電圧 $V_0 = 0.98\sigma$, $n_4 = 3.34$ であり，そのときの量子化
効率は $\eta_4 = 0.88$ である．

複素相関器と位相追尾

受信信号は実数の電圧であり，相互相関関数は振幅と位相を持つ複素数であ
る．実数信号から複素相互相関を得る方法はいくつかある．図 7.17 (a)（329

ページ）は実数信号をヒルベルト変換[*16]して位相を $90°$ ずらし虚数信号を生成する方法で，相関器の乗算器は実部と虚部の 2 つが必要である．図 7.17 (b) は相関器で位相追尾と複素化を同時に行う方法で，図 7.17 (c) は相関器で実数の乗算後に複素化と位相追尾を同時に行う方法である．

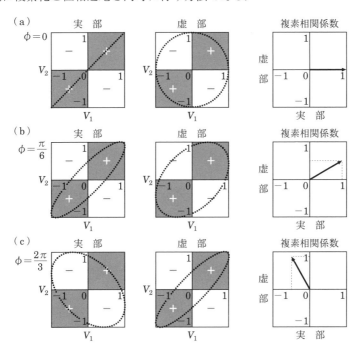

図 **7.24** 複素相関係数の演算．(a)：V_1, V_2 の相対位相 ϕ が 0 の場合．(b)：$\phi = \dfrac{\pi}{6}$ の場合．(c)：$\phi = \dfrac{2\pi}{3}$ の場合．いずれも，複素相関係数の位相が相対位相 ϕ に等しい．

図 7.24 は複素相関器の演算を示す模式図である．素子アンテナ 1, 2 の受信電圧を V_1, V_2 とすると，相関係数の実部は $\langle V_1 V_2 \rangle$，虚部は $\langle V_1 \check{V}_2 \rangle$ で計算できる．

[*16] 実数関数 $V(t)$ に対して，関数 $h(t) = \dfrac{1}{\pi t}$ との畳み込み

$$\check{V}(t) = \frac{1}{\pi} \int_{t'=-\infty}^{\infty} \frac{V(t')}{t - t'} dt' \tag{7.67}$$

をヒルベルト（Hilbert）変換という．$h(t)$ のフーリエ変換は $H(\nu) = -i\,\mathrm{sgn}(\nu)$ なので，ヒルベルト変換は正の周波数領域では位相を $\pi/2$ だけ遅らせ，負の周波数領域では $\pi/2$ 進ませる．

$\check{V}_2$ は V_2 の位相を 90° 遅らせた虚部である．（a）では $V_1 = V_2$ なので (V_1, V_2) は対角線上（第 1・第 3 象限内）に分布し，その積は常に正である．$(V_1, \check{V}_2)$ は単位円周上に分布し，虚部 $\langle V_1 \check{V}_2 \rangle = 0$ になる．複素相関係数の実部が 1，虚部が 0 なので，その位相は 0 である．（b）では (V_1, V_2)，$(V_1, \check{V}_2)$ ともに全象限に分布するが，第 1・第 3 象限内の存在確率が高いため，$\langle V_1 V_2 \rangle$，$\langle V_1 \check{V}_2 \rangle$ ともに正である．複素相関係数の位相は ϕ と同じ $\frac{\pi}{6}$ になる．（c）では (V_1, V_2) は第 2・第 4 象限の存在確率が高いので $\langle V_1 V_2 \rangle$ は負になる．複素相関係数の位相はやはり ϕ と同じで $\frac{2\pi}{3}$ になる．

XF 相関器と FX 相関器

　XF 相関器では相互相関関数 $C_{12}(\tau)$ を出力してから，それをフーリエ変換してクロスパワースペクトル $\hat{C}_{12}(\nu)$ を求める．これに対して，電圧信号を直接フーリエ変換して素子アンテナごとにスペクトル $\hat{V}(\nu)$ を算出し，基線ごとにそれらの積をとってクロスパワースペクトル $\hat{C}_{12}(\nu)$ を得る，という方法もある（5.6 節参照）．後者の手法による相関器を FX 相関器という．

　FX 相関器は図 7.25 に示すように，A/D 変換されたデジタル信号を入力するバッファーメモリー，それをフーリエ変換してスペクトルを出力する F 部，スペクトルを基線ごとに掛け合わせる X 部から構成される．

　バッファーメモリーではデジタル信号を $2N$ サンプルごとに保持する．このサンプル数 $2N$ をセグメント（segment）長という．バッファーメモリーへの書き込みポインターを調整することで遅延追尾も行う．

　F 部では $2N$ 点のフーリエ変換を行う．1 セグメントの時間幅は $2N \Delta T = N/B$ で，たとえば帯域幅 B が 1 GHz, $2N \sim 10^3$ なら 1 μsec 程度であり，高速なフーリエ変換の演算が必要である．このため FFT（Fast Fourier Transform: 高速フーリエ変換）の手法を用い，専用 FFT 回路でハードウェア処理を行うことが多い．FFT のロジックを単純にするという要請から，$2N = 2^n$ にするのが普通である．$2N$ 点の FFT を行うと $2N$ 点の複素スペクトル点が出力され，その周波数刻み幅は B/N であり，は $0 \leqq k \leqq N-1$ 番が $0 \leqq \nu_{\text{IF}} < B$ に，$N \leqq k \leqq 2N-1$ 番が $-B \leqq \nu_{\text{IF}} < 0$ に相当する．USB 受信の場合は正の周波数帯だけ，LSB 受信なら負の周波数帯だけに天体の信号が現れるので，半分の N 点

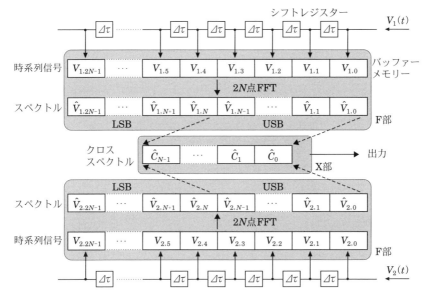

図 7.25 FX 相関器の信号処理. バッファーメモリーに保持された信号を F 部で FFT し, X 部でクロスパワースペクトルにする.

を切り出して残り半分を捨てる.

この複素スペクトルには位相補正を加えられる. 周波数に比例した位相傾斜 $\Delta\phi = 2\pi k\Delta\tau B/N$ を与えれば遅延追尾ができる. 時間領域での $\Delta T = 1/2B$ 刻みの粗い遅延追尾を, 周波数領域では $1/2NB$ 刻みの細かさで補うことができる, というのが FX の大きな特長である[*17].

X 部では基線ごとに N 点の複素スペクトルの乗算を行い, 積分してから出力する.

7.4 干渉計の像合成

干渉計の出力は複素ビジビリティ $\mathcal{V}_\nu(u,v)$ であり, それは空間周波数 (u,v) における天体の強度分布のフーリエ成分である, ということを 7.2 節で示した.

[*17] この追尾を Δw 補正と呼ぶことがある. $w = 2\pi\nu\tau_g$ のことである.

式 (7.34) は，複素ビジビリティ $\mathcal{V}_\nu(u,v)$ をさまざまな空間周波数 (u,v) で測定すれば，それを式 (7.68) のように逆フーリエ変換して天体の強度分布 $I_\nu(l,m)$ を求められることを示している．

$$\sqrt{\mathcal{A}_1(l,m)\mathcal{A}_2^*(l,m)}I_\nu(l,m) = \iint_{u,v} \mathcal{V}_\nu(u,v)e^{2\pi i(ul+vm)}du\,dv \qquad (7.68)$$

強度分布を完全に再生するには空間周波数 (u,v) 全面で複素ビジビリティを取得する必要がある．現実には有限の (u,v) の集合しか得られない．最大基線長で決まる (u,v) の拡がりより外側ではビジビリティは得られないし，最短基線で決まる (u,v) より内側も穴になる．アンテナ配列が疎だと (u,v) 面におけるビジビリティのサンプリングも粗い．このような現実の観測で得られるビジビリティから合成される像は，分解能や画質や視野が制限される．

干渉計による電波像とビジビリティとの関係を図 7.26 に示す．(a) の天体像のフーリエ成分が (d) のビジビリティであり，そのうち (e) で示す空間周波数成分がサンプルされ，(f) のビジビリティが得られる．(f) を逆フーリエ変換して得られる (c) のダーティマップは，(b) の合成ビームで (a) の天体像を畳み込んだものである．(b) と (e) はフーリエ変換の関係にある．(c) から (b) をデコンボリューションすることで (a) を推定する．

(u,v) の分布と分解能の関係は 7.4.1 節で説明する．7.4.2 節ではビジビリティの重み付けによって分解能や感度が変わることを示す．7.4.3 節では不完全なビジビリティの分布をデコンボリューションによって推定して像合成する方法を述べる．

7.4.1　(u,v) 台

干渉計観測で得られたビジビリティの台 (support)[*18] を $U(u,v)$ とし，(u,v) 台 (u,v coverage) と呼ぶ．観測されたビジビリティ $\hat{\mathcal{V}}(u,v)$ は真のビジビリティ $\mathcal{V}(u,v)$ に対して

$$\hat{\mathcal{V}}(u,v) = \mathcal{V}(u,v)U(u,v) \qquad (7.69)$$

[*18] 解析学の用語：関数 $f(x)$ に対して集合 $A = \{x|f(x) \neq 0\}$ の閉包 $\bar{A}$ を $f(x)$ の台 (support) という．

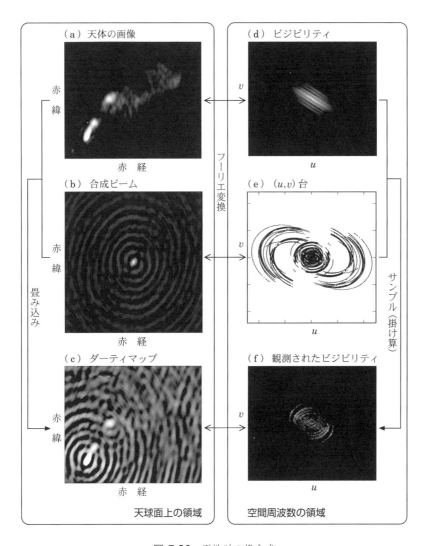

図 **7.26** 干渉計の像合成

となる. (u,v) 台はビジビリティのサンプリング関数であり, 干渉計撮像の分解能・画質・視野を決定づける. 本節では (u,v) 台がアンテナ配置と天体の位置で決まること, および (u,v) 台のフーリエ変換が合成ビームになることを説明する.

サンプルされたビジビリティを式 (7.68) に基づき逆フーリエ変換すると

$$\mathrm{FT}\{\hat{\mathcal{V}}(u,v)\} = \mathrm{FT}\{\mathcal{V}(u,v)\} ** \mathrm{FT}\{U(u,v)\} = I(l,m) ** B(l,m) \quad (7.70)$$

と，真の強度分布 $I(l,m)$ に $B(l,m) = \mathrm{FT}\{U(u,v)\}$ を畳み込んだものが得られる．$B(l,m)$ は**合成ビーム** (synthesized beam) といい，光学では点源応答 (PSF; Point Spread Function) とも呼ばれる．合成ビームは単一鏡のビームパターンと同様に空間分解能と画質を決める．得られるダーティマップ (dirty map) $\hat{I}(l,m) = \mathrm{FT}\{\hat{\mathcal{V}}(u,v)\}$ 上で天体の構造を合成ビームより細かく調べるのは難しい．

図 7.26 (e) は VSOP でクェーサー 3C 380 を観測したときの (u,v) 台で (b) は合成ビームである．(u,v) 台にすき間があるため，合成ビームに同心円状のサイドローブが多数現れている．このため，図 7.26 (c) のダーティマップ上で，3C 380 の中心核やジェットなどの明るい成分を中心としてサイドローブの形状が現れている．

(u,v) 台の拡がりと合成ビームの幅とは逆数の関係にあるので，最大基線長が短いと合成ビームの幅が拡がり，角分解能が悪くなる．(u,v) 台にすき間が多いと合成ビームのサイドローブレベルが高くなり，画質が低下する．真の強度分布に近い画像を得るには合成ビームをデルタ関数に近いものにしてやることである．それには (u,v) 台をなるべく広くかつ稠密に埋めること肝要である．

アンテナ配置と (u,v) 台

地上のアンテナ配置と (u,v) 台との関係を座標変換によって説明する．地上の座標系 (X,Y,Z) を Z 軸を北極点方向に，X 軸を赤道上で経度 $0°$ の方向にとる．Y 軸は経度 $90°$ の右手系[19]にとる．天体の方向ベクトル $\boldsymbol{s} = (l,m,n)$ と平行な地球上の座標系を x,y,z とすると，(X,Y,Z) と (x,y,z) は Z 軸回りに時角 $H = \mathrm{GST} + L - \alpha$ の回転行列 $R_Z(H)$ と Y 軸回りに $-\delta$ の回転行列 $R_Y(\delta)$ で結ばれる．ここで GST はグリニッジ恒星時すなわち X 軸が春分点方向となす角で，L はアンテナ位置の経度である．アンテナの位置ベクトルは $(P_z, P_x, P_y) = R_Y(\delta)R_Z(H)(P_X, P_Y, P_Z)$ という座標変換で得られる（(z,x,y) の順番に注意）．2 素子の位置ベクトルを $\boldsymbol{P}_1, \boldsymbol{P}_2$ とし，基線ベクトルを $\boldsymbol{D} = \boldsymbol{P}_2 - \boldsymbol{P}_1 = (D_X, D_Y, D_Z)$ と書けば，その座標変換を用いて

---

[19] VLBI で使用される局位置は左手系が主流なので要注意．

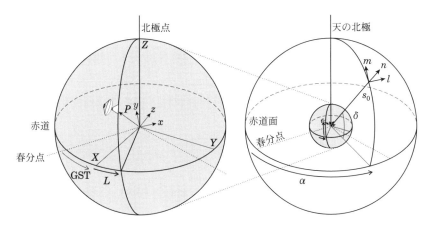

図 **7.27** 地球上（左図）の座標系 (X, Y, Z) と天球の座標系
（右図）との関係．天体の方向ベクトル $\boldsymbol{s} = (l, m, n)$ に平行な
地球上の座標系を (x, y, z) とおく．

$$\begin{pmatrix} u \\ v \\ w \end{pmatrix} = \frac{1}{\lambda} \begin{pmatrix} \sin H & \cos H & 0 \\ -\cos H \sin \delta & \sin H \sin \delta & \cos \delta \\ \cos H \cos \delta & -\sin H \cos \delta & \sin \delta \end{pmatrix} \begin{pmatrix} D_X \\ D_Y \\ D_Z \end{pmatrix} \qquad (7.71)$$

で与えられる．時角 H のみが時間変化する変数だから，(u, v, w) は 1 恒星日の
周期で同じ値を繰り返す．また，式（7.71）は

$$u^2 + \left(\frac{v - \dfrac{D_Z}{\lambda} \cos \delta}{\sin \delta} \right)^2 = \frac{D_X^2 + D_Y^2}{\lambda^2} \qquad (7.72)$$

を満たすので，一つの基線がつくる (u, v) 軌跡は楕円である．楕円の中心は
$(0, \dfrac{D_Z}{\lambda} \cos \delta)$ で，半長軸が $\sqrt{D_X^2 + D_Y^2}/\lambda$, 半短軸が $\sqrt{D_X^2 + D_Y^2} \sin \delta / \lambda$ であ
る．長軸–短軸比は $\sin \delta$ で，天体の赤緯で決まる．赤緯が 0 の天体を観測する
と短軸が 0 になる．

(u, v) 台と合成ビーム

図 7.28 は一つの基線がつくる (u, v) の軌跡の例である．一つの基線はある瞬
間に (u, v) と $(-u, -v)$ の 2 点をもたらす[*20]から，軌跡は点対称な 2 つの楕円

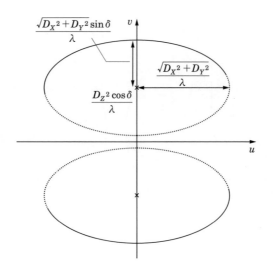

図 **7.28** 一つの基線がつくる (u, v) の軌跡は点対称な二つの楕円を描く. 軌跡の破線部分はどちらかのアンテナで天体の仰角が限界以下になっている時間で, ビジビリティを取得できない.

になる. 天体が沈むなど欠測があるので, ビジビリティを取得できるのは楕円の一部になる.

異なる基線は異なる楕円の (u, v) 軌跡をもたらす. 素子アンテナが N_a 台のとき基線数は $N_a(N_a - 1)/2$ だから, $N_a(N_a - 1)$ 個の楕円軌跡が (u, v) 面に描かれる. アンテナ数が多いと (u, v) 台は密に埋まる.

図 7.29 は VLBA でさまざまな赤緯を観測したときの (u, v) 台と合成ビームである. 天の赤道に近いと (u, v) 軌跡は南北方向に短縮され, 合成ビームは南北方向に広がり, 角分解能が低下する. 赤緯 δ が 0 だと (u, v) 軌跡の楕円は線分につぶれ, (u, v) 台は南北方向にすき間だらけになり, 合成ビームに南北方向に高いサイドローブが連なって現れ, 画質が低下する. 天の赤道付近の天体は, 干渉計が苦手な対象である.

1 恒星日以上観測しても, (u, v) の軌跡は同じ楕円をなぞるだけで, (u, v) 台

---

*20 (345 ページ) 複素ビジビリティは $\mathcal{V}_\nu(u, v) = \mathcal{V}_\nu^*(-u, -v)$ というエルミート性を持つので, $\mathcal{V}_\nu(u, v)$ が得られれば同時に $\mathcal{V}_\nu(-u, -v)$ も求まる. 実際, ある基線 $\boldsymbol{D}_{1,2}$ の基準を入れ替えれば $-\boldsymbol{D}_{2,1}$ とみなせる.

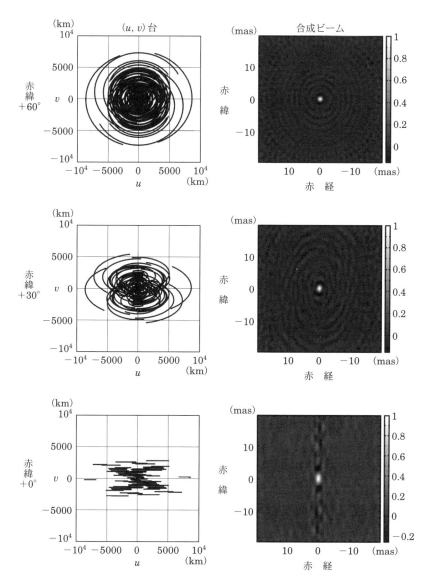

図 **7.29** さまざまな赤緯に対する (u, v) 台と合成ビーム.

は改善しない.多くの結合素子型干渉計では,アンテナを移動して配列を変更
し,新たな軌跡を描かせて (u, v) 台を改善する.スペース VLBI では衛星の軌

道運動によって (u,v) 台がかなり改善される.

7.4.2 重み付け

相関器でビジビリティを時間積分することで, (u,v) の軌跡は (u_i, v_i) と離散的になる（i は基線・時刻で定まるビジビリティの番号）. (u,v) 台においてビジビリティ毎に重み W_i を調整できる. 重み W_i の設定として, 誤差による重み w_i, ビジビリティ密度 D_i, およびテーパー T_i の3つを用い, $W_i = w_i \, D_i \, T_i$ とする.

誤差と重み付け

観測量には誤差がつきまとう. 誤差が正規分布すると仮定し, i 番目のビジビリティの標準偏差[*21]を σ_i とする. 重み w_i を $w_i \propto \sigma^p$ とベキ乗の形で書いた時の p を重み指数という. $p = -2$ のとき電波像の信号雑音比は最大になる.

基線毎の感度がほぼ均一な結合素子型干渉計では, $p = -2$ が最適である. 大小さまざまなアンテナを寄せ集めた VLBI では, $p = -2$ では重みが基線によって大きく異なり, 合成ビームがいびつになったり分解能が低下することがある. それを避けるため感度を犠牲にしてでも $p = 0$ や $p = -1$ を採用することもある.

ビジビリティ密度の重み

(u,v) 面において取得されたビジビリティの密度は一様ではない. 相関器からは一定の時間間隔でビジビリティが出力されるので, 短い基線で得られるビジビリティは密に, 長い基線のビジビリティは疎になる. 相関器の出力時間間隔が Δt のとき, ビジビリティの間隔は $(\dot{u}, \dot{v})\Delta t$ となる. $\dot{u} = (\boldsymbol{D} \times \boldsymbol{\omega}_e) \cdot \boldsymbol{e}_l / \lambda$ なので, 基線の東西成分が長いほどビジビリティ間隔は拡がり, (u,v) 面における密度は疎になる.

$D_i = 1$ とすべてのビジビリティに同じ重み付けをすると, 天体に対する感度を最大にできる. これをナチュラルウェイト（natural weight）という. (u,v) 台は低空間周波数成分ほどビジビリティの密度が高く, 高空間周波数成分の密度は低い. このためサイドローブレベルは低く抑えられる一方で, 角分解能が悪くなる傾向がある.

(u,v) 面の面素 $(\Delta u, \Delta v)$ がビジビリティを N 点含んでいるときに $D_i =$

[*21] 相関器の中では多数のサンプルが足し合わされているので, 各々のビジビリティは統計量である.

$1/N_i$ として[*22]，面素の重みを均一にする重み付けを，ユニフォームウェイト（uniform weight）という．この場合，密度の重みが (u, v) 面内で一定で低空間周波数成分も高空間周波数成分も同じ重みで合成されるので，角分解能は高くなる．しかし感度は低下し，サイドローブレベルも増える．

グリッディングと視野

(u, v) 面の面素 $(\Delta u, \Delta v)$ 毎にビジビリティをまとめる操作をグリッディング（gridding）という．グリッディングは，ビジビリティから 2 次元フーリエ変換で電波像を求める際に FFT 演算する都合上，(u, v) 面における格子点上でビジビリティを代表させるために必要な操作である．

格子点上のビジビリティを推定するには，格子点間隔と同じくらいの台を持つ畳み込み関数を観測で得られたビジビリティに対して畳み込み，それを格子点で

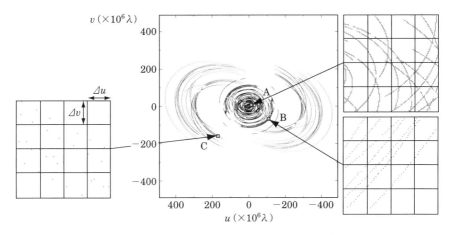

図 **7.30** ビジビリティ面密度とグリッディング．高速フーリエ変換するために，(u, v) 面を $\Delta u \times \Delta v$ の格子状にグリッディングし，格子ごとに含まれるビジビリティを集計する．空間周波数が低い（u, v が 0 に近い）格子 (A) はビジビリティ面密度が高く，空間周波数が高い B では面密度が低い．衛星を含む基線のビジビリティ (C) はさらに面密度が低い．ナチュラルウェイトでは格子ごとのビジビリティ点数に比例して重みを付けるのに対して，ユニフォームウェイトではどの格子も同じ重みにする．

[*22] ただし $N_i = 0$ の場合は $D_i = 0$ とする．

もう一度サンプリングし直す．式で表すと

$$\hat{\mathcal{V}}'(u,v) = {}^2\mathrm{III}\left(\frac{u}{\Delta u}, \frac{v}{\Delta v}\right)[c(u,v) * * U(u,v)\mathcal{V}(u,v)] \tag{7.73}$$

となる．ここで $c(u,v)$ は畳み込み関数（たとえばガウス関数）である．$^2\mathrm{III}\left(\frac{u}{\Delta u}, \frac{v}{\Delta v}\right)$ は剣山関数と呼ばれ，δ 関数が $(\Delta u, \Delta v)$ の格子間隔で 2 次元的に並んだ関数である．

$$^2\mathrm{III}\left(\frac{u}{\Delta u}, \frac{v}{\Delta v}\right) = \Delta u \Delta v \sum_{j=-\infty}^{\infty} \sum_{k=-\infty}^{\infty} {}^2\delta(u - j\Delta u, v - k\Delta v) \tag{7.74}$$

ビジビリティを $c(u,v)$ と畳み込み剣山関数と掛け合わせるので，そのフーリエ変換である電波像は

$$\hat{I}(l,m) = {}^2\mathrm{III}(l\Delta u, m\delta v) \star \star \{\hat{c}(l,m)[B(l,m) \star \star I(l,m)]\} \tag{7.75}$$

と表される．$I(l,m)$ は真の電波像，$B(l,m)$ は合成ビームである．$\hat{c}(l,m) = \mathrm{FT}[c(u,v)]$ は視野を制限する．

$$^2\mathrm{III}(l\Delta u, m\Delta v) = \frac{1}{\Delta u}\frac{1}{\Delta v} \sum_{j=-\infty}^{\infty} \sum_{k=-\infty}^{\infty} {}^2\delta(l - \frac{j}{\Delta u}, m - \frac{k}{\Delta v})$$

だから，剣山関数のフーリエ変換も剣山関数である．剣山関数との畳み込みだから，図 7.31 に示すように $(\frac{1}{\Delta u}, \frac{1}{\Delta v})$ の間隔で繰り返し像が現れる．グリッディングが視野を制限するのである．

　隣の繰り返し像と裾野が重ならないようにするには，$\hat{c}(l,m)$ の広がりを $(\frac{1}{\Delta u}, \frac{1}{\Delta v})$ より狭く制限する必要がある．視野を制限された合成像 $\hat{I}'(l,m)$ に対して $\hat{c}(l,m)$ の補正をかけることで，合成ビームと真の像との畳み込みである $B(l,m) * * I(l,m)$ が得られる．

テーパー

　テーパー T_i は (u,v) 面上での原点からの距離 $\sqrt{u_i^2 + v_i^2}$ に応じて重みを調整するもので，サイドローブレベルを低減させたり，角分解能をいろいろと変えて像合成をしたいときに用いられる．低空間周波数成分を強調すると，合成ビームより拡がった天体の構造を描き出しやすくなる．

格子間隔 $\Delta u, \Delta v$ の剣山関数

$$^2\mathrm{III}\left(\frac{u}{\Delta u},\frac{v}{\Delta v}\right) = \Delta u\Delta v\sum_{j=-\infty}^{\infty}\sum_{k=-\infty}^{\infty}{}^2\delta(u-j\Delta u,v-k\Delta v)$$

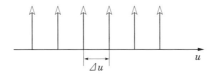

剣山関数のフーリエ変換も剣山関数

$$\mathrm{FT}\left[^2\mathrm{III}\left(\frac{u}{\Delta u},\frac{v}{\Delta v}\right)\right] = {}^2\mathrm{III}\left(l\Delta u, m\Delta v\right)$$
$$= \frac{1}{\Delta u}\frac{1}{\Delta v}\sum_{j=-\infty}^{\infty}\sum_{k=-\infty}^{\infty}{}^2\delta\left(l-\frac{j}{\Delta u}, m-\frac{k}{\Delta v}\right)$$

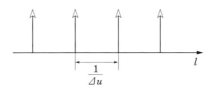

グリッディングされたビジビリティから得られる電波像

$$\hat{I}(l,m) = \mathrm{FT}^{-1}[\hat{\mathcal{V}}'] = {}^2\mathrm{III}\left(l\Delta u, m\Delta v\right) ** \{\hat{c}(l,m)[B(l,m)**I(l,m)]\}$$
剣山関数との畳み込みによる像の繰り返し

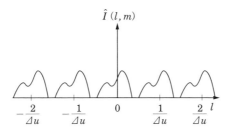

繰り返し像の重複を避けるための視野制限

$$|l| > \frac{1}{2\Delta u}, \quad |m| > \frac{1}{2\Delta u}, \quad において \quad \hat{c}(l,m)=0$$

図 **7.31** グリッディングと視野との関係.

テーパーの例としてガウス関数

$$T_i = \exp\left[-\left(\frac{u_i^2 + v_i^2}{2F^2}\right)\right] \tag{7.76}$$

が用いられる．ここで F は T_i が $1/e$ に落ちる空間周波数である．ガウス関数の
テーパーは合成ビームのサイドローブを低減する効果がある．

7.4.3　像の再生

干渉計観測で得られるダーティマップは真の強度分布に合成ビームを畳み込ん
だものである（図 7.26）．ダーティマップから合成ビームの影響を取り除いて真
の強度分布を推定するには，デコンボリューション（deconvolution），すなわち
畳み込みをほどく操作が必要である．

デコンボリューションにはユニークな解がない．(u, v) 台以外の空間周波数に
おける未知のビジビリティをどのような値に推定しても，同じダーティマップを
再現できるからである[*23]．天体の強度分布は正の実数なので視野内で $I(l, m) \geqq$
0 である，という制約はデコンボリューション解を絞り込むのに役立つ．

CLEAN によるデコンボリューション

電波干渉計のデコンボリューションには，CLEAN や MEM（Maximum
Entropy Method）などの手法が使われる．干渉計の撮像でよく使用され，原理
も直観的に分かりやすい CLEAN アルゴリズムを紹介する．

比較的コンパクトな電波源を観測した場合，図 7.26 （c）のようにダーティ
マップ上でサイドローブの影響が明確である．そこでダーティマップの強度の
ピークを見つけ，その位置を中心に合成ビームを適当にスケーリングしてダー
ティマップから差し引けば，サイドローブをかなり取り除くことができる．この
考えに基づいてヘグボム（Högbom）は CLEAN という方法を提案した．

図 7.32 に CLEAN のアルゴリズムを示す．CLEAN では，天体は点源の集合
だというモデルを使う．ただし広がった構造を表現するために，得られた点電波
源集合に CLEAN ビームという理想的なビームを畳み込む．さらに客観性を維
持するために，残差の像を加える．CLEAN ビームには合成ビームと同じ半値幅
を持つガウス関数が一般的に用いられる．

[*23] デコンボリューションは空間周波数の領域で $U(u, v)$ による割り算である．干渉計観測で
(u, v) 台以外の空間周波数成分では $U(u, v) = 0$ なので，割り算ができない．

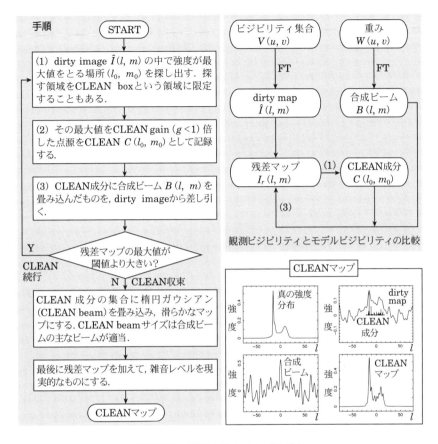

図 **7.32** CLEAN のアルゴリズム

7.5 干渉計の測定性能

干渉計による像合成の原理をまとめると,「観測されるビジビリティは強度分布のフーリエ成分である」というヴァンシッター–ゼルニケの定理 (7.30) に集約される. 得られたビジビリティを $(u, v) \to (l, m)$ と 2 次元フーリエ変換することで強度分布が得られる. 有限の空間周波数成分しか取得できないために, 得られる像は真の強度分布に合成ビームを畳み込んだものになる. 合成ビームは (u, v) 台のフーリエ変換で表される. 本節では, これらの制約を受ける干渉計の画質がどの要因で決まるかを述べる.

7.5.1 分解能

分解能は合成ビームの半値幅で規定され，それは (u,v) 台の拡がりで決まる．簡単のために，$U(u,v)$ が $|u| < u_{\max}$, $|u| < v_{\max}$ の領域まで広がり，外側ではゼロに打ち切られるような分布

$$U(u,v) = \begin{cases} 1 & |u| < u_{\max} かつ |v| < v_{\max}（内側）\\ 0 & （外側）\end{cases}$$

とすると，合成ビームは

$$B(l,m) = \frac{1}{4u_{\max}v_{\max}} \int_{u=-u_{\max}}^{u=u_{\max}} \int_{v=-v_{\max}}^{v=v_{\max}} \exp\left[-2\pi i(ul+vm)\right] du\,dv$$
$$= \mathrm{sinc}(2\pi u_{\max}l)\,\mathrm{sinc}(2\pi v_{\max}m) \tag{7.77}$$

と，sinc 関数の形になり，その半値幅はおよそ $1/u_{\max}$, $1/u_{\max}$ 程度になる．u,v は D_x/λ, D_y/λ だったから，角分解能は波長と最大基線長との比で決まる，というよく知られた関係（7.1 節）が示される．

7.5.2 視野

干渉計の視野は，素子アンテナの口径，最小アンテナ間隔，観測帯域幅，積分時間，グリッディングなどさまざまな要因で制限される．これらは (u,v) 面における空間周波数の精細さ（積分範囲とサンプリング間隔）に帰着される．(u,v) 面における 1 個のビジビリティは，有限範囲 $(u \pm \frac{1}{2}\Delta u, v \pm \frac{1}{2}\Delta v)$ に連続的に分布するビジビリティを代表したものである．積分の結果その 1 点を求めたということは，式（7.73）に示したような畳み込みとサンプリングを実行したのと等価であり，畳み込み関数 $c(u,v)$ として積分範囲で 1, 外側で 0 になるような打ち切り関数を用いている．従って東西方向の視野は $\sim \frac{1}{\Delta u}$, 南北方向は $\sim \frac{1}{\Delta v}$ で制限される．

素子アンテナ口径と視野

7.2.5 節で述べたように，2 つの素子アンテナのビームパターンが $\mathcal{A}_a(l,m)$ および $\mathcal{A}_b(l,m)$ のとき，干渉計の感度は $\sqrt{\mathcal{A}_a(l,m)\mathcal{A}_b^*(l,m)}$ になる．素子アン

テナのビームパターンが同一なら，干渉計の感度もそれと同一になり，素子アン
テナのビームサイズで干渉計の視野が制限される．素子アンテナのビームパター
ンがそれぞれ半値幅 a, b のガウス関数で表される場合，$\sqrt{\mathcal{A}_a(l,m)\mathcal{A}_b^*(l,m)}$ の
半値幅は $\dfrac{\sqrt{2}ab}{\sqrt{a^2+b^2}}$ となる．

積分時間と視野

積分時間 Δt による (u,v) の積分範囲は $\Delta u = \dot{u}\Delta t$，$\Delta v = \dot{v}\Delta t$ とな
る．式 (7.71) を微分すると，$\dot{u} = \omega_{\mathrm{e}}(D_X \cos H - D_Y \sin H)/\lambda$ および $\dot{v} = \omega_{\mathrm{e}}(D_X \sin H + D_Y \cos H)/\lambda$ となるから（$\omega_{\mathrm{e}} = \dot{H}$ は地球の自転角速度），基線
長が長いほど Δu は大きくなり，視野が狭くなる．視野の広さを確保するには，
長基線のデータほど積分時間を短くする必要がある．スペース VLBI では衛星
の速度が v_{sat} のとき $\dot{u} \sim v_{\mathrm{sat}}/\lambda$ と速く，さらに短い積分時間が要求される．

帯域幅と視野

7.2.5 節でも示したように帯域幅 B に対して $\Delta u = \dfrac{B}{\nu_0}u$ となるので，視野は
$\sim c/(BD)$ に制限され，帯域幅と基線長 D に反比例する．

7.5.3 検出限界

ビジビリティ 1 点あたりの信号雑音比 $\mathcal{R}_{\mathrm{sn}}$ は式 (7.39) で決まり，その分散は
式 (7.38) で与えられた．これをもとに干渉計の検出限界を求める．検出限界近
くの弱い電波源では，式 (7.38) のフラックス密度 F_ν とビジビリティ $\mathcal{V}_\nu(u,v)$
は SEFD に比べて無視でき，$\sigma_\mathcal{V}^2 i,j = \mathrm{SEFD}_i\mathrm{SEFD}_j$ とする．帯域幅 B からは
単位時間あたり独立な $2B$ 個のサンプルを得る (ナイキストサンプリング) ので，
積分時間 Δt の間に $2B\Delta t$ 個のサンプルを平均するから，ビジビリティ 1 点あ
たりの分散は

$$\sigma_\mathcal{V}^2 i,j = \frac{\mathrm{SEFD}_i\mathrm{SEFD}_j}{2B\Delta t} \tag{7.78}$$

である．すべてのビジビリティをコヒーレントに積分するとき，各ビジビリティの
重みを $w_{i,j}$ とすると，フラックス密度に対する分散 σ_F^2 は，$\sigma_F^2 = \dfrac{\sum w_{i,j}^2\sigma_\mathcal{V}^2 i,j}{(\sum w_{i,j})^2}$

である．重みを $w_{i,j} \propto 1/\sigma_V^2 i,j$ とするナチュラルウェイトのときに σ_F^2 は最小になり，もしすべてのアンテナで SEFD が同じなら $\sigma_F^2 = \dfrac{\text{SEFD}^2}{2N_{\text{vis}}B\Delta t}$ になる．アンテナ数が N_a 個のとき，基線数は $N_a(N_a-1)/2$ で，全観測時間 t_{obs} に対して $N_{\text{vis}} = N_a(N_a-1)/2 \cdot t_{\text{obs}}/\Delta t$ だから，

$$\sigma_F = \frac{\text{SEFD}}{\sqrt{N_a(N_a-1)Bt_{\text{obs}}}} \tag{7.79}$$

となる．これが，マップの雑音レベルに相当する．したがって，フラックス密度 F の点源を観測したときの信号雑音比は $\mathcal{R}_{\text{sn}} = F/\sigma_F$ である．天体が拡がっていたり，ビジビリティを積分するときのコヒーレンスが低下するような状況では，σ_F が上昇する．

　また，式（7.79）は標準偏差だから，天体の検出が有意であるためには σ_F より十分大きいフラックス密度が必要である．天体のフラックス密度が 0 という帰無仮説において，マップ上の n 個の独立な点のうちどれかが偶然 S_{F_0} を越える確率[24]は $P(> F_0) = 1 - \left[1 - \exp\left(-\dfrac{F_0^2}{2\sigma_F^2}\right)\right]^n$ だから，フラックス密度 F の天体を「検出」といえる信頼区間は $\left[1 - \exp\left(-\dfrac{F^2}{2\sigma_F^2}\right)\right]^n$ である．独立な点数 n は，視野と合成ビーム幅の比から得られる．たとえば $n = 10^6$ 点のとき，99%の信頼区間で検出するには，$F > 6.07\sigma_F$ が必要である．

　VLBI 観測で位相補償を行わない場合，ビジビリティをコヒーレントに積分するためにはビジビリティ自身で位相を合わせる操作（self calibration という）が必要で，各ビジビリティ毎に十分な信号雑音比が必要になる．このための検出限界をフリンジ検出限界という．フリンジ検出限界は式（7.78）の Δt をコヒーレンス時間（7.3.3 節）とすることで求まる．位相補償しない VLBI ではフリンジ検出限界以上のビジビリティ振幅を持つ天体しか観測できない．そのような明るい電波源を観測した時のマップ雑音レベルが式（7.79）で与えられる．

---

[24] ビジビリティは実部，虚部ともに標準偏差 σ_F の正規分布を示すので，ビジビリティ測定値の振幅 z の確率密度分布はレイリー分布 $p(z) = \dfrac{z}{\sigma_F^2}\exp\left(-\dfrac{z^2}{2\sigma_F^2}\right)$ となる．これが偶然 F_0 を越える確率は $P(> F_0) = \displaystyle\int_{F_0}^{\infty} p(z)dz$ で与えられる．

7.5.4 ダイナミックレンジ

ダイナミックレンジはマップのピーク強度とマップの雑音レベルとの比で表される．明るい電波源が視野中にあると，マップの雑音レベルには式（7.79）の σ_F に，サイドローブによる系統誤差が加わる．この系統誤差の定式化は難しい．一般に合成ビームのサイドローブレベルが高いほど系統誤差が大きい．また，天体の構造が複雑なほど CLEAN でデコンボリューションしきれない強度が残りやすいので，系統誤差が大きくなる．観測前にダイナミックレンジを予測するには，シミュレーションでマップの雑音レベルを求めるのが実際的である．観測結果あるいはシミュレーション結果から雑音レベルを求めるには，マップ中で電波源の放射がほとんど無視できる領域で統計をとればよい．

7.6 干渉計の観測結果と物理量

干渉計の像合成による観測結果から科学的成果に結びつけるには，観測量と物理量との関係を知ることが重要である．本節では干渉計の観測結果の標準的な解析方法について述べる．

7.6.1 強度の測定

干渉計観測で得られるマップ，すなわち (l, m) 空間における強度の分布は，Jy beam^{-1} という単位で表されることが多い．ここで "beam" とは合成ビーム（の主ビーム）の立体角であり，観測によって異なる．出力される Jy beam^{-1} 単位の強度を，合成ビームによらない Jy sr^{-1} や輝度温度 K の単位に変換してみよう．

Jy beam^{-1} と Jy sr^{-1}

まず，ビームの立体角を求める．CLEAN ビームは最大値が 1 のガウス関数で，FWHM（半値幅）を長軸と短軸でそれぞれ $\theta_{\mathrm{maj}}, \theta_{\mathrm{min}}$ とする．ガウス関数の標準偏差 $\sigma_{\mathrm{maj}}, \sigma_{\mathrm{min}}$ とは $\theta_{\mathrm{maj}} = 2\sqrt{2\ln 2}\sigma_{\mathrm{maj}}$ および $\theta_{\mathrm{min}} = 2\sqrt{2\ln 2}\sigma_{\mathrm{min}}$ という関係だから，ビーム立体角は $\Omega_{\mathrm{beam}} = 2\pi\sigma_{\mathrm{maj}}\sigma_{\mathrm{min}} = \dfrac{\pi}{4\ln 2}\theta_{\mathrm{maj}}\theta_{\mathrm{min}}$ となる．天文学では arcsec あるいは mas（milliarcsec）単位で FWHM が表示されることが多いから，$1\,\mathrm{rad} = 180 \times 3600/\pi$ arcsec という関係を用いて立体角を

sr, FWHM を arcsec で記述すると，式（7.80）が得られる．

$$\left(\frac{\Omega_{\text{beam}}}{\text{sr}}\right) = 2.66326 \times 10^{-11} \left(\frac{\theta_{\text{maj}}}{\text{arcsec}}\right) \left(\frac{\theta_{\text{min}}}{\text{arcsec}}\right)$$

$$\left(\frac{I_\nu}{\text{Jy sr}^{-1}}\right) = 3.75479 \times 10^{10} \left(\frac{\theta_{\text{maj}}}{\text{arcsec}}\right)^{-1} \left(\frac{\theta_{\text{min}}}{\text{arcsec}}\right)^{-1} \left(\frac{F_\nu}{\text{Jy beam}^{-1}}\right) \quad (7.80)$$

輝度温度への換算

Jy beam^{-1} 単位の強度を輝度温度 [K] に換算する．周波数 ν のとき，強度 I_ν と輝度温度 T_{b} との関係は $T_{\text{b}} = \dfrac{c^2}{2k\nu^2} I_\nu$ だから，ここに式（7.80）を代入し，周波数を GHz 単位に，フラックス密度を Jy 単位に調整すると，次の式（7.81）のように換算できる．

$$\frac{T_{\text{B}}}{\text{K}} = 1.222 \times 10^6 \left(\frac{\theta_{\text{maj}}}{\text{arcsec}}\right)^{-1} \left(\frac{\theta_{\text{min}}}{\text{arcsec}}\right)^{-1} \left(\frac{\nu}{\text{GHz}}\right)^{-2} \left(\frac{F_\nu}{\text{Jy beam}^{-1}}\right) \quad (7.81)$$

この輝度温度はビーム内の平均値である．ビームより小さいコンパクトな電波源の場合にはこの値は下限値であり，輝度温度はこの値より高い．

7.6.2　成分分解と位置の測定

　電波源の構造から特徴的な成分を捉え，その位置やフラックス密度を測定したいことがある．たとえば活動銀河核ジェットのノット（knot）構造の位置を測定して経年変化から速度を測定したり，メーザースポットの位置の変化から固有運動や年周視差を求める，といった観測があり，それにはモデルフィットが用いられる．

ビジビリティへのモデルフィット

　構造が数個のコンパクトな成分で表現できる単純な電波源の場合には，ビジビリティに対してモデルフィットで位置やサイズを計測できる．モデルは少ない個数のパラメーターで記述できる強度分布で，そのフーリエ変換も比較的単純な関数で表せるものが望ましい．1 個のモデル成分の強度分布が n 個のパラメーター $(p_0, p_1, \cdots, p_{n-1})$ で $I_{\text{model}}(l, m) = F(l, m; p_0, p_1, \cdots, p_n)$ と表せたとする．このフーリエ変換によるモデルビジビリティ $\mathcal{V}_{\text{model}}(u, v) = \text{FT}[I_{\text{model}}(l, m)] = \hat{F}(u, v; p_0, p_1, \cdots, p_{n-1})$ も n 個のパラメーターで表せる．そこで，観測された

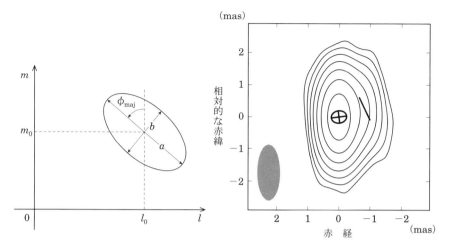

図 **7.33** （左）楕円ガウス関数のパラメーター．（右）モデル
フィットの例．DA 193 を VLBA 8.4 GHz で観測したビジビ
リティに，2 成分の楕円ガウス関数（太い実線）をフィットした．
西側（右側）の成分は短軸がゼロで線分になっている．合成ビー
ム（左下の楕円）より精度よく位置やサイズが測定できている．

ビジビリティ $\mathcal{V}_{\mathrm{obs}}(u,v)$ との比較をし，差が最小になるようにパラメーターを調
整することで，最適なパラメーターを求める．

　モデルビジビリティと観測されたビジビリティとの差は，χ^2 という量

$$\chi^2 = \sum_{i=0}^{N-1} \left(\frac{\mathcal{V}_{\mathrm{obs}}(u_i,v_i) - \mathcal{V}_{\mathrm{model}}(u_i,v_i)}{\sigma} \right)^2 \tag{7.82}$$

で評価する．χ^2 が最小となる最適パラメーターを与えたときには

$$\frac{\partial \chi^2}{\partial p_k} = 0 \quad (k=0,1,\cdots,n-1) \tag{7.83}$$

を満たすことを利用してパラメーターを探す．つまり最小 2 乗法である．観測
方程式が非線型の場合は，偏微分を用いて局所的に線型化し反復法によって解を
改良する必要がある．

　よく使われる成分のモデルは図 7.33 に示す楕円ガウス関数である．全フラッ
クス密度 F_ν，マップ原点に対する重心の位置 (l_0, m_0)，長軸・短軸の半値幅 a, b，
長軸の位置角 ϕ_{maj} の 6 つのパラメーターで記述できる．楕円ガウス関数のビジ

ビリティも楕円ガウス関数で，パラメーターの分離が良い（相互依存が少ない）という利点がある．モデルのビジビリティは以下のように書ける．

$$\mathcal{V}_{\mathrm{model}}(u, v) = F_\nu \exp\left(-\frac{\Gamma^2}{4\ln 2}\right) \exp\left[-2\pi i(ul_0 + vm_0)\right], \qquad (7.84)$$

$$\Gamma = \pi\sqrt{a^2(u\sin\phi_{\mathrm{maj}} + v\cos\phi_{\mathrm{maj}})^2 + b^2(u\cos\phi_{\mathrm{maj}} - v\sin\phi_{\mathrm{maj}})^2}.$$

モデルビジビリティの位相項はマップ原点に対する重心の位置 (l_0, m_0) にのみ依存している．振幅項のパラメーターによるモデルビジビリティの偏微分も $\dfrac{\partial \mathcal{V}}{\partial F_\nu} = \dfrac{\mathcal{V}}{F_\nu}$ と簡単である．

フーリエ変換は線型の操作なので，成分が複数ある場合もモデルビジビリティは各モデルが作るビジビリティの単純な和で $\mathcal{V}_{\mathrm{model}}(u, v) = \sum_k \mathcal{V}_{\mathrm{model},k}(u, v)$ と表せる．モデル成分が増えるほど未知パラメーターが多くなり，解が収束しづらくなる．

マップへのモデルフィット

電波源の構造があまり単純でなく，その中にある特徴的な場所の位置や強度や広がりを測りたいときには，ビジビリティ空間でフィットするのが難しいので，強度分布の空間でモデルフィットを行う．マップ全体から興味のある成分の近傍だけを切り出してきて，その中で強度分布に対して，たとえば前述の楕円ガウス関数の強度モデルをフィット（最小 2 乗法）し，位置や広がりなどのパラメーターを求める．マップへのモデルフィットは，ビジビリティへのモデルフィットに比べると，以下のような問題点がある．

● モデルフィットを行うマップ領域の切り出し方は主観的で，切り出し方によって結果が異なることがある．

● CLEAN などの像合成が不完全だった場合に間違ったフィットの結果を生む．たとえば，サイドローブによって生じた「偽の成分」にもフィットは可能で，もっともらしい結果を出力することができる．

参考文献

全体

赤羽賢司，海部宣男，田原博人著『宇宙電波天文学』，共立出版，1988

A. Cox（ed.），*Allen's Astrophysical Quantities*，Springer，1999

J.D. Kraus，*Radio Astronomy*，Cygus–Quasar Books，1986

K.R. Lang，*Astrophysical Formulae* I, II（3rd ed.），Springer–Verlag，I: 2006, II: 2013

T.L. Wilson, K. Rohlfs and S. Hüttemeister，*Tools of Radio Astronomy*（6th ed.），Springer，2013

J.J. Condon and S.M. Ransom，*Essential Radio Astronomy*，Princeton University Press，2016

J.M. Marr, R.L. Snell and S.E. Kurtz，*Fundamentals of Radio Astronmy*，CRC Press，2016

第 1 章

海部宣男著『電波望遠鏡をつくる』，科学全書 21，大月書店，1986

第 2 章

加藤正二著『天体物理学基礎理論』，宇宙物理学講座 1 巻，ごとう書房，1989

小暮智一著『星間物理学』，宇宙物理学講座 3 巻，ごとう書房，1994

高柳和夫著『原子分子物理学』，朝倉書店，2000

長沢 工著『天体の位置計算』，地人書館，1981

J.J. Condon and S.M. Ransom，*Essential Radio Astronomy* Princeton University Press，2016

G.B. Rybicki and A.P. Lightman，*Radiative Processes in Astrophysics*，John Wiley & Sons，1979

L. Spitzer, Jr. *Physical Processes in the Interstellar Medium*，Wiley Classics Library，1998; 邦訳: L. スピッツァー，Jr 著，高窪啓弥訳『星間物理学』，共立出版，1980

C.H. Townes and A.L. Schawlow，*Microwave Spectroscopy*，Dover Publications，1975

G.L. Verschuur and K.I. Kellermann，*Galactic and Extragalactic Radio Astronomy*（2nd ed.），Springer–Verlag，1988

Л.Д. Ландау и Е.М. Лифшиц，ТЕОРИЯ ПОЛЯ（иЗдание шестое），Hayka，1973; 邦訳: L.D. ランダウ，E.M. リフシッツ著，恒藤敏彦，広重 徹訳『場の古典論（原書第 6 版）』，東京図書，1978

第 3 章

海部宣男著『望遠鏡——宇宙の観測』，岩波講座 物理の世界 7 巻，岩波書店，2005

第 4 章

J.W.M. Baars, *The Paraboloidal Reflector Antenna in Radio Astronomy and Communication*, Springer, 2007

J.D. Kraus and R.J. Marhefka, *Antennas*, McGraw-Hill, 2003

第 5 章

P.F. Goldsmith, *Quasioptical Systems–Gaussian Beam Quasioptical Propagation and Application*, IEEE Press, 1998

G. Rieke, *Detection of Light*（2nd ed.）, Cambridge University Press, 2003

A.C. Rose–Innes and E.H. Rhoderick, *Introduction to Superconductivity*（2nd ed.）, Pergamon Press Ltd., 1978; 邦訳: A.C. ローズ–インネス，E.H. ロディリック著，島本 進，安河内昂訳『超電導入門』，産業図書，1978

M. Tinkham, *Introduction to Superconductivity*, McGraw–Hill, 1975; 邦訳：M. ティンカム著，小林俊一訳『超伝導現象』，産業図書，1981

第 6 章

P.F. Goldsmith, *Quasioptical Systems–Gaussian Beam Quasioptical Propagation and Application*, IEEE Press, 1998

P.F. Goldsmith, *Instrumentation and Techniques for Radio Astronomy*, IEEE Press, 1988

第 7 章

高橋冨士信，高橋幸雄，近藤哲朗著『VLBI 技術』，オーム社，1997

日野幹雄著『スペクトル解析』，朝倉書店，1977

A.R. Thompson, J.M. Moran and G.W. Swenson, Jr. *Interferometry and Synthesis in Radio Astronomy*（3nd ed.）, A Wiley-Interscience-Publication, 2017

A. Papoulis and S.U. Pillai, *Probability, Random Variables and Stochastic Processes*（4th ed.）, McGraw–Hill Higher Education, 2002

インターネット天文学辞典，日本天文学会編，https://astro-dic.jp/
天文・宇宙に関する 3000 以上の用語をわかりやすく解説．登録不要・無料．

電波天文学に有用なおもな物理定数や天文定数，単位の換算の表を以下に付す．主として『2020 年度版理科年表』（丸善）に準拠しているが，太陽光度は，C. Frohlich, *Space Sci. Rev.*, 125, 53 （2006）の値を採用した．またミリ波帯，サブミリ波帯，テラヘルツ波帯にある分子の線スペクトルの周波数のうち観測の際に有用と思われるものを表に掲載した．

表 1　おもな物理定数．

物理量	記号と値	SI 単位系（MKSA 単位系）CGS 単位系
真空中の光速度	$c = 2.99792458$	$\times 10^{8}\,\mathrm{m\,s^{-1}}$
		$\times 10^{10}\,\mathrm{cm\,s^{-1}}$
重力定数	$G = 6.67428$	$\times 10^{-11}\,\mathrm{N\,m^2\,kg^{-2}}$
		$\times 10^{-8}\,\mathrm{cm^3\,g^{-1}\,s^{-2}}$
プランク定数	$h = 6.62607015$	$\times 10^{-34}\,\mathrm{J\,s}$
		$\times 10^{-27}\,\mathrm{erg\,s}$
ボルツマン定数	$k_{\mathrm{B}} = 1.380649$	$\times 10^{-23}\,\mathrm{J\,K^{-1}}$
		$\times 10^{-16}\,\mathrm{erg\,K^{-1}}$
ステファン−ボルツマン定数	$\sigma = 5.670374419$	$\times 10^{-8}\,\mathrm{J\,s^{-1}\,m^{-2}\,K^{-4}}$
		$\times 10^{-5}\,\mathrm{erg\,s^{-1}\,cm^{-2}\,K^{-4}}$
リュドベリ定数	$R_{\infty} = 1.0973731568160$	$\times 10^{7}\,\mathrm{m^{-1}}$
		$\times 10^{5}\,\mathrm{cm^{-1}}$
素電荷	$e = 1.602176634$	$\times 10^{-19}\,\mathrm{C}$
		$= 4.803204 \times 10^{-10}\,\mathrm{esu}$
ボーア磁子	$\mu_{\mathrm{B}} = 9.2740100783$	$\times 10^{-24}\,\mathrm{J\,T^{-1}}$
		$\times 10^{-21}\,\mathrm{erg\,Oe^{-1}}$
原子質量単位	$u = 1.66053906660$	$\times 10^{-27}\,\mathrm{kg}$
		$\times 10^{-24}\,\mathrm{g}$
電子の質量	$m_{\mathrm{e}} = 9.1093837015$	$\times 10^{-31}\,\mathrm{kg}$
		$\times 10^{-28}\,\mathrm{g}$
陽子の質量	$m_{\mathrm{p}} = 1.67262192369$	$\times 10^{-27}\,\mathrm{kg}$
		$\times 10^{-24}\,\mathrm{g}$
水素原子の質量	$m_{\mathrm{H}} = 1.673557693$	$\times 10^{-27}\,\mathrm{kg}$
		$\times 10^{-24}\,\mathrm{g}$
ボーア半径	$a_{0} = 5.29177210903$	$\times 10^{-11}\,\mathrm{m}$
		$\times 10^{-9}\,\mathrm{cm}$

表 2 （続き）おもな物理定数.

物理量	記号と値	SI 単位系（MKSA 単位系） CGS 単位系
アボガドロ数	$N_A = 6.02214076$	$\times 10^{23}\,\mathrm{mol^{-1}}$
モル気体定数	$R = 8.314462618$	$\mathrm{J\,mol^{-1}\,K^{-1}}$
		$\times 10^7\,\mathrm{erg\,mol^{-1}\,K^{-1}}$
真空の誘電率	$\varepsilon_0 = 8.8541878128$	$\times 10^{-12}\,\mathrm{F\,m^{-1}}$
		$= 1\,\mathrm{esu}$
真空の透磁率	$\mu_0 = 4\pi$	$\times 10^{-7}\,\mathrm{N\,A^2}$
		$= 1\,\mathrm{emu}$
真空のインピーダンス	$Z_0 = 3.76730313461$	$\times 10^2\,\Omega$
エネルギー	$1\,\mathrm{eV} = 1.602176634$	$\times 10^{-19}\,\mathrm{J}$
		$\times 10^{-12}\,\mathrm{erg}$
磁束密度	$1\,\mathrm{Gauss} = 1$	$\times 10^{-4}\,\mathrm{T}$

表 3 おもな天文定数.

物理量	記号と値	SI 単位系（MKSA 単位系） CGS 単位系
天文単位	$\mathrm{au} = 1.495978707$	$\times 10^{11}\,\mathrm{m}$
		$\times 10^{13}\,\mathrm{cm}$
パーセク	$\mathrm{pc} = 3.085678$	$\times 10^{16}\,\mathrm{m}$
	$= 3.261633$ 光年	$\times 10^{18}\,\mathrm{cm}$
光年	$\mathrm{ly} = 9.460730472$	$\times 10^{15}\,\mathrm{m}$
		$\times 10^{17}\,\mathrm{cm}$
太陽年	$\mathrm{yr} = 365.24219$ 日	$= 3.1556925 \times 10^7\,\mathrm{s}$
平均恒星日	日 $= 23^\mathrm{h}56^\mathrm{m}4\overset{s}{.}0905$ 平均太陽時	$= 86164.0905\,\mathrm{s}$
太陽質量	$M_\odot = 1.9884$	$\times 10^{30}\,\mathrm{kg}$
		$\times 10^{33}\,\mathrm{g}$
太陽赤道半径	$R_\odot = 6.960$	$\times 10^8\,\mathrm{m}$
		$\times 10^{10}\,\mathrm{cm}$
太陽光度	$L_\odot = 3.842$	$\times 10^{26}\,\mathrm{J\,s^{-1}}$
		$\times 10^{33}\,\mathrm{erg\,s^{-1}}$
エネルギー フラックス密度	$\mathrm{Jy} = 1$	$\times 10^{-26}\,\mathrm{J\,s^{-1}\,m^{-2}\,Hz^{-1}}$
		$\times 10^{-23}\,\mathrm{erg\,s^{-1}\,cm^{-2}\,Hz^{-1}}$

表 **4** 電波領域にある代表的な星間分子の線スペクトルと周波数．メーザーが観測されている遷移にはメーザーと記している（出典：F.J. Lovas *et al.*, *NIST Recommended Rest Frequencies for Observed Interstellar Molecular Microwave Transitions* 2009 *Revision*, https://www.nist.gov/pml/observed-interstellar-molecular-microwave-transitions および https://cdms.astro.uni-koeln.de/cgi-bin/cdmssearch)．

分子	遷移	周波数（GHz）	
CCS	$J_N = 2_1-1_0$	22.344030	
	$J_N = 4_3-3_2$	45.379029	
CH$_3$OH	$J_K = 5_1-6_0 A^+$	6.668519	メーザー
	$J_K = 2_0-3_{-1} E$	12.178593	メーザー
	$J_K = 9_2-10_1 A^+$	23.121024	メーザー
	$J_K = 7_0-6_1 A^+$	44.069476	メーザー
	$J_K = 5_{-1}-4_0 E$	84.521206	メーザー
	$J_K = 8_0-7_1 A^+$	95.169516	メーザー
	$J_K = 3_0-2_0 A^+$	145.103194	
	$J_K = 5_0-4_0 A^+$	241.791367	
	$J_K = 7_0-6_0 A^+$	338.408718	
CH$_3$CN	$J = 6-5,\ K = 0$	110.383522	
	$J = 12-11,\ K = 0$	220.747265	
	$J = 13-12,\ K = 0$	239.137920	
	$J = 18-17,\ K = 0$	331.071548	
	$J = 19-18,\ K = 0$	349.453704	
CN	$N = 1-0,\ J = 3/2-1/2,\ F = 5/2-3/2$	113.490982	
	$N = 2-1,\ J = 5/2-3/2,\ F = 7/2-5/2$	226.874764	
	$N = 3-2,\ J = 7/2-5/2,\ F = 7/2-5/2$	340.247625	
^{13}CN	$N = 1-0,\ F_2 = 2-1,\ F_1 = 1,\ F = 3-2$	108.780201	
CO	$J = 1-0$	115.271202	
	$J = 2-1$	230.538000	
	$J = 3-2$	345.795990	
	$J = 4-3$	461.040768	
	$J = 5-4$	576.267931	
	$J = 6-5$	691.473076	
	$J = 7-6$	806.651801	
	$J = 8-7$	921.799700	
	$J = 9-8$	1036.912393	

表 5 （続き）電波領域にある代表的な星間分子の線スペクトルと周波数.

分子	遷移	周波数（GHz）
	$J = 10$–9	1151.985452
	$J = 11$–10	1267.014486
	$J = 12$–11	1381.995105
	$J = 13$–12	1496.922909
^{13}CO	$J = 1$–0	110.201353
	$J = 2$–1	220.398681
	$J = 3$–2	330.587960
	$J = 4$–3	440.765173
	$J = 5$–4	550.926285
	$J = 6$–5	661.067267
	$J = 7$–6	771.184125
	$J = 8$–7	881.272808
	$J = 9$–8	991.329305
$C^{18}O$	$J = 1$–0	109.782173
	$J = 2$–1	219.560354
	$J = 3$–2	329.330552
	$J = 4$–3	439.088765
	$J = 5$–4	548.831005
	$J = 6$–5	658.553275
	$J = 7$–6	768.251593
	$J = 8$–7	877.921955
	$J = 9$–8	987.560382
$C^{17}O$	$J = 1$–0, $F = 7/2$–5/2	112.358988
	$J = 2$–1	224.714389
	$J = 3$–2	337.061123
	$J = 6$–5	674.009290
	$J = 8$–7	898.522910
CS	$J = 1$–0	48.990955
	$J = 2$–1	97.980953
	$J = 3$–2	146.969028
	$J = 4$–3	195.954211
	$J = 5$–4	244.935556
	$J = 6$–5	293.912086
	$J = 7$–6	342.882850
	$J = 8$–7	391.846889
	$J = 13$–12	636.532460
	$J = 18$–17	880.905579
$C^{34}S$	$J = 1$–0	48.206946
	$J = 2$–1	96.412961

表 **6** （続き）電波領域にある代表的な星間分子の線スペクトルと周波数.

分子	遷移	周波数（GHz）	
	$J = 3\text{--}2$	144.617114	
	$J = 5\text{--}4$	241.016113	
	$J = 7\text{--}6$	337.396498	
	$J = 13\text{--}12$	626.351502	
H_2CO	$J_{K_{-1}K_1} = 2_{11}\text{--}2_{12},\ F = 3\text{--}3$	14.488480	
	$J_{K_{-1}K_1} = 2_{12}\text{--}1_{11}$	140.839515	
HCO^+	$J = 1\text{--}0$	89.188524	
	$J = 2\text{--}1$	178.375056	
	$J = 3\text{--}2$	267.557626	
	$J = 4\text{--}3$	356.734223	
	$J = 5\text{--}4$	445.902872	
	$J = 6\text{--}5$	535.061581	
	$J = 7\text{--}6$	624.208360	
	$J = 8\text{--}7$	713.341227	
	$J = 9\text{--}8$	802.458199	
	$J = 10\text{--}9$	891.557290	
	$J = 11\text{--}10$	980.636493	
$H^{13}CO^+$	$J = 1\text{--}0$	86.754330	
	$J = 3\text{--}2$	260.25548	
	$J = 4\text{--}3$	346.99854	
	$J = 7\text{--}6$	607.1751	
	$J = 8\text{--}7$	693.8766	
DCO^+	$J = 1\text{--}0$	72.039331	
	$J = 2\text{--}1$	144.077321	
	$J = 3\text{--}2$	216.112628	
HCN	$J = 1\text{--}0,\ F = 2\text{--}1$	88.631602	（メーザー）
	$J = 2\text{--}1$	177.261111	
	$J = 3\text{--}2$	265.886434	
	$J = 4\text{--}3$	354.505477	
	$J = 5\text{--}4$	443.116148	
	$J = 6\text{--}5$	531.716348	
	$J = 7\text{--}6$	620.304002	
	$J = 8\text{--}7$	708.877005	
	$J = 9\text{--}8$	797.433262	
	$J = 10\text{--}9$	885.970695	
	$J = 11\text{--}10$	974.487199	
$H^{13}CN$	$J = 1\text{--}0,\ F = 2\text{--}1$	86.340167	（メーザー）
	$J = 3\text{--}2$	259.011799	
	$J = 4\text{--}3$	345.339771	
	$J = 8\text{--}7$	690.552089	

表 **7** （続き）電波領域にある代表的な星間分子の線スペクトルと周波数.

分子	遷移	周波数（GHz）	
ortho–H_2D^+	$J_{K_{-1}K_1} = 1_{10}$–1_{11}	372.42134	
para–H_2D^+	$J_{K_{-1}K_1} = 1_{01}$–0_{00}	1370.0853	
ortho–D_2H^+	$J_{K_{-1}K_1} = 1_{11}$–0_{00}	1476.60	
para–D_2H^+	$J_{K_{-1}K_1} = 1_{10}$–1_{01}	691.66044	
HNC	$J = 1$–$0,\ F = 2$–1	90.663574	
	$J = 3$–2	271.981131	
	$J = 4$–3	362.630327	
	$J = 7$–6	634.510837	
H_2O	$J_{K_{-1}K_1} = 6_{16}$–5_{23}	22.235080	メーザー
	$J_{K_{-1}K_1} = 3_{13}$–2_{20}	183.310091	メーザー
	$J_{K_{-1}K_1} = 5_{15}$–4_{22}	325.152919	メーザー
	$J_{K_{-1}K_1} = 6_{43}$–5_{50}	439.150812	メーザー
	$J_{K_{-1}K_1} = 4_{23}$–3_{30}	448.001078	
	$J_{K_{-1}K_1} = 6_{42}$–5_{51}	470.88895	メーザー
	$J_{K_{-1}K_1} = 1_{10}$–$1_{01}, v_2 = 1$	658.00655	メーザー
HDO	$J_{K_{-1}K_1} = 4_{22}$–4_{23}	143.727210	
	$J_{K_{-1}K_1} = 3_{12}$–2_{21}	225.896720	
	$J_{K_{-1}K_1} = 1_{01}$–0_{00}	464.924520	
	$J_{K_{-1}K_1} = 2_{12}$–1_{11}	848.96173	
$H_2^{18}O$	$J_{K_{-1}K_1} = 3_{13}$–2_{20}	203.40752	
	$J_{K_{-1}K_1} = 5_{15}$–4_{22}	322.96517	
	$J_{K_{-1}K_1} = 5_{32}$–4_{41}	692.07914	
NH_3	$(J,K) = (1,1)$–$(1,1)$	23.694506	
	$(J,K) = (2,2)$–$(2,2)$	23.722634	
	$(J,K) = (3,3)$–$(3,3)$	23.870130	
	$(J,K) = (4,4)$–$(4,4)$	24.139417	
	$(J,K) = (5,5)$–$(5,5)$	24.532989	
	$(J,K) = (6,6)$–$(6,6)$	25.056025	
	$(J,K) = (7,7)$–$(7,7)$	25.715182	
	$(J,K) = (8,8)$–$(8,8)$	26.518981	
	$(J,K) = (9,9)$–$(9,9)$	27.477943	
	$(J,K) = (10,10)$–$(10,10)$	28.604737	
N_2H^+	$J = 1$–$0,\ F_1 = 2$–$1,\ F = 3$–2	93.173777	
	$J = 3$–2	279.511732	
OH	$^2\Pi_{3/2}\ J = 3/2,\ F = 1$–$2$	1.612231	メーザー
	$^2\Pi_{3/2}\ J = 3/2,\ F = 1$–$1$	1.665402	メーザー
	$^2\Pi_{3/2}\ J = 3/2,\ F = 2$–$2$	1.667359	メーザー
	$^2\Pi_{3/2}\ J = 3/2,\ F = 2$–$1$	1.720530	メーザー

表 8 （続き）電波領域にある代表的な星間分子の線スペクトルと周波数.

分子	遷移	周波数（GHz）	
SiO	$J=1\text{-}0, v=2$	42.820582	メーザー
	$J=1\text{-}0,\ v=1$	43.122079	メーザー
	$J=1\text{-}0,\ v=0$	43.423864	（メーザー）
	$J=2\text{-}1,\ v=2$	85.640446	メーザー
	$J=2\text{-}1,\ v=1$	86.243440	メーザー
	$J=2\text{-}1,\ v=0$	86.847010	（メーザー）

表 9 遠赤外線領域にある代表的な星間原子（微細構造禁制線）と分子の線スペクトルと周波数（出典：F.J. Lovas *et al.*, *NIST Recommended Rest Frequencies for Observed Interstellar Molecular Microwave Transitions* 2009 *Revision*, https://www.nist.gov/pml/observed-interstellar-molecular-microwave-transitions, https://cdms.astro.uni-koeln.de/cgi-bin/cdmssearch, https://ned.ipac.caltech.edu/level5/March10/Brauher/Brauher5.html）.

原子, 分子	遷移	周波数（THz）	波長（μm）
[C I]	$^3P_1\text{-}^3P_0$	0.49216065	609.133
	$^3P_2\text{-}^3P_1$	0.80934197	370.414
[C II]	$^2P_{3/2}\text{-}^2P_{1/2}$	1.90053690	157.741
[O I]	$^3P_1\text{-}^3P_0$	2.06006886	145.525
	$^3P_2\text{-}^3P_1$	4.74477749	63.1837
[O III]	$^3P_1\text{-}^3P_0$	3.39300	88.3560
	$^3P_2\text{-}^3P_1$	5.78588	51.8145
[O IV]	$^2P_{3/2}\text{-}^2P_{1/2}$	11.5793	25.8903
[N II]	$^3P_1\text{-}^3P_0$	1.46113380	205.178
	$^3P_2\text{-}^3P_1$	2.45937142	121.898
[N III]	$^2P_{3/2}\text{-}^2P_{1/2}$	5.23043	57.3170
[N$_e$ III]	$^3P_0\text{-}^3P_1$	8.32445	36.0135
[N$_e$ V]	$^3P_1\text{-}^3P_0$	12.3270	24.3200
[S I]	$^3P_0\text{-}^3P_1$	5.32249290	56.3255
	$^3P_1\text{-}^3P_2$	11.873541	25.2488
[S III]	$^3P_1\text{-}^3P_0$	8.95411	33.4810
[S$_i$ II]	$J=1\text{-}0$	8.61097	34.8152
HD	$J=1\text{-}0$	2.67498666	112.072
HF	$J=2\text{-}1$	2.46342811	121.697

表 10 （続き）遠赤外線領域にある代表的な星間原子（微細構造禁制線）と分子の線スペクトルと周波数.

原子, 分子	遷移	周波数（THz）	波長（μm）
OH	$^2\Pi_{1/2}\ J=3/2\text{–}^2\Pi_{3/2}\ J=3/2$ $F=1^-\text{–}1^+$	5.61922	53.3512
	$^2\Pi_{1/2}\ J=3/2\text{–}^2\Pi_{3/2}\ J=3/2$ $F=1^+\text{–}1^-$	5.62869	53.2615
	$^2\Pi_{3/2}\ J=9/2\text{–}^2\Pi_{3/2}\ J=7/2$ $F=5^+\text{–}4^-$	4.59249	65.2788
	$^2\Pi_{3/2}\ J=9/2\text{–}^2\Pi_{3/2}\ J=7/2$ $F=5^-\text{–}4^+$	4.60287	65.1316
	$^2\Pi_{1/2}\ J=1/2\text{–}^2\Pi_{3/2}\ J=3/2$ $F=1^+\text{–}2^-$	3.78616	79.1812
	$^2\Pi_{1/2}\ J=1/2\text{–}^2\Pi_{3/2}\ J=3/2$ $F=1^-\text{–}2^+$	3.78920	79.1176
	$^2\Pi_{3/2}\ J=7/2\text{–}^2\Pi_{3/2}\ J=5/2$ $F=3^-\text{–}2^+$	3.54380064	84.5963
	$^2\Pi_{3/2}\ J=7/2\text{–}^2\Pi_{3/2}\ J=5/2$ $F=3^+\text{–}2^-$	3.55120424	84.4199
	$^2\Pi_{3/2}\ J=5/2\text{–}^2\Pi_{3/2}\ J=3/2$ $F=3^+\text{–}2^-$	2.50994866	119.442
	$^2\Pi_{3/2}\ J=5/2\text{–}^2\Pi_{3/2}\ J=3/2$ $F=3^-\text{–}2^+$	2.51431638	119.234
	$^2\Pi_{1/2}\ J=3/2\text{–}^2\Pi_{1/2}\ J=1/2$ $F=2^-\text{–}1^+$	1.83474687	163.397
	$^2\Pi_{1/2}\ J=3/2\text{–}^2\Pi_{1/2}\ J=1/2$ $F=2^+\text{–}1^-$	1.83781634	163.124

表 11　水素とヘリウムの再結合線の周波数. 主量子数 $n+1 \to n$ の遷移を α, $n+2 \to n$ を β, $n+3 \to n$ を γ とする. より大きな n については たとえば Lilley&Palmer 1968, *ApJS*, 16, 143 を参照のこと. 炭素 C の再結合線の周波数はたとえば, 赤羽他『宇宙電波天文学』(1988) に掲載されている.

n	Hα (GHz)	Hβ (GHz)	Hγ (GHz)	Heα (GHz)	Heβ (GHz)
85	10.52204	20.68334	30.50020	10.52633	20.69177
84	10.90006	21.42210	31.58340	10.90450	21.43083
83	11.29641	22.19647	32.71851	11.30101	22.20551
82	11.71220	23.00861	33.90867	11.71698	23.01799
81	12.14866	23.86087	35.15727	12.15361	23.87059
80	12.60708	24.75574	36.46794	12.61222	24.76583
79	13.08885	25.69593	37.84459	13.09419	25.70640
78	13.59549	26.68434	39.29142	13.60103	26.69521
77	14.12862	27.72411	40.81296	14.13437	27.73540
76	14.68999	28.81860	42.41409	14.69597	28.83034
75	15.28149	29.97148	44.10010	15.28772	29.98369
74	15.90519	31.18668	45.87667	15.91167	31.19939
73	16.56330	32.46849	47.74998	16.57004	32.48172
72	17.25821	33.82151	49.72670	17.26525	33.83529
71	17.99256	35.25077	51.81407	17.99989	35.26514
70	18.76916	36.76172	54.01994	18.77681	36.77670
69	19.59111	38.36028	56.35284	19.59910	38.37591
68	20.46177	40.05288	58.82204	20.47010	40.06920
67	21.38479	41.84655	61.43767	21.39350	41.86361
66	22.36417	43.74895	64.21072	22.37328	43.76678
65	23.40428	45.76845	67.15323	23.41382	45.78710
64	24.50991	47.91419	70.27835	24.51989	47.93371
63	25.68628	50.19619	73.60047	25.69675	50.21664
62	26.93916	52.62545	77.13535	26.95014	52.64689
61	28.27487	55.21404	80.90032	28.28639	55.23653
60	29.70036	57.97524	84.91440	29.71247	57.99886
59	31.22332	60.92368	89.19855	31.23604	60.94850
58	32.85220	64.07551	93.77588	32.86558	64.10162
57	34.59638	67.44858	98.67190	34.61048	67.47607
56	36.46626	71.06265	103.91485	36.48112	71.09160
55	38.47336	74.93962	109.53601	38.48904	74.97016
54	40.63050	79.10386	115.57012	40.64706	79.13609
53	42.95197	83.58247	122.05583	42.96947	83.61653
52	45.45372	88.40569	129.03619	45.47224	88.44172
51	48.15360	93.60732	136.55929	48.17322	93.64547

表 12 （続き）水素とヘリウムの再結合線の周波数.

n	Hα (GHz)	Hβ (GHz)	Hγ (GHz)	Heα (GHz)	Heβ (GHz)
50	51.07162	99.22522	144.67894	51.09243	99.26565
49	54.23025	105.30186	153.45547	54.25235	105.34477
48	57.65485	111.88508	162.95669	57.67832	111.93067
47	61.37394	119.02877	173.25902	61.39895	119.07727
46	65.41994	126.79388	184.44871	65.44660	126.84555
45	69.82956	135.24950	196.62344	69.85801	135.30461
44	74.64457	144.47412	209.89406	74.67498	144.53300
43	79.91266	154.55722	224.38678	79.94522	154.62020
42	85.68840	165.60105	240.24562	85.72331	165.66853
41	92.03444	177.72284	257.63549	92.07194	177.79525
40	99.02296	191.05740	276.74580	99.06331	191.13525
39	106.73736	205.76032	297.79476	106.78086	205.84417
38	115.27441	222.01177	321.03473	115.32138	222.10224
37	124.74674	240.02115	346.75851	124.79757	240.11895
36	135.28604	260.03278	375.30719	135.34117	260.13874
35	147.04689	282.33293	407.07967	147.10681	282.44797
34	160.21152	307.25841	442.54445	160.27681	307.38361
33	174.99582	335.20734	482.25423	175.06712	335.34393
32	191.65674	366.65256	526.86408	191.73484	366.80196
31	210.50179	402.15853	577.15434	210.58756	402.32240
30	231.90094	442.40273	634.05947	231.99544	442.58300
29	256.30205	488.20300	698.70478	256.40649	488.40193
28	284.25059	540.55264	772.45359	284.36642	540.77291
27	316.41545	600.66604	856.96809	316.54438	600.91080
26	353.62277	670.03822	954.28881	353.76687	670.31125
25	396.90086	750.52363	1066.93908	397.06259	750.82946
24	447.54031	844.44117	1198.06394	447.72267	844.78526
23	507.17552	954.71583	1351.61669	507.38218	955.10485
22	577.89649	1085.07201	1532.61232	578.13197	1085.51416
21	662.40421	1240.30070	1747.47622	662.67412	1240.80610
20	764.22961	1426.63381	2004.53030	764.54101	1427.21513
19	888.04708	1652.27669	2314.68090	888.40895	1652.94995
18	1040.13112	1928.17821	2692.40781	1040.55495	1928.96390
17	1229.03364	2269.16476	3157.21185	1229.53445	2270.08940
16	1466.61023	2695.64388	3735.77500	1467.20785	2696.74229
15	1769.61092	3236.22115	4465.25480	1770.33200	3237.53984

索引

日本天文学会第 2 版化ワーキンググループ

茂山　俊和（代表）　岡村　定矩　熊谷紫麻見　桜井　隆　松尾　宏

日本天文学会創立 100 周年記念出版事業編集委員会

岡村　定矩（委員長）

家　　正則　　池内　　了　　井上　　一　　小山　勝二　　桜井　　隆

佐藤　勝彦　　祖父江義明　　野本　憲一　　長谷川哲夫　　福井　康雄

福島登志夫　　二間瀬敏史　　舞原　俊憲　　水本　好彦　　観山　正見

渡部　潤一

16巻編集者　中井　直正　関西学院大学理学部（責任者）

　　　　　　坪井　昌人　宇宙科学研究所

　　　　　　福井　康雄　名古屋大学大学院理学研究科

執　筆　者　小川　英夫　大阪府立大学大学院理学系研究科（5.1.1–5.1.4,
　　　　　　　　　　　　　　5.2.4, 5.3.1 節）

　　　　　　亀野　誠二　国立天文台（3.3–3.4 節，7 章）

　　　　　　神代　　暁　産業技術総合研究所（5.4.1–5.4.2, 5.4.5–5.4.6 節）

　　　　　　小嶋　崇文　国立天文台（5.4.2, 5.4.5 節）

　　　　　　齋藤　正雄　国立天文台（4.4, 4.5.3–4.5.5 節）

　　　　　　徂徠　和夫　北海道大学大学院理学研究院（5.6 節）

　　　　　　坪井　昌人　宇宙科学研究所（2.2.2 (5) 節, 3.1–3.2 節, 4.1–4.3,
　　　　　　　　　　　　　　4.5.1–4.5.2, 5.1.5–5.2.3, 5.3.2 節, 6 章）

　　　　　　中井　直正　関西学院大学理学部（1 章, 2.4 節）

　　　　　　前澤　裕之　大阪府立大学大学院理学系研究科（2.3 節, 5.4.3–
　　　　　　　　　　　　　　5.4.4 節）

　　　　　　松尾　　宏　国立天文台（5.5 節）

　　　　　　水野　　亮　名古屋大学宇宙地球環境研究所（2.2 節）

　　　　　　百瀬　宗武　茨城大学大学院理工学研究科（2.1 節, 2.2.2 (2) 節）

宇宙の観測 II——電波天文学[第2版]
シリーズ現代の天文学　第16巻

発行日　2009年8月25日　第1版第1刷発行
　　　　2020年7月15日　第2版第1刷発行

編　者　中井直正・坪井昌人・福井康雄
発行所　株式会社 日本評論社
　　　　170-8474 東京都豊島区南大塚 3-12-4
　　　　電話　03-3987-8621(販売)　03-3987-8599(編集)
印　刷　三美印刷株式会社
製　本　牧製本印刷株式会社
装　幀　妹尾浩也